高 等 学 校 教 材

机械制造技术基础
课程设计指南

崇 凯 主编
李 楠 郭 娟 副主编
任乃飞 主审

第二版
Second Edition

U0389580

化学工业出版社
·北京·

本书是在第一版基础上更新完善修订而成的。全书共六章，第一章介绍机械制造技术基础课程设计的目的、要求、内容、方法、步骤等方面的指导性内容；第二章为机械加工工艺规程设计；第三章为机床夹具设计；第四章为典型零件的工艺规程和有关夹具设计的完整示例；第五章为常用设计资料，供学生设计时参考；第六章选编了较多设计题目，供教师选题时参考。

本书内容全面实用，便于自学，可供本科院校、专科院校、电大、职大等机械类专业学生作"机械制造技术基础课程设计""机械制造工艺课程设计""机械制造技术课程设计""机械制造基础课程设计"的教学用书以及毕业设计的参考书，也可供机械制造工程技术人员参考。

图书在版编目（CIP）数据

机械制造技术基础课程设计指南/崇凯主编. —2 版.
北京：化学工业出版社，2015.4 （2024.2重印）
高等学校教材
ISBN 978-7-122-23182-6

Ⅰ.①机…　Ⅱ.①崇…　Ⅲ.①机械制造工艺-课程设计-高等学校-教材　Ⅳ.①TH16-41

中国版本图书馆 CIP 数据核字（2015）第 043600 号

责任编辑：程树珍　李玉晖　　　　　　　　装帧设计：韩　飞
责任校对：王　静

出版发行：化学工业出版社（北京市东城区青年湖南街 13 号　邮政编码 100011）
印　　装：三河市延风印装有限公司
787mm×1092mm　1/16　印张 21　字数 559 千字　2024 年 2 月北京第 2 版第 10 次印刷

购书咨询：010-64518888　　　　　　　　售后服务：010-64518899
网　　址：http：//www.cip.com.cn

定　　价：38.00 元

前　言

　　本书自 2006 年 12 月出版后，已使用 8 年，深受读者广泛欢迎，并征得热心师生的宝贵意见和建议。在此期间，我国的相关标准在不断更新，用人单位对学生应用能力的要求不断提高，高等学校的教学改革也在不断深入，有鉴于此，特对本书作了如下内容的修订。

　　用新标准替换旧标准。书中多数图形中基准符号、表面粗糙度的标注已按最新注法修改，仍有一些图形保留原有注法，以便读者对新旧标准有所对照、逐步贯彻新标准，并在常用设计资料中补充了最新基准符号及最新表面粗糙度标注示例。

　　结合读者意见和建议，对全书内容作了审慎的梳理，删除了可有可无的内容，同时补充了一些必要的常用的内容。

　　对第一版中的部分内容作了改写。

　　本书修订后仍保持原书便于教学和严谨实用的特点，笔者结合切身的教学实际，从师生双方的角度上考虑，既便于教师组织教学，又力求便于学生自学，使本书成为学生不见面的老师。本书既是课程设计的指导书，又是工艺、夹具、机床、刀具等相关知识的系统复习、提炼和总结。

　　在此对使用本书的广大师生表示深深的谢意。若有不足之处，恳请批评指正。

编　者

2015 年 4 月

第一版前言

"机械制造技术基础课程设计"是机械类专业重要的实践教学环节，也是教学的薄弱环节。编写本指南，旨在加强对该课程设计的指导，培养学生设计机械加工工艺规程和机床专用夹具的工程实践能力，为学生搞好毕业设计、走上工作岗位打下基础。

本书结合江苏大学和江南大学长期积累的教学经验，总结教改情况、结合教学实际，列举学生常易出现的错误，注重设计中重点、难点的分析，按照设计步骤给学生以全程同步指导，可操作性强，便于自学；按照课程设计的进程收集了较多的常用设计资料并独立成章，减少了学生查找资料的困难，所选资料尽可能贯彻了最新标准。

全书共六章，第一章介绍机械制造技术基础课程设计的要求、内容、方法、步骤等方面的指导性内容；第二章为机械加工工艺规程设计；第三章为机床专用夹具设计；第四章为课程设计示例；第五章为常用设计资料，供学生设计时使用；第六章为设计题目选编，供教师选题时参考。学生使用本书时，首先详细阅读第一章概述，总体把握课程设计的要求、内容和步骤，具体方法可参考第二、第三、第四章，有关资料大多可从第五章查找，如此即可顺利完成课程设计任务。

本书内容丰富实用，可供高等院校本科、专科、电大、职大等机械类专业学生作"机械制造技术基础课程设计"教学用书，也可供机械制造工程技术人员参考。

本书由崇凯任主编，李楠、郭娟任副主编，参加编写的还有董小飞、刘羽、赵会芳、姜旭升、郭德响。全书由崇凯统稿，任乃飞主审。本书参阅了国内外相关的资料、文献和教材，在编写过程中，江苏大学、江南大学机械学院的领导和同仁给予了大力支持和帮助，常州拖拉机厂、江苏大学机电总厂提供图纸资料，在此一并表示诚挚的谢意！

由于时间仓促加之笔者水平有限，书中不足之处，恳请读者批评指正。

编　者

2006 年 11 月

目 录

第一章 概　　述

第一节　课程设计的目的

机械制造技术基础课程设计是在学完了机械制造技术基础课程、进行了生产实习之后的一个重要的实践教学环节。学生通过设计能获得综合运用过去所学过的全部课程进行机械制造工艺及结构设计的基本能力，为以后做好毕业设计、走上工作岗位进行一次综合训练和准备。它要求学生综合运用本课程及有关先修课程的理论和实践知识，进行零件加工工艺规程的设计和机床专用夹具的设计。其目的如下。

① 培养学生解决机械加工工艺问题的能力。通过课程设计，熟练运用机械制造技术基础课程中的基本理论以及在生产实习中学到的实践知识，正确地解决一个零件在加工中的定位、夹紧以及工艺路线安排、工艺尺寸确定等问题，保证零件的加工质量，初步具备设计一个中等复杂程度零件的工艺规程的能力。

② 提高结构设计能力。学生通过夹具设计的训练，能根据被加工零件的加工要求，运用夹具设计的基本原理和方法，学会拟定夹具设计方案，设计出高效、省力、经济合理而能保证加工质量的夹具，提高结构设计能力。

③ 培养学生熟悉并运用有关手册、规范、图表等技术资料的能力。

④ 进一步培养学生识图、制图、运算和编写技术文件等基本技能。

第二节　课程设计的要求

机械制造技术基础课程设计的题目一律定为：设计××零件的机械加工工艺规程及工艺装备。

零件图样、生产纲领、每日班次和生产条件是本次设计的主要原始资料，由指导教师提供给学生。零件复杂程度以中等为宜，生产纲领为中批或大批生产。

本次设计要求编制一个中等复杂程度零件的机械加工工艺规程，按照教师的指定，设计其中一道或两道工序的专用夹具，并撰写设计说明书。学生应像在工厂接受实际设计任务一样，认真对待本次设计，在老师的指导下，根据设计任务，合理安排时间和进度，认真地、有计划地按时完成设计任务，培养良好的工作作风。必须以负责任的态度对待自己所做的技术决定、数据和计算结果。注意理论与实践的结合，以期使整个设计在技术上是先进的，在经济上是合理的，在生产上是可行的。具体要求完成以下任务：

① 被加工零件的零件图　　　　　　　　　　　　　　　　1张
② 毛坯图　　　　　　　　　　　　　　　　　　　　　　1张
③ 机械加工工艺过程综合卡片　　　　　　　　　　　　　1张
（或机械加工工艺过程卡片和机械加工工序卡片　　　　　1套）
④ 夹具设计（装配图）　　　　　　　　　　　　　　　　1～2套
⑤ 夹具主要零件图（通常为夹具体）　　　　　　　　　　1张
⑥ 课程设计说明书　　　　　　　　　　　　　　　　　　1份

课程设计题目由指导教师选定，经系（教研室）主任审查签字后发给学生。

课程设计时间一般为 2～3 周，其进度及时间大致分配如下：

① 分析研究被加工零件，画零件图　　　　　　　　　　　约占 7%
② 工艺设计，画毛坯图，填写工艺文件　　　　　　　　　约占 25%
③ 夹具设计，画夹具装配图及夹具零件图　　　　　　　　约占 45%
④ 编写课程设计说明书　　　　　　　　　　　　　　　　约占 15%
⑤ 答辩　　　　　　　　　　　　　　　　　　　　　　　约占 8%

第三节　课程设计的内容及步骤

本设计内容分为机械加工工艺规程设计和机床专用夹具设计两大部分，设计步骤如下。

一、分析研究被加工零件，画零件图

学生接受设计任务后，应首先对被加工零件进行结构分析和工艺分析。其主要内容包括：

① 弄清零件的结构形状，明白哪些表面需要加工，哪些是主要加工表面，分析各加工表面的形状、尺寸、精度、表面粗糙度以及设计基准等；
② 明确零件在整个机器上的作用及工作条件；
③ 明确零件的材质、热处理及零件图上的技术要求；
④ 分析零件结构的工艺性，对各个加工表面制造的难易程度做到心中有数。

画被加工件零件图的目的是加深对上述问题的理解，并非机械地抄图，绘图过程应是分析认识零件的过程。零件图上如有遗漏、错误、工艺性差或不符合标准的地方，应提出修改意见，经指导教师认可后，在绘图时加以改正。学生应按机械制图国家标准仔细绘制，除特殊情况经指导教师同意外，均按 1:1 比例画出。零件图标题栏如图 1-1 所示。如果有条件，可以在计算机上对零件进行三维造型、创建二维工程图，然后打印，效果更佳。

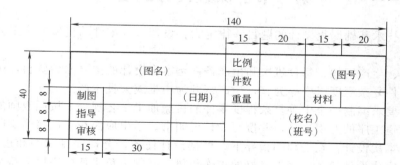

图 1-1　零件图标题栏格式

二、确定生产类型和工艺特征

根据产品大小和零件的生产纲领，明确生产类型是单件小批生产、中批生产，还是大批大量生产。

根据生产类型和生产条件，确定工艺的基本特征，如：工序是集中还是分散、是否采用专用机床或数控机床、是否需要用新工艺或特种工艺等。

三、选择毛坯种类及制造方法，确定毛坯尺寸，绘制毛坯图

毛坯分为铸件、锻件、焊接件、型材等，毛坯的选择应该以生产批量的大小、零件的复杂程度、加工表面及非加工表面的技术要求等几方面综合考虑。正确地选择毛坯的制造方

式，可以使整个工艺过程更加经济合理，故应慎重对待。其工作步骤为：

① 根据生产类型、零件结构、形状、尺寸、材料等选择毛坯种类和制造方式；

② 确定各加工表面的总余量（毛坯余量）及毛坯尺寸公差；

③ 绘制毛坯图。

四、选择加工方法，拟订工艺路线

对于比较复杂的零件，可以先考虑几个加工方案，分析比较后，从中选出比较合理的加工方案，需完成以下工作。

1. 选择定位基准

根据零件结构特点、技术要求及毛坯的具体情况，按照粗、精基准的选择原则来确定各工序合理的定位基准，当某工序的定位基准与设计基准不相符时，需对它的工序尺寸进行换算。定位基准选择对保证加工精度、确定加工顺序及工序数量的多少、夹具的结构都有重要影响。零件上的定位基准、夹紧部位和加工面三者要互相协调、全面考虑。

2. 选择表面加工方法

切削加工方法有车、钻、镗、铣、刨、磨、拉等多种，根据各表面的加工要求，先选定最终的加工方法，再由此向前确定各前续工序的加工方法。决定表面加工方法时还应考虑每种加工方法所能达到的经济加工精度和表面粗糙度。

3. 安排加工顺序，划分加工阶段，制订工艺路线

机械加工顺序的安排一般应：先粗后精，先面后孔，先主后次，基面先行，热处理按段穿插，检验按需安排。还需考虑工序的集中与分散等问题。

五、进行工序设计和工艺计算

1. 选择机床及工艺装备

机床是加工装备，工艺装备包括刀具、夹具、量具等，选择的总原则是根据生产类型与加工要求，使所选择的机床及工艺装备，既能保证加工质量又经济合理。中批生产条件下，通常采用通用机床加专用工具、夹具，大批大量生产条件下，多采用高效专用机床、组合机床流水线、自动线与随行夹具。

这时应认真查阅有关手册或实地调查，应将选定的机床或工装的有关参数记录下来，如机床型号、规格、工作台宽、T形槽尺寸；刀具形式、规格、与机床连接关系；夹具、专用刀具设计要求，与机床连接方式等，为后面填写工艺卡片和夹具设计做好必要准备，免得届时重复查阅。

2. 确定加工余量和工序尺寸

根据工艺路线的安排，要求逐道工序逐个表面地确定加工余量。其工序间的尺寸公差，按经济精度确定。一个表面的总加工余量，则为该表面各工序间加工余量之和。

在本设计中，对各加工表面的余量及公差，可直接从本书第五章或《机械制造工艺设计简明手册》中查得。

3. 选择各工序切削用量

在单件小批生产中，常不具体规定切削用量，而是由操作工人根据具体情况自己确定，以简化工艺文件。在成批大量生产中，则应科学地、严格地选择切削用量，以充分发挥高效率设备的潜力和作用。

对于本设计，在机床、刀具、加工余量等已确定的基础上，要求学生用公式计算 1～2 道工序的切削用量，其余各工序的切削用量可由本书第五章或《切削用量简明手册》中查得。

4. 计算时间定额

本次设计作为一种对时间定额确定方法的了解，可只确定 1～2 道工序的单件时间定额，

可采用查表法或计算法确定。

六、画工序简图，填写工艺文件

工艺文件的格式、内容、要求及工序简图的画法等问题详见第二章第四节。

七、设计专用夹具

要求学生设计为加工给定零件所必需的专用夹具 1～2 套。具体的设计项目可根据加工需要由学生本人提出并经指导教师同意后确定。所设计的夹具其零件数以 20～40 件为宜，即应具有中等以上的复杂程度。

夹具设计是工艺装备设计的一项重要工作，是工艺系统中最活跃的因素，是机械工程师必备的知识和技能，也是学生学习的薄弱环节，希望学生充分重视、认真训练。

首先应做好设计准备工作，收集原始资料，分析研究工序图，明确设计任务。专用夹具设计应根据零件工艺设计中相应工序所规定的内容和要求来进行，如工序名称、加工技术要求、机床型号、前后工序关系、定位基准、夹紧部位、同时加工零件数等。

夹具设计可分为拟订方案、绘制装配图、绘制专用零件图三个阶段进行。绘制装配图的具体步骤如下。

1. 布置图面

选择适当比例（尽可能 1:1），在图纸上用双点划线绘出被加工件各个视图的轮廓线及其主要表面（如定位基面、夹紧表面、本工序的加工表面等），各视图之间要留有足够空间，以便绘制夹具元件、标注尺寸、引出件号。

2. 设计定位元件

根据选好的定位基准确定出定位元件的类型、尺寸、空间位置及其详细结构，并将其绘制在相应的视图上（按与被加工件接触或配合的状态）。

3. 设计导向、对刀元件

在分析加工方法及工件被加工表面的基础上，确定出用于保证刀具和夹具相对位置的对刀元件类型（钻床夹具用导套、铣床夹具用对刀块）、结构、空间位置，并将其绘制在相应的位置上。

4. 设计夹紧元件

夹紧装置的结构与空间位置的选择取决于工件形状、工件在加工中的受力情况以及对夹具的生产率和经济性等要求，其复杂程度应与生产类型相适应。注意使用快卸结构。

5. 设计其他元件和装置

如定位夹紧元件的配套装置、辅助支承、分度转位装置等。

6. 设计夹具体

通过夹具体将定位元件、对刀元件、夹紧元件、其他元件等所有装置连接成一个整体。夹具体还用于保证夹具相对于机床的正确位置，铣夹具要有定位键、车夹具注意与主轴连接的结构设计、钻夹具注意钻模板的结构设计。

7. 画工序图

在装配图适当的位置上画上缩小比例的工序图，以便于审核、制造、装配、检验者在阅图时对照。

8. 标注

在装配图上标注尺寸、引出件号，确定技术条件及编制零件明细表。装配图标题栏及零件明细表格式如图 1-2 所示。

由上述可知，夹具装配图绘制就是围绕被加工件安装定位元件、对刀元件、夹紧元件及其他所有夹具元件的过程。

夹具装配图绘制完成后，还需绘制相应的专用零件图（通常为夹具体）。

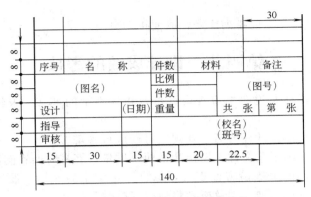

图 1-2 装配图标题栏及零件明细表格式

八、编写课程设计说明书

学生在完成上述全部工作之后，应将前述工作依先后顺序编写设计说明书一份。说明书应领取统一纸张书写或用 A4 纸打印，并装订成册。

说明书是课程设计的总结性文件。通过编写说明书，进一步培养学生分析、总结和表达的能力，巩固、深化在设计过程中所获得的知识，是本次设计工作的一个重要组成部分。

说明书应概括地介绍设计全貌，对设计中的各部分内容应作重点说明、分析论证及必要的计算。要求系统性好，条理清楚，图文并茂，充分表达自己的见解，力求避免抄书。文内公式、图表、数据等出处，应注明参考文献的序号。

说明书要求字迹工整、语言简练、文字通顺、图面清晰。

学生从设计一开始就应随时逐项记录设计内容、计算结果、分析意见和资料来源，以及教师的合理意见、自己的见解与结论等。每一设计阶段后，随即可整理、编写出有关部分的说明书，待全部设计结束后，只要稍加整理，便可装订成册。

说明书包括的内容如下。

① 目录。

② 设计任务书。

③ 序言。

④ 对零件的工艺分析，包括零件的作用、结构特点、结构工艺性、主要表面的技术要求分析等。

⑤ 工艺设计与计算：

ⅰ. 毛坯选择与毛坯图说明；

ⅱ. 工艺路线的确定（粗、精基准的选择，各表面加工方法的确定，工序集中与分散的考虑，工序顺序安排的原则，加工设备与工艺装备的选择，不同方案的分析比较等）；

ⅲ. 加工余量、切削用量、工时定额的确定（说明数据来源，计算教师指定工序的时间定额）；

ⅳ. 工序尺寸与公差的确定。

⑥ 夹具设计：

ⅰ. 设计思想与不同方案对比；

ⅱ. 定位分析与定位误差计算；

ⅲ. 对刀及导引装置设计；

ⅳ. 夹紧机构设计与夹紧力计算；

ⅴ. 夹具操作说明（也可和第ⅰ项合并进行）。

⑦ 设计心得体会。

⑧ 参考文献目录（文献前排列序号，以便正文引用）。

第四节　设计成绩的考核

课程设计的全部图样及说明书应有设计者及指导教师的签字。未经指导教师签字的设计，不能参加答辩。

学生在完成上述全部设计任务后，在规定日期进行答辩。

教师根据学生设计的工艺文件、图样和说明书质量，答辩时回答问题的情况，以及平时的工作态度、独立工作能力等诸方面表现，综合评定学生的成绩。设计成绩分为优秀、良好、中等、及格和不及格五种。不及格者将另行安排时间补做。

第二章 机械加工工艺规程设计

第一节 零件的分析与毛坯的设计

一、生产类型的确定

1. 生产纲领与生产节拍

生产纲领：企业根据市场需求和自身生产能力，在计划期内应当生产的合格产品产量和进度计划。计划期若为一年，生产纲领则为年产量。

零件的生产纲领可按下式计算：

$$N = Qn(1+\alpha)(1+\beta) \tag{2-1}$$

式中 Q——产品的年产量，台/年；

$\quad\quad n$——每台产品中该零件的数量，件/台；

$\quad\quad \alpha$——备件的百分率，%；

$\quad\quad \beta$——废品的百分率，%。

生产节拍：在大量生产中，生产连续两个产品之间的时间间隔称为节拍。即

$$\tau = \frac{T}{N}(\mathrm{min}) \tag{2-2}$$

式中 τ——节拍时间；

$\quad\quad T$——年时基数，一班生产 $T=2350\mathrm{h}$，二班生产 $T=4600\mathrm{h}$；

$\quad\quad N$—— T 时间内生产出来的产品数量。

2. 生产类型的确定

生产类型是指企业生产专业化程度的分类。主要根据产品的大小、结构复杂程度及生产纲领而确定。表 2-1 所列生产类型与生产纲领的关系，可供确定生产类型时参考。

表 2-1 生产类型与生产纲领的关系

生产类型		同类零件的年产量/件		
		重型(零件质量大于 2000kg)	中型(零件质量 100~2000kg)	轻型(零件质量小于 100kg)
单件生产		<5	<20	<100
成批生产	小批生产	5~100	20~200	100~500
	中批生产	100~300	200~500	500~5000
	大批生产	300~1000	500~5000	5000~50000
大量生产		>1000	>5000	>50000
产品代表		轧钢机	柴油机	缝纫机

生产类型不同，产品的制造工艺方法、所用的设备和工艺装备以及生产的组织均不相同。各种生产类型的工艺特征见表 2-2。

二、零件的工艺分析

零件的工艺分析，就是通过对零件图纸的分析研究，判断该零件的结构和技术要求是否

表 2-2 各种生产类型的工艺特征

特 点	类 型		
	单件生产	成批生产	大量生产
毛坯的制造方法及加工余量	铸件用木模手工造型,锻件用自由锻。毛坯精度低,加工余量大	部分铸件用金属模,部分锻件用模锻。毛坯精度中等,加工余量中等	铸件广泛采用金属模机器造型,锻件广泛采用模锻以及其他高生产率的毛坯制造方法。毛坯精度高,加工余量小
机床设备及其布置形式	采用通用机床。机床按类别和规格大小采用"机群式"排列布置	采用部分通用机床和部分高生产率机床。机床按加工零件类别分工段排列布置	广泛采用高生产率的专用机床及自动机床。机床设备按流水线形式排列布置
夹具	多用标准附件,很少采用专用夹具,靠划线及试切法达到尺寸精度	广泛采用夹具,部分靠划线法达到加工精度	广泛采用高生产率夹具,靠夹具及调整法达到加工精度
刀具与量具	采用通用刀具与万能量具	较多采用专用刀具及专用量具	广泛采用高生产率刀具和量具
对工人的要求	需要技术熟练的工人	需要一定技术熟练程度的工人	对操作工人的技术要求较低,对调整工人的技术要求较高
工艺文件	有简单的工艺路线卡	有工艺规程,对关键零件有详细的工艺规程	有详细的工艺文件
生产率	用传统加工方法,生产率低,采用数控机床可提高生产率	中等	高
发展趋势	采用成组工艺、数控机床、加工中心及柔性制造系统	采用成组工艺、数控机床、加工中心及柔性制造系统	采用自动化制造系统

合理,是否符合工艺性要求。找出主要技术要求和加工关键,研究零件加工过程中可能出现的问题及需要采取的措施,对图纸的完整性、技术要求的合理性提出意见,对不合理的部分提出修改意见,以便保证能用经济合理的方法制造出符合质量要求的零件。

1. 审查零件图纸

① 零件图的视图、尺寸、公差和技术要求是否齐全和正确;

② 零件图所规定的加工要求是否合理,如要求过高,应提出修改意见;

③ 零件图所采用的材料是否恰当,材料选择不当,可能使工艺过程安排发生问题。

2. 零件的结构工艺性分析

结构工艺性是指所设计的零件在保证使用性能的前提下,制造的可行性和经济性。不同的生产规模或具有不同生产条件的工厂,对零件的结构工艺性要求不同,在制造中必须全面考虑零件在各个生产阶段包括毛坯制造、机械加工、热处理以及装配等的结构工艺性。发现明显问题,应和指导老师商量,改进设计使其合理。

三、毛坯的选择与设计

毛坯的选择是制订工艺规程中的一项重要内容,选择不同的毛坯就会有不同的加工工艺,采用不同设备、工装,从而影响零件加工的生产率和成本。毛坯选择包括选择毛坯类型和确定毛坯制造方法两方面,应全面考虑机械加工成本和毛坯制造成本,以降低零件制造总成本。

1. 毛坯的种类

(1) 铸件 一般适用于形状较复杂、生产批量较大的零件,如床身、立柱等。铸件制造方法见表 2-3。

(2) 锻件 锻件是通过对处于固体状态下的材料进行锤击、锻打而改变尺寸、形状的一种加工方法。适用于强度要求较高、形状比较简单的零件毛坯。锻件制造方法见表 2-4。

表 2-3　铸件制造方法

分　类		特　点	适　用　场　合
砂型铸造	手工木模造型	制造精度低,易受潮变形,故铸件精度低,加工余量大	批量较小、精度较低的铸件
	机器造型	采用机械化代替手工操作,铸件精度和生产率有所提高,但需要一套造型设备,费用较高,且铸件重量受限制	一般用于中小尺寸的铸件
金属型铸造		采用金属铸型,其精度比砂型铸造的铸件高,表面质量和力学性能较好,而且有较高的生产率,但需要一套专用的金属铸型	大批大量生产中尺寸不大、结构不太复杂的有色金属铸件
离心铸造		铸件金属组织致密,力学性能好,其外圆表面质量与精度均较高,但内孔精度较低,需留出较大的余量	大批量生产的黑色金属、铜合金等旋转体铸件
压力铸造		铸件质量好,公差等级可达 IT12 级左右,表面粗糙度 $Ra0.4\sim3.2\mu m$,而且铸件上的各种螺纹孔、文字、花纹、图案均能铸出。压力铸造需要一套昂贵的设备和铸型	大批量生产中形状复杂、尺寸较小的有色金属铸件

表 2-4　锻件制造方法

分　类	按锻造时零件是否加热		按锻造时是否采用模具	
	热锻	冷锻	自由锻	模锻
特　点	材料加热到锻造温度后进行锻打成形的加工方法。锻件精度较低,且产生大量氧化皮,但锤击力较小	材料在室温下锻打成形,精度高,无氧化皮产生,但锤击力较大,需较大吨位的压力机	材料在锻打时由手工操作来控制其形状,这种锻件精度低,余量大,生产率不高,但不需要专用模具,成本也低	采用专用模具,利用锻锤或压力机产生的力使毛坯在模具内成形,其精度和表面质量均比自由锻好,余量也小,生产率高,但需要一套专用模具,增加了成本
适应场合			单件小批生产及大型锻件的生产	批量较大的中小型锻件

（3）冲压件　适用于中小尺寸的板料零件,一般可不再经过切削加工,用于成批大量生产。

（4）型材　利用钢铁厂生产的成形材料作为零件的毛坯。按型材截面形状,可分为圆钢、方钢、六角钢、异形钢管型材。按轧制方法,可分为冷拉与热轧型材。热轧型材的尺寸较大,精度低,用于做一般零件的毛坯。拉制型材的尺寸较小,精度较高,用于制造中小型零件。

（5）工程塑料　各种不同的塑料,可分别用来制造轴承、齿轮、螺钉、螺母、填料和衬套皮带轮等机械零件。重量轻、化学稳定性好、电气绝缘性好、有优良的耐磨性和自润滑性并有与钢相近的强度,是具有广阔前途的机械工程材料。

（6）组合件　把铸件、锻件、型材或经过局部机械加工的半成品组合在一起作为零件的毛坯,如焊接的床身、箱体等。

2. 毛坯的结构工艺性

结构符合各种毛坯制造方法和工艺要求,避免因结构设计不良造成的毛坯缺陷,使毛坯制造工艺简单、操作方便、延长模具的寿命,有利于机械加工。

① 毛坯的结构形状应尽可能简单,壁厚不能太薄,要有利于金属的流动,减少不必要的分型面,使模具设计简单,延长模具的使用寿命。

② 毛坯的结构形状应有一定的起模斜度和圆角,避免不必要的凸台,有利于起模,避

免起模时造成毛坯缺陷。

③ 毛坯的形状应尽可能对称，壁厚要均匀，不能阻碍材料的流动与收缩，尽可能减少毛坯的收缩变形。

3. 毛坯选择的依据

毛坯的选择既影响到毛坯制造工艺又影响到机械加工工艺，要根据零件生产纲领、材料的工艺特性及零件对材料性能的要求和零件的结构等因素而定。

（1）生产纲领的大小　当零件生产纲领较大时，应采用精度与生产率都比较高的毛坯制造方法，以便减少材料消耗和机械加工费用。当零件产量较小时，应选用精度和生产率较低的毛坯制造方法，如自由锻造锻件和手工造型铸件等。

（2）零件材料及对材料组织和性能的要求　例如，材料为铸铁与青铜的零件，一般应选择铸件毛坯，重要的钢质零件，为保证良好的力学性能，不论结构形状简单或复杂，均不宜直接选取轧制型材，而应选用锻件毛坯。

材料的工艺特性是指材料的可铸性、可塑性及可焊性。

① 低碳钢具有良好的可焊性，可用于电焊连接。

② 铸铁、青铜、铝等材料具有良好的可铸性，可用于铸件，但可塑性较差，不宜作锻件。

③ 钢质材料，如需要有良好的力学性能时，不论其形状简单还是复杂，均宜采用锻件，对强度要求很高的铸件，也可采用铸钢替代。

④ 对形状较复杂而且以受压为主的床身、轴承座盖等零件，宜采用铸铁件。此外，铸铁件还具有较好的切削性能及自润滑性。

（3）零件的结构形状及外形尺寸　台阶直径相差不大的阶梯轴，可直接选取圆棒料（力学性能无特殊要求），直径相差较大时，为减少材料消耗和机械加工劳动量，则宜选择锻件毛坯。一些非旋转体的板条形钢质零件，多为锻件。尺寸大的零件，目前只能选取毛坯精度和生产率都比较低的自由锻造和砂型铸造，而中小型零件，则可选用模锻、精锻、熔模铸造及压力铸造等先进的毛坯制造方法。

（4）现有生产条件　选择毛坯时，要考虑毛坯制造的实际水平、生产能力、设备情况及外协的可能性和经济性。

4. 毛坯尺寸公差与机械加工余量的确定

毛坯余量指某一表面毛坯尺寸与零件设计尺寸之差，亦称毛坯总余量，包括毛坯的尺寸公差与机械加工余量。最常用的铸件和锻件毛坯的尺寸公差与机械加工余量已有国家标准（参见第五章），按照标准即可确定。本书第四章是锻件的例子，这里举例说明铸件毛坯的尺寸公差与加工余量的确定方法。

例　图 2-1 中的支座，材料为 HT200，大批量生产，试确定各加工表面的尺寸公差与加工余量。

解　按第五章第一节《铸件尺寸公差与机械加工余量》（摘自 GB/T 6414—1999）确定，步骤如下：

① 求最大轮廓尺寸。根据零件图计算轮廓尺寸，长 140mm，宽 50mm，高 100mm，故最大轮廓尺寸为 140mm。

② 选取公差等级 CT。由表 5-1，铸造方法按机器造型、铸件材料按灰铸铁，得公差等级 CT 范围 8～12 级，取为 10 级。

③ 求铸件尺寸公差。根据加工面的基本尺寸和铸件公差等级 CT，由表 5-3 查得，公差带相对于基本尺寸对称分布。

④ 求机械加工余量等级。由表 5-5，铸造方法按机器造型、铸件材料按灰铸铁，得机械加工余量等级范围 E～G 级，取为 F 级。

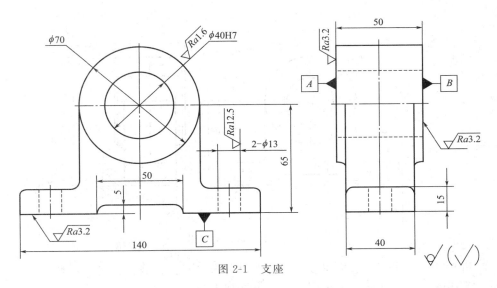

图 2-1 支座

⑤ 求 RMA（要求的机械加工余量）。对所有加工表面取同一个数值，由表 5-4 查最大轮廓尺寸为 140mm、机械加工余量等级为 F 级，得 RMA 数值为 1.5mm。

⑥ 求毛坯基本尺寸。2×ϕ13 孔较小，铸成实心；A 面、B 面属双侧加工，应由式（5-2）求出，即

$$R=F+2RMA+CT/2=50+2\times1.5+2.8/2=54.4 \text{（mm）}$$

ϕ40H7 孔属内腔加工，应由式（5-3）求出，即

$$R=F-2RMA-CT/2=40-2\times1.5-2.6/2=35.7 \text{（mm）}$$

C 面为单侧加工，毛坯基本尺寸由式（5-1）求出，即

$$R=F+RMA+CT/2=65+1.5+3.2/2=68.1 \text{（mm）}$$

支座铸件毛坯尺寸公差与加工余量见表 2-5。

表 2-5 支座铸件毛坯尺寸公差与加工余量

项　目	A 面、B 面	ϕ40H7 孔	C 面	2×ϕ13 孔
公差等级 CT	10	10	10	—
加工面基本尺寸	50	40	65	—
铸件尺寸公差	2.8	2.6	3.2	—
机械加工余量等级	F	F	F	—
RMA	1.5	1.5	1.5	—
毛坯基本尺寸	54.4	35.7	68.1	0

5. 毛坯图的绘制

（1）毛坯图的表示　毛坯总余量确定以后，便可绘制毛坯图。图 2-2 为上例中的支座铸件毛坯图，其表示方法如下。

① 实线表示毛坯表面轮廓，以双点划线表示经切削加工后的表面，在剖视图上可用交叉线表示加工余量。

② 毛坯图上的尺寸值包括加工余量在内。可在毛坯图上注明成品尺寸（基本尺寸）但应加括号，如图 2-2 中的（ϕ40H7）。

③ 在毛坯图上可用符号表示出机械加工工序的基准。

④ 在毛坯图上注有零件检验的主要尺寸及其公差，次要尺寸可不标注公差。

⑤ 在毛坯图上注有材料规格及必要的技术要求。如材料及规格、毛坯精度、热处理及

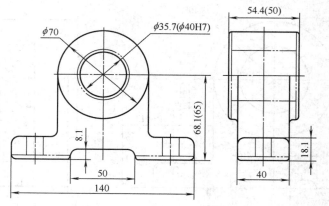

图 2-2　支座铸件毛坯图

硬度、圆角半径、分模面、起模斜度、内部质量要求（气孔、缩孔、夹砂）等。

（2）毛坯图的绘制方法　毛坯图的绘制方法如下。

① 用粗实线表示毛坯表面形状，以双点划线表示经切削加工后的表面。

② 用双点划线画出经简化了次要细节的零件图的主要视图，将确定的加工余量叠加在各相应被加工表面上，即得到毛坯轮廓，用粗实线表示。注意画出某些特殊余量，例如热处理工艺夹头、机械加工用的工艺搭子等。比例1:1。

③ 和一般零件图一样，为表达清楚某些内部结构，可画出必要的剖视图、剖面图。对于由实体上加工出来的槽和孔，不必专门剖切，因为毛坯图只要求表达清楚毛坯的结构。

第二节　工艺路线的拟定

拟定零件加工工艺路线，是零件加工的总体方案设计，是制定工艺规程中的关键性工作。拟定工艺路线所涉及的问题主要是选择定位基准、选择各表面加工方法、安排加工顺序和组合工序，以及选择各工序所用的机床和工艺装备等。对比较复杂的零件，应多设想几种工艺方案，进行分析比较后，从中选择一个比较经济合理的加工方案。

一、定位基准的选择

定位基准的选择在工艺规程制定中直接影响到工序数目、各表面加工顺序、夹具结构及零件的精度。

定位基准分粗基准和精基准，用毛坯上未经加工的表面作为定位基准称为粗基准，使用经过加工的表面作定位基准称为精基准。在制定工艺规程时，先进行精基准的选择，保证各加工表面按图纸要求加工出来，再考虑用什么样的粗基准来加工精基准。

1. 粗基准的选择原则

① 为保证加工表面与不加工表面之间的位置精度，则应以不加工表面为粗基准。若工件上有多个不加工表面，应选其中与加工表面位置精度要求高的表面为粗基准。

② 为保证工件某重要表面的余量均匀，应选重要表面为粗基准。

③ 应尽可能选光滑平整，无飞边、浇口、冒口或其他缺陷的表面为粗基准，以便定位准确，夹紧可靠。

④ 粗基准一般只在头道工序中使用一次，应尽量避免重复使用。

2. 精基准的选择原则

（1）"基准重合"原则　应尽量选择加工表面的设计基准为定位基准，避免基准不重合引起的定位误差。

（2）"基准统一"原则　尽可能在多数工序中采用同一组精基准定位，以保证各表面的位置精度，避免因基准变换产生的误差，简化夹具设计与制造。

（3）"自为基准"原则　某些精加工和光整加工工序要求加工余量小而均匀，应选该加工表面本身为精基准，该表面与其他表面之间的位置精度由先行工序保证。

（4）"互为基准"原则　当两个表面相互位置精度及自身尺寸、形状精度都要求较高时，可采用"互为基准"方法，反复加工。

（5）可靠方便原则　所选的精基准，应能保证定位准确、夹紧可靠、夹具简单、操作方便。

二、表面加工方法和加工方案的选择

1. 选择表面加工方法的依据

① 首先要根据每个加工表面的技术要求，确定加工方法及分几次加工。各种加工方法所能达到的经济精度和表面粗糙度见第五章第二节。加工表面的技术要求是决定表面加工方法最重要的因素之一，除了考虑图纸要求外，还要考虑因基准选择而提出的更高要求。一般先定出表面的最终加工方法，然后依次向前选定前道工序的加工方法。

② 要考虑工件材料的性质。例如：淬火钢必须用磨削的方法加工，而有色金属一般采用金刚镗或高速精车的方法进行精加工，不宜磨削。

③ 要考虑生产类型，即要考虑生产率和经济性的问题。在大批大量生产中可采用高效专用设备和专用工艺装备加工。在单件小批生产中采用一般的加工方法，使用万能机床和通用工艺装备。

④ 要结合现场条件。如设备精度状况、设备负荷情况以及工人技术操作水平等。

2. 典型表面加工方案及其加工的经济精度和表面粗糙度

见第五章第二节表 5-18～表 5-33。

三、零件各表面加工顺序的确定

1. 机械加工工序顺序的安排原则

（1）"先基面后其他"　前面工序为后面工序准备好定位基准，因此第一道工序总是先把精基准加工出来。

（2）"先主后次"　先安排主要表面（指装配基面、工作表面等），后安排次要表面（指键槽、螺钉孔等），但要放在最终精加工和光整加工之前。

（3）"先粗后精"　主要表面的粗、精加工要分开，按照粗加工——半精加工——精加工——光整加工顺序安排工序。

（4）"先面后孔"　由于平面定位比较稳定，装夹方便，一般零件多选用平面为精基准，因此总是先加工平面后加工孔。但有些零件平面小，不方便定位，则应先加工孔。

2. 加工阶段的划分

按加工性质和目的不同，工艺过程一般可划分为粗加工、半精加工、精加工和光整加工四个阶段。划分的原因是：

① 保证加工质量，粗精分开，有利于减少力和热对精加工的影响；

② 及早发现毛坯缺陷；

③ 便于安排热处理工序；

④ 合理使用机床。

下列情况可不划分加工阶段：

① 加工精度要求不高、刚性足够；

② 加工余量不大的工件；

③ 装夹、运输不便的重型零件。

3. 工序的组合

组合工序有两个不同的原则，即工序集中原则与工序分散原则。工序集中与分散各有特点，见表2-6。

表2-6 工序集中与工序分散的比较

特点	工序数目	序内工步数目	机床设备数目	生产面积	生产效率	工人技术要求	制造成本	切削用量选择	更换新产品	适 用 范 围
工序集中	少	多	少	小	较高	高	较低	较差	难	单件、成批生产；使用多刀、多轴高效机床；重型零件
工序分散	多	少	多	大	较低	低	较高	合理	易	流水线大量生产；刚性差、精度高的精密零件

工序集中或分散的程度，即工序数目的多少，主要取决于生产类型、机床设备、零件结构和技术要求等。究竟按何种原则确定工序数量，需要作综合分析，可从以下几方面考虑。

（1）生产类型 单件小批生产中，为简化生产流程，缩短在制品生产周期，减少工艺装备，应采用工序集中原则。大批大量生产中，若使用多刀多轴的自动机床、加工中心，可按工序集中组织生产；若使用由专用机床和专用工艺装备组成的生产线，则应按工序分散的原则组织生产，这有利于专用设备和专用工装的结构简化和按节拍组织流水生产。成批生产时，两种原则均可采用，具体采用何种为佳，则需视其他条件（如零件的技术要求、工厂的生产条件等）而定。

（2）零件的结构、大小和质量 对于尺寸和质量较大、形状又很复杂的零件，应采用工序集中的原则，以减少安装与运送次数。对于刚性差且精度高的精密工件，为减少夹紧和加工中的变形，则工序应适当分散。

（3）零件的技术要求及现场的条件 零件上有技术要求高的表面，需采用高精度的设备来保证质量时，可采用工序分散的原则。对采用数控加工的零件，应考虑如何减少装夹次数，尽量在一次定位装夹下加工出全部待加工表面，应采用工序集中的原则。

由于生产需求的多变性，对生产过程的柔性要求越来越高，工序集中将越来越成为生产的主流方式。

4. 热处理工序及表面处理工序的安排

机械零件中常用的热处理工艺有退火、正火、调质、时效、渗氮等。热处理工序在工艺过程中的安排是否恰当，是影响零件加工质量和材料使用性能的重要因素。热处理的方法、次数和在工艺过程中的位置，应根据材料和热处理的目的而定。某些表面还需作电镀、涂层、发蓝、氧化等处理。热处理工序的安排见表2-7。

表2-7 热处理工序的安排

热处理种类、名称	预备热处理 退火、正火、调质等	表面处理 电镀、涂层、发蓝、氧化等	时效处理 人工时效、自然时效	最终热处理	
				淬火、淬火回火、渗碳、冰冷处理	氮化
热处理目的	改善材料加工性能	提高表面耐磨性、耐腐蚀性、美观	消除内应力	提高材料硬度和耐磨性	
热处理工序安排	机械加工之前	工艺过程最后	粗加工前或后	半精加工之后精加工之前	精加工之后

5. 辅助工序的安排

辅助工序是指不直接加工，也不改变工件的尺寸和性能的工序，它对保证加工质量起着重要的作用，在工艺路线中也占有相当的比例。一般有检验、去毛刺、倒棱、去磁、清洗等，其中检验工序是主要的辅助工序。

（1）检验工序　除各工序安排自检外，下列场合可单独安排检验工序：粗加工全部结束后；重要工序前后；零件从一个车间转到另一个车间时；零件全部加工结束后。特种检验的安排，如用于检验工件内部质量的超声波检验、X射线检查，一般安排在机械加工开始阶段进行。用于检验工件表面质量的磁力探伤、荧光检验，通常安排在精加工阶段进行。

（2）去毛刺及清洗　毛刺对机器装配质量影响甚大，切削加工之后，应安排去毛刺工序。装配零件之前，一般都安排清洗工序。工件内孔、箱体内腔容易存留切屑，研磨、珩磨等光整加工工序之后，微小磨粒易附着在工件表面上，也需要清洗。

（3）特殊需要的工序　在用磁力夹紧工件的工序之后，例如，在平面磨床上用电磁吸盘夹紧工件，要安排去磁工序，不让带有剩磁的工件进入装配线。平衡试验、检查渗漏等工序应安排在精加工之后进行。其他特殊要求，应根据设计图样上的规定，安排在相应的位置。

6. 数控加工工序的安排

数控加工在多品种、小批量生产情况下，能获得较高的经济效益，特别适合于轮廓形状复杂的曲线或曲面零件，有大量孔、槽加工的箱体、棱体零件。零件从毛坯到成品的整个工艺流程中，可根据零件加工精度要求及加工内容的需要，穿插数控加工工艺。在进行零件工艺分析的同时，可确定采用数控加工的内容，编制数控加工工艺过程。由于数控加工的控制方式、加工方法的特殊性，除具有普通机械加工工艺共性外，还需注意以下几点。

（1）工序的划分　数控加工一般采用工序集中的方法，由于零件的形状复杂，加工内容多，质量要求高，难度大，划分工序以适应数控加工的编程、操作和管理的要求，视零件的结构、工艺性、机床功能、数控加工内容的多少、安装次数及本单位的生产组织状况而定。

① 以一次安装的加工作为一道工序，适用于加工内容不多的工件，加工完后就能达到待检状态。

② 以同一把刀具的加工内容划分工序，适用于一次装夹的加工内容很多、程序很长的工件。

③ 以加工部位划分工序，适用于加工内容很多的工件，可按零件结构特点，将加工部位划分成几个部分，如平面、内形、外形或曲面等，每一部位的加工内容作为一道工序。

④ 以粗精加工划分工序，对易发生变形的工件，应把粗精加工分在不同的工序中进行。

（2）数控加工顺序安排　加工顺序主要根据零件的结构特点、加工精度、表面质量及设备、工装与刀具的要求而定。

① 上道工序的加工不影响下道工序的装夹。

② 先内型内腔的加工工序，后外形的加工工序。

③ 以相同装夹方式或同一把刀具加工的工序尽可能采用集中的连续加工，减少重复定位误差，减少重复装夹、更换刀具等辅助时间。

④ 在一次装夹进行多道工序加工中，应先安排对工件刚性破坏较少的工序，以减少工件的加工变形。

（3）进给路线的选择　进给路线是指在数控加工中刀具刀位点相对工件运动的轨迹与方向。进给路线反映了工步加工内容及工序安排的顺序，是编写程序的重要依据。合理的进给路线是在保证零件的加工精度及表面粗糙度的前提下，尽可能使数值计算简单、编程量小、程序段少、进给路线短、空程量最少的高效率路线。

影响进给路线的因素有：工件材料、余量、精度、表面粗糙度、机床类型、刀具的耐用度及工艺系统的刚度等。

· 点位控制数控机床的进给路线，应使刀具各定位点间的路线最短，严格控制刀具相对工件的切入和切出的空行程量。

轮廓控制数控机床，在保证零件加工精度和表面粗糙度的前提下，进给路线最短，零件最终轮廓需连续加工，合理设计切入、切出程序段，避免切削过程中的停顿而使轮廓表面留下刀痕，尽可能采用顺铣加工，选择加工后变形最小的进给路线。

四、机床及工艺装备的选择

机床及工艺装备的选择是制定工艺规程的一项重要工作，它不但直接影响工件的加工质量，而且还影响工件的加工效率和制造成本。本书结合机械类专业课程设计的特点，在第五章中选录了常用机床、刀具、量具和夹具等的主要参数以供选用，本章只介绍选择的基本原则和注意事项。

1. 机床选择的基本原则

① 机床的加工尺寸范围应与零件的外廓尺寸相适应；

② 机床的精度应与工序要求的精度相适应；

③ 机床的功率应与工序要求的功率相适应；

④ 机床的生产率应与工件的生产类型相适应；

⑤ 还应与现有设备条件相适应（设备类型、规格及精度状况、设备负荷状况及设备分布排列情况等），如果没有相应设备可供选择时，便需改装设备或设计专用机床。

2. 夹具的选择

单件小批生产中，应尽量选用通用夹具，为提高生产率可应用组合夹具。在大批大量生产中，应采用高效的气动、液动专用夹具。夹具的精度应与加工精度相适应。数控加工使用夹具大多比较简单，尽可能选用组合可调夹具，一般不用钻模，常常先用大钻头或中心钻锪定心坑，然后再用钻头钻孔。

3. 刀具的选择

刀具的选择主要取决于工序所采用的加工方法、加工表面的尺寸、工件材料、所要求的精度及表面粗糙度、生产率及经济性等。在选择时应尽可能采用标准刀具，必要时可采用复合刀具和其他专用刀具。数控加工费用高，对刀具要求较高，尽量选用可转位硬质合金刀片，或选用涂层刀具提高耐磨性，或采用金刚石、立方氮化硼性能更好的刀具。

4. 量具的选择

量具主要根据生产类型和所检验的精度来选择。在单件小批生产中应采用通用量具（卡尺、百分表等）。在大批大量生产中则采用各种量规和一些高生产率的专用检具。

第三节　工艺计算

一、机械加工余量的计算与确定

1. 机械加工余量的概念

总加工余量——在由毛坯变为成品的过程中，工件加工表面上切除的金属层的总厚度，即本章第一节述及的毛坯余量。用 Z_0 表示。

工序加工余量——完成某一工序时，从某一表面上所切除的金属层厚度。用 Z_{bi} 表示。

工序加工余量与工序公差密切相关。在生产中规定工序公差带按"入体"方向标注，即对于被包容面（如轴、键等），工序公差带都取上偏差为零，加工后的基本尺寸与最大极限尺寸相等，对于包容面（如孔、键槽等），工序公差带都取下偏差为零，基本尺寸与最小极限尺寸相等。但要注意，毛坯尺寸的制造公差常取双向布置，如图 2-3 所示。

由图可知，总加工余量等于各工序加工余量之和，即

$$Z_0 = Z_{b1} + Z_{b2} + Z_{b3} + \cdots\cdots$$

(2-3)

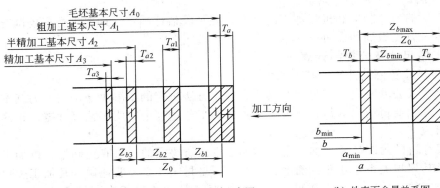

(a) 外表面加工余量工序尺寸和公差分布图　　　(b) 外表面余量关系图

图 2-3　外表面加工

对于被包容面：

工序加工余量（Z_b）＝上工序基本尺寸（a）－本工序基本尺寸（b）；

最大工序加工余量（$Z_{b\max}$）＝上工序最大极限尺寸（$a_{\max}$）－本工序最小极限尺寸（$b_{\min}$）；

最小工序加工余量（$Z_{b\min}$）＝上工序最小极限尺寸（$a_{\min}$）－本工序最大极限尺寸（$b_{\max}$）。

对于包容面：

工序加工余量（Z_b）＝本工序基本尺寸（b）－上工序基本尺寸（a）；

最大工序加工余量（$Z_{b\max}$）＝本工序最大极限尺寸（$b_{\max}$）－上工序最小极限尺寸（$a_{\min}$）；

最小工序加工余量（$Z_{b\min}$）＝本工序最小极限尺寸（$b_{\min}$）－上工序最大极限尺寸（$a_{\max}$）。

加工余量的大小对制订工艺过程有重要的影响。因此正确选择机械加工余量是非常重要的。一般有三种方法：计算法、查表法和估计法。

2. 计算法确定机械加工余量

首先分析影响加工余量的因素，分别计算各项因素，再合成为工序的加工余量。影响加工余量的因素主要有：

①上道工序加工的尺寸公差 T_a；

②上工序的表面粗糙度 Ra；

③上工序的表面破坏层 $T_{缺}$；

④上工序的空间偏差 ρ_a；

⑤本工序的安装误差 ε_b。

双边对称余量：$2Z_b \geqslant T_a + 2|Ra + T_{缺}| + 2|\overline{\rho_a + \varepsilon_b}|$

单边余量：$Z_b \geqslant T_a + |Ra + T_{缺}| + |\overline{\rho_a + \varepsilon_b}|$

计算加工余量时要考虑具体加工情况。如无心磨外圆柱表面时不存在安装误差，ε_b 可以从公式中除掉。用浮动铰刀铰孔及拉孔时，可从公式中除掉空间偏差 ρ_a 和安装误差 ε_b。超精加工和抛光时，主要是减少表面粗糙度，加工余量只计及上工序表面粗糙度 Ra 即可。

计算法在生产中虽然用得很少，但进行工艺设计时，选择 1～2 个表面用计算法确定加工余量进行基本训练还是必要的。

3. 查表法确定机械加工余量

毛坯的机械加工余量（总余量）查本书第五章第一节。

工序机械加工（半精加工和精加工）余量查本书第五章第三节。粗加工余量由毛坯余量减去半精加工和精加工余量而得到。

4. 估计法确定机械加工余量

根据工厂的毛坯制造和机械加工的水平，凭经验估计确定。这要进行现场调查或做一定的统计分析，方能做到切实可行。

二、工序尺寸及公差的计算

1. 工序尺寸及公差计算的基本原理

工序尺寸及公差是由工艺过程及具体的加工方法决定的。解决这个问题的基本原理是工艺尺寸链原理。值得指出的是，要善于从具体的工艺过程中查明工艺尺寸链，正确地确定其封闭环和组成环。

工艺尺寸链的封闭环是由加工过程和加工方法所决定的。只有正确地分析加工中获得误差的方式及其累积关系，才能正确地决定哪一环是封闭环。一般地说，凡加工过程中间接获得（或保证）的尺寸，就是工艺尺寸链的封闭环。凡加工过程中直接获得（或保证）的尺寸，就是工艺尺寸链的组成环。因此，工序余量一般是间接形成的，是封闭环。但在实际生产中，也有控制工序余量的加工方法，这时工序余量是直接保证的，是组成环，而不是封闭环。

工艺尺寸链的组成环大多数情况下是中间工序尺寸，其公差数值可根据加工方法和经济精度查表 5-18～表 5-33，或凭经验估计确定。

工艺尺寸链的分析计算，一般情况下应用"极值法"解算。当所计算的工序尺寸公差偏严而感到不经济时，又是大批量生产，才应用概率法解算。

2. 同一表面经多次加工，且定位基准不变换时工序尺寸的计算

确定各工序余量和所能达到的经济精度，直接计算工序尺寸，不必使用尺寸链。计算顺序是由最后一道工序开始往前推算的。

各工序的工序尺寸与公差可按下列步骤进行：

① 由查表法确定某一被加工表面各加工工序的加工余量（参见本书第五章）；

② 计算各工序的基本尺寸，从终加工工序开始，即从设计尺寸开始，到第一道加工工序，逐次加上（对被包容面）或减去（对包容面）每道加工工序的基本余量，便可得到各工序的基本尺寸（包括毛坯尺寸）；

③ 确定各工序尺寸公差及其偏差，除终加工工序外，根据各工序所采用的加工方法及其经济加工精度，确定各工序的工序尺寸公差（终加工工序的公差按设计要求确定），并按"入体原则"标注工序尺寸公差。

例 某工件上有一个孔，孔径 $\phi 60^{+0.03}_{0}$ mm，粗糙度 $Ra0.8\mu m$，需淬硬。工艺上考虑需经过粗镗、精镗和磨削加工。试用查表法确定加工余量及各道工序尺寸与公差。

解 首先，按查表法确定各道工序余量及毛坯总余量如下。

磨削加工余量 0.5mm　　粗镗加工余量 3.5mm

精镗加工余量 1.0mm　　毛坯总余量 5mm

其次，计算各工序尺寸：

磨削后孔径应达到图纸规定尺寸，故磨削工序尺寸即图纸上的尺寸 $D_3 = \phi 60^{+0.03}_{0}$ mm。

精镗后的孔径基本尺寸 $D_2 = 60 - 0.5 = 59.5$ （mm）

粗镗后的孔径基本尺寸 $D_1 = 59.5 - 1.0 = 58.5$ （mm）

毛坯孔径基本尺寸 $D_0 = 58.5 - 3.5 = 55$ （mm）

最后，按照加工方法能达到的经济精度给各工序尺寸确定公差：

磨前精镗取 IT11 级，查表得 $T_2 = 0.19$mm

粗镗孔取 IT12 级，查表得 $T_1 = 0.3$mm

毛坯公差 $T_0 = \pm 2$mm

按规定，各工序尺寸的公差应取"入体"方向，则各工序尺寸及其公差如图 2-4 所示。

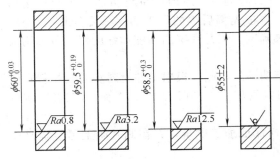

图 2-4　孔加工工序尺寸及公差

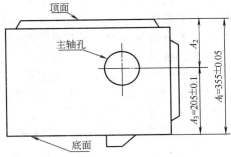

图 2-5　基准不重合时工序尺寸的计算

3. 基准不重合时工序尺寸的计算

当基准不重合时，需根据尺寸链原理进行一定的尺寸换算，计算举例如下。

例　在大批生产时，镗削床头箱主轴孔时以箱体顶面及其顶面上的两销孔作为定位基准，间接保证尺寸 $A_3 = (205 \pm 0.1)$ mm，试求镗主轴孔时的工序尺寸 A_2（图 2-5）。

解　首先根据工艺过程及尺寸链原理分析确定 A_3 为封闭环，A_1 及 A_2 为组成环，A_1 为增环，A_2 为减环，构成一个三环尺寸链，然后用尺寸链基本公式求出工序尺寸 A_2：

$$A_3 = \overrightarrow{A_1} - \overleftarrow{A_2}$$

$$\overleftarrow{A_2} = \overrightarrow{A_1} - A_3 = 355 - 205 = 150 \text{（mm）}$$

$$\text{ES}A_3 = \text{ES}\overrightarrow{A_1} - \text{ei}\overleftarrow{A_2}$$

$$\text{ei}\overleftarrow{A_2} = \text{ES}\overrightarrow{A_1} - \text{ES}A_3 = 0.05 - 0.1 = -0.05 \text{（mm）}$$

$$\text{ei}A_3 = \text{ei}\overrightarrow{A_1} - \text{ES}\overleftarrow{A_2}$$

$$\text{ES}\overleftarrow{A_2} = \text{ei}\overrightarrow{A_1} - \text{ei}A_3 = -0.05 - (-0.1) = 0.05 \text{（mm）}$$

即所求工序尺寸

$$A_2 = (150 \pm 0.05) \text{ mm}$$

三、切削用量的选择

切削用量指切削速度 v_c、进给量 f 和背吃刀量 a_p 三个参数，称为切削用量三要素。切削用量的选择，对生产率、加工成本和加工质量均有重要影响。合理的切削用量是指在保证加工质量的前提下，能取得较高生产率和较低成本的切削用量。约束切削用量选择的主要条件有：工件的加工要求，包括加工质量和生产率要求；刀具材料的切削性能；机床性能，包括动力特性（功率、转矩）和运动特性；刀具寿命要求。

1. 切削用量的选择原则与步骤

制订切削用量，就是要在已经选择好刀具类型、材料和几何角度的基础上，合理确定刀具的切削速度 v_c、进给量 f 和背吃刀量 a_p。

选择切削用量的基本原则和步骤是：首先选择尽可能大的背吃刀量 a_p；其次根据机床进给机构强度、刀杆刚度等限制条件（粗加工时）或已加工表面粗糙度要求（精加工时），选取尽可能大的进给量 f；最后通过查表或计算确定切削速度 v_c。

需要强调的是：不同的加工性质，对切削加工的要求是不一样的，在选择切削用量时的侧重点也有所不同。

① 粗加工切削用量的选择原则是，尽量保证较高的金属切除率和必要的刀具耐用度，故优先考虑采用最大的背吃刀量 a_p，其次考虑采用大的进给量 f，最后才根据刀具耐用度的要求选定合理的切削速度 v_c。

粗加工时背吃刀量应根据工件的加工余量和由机床、刀具、夹具及工件组成的工艺系统刚度来确定。在保留半精加工、精加工必要余量的前提下，应当尽量将粗加工余量一次切掉。如果粗加工余量太大，不能一次切去时，也应按先多后少的不等切削深度分几次切除。粗加工的进给量应根据工艺系统的刚度和强度来确定。工艺系统的刚度和强度好，可选用大一些的进给量，反之，可适当减少。

粗加工的切削速度主要受刀具耐用度和机床功率的限制。根据工件材料和刀具材料在已选定的 a_p 和 f 基础上使切削速度达到规定的刀具耐用度。同时使 a_p、f 和 v_c 三者决定的切削功率不超过机床的使用功率。

② 选择精加工的切削用量时应着重考虑如何保证加工质量，并在此基础上尽量提高切削效率。

精加工的背吃刀量应根据机械加工余量表格查出的余量确定。

精加工的进给量应按表面粗糙度的要求选择。表面粗糙度 Ra 值要求小时，应选较小的 f，但也有一定限度，过小时反而使表面粗糙。

在保证合理刀具耐用度的前提下，应选取尽可能高的切削速度。

③ 多刀切削时，为使各种刀具有较合理的切削用量，一般按各类刀具选择较合理的转速及每转进给量，然后用拼凑法进行适当的调整，使各种刀具的每分钟进给量一致。

④ 复合刀具的切削用量按复合刀具最小直径的每转进给量来选择，以使小直径刀具有足够的强度，切削速度按复合刀具最大的半径选择，以使大半径刀具有一定的耐用度。如钻铰复合刀具，进给量按钻头选择，切削速度按铰刀选择。

2. 切削用量的选择方法

无论哪一种切削用量的选择都需要了解以下情况：工件材料、强度或硬度；工件加工部位的尺寸及其精度和粗糙度要求；机床的功率、走刀机构强度、转速级数和进给级数等；刀具种类、刀片材料、刀杆尺寸和几何参数等。

(1) 背吃刀量 a_p　根据加工余量确定。一般是先把精加工（半精加工）余量扣除，然后把剩下的粗加工余量尽可能一次切除。如果毛坯精度较差，粗加工余量较大，刀具强度较低，机床功率不足，可分几次切除余量。通常取：

$$a_{p1} = (2/3 \sim 3/4)Z$$
$$a_{p2} = (1/4 \sim 1/3)Z$$

式中　Z——单边粗加工余量。

(2) 进给量 f　背吃刀量确定后，进给量 f 的选择主要受刀杆、刀片、工件及机床进给机构等的强度、刚性的限制。实际生产中，采用查表法确定。粗加工时往往需要对机床功率和进给机构强度进行校核验算，而切削力、切削功率可以计算，亦可查表。

(3) 切削速度 v_c　背吃刀量和进给量确定后，根据刀具耐用度，可以用公式计算或用查表法确定。

本书第五章收集整理了常见加工方法切削用量表格供学生设计时查阅，更多表格可参考切削用量手册或工艺师手册。本章主要介绍常见加工方法切削用量的计算公式。

3. 常用加工方法切削用量的选择特点

① 刨、插削用量的选择，原则上与车削相同。

② 钻孔时的背吃刀量 a_p 为孔的半径，扩孔、铰孔的背吃刀量 a_p 为扩（铰）后孔与扩（铰）前孔的半径之差。

③ 铣削加工要注意区分铣削要素：

v_c——铣削速度，m/min，$v_c = \dfrac{\pi d_0 n}{1000}$；

d_0——铣刀直径，mm；

n——铣刀转速，r/min；

f——铣刀每转工作台移动距离，即每转进给量，mm/r；

f_z——铣刀每齿工作台移动距离，即每齿进给量，mm/z；

v_f——进给速度，即工作台每分钟移动的距离，mm/min，$v_f=fn=f_zzn$；

z——铣刀齿数；

a_e——铣削宽度，即垂直于铣刀轴线方向的切削层尺寸，mm；

a_p——铣削深度，即平行于铣刀轴线方向的切削层尺寸，mm。

不同铣削加工的切削要素如图 2-6 所示。

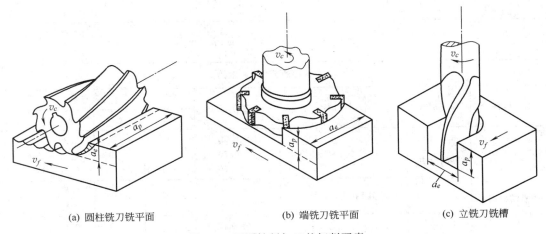

(a) 圆柱铣刀铣平面　　　　　(b) 端铣刀铣平面　　　　　(c) 立铣刀铣槽

图 2-6　不同铣削加工的切削要素

④ 磨削用量的选择原则是在保证工件表面质量的前提下尽量提高生产率。磨削速度一般采用普通速度，即 $v_s \leqslant 35\text{m/s}$。有时采用高速磨削，即 $v_s > 35\text{m/s}$，如 45m/s、50m/s、60m/s、80m/s 或更高。磨削用量的选择步骤是：先选较大的工件速度 v_w，再选轴向进给量 f_a，最后才选径向进给量 f_r。

⑤ 齿轮加工切削用量的选择步骤：确定切齿深度和走刀次数——确定进给量——确定切削速度。一般模数小于 4mm 的齿轮可一次走刀切至全齿深；模数大于 4mm 或机床功率不足、工艺系统刚性较差时，可分两次切削，先切深为 $1.4m$（m 为模数），再切至全齿深；模数大于 7mm 时，就要分三次切至全齿深。

⑥ 组合机床切削用量的选择要点如下。

ⅰ. 组合机床切削用量应比普通机床低 30%，以减少换刀时间，提高经济效益。

ⅱ. 组合机床上的多种同时工作的刀具，其合理切削用量是不同的。如钻头要求 v_c 高 f 小，而铰刀则要求 v_c 低 f 大。但动力头每分钟的进给量却是一样的。为使各刀具都有较合适的切削用量，应首先列出各刀具独自选定的合理值，然后以"每分钟进给量相等"为标准进行折中，使各刀具的切削用量既适应自己的特殊要求，又满足其转速与每转进给量之乘积相等的统一要求。

ⅲ. 复合刀具的 f 应按其上最小直径选取，v_c 应按最大直径选取，钻铰复合刀具 f 按钻头选取，v_c 按铰刀选取。

ⅳ. 对于带有对刀运动（即主轴定位）的多轴镗床，各主轴转速应相等或成整倍数，以便于主轴定点停机装置的设计。

ⅴ. 切削用量的选择应力求各工序节拍尽可能相等，故常需降低高生产率工序的用量，提高低生产率工序的用量，以求平衡。

ⅵ. 在选用通用部件时，必须考虑通用部件本身的性能。所选定的每分钟进给量应高于滑台之最小进给量，否则部件本身无法实现所选定的进给量。对于液压滑台，所选的每分钟进给量应比滑台名义上所允许的最小值大50%，以确保进给可靠。

4. 切削用量选择的有关计算公式

① 车削时切削速度、切削力、切削功率的计算公式及有关修正系数见表2-8～表2-12。

表 2-8　车削时切削速度的计算公式

计 算 公 式

$$v_c = \frac{C_v}{T^m a_p^{x_v} f^{y_v}} k_v \quad (v_c \text{ 的单位}: \text{m/min})$$

公式中的系数及指数

加工材料	加工形式	刀具材料	进给量	系数及指数			
				C_v	x_v	y_v	m
碳素结构钢 $\sigma_b=650\text{MPa}$	外圆纵车 $(\kappa_r'>0°)$	YT15(不用切削液)	$f\leqslant0.30$	291	0.15	0.20	0.20
			$f\leqslant0.70$	242		0.35	
			$f>0.70$	235		0.45	
		高速钢(用切削液)	$f\leqslant0.25$	67.2	0.25	0.33	0.125
			$f>0.25$	43		0.66	
	外圆纵车 $(\kappa_r'=0°)$	YT15(不用切削液)	$f\geqslant a_p$	198	0.30	0.15	0.18
			$f<a_p$		0.15	0.30	
	切断及切槽	YT5(不用切削液)	—	38		0.80	0.20
		高速钢(用切削液)		21		0.66	0.25
灰铸铁 硬度 190HBS	外圆纵车 $(\kappa_r'>0°)$	YG6(不用切削液)	$f\leqslant0.40$	189.8	0.15	0.20	0.20
			$f>0.40$	158		0.40	
		高速钢(不用切削液)	$f\leqslant0.25$	24	0.15	0.30	0.1
			$f>0.25$	22.7		0.40	
	外圆纵车 $(\kappa_r'=0°)$	YG6(用切削液)	$f\geqslant a_p$	208	0.40	0.20	0.28
			$f<a_p$		0.20	0.40	
	切断及切槽	YG6(不用切削液)	—	54.8		0.40	0.20
		高速钢(不用切削液)		18			0.15
可锻铸铁 硬度 150HBS	外圆纵车	YG8(不用切削液)	$f\leqslant0.40$	206	0.15	0.20	0.20
			$f>0.40$	140		0.45	
		高速钢(用切削液)	$f\leqslant0.25$	68.9	0.20	0.25	0.125
			$f>0.25$	48.8		0.50	
	切断及切槽	YG6(不用切削液)	—	68.8		0.40	0.20
		高速钢(用切削液)		37.6		0.50	0.25

注：1. 内表面加工（镗孔、孔内切槽）时，用外圆加工的切削速度乘系数 0.9。

2. 用高速钢车刀加工结构钢、铸钢不用切削液时，切削速度乘系数 0.8。

3. 用 YT5 车刀对钢件切断及切槽使用切削液时，切削速度乘系数 1.4。

4. 其他加工条件改变时，切削速度的修正系数见表 2-9。

表 2-9 车削过程使用条件改变时的修正系数

(一)与车刀寿命有关

刀具材料	工件材料	车刀形式	工作条件	寿命指数 m	系数	寿命 T/min						
						30	60	90	120	150	240	360
						修 正 系 数						
硬质合金	结构钢、碳钢、合金钢	$\kappa_r' > 0°$外圆车刀、端面车刀、镗刀	不加切削液	0.20	k_{Tv}	1.15	1.0	0.92	0.87	0.83	0.76	0.70
					k_{TFc}	0.98	1.0	1.02	1.03	1.04	1.05	1.07
					k_{TPc}	1.13	1.0	0.94	0.89	0.86	0.80	0.75
		$\kappa_r' = 0°$外圆车刀		0.18	k_{Tv}	1.13	1.0	0.93	0.88	0.85	0.78	0.73
					k_{TFc}	0.98	1.0	1.02	1.03	1.04	1.05	1.07
					k_{TPc}	1.11	1.0	0.95	0.91	0.88	0.82	0.78
		切断刀		0.20	$k_{Tv} = k_{TPc}$	1.15	1.0	0.92	0.87	0.83	0.76	0.70
	铸铁	$\kappa_r' > 0°$外圆车刀、端面车刀、切断刀		0.20	$k_{Tv} = k_{TPc}$	1.15	1.0	0.92	0.87	0.83	0.76	0.70
		$\kappa_r' = 0°$外圆车刀		0.28	$k_{Tv} = k_{TPc}$	1.21	1.0	0.89	0.82	0.77	0.68	0.61
高速钢	钢、可锻铸铁	外圆车刀、端面车刀、镗刀	加切削液	0.125	$k_{Tv} = k_{TPc}$	1.09	1.0	0.95	0.92	0.90	0.85	0.80
		车槽刀、切断刀		0.25	$k_{Tv} = k_{TPc}$	1.19	1.0	0.90	0.83	0.79	0.71	0.64
		样板刀		0.30	$k_{Tv} = k_{TPc}$	—		1.09	1.0	0.93	0.81	0.72
	灰铸铁	外圆车刀、端面车刀、镗刀	不加切削液	0.1	$k_{Tv} = k_{TPc}$	1.07	1.0	0.96	0.93	0.91	0.87	0.84
		车槽刀、切断刀		0.15	$k_{Tv} = k_{TPc}$	1.11	1.0	0.94	0.90	0.87	0.81	0.76

(二)与工件材料有关

类别	工 件 材 料	力 学 性 能			修 正 系 数		
		布氏硬度的压坑直径 /mm	布氏硬度 /HBS	抗拉强度 σ_b /MPa	切削速度 k_{Mv}	主切削力 k_{MFc}	功率 k_{MPc}
1. 高速钢车刀							
1	易切削钢 Y12、Y20、Y30、Y40Mn	5.70～5.08	107～138	400～500	2.64	—	—
		5.08～4.62	138～169	500～600	2.04	—	—
		4.62～4.26	169～200	600～700	1.56	—	—
		4.26～3.98	200～230	700～800	1.20	—	—
		3.98～3.75	230～262	800～900	0.96	—	—
2	结构碳钢($w_C \leqslant 0.6\%$) 08、10、15、20、25、30、35、40、45、50、55、60	6.60～5.70	77～107	300～400	1.39	0.78	1.08
		5.70～5.08	107～138	400～500	1.70	0.86	1.46
		5.08～4.62	138～169	500～600	1.31	0.92	1.21
		4.62～4.26	169～200	600～700	1.0	1.0	1.0
		4.26～3.98	200～230	700～800	0.77	1.13	0.87
		3.98～3.75	230～262	800～900	0.63	1.23	0.78
3	灰铸铁 HT100、HT150、HT200、HT250、HT300、HT350	5.05～4.74	140～160	—	1.51	0.88	1.33
		4.74～4.48	160～180	—	1.21	0.94	1.14
		4.48～4.26	180～200	—	1.00	1.00	1.00
		4.26～4.08	200～220	—	0.85	1.06	0.90
		4.08～3.91	220～240	—	0.72	1.11	0.80
		3.91～3.76	240～260	—	0.63	1.16	0.73

类别	工件材料	力学性能			修正系数		
		布氏硬度的压坑直径 /mm	布氏硬度 /HBS	抗拉强度 σ_b /MPa	切削速度 k_{Mv}	主切削力 k_{MFc}	功率 k_{MPc}
			1. 高速钢车刀				
4	可锻铸铁 KTH300-06、KTH330-08、KTH350-10、KTH370-12	5.87～5.42	100～120	—	1.76	0.84	1.48
		5.42～5.06	120～140	—	1.28	0.92	1.18
		5.06～4.74	140～160	—	1.00	1.00	1.00
		4.74～4.48	160～180	—	0.80	1.07	0.86
		4.48～4.26	180～200	—	0.66	1.14	0.75
			2. 硬质合金车刀				
1	碳钢及铸钢	≤5.10	≤137	400～500	1.44	0.83	1.20
		5.00～4.56	143～174	500～600	1.18	0.92	1.09
		4.56～4.23	174～207	600～700	1.0	1.0	1.0
		4.23～4.00	207～229	700～800	0.87	1.07	0.93
		4.00～3.70	229～267	800～900	0.77	1.14	0.88
		3.70～3.50	267～302	900～1000	0.69	1.20	0.83
		3.50～3.40	302～320	1000～1100	0.62	1.26	0.78
		3.40～3.30	320～350	1100～1200	0.57	1.32	0.75
2	灰铸铁	5.05～4.74	140～160	—	1.35	0.91	1.23
		4.74～4.48	160～180	—	1.15	0.96	1.10
		4.48～4.26	180～200	—	1.0	1.0	1.0
		4.26～4.08	200～220	—	0.89	1.04	0.93
		4.08～3.91	220～240	—	0.79	1.08	0.85
		3.91～3.76	240～260	—	0.71	1.11	0.79

（三）与毛坯表面状态有关

无外皮	有外皮			
	棒料	锻件	铸钢及铸铁	
			一般	带砂外皮
修正系数 $\kappa_{sv}=\kappa_{sPc}$				
1.0	0.9	0.8	0.8～0.85	0.5～0.6

（四）与刀具材料有关

加工材料	修正系数 $\kappa_{tv}=\kappa_{tPc}$				
结构钢、铸钢	YT5	YT14	YT15	YT30	YG8
	0.65	0.8	1.0	1.4	0.4
灰铸铁、可锻铸铁	YG8	YG6	—	YG3	—
	0.83	1.0		1.15	

（五）与车削方式有关

车削方式	外圆纵车	横车 $d:D$			切断	切槽 $d:D$	
		0～0.4	0.5～0.7	0.8～1.0		0.5～0.7	0.8～0.95
系数 $k_{\kappa v}=k_{\kappa Pc}$	1.0	1.24	1.18	1.04	1.0	0.96	0.84

(六)镗孔时相对于外圆纵车的修正系数

	镗孔直径/mm		75	150	250	＞250
修正系数	用硬质合金车刀加工未淬火钢	k_{gv}	0.8	0.9	0.95	1.0
		k_{gFc}	1.03	1.01	1.01	1.0
		k_{gPc}	0.82	0.91	0.96	1.0
	加工其他金属	$k_{gv}=k_{gPc}$	0.8	0.9	0.95	1.0

(七)与车刀主偏角有关

	主偏角 κ_r/(°)	30	45	60	75	90
系数 $k_{\kappa_r v}$	加工结构钢、可锻铸铁	1.13	1.0	0.92	0.86	0.81
	加工灰铸铁	1.20	1.0	0.88	0.83	0.73
系数 $k_{\kappa_r Fc}$	硬质合金刀具	1.08	1.0	0.94	0.92	0.89
	高速钢刀具	1.08	1.0	0.98	1.03	1.08

备注:根据不同刀具材料加工不同工件材料 $k_{\kappa_r Pc}=k_{\kappa_r v}=k_{\kappa_r Fc}$。

(八)与车刀的前角有关

刀具材料	工件材料		前角 γ_0/(°)								
			＋30	＋25	＋20	＋12	＋10	＋8	0	－10	－20
			系数 $k_{\gamma_0 Fc}=k_{\gamma_0 Pc}$								
高速钢	钢 σ_b/MPa	＜500	0.94	1.0	1.06	—	—	—	—	—	—
		500~800	—	0.94	1.0	1.10	—	—	—	—	—
		800~1000	—	—	0.91	1.0	1.03	1.06	—	—	—
		1000~1200	—	—	—	0.94	0.97	1.0	—	—	—
高速钢	铸铁的硬度	＜150HBS	—	—	1.0	1.10	—	—	—	—	—
		150~200HBS	—	—	0.91	1.0	1.03	1.06	—	—	—
		200~260HBS	—	—	—	0.94	0.97	1.0	—	—	—
硬质合金	钢 σ_b/MPa	≤800	—	—	0.94	1.0	1.04	1.07	1.15	1.25	1.35
		＞800	—	—	0.9	0.96	1.0	1.03	1.10	1.20	1.30
	灰铸铁、可锻铸铁的硬度	＜220HBS	—	—	—	1.0	1.02	1.04	1.12	1.22	1.33
	灰铸铁的硬度	＞220HBS	—	—	—	0.96	0.98	1.0	1.08	1.18	1.28

(九)与车刀其他参数有关(仅用于高速钢刀具)

副偏角 κ_r'/(°)	10	15	20	30		45
系数 $k_{\kappa_r' v}=k_{\kappa_r Pc}$	1.0	0.97	0.94	0.91		0.87
刀尖圆弧半径 r_ε/mm	1	2	3			5
系数	$k_{r_\varepsilon v}$	0.94	1.0	1.03			1.13
	$k_{r_\varepsilon Fc}$	0.93	1.0	1.04			1.1
	$k_{r_\varepsilon Pc}$	0.87	1.0	1.07			1.24
刀杆尺寸 $B×H$ /mm×mm	12×20 16×16	16×25 20×20	20×30 25×25	25×40 30×30	30×45 40×40	40×60
系数 $k_{Bv}=k_{BPc}$	0.93	0.97	1.0	1.04	1.08	1.12

表 2-10　车削过程切削力及切削功率的计算公式

	计 算 公 式	单 位
主切削力 F_c	$F_c = C_{Fc} a_p^{x_{Fc}} f^{y_{Fc}} v_c^{n_{Fc}} k_{Fc}$	N
径向切削力 F_p	$F_p = C_{Fp} a_p^{x_{Fp}} f^{y_{Fp}} v_c^{n_{Fp}} k_{Fp}$	N
进给力（轴向力）F_f	$F_f = C_{Ff} a_p^{x_{Ff}} f^{y_{Ff}} v_c^{n_{Ff}} k_{Ff}$	N
切削时消耗的功率 P_c	$P_c = \dfrac{F_c v_c}{6 \times 10^4}$	kW

公式中的系数及指数

加工材料	刀具材料	加工形式	主切削力 F_c				径向力 F_p				进给力 F_f			
			C_{Fc}	x_{Fc}	y_{Fc}	n_{Fc}	C_{Fp}	x_{Fp}	y_{Fp}	n_{Fp}	C_{Ff}	x_{Ff}	y_{Ff}	n_{Ff}
结构钢、铸钢 $\sigma_b=650\text{MPa}$	硬质合金	外圆纵车、横车及镗孔	2795	1.0	0.75	−0.15	940	0.90	0.6	−0.3	2880	1.0	0.5	−0.4
		外圆纵车（$\kappa_r'=0°$）	3570	0.9	0.9	−0.15	2845	0.60	0.8	−0.3	2050	1.05	0.2	−0.4
		切槽及切断	3600	0.72	0.8	0	1390	0.73	0.67	0				
	高速钢	外圆纵车、横车及镗孔	1770	1.0	0.75	0	1100	0.9	0.75	0	590	1.2	0.65	0
		切槽及切断	2160	1.0	1.0	0	—							
灰铸铁硬度 190HBS	硬质合金	外圆纵车、横车、镗孔	900	1.0	0.75	0	530	0.9	0.75	0	450	1.0	0.4	0
		外圆纵车（$\kappa_r'=0°$）	1205	1.0	0.85	0	600	0.6	0.5	0	235	1.05	0.2	0
	高速钢	外圆纵车、横车、镗孔	1120	1.0	0.75	0	1165	0.9	0.75	0	500	1.2	0.65	0
		切槽、切断	1550	1.0	1.0	0								
可锻铸铁硬度 150HBS	硬质合金	外圆纵车、横车、镗孔	795	1.0	0.75	0	420	0.9	0.75	0	375	1.0	0.4	0
	高速钢	外圆纵车、横车、镗孔	980	1.0	0.75	0	865	0.9	0.75	0	390	1.2	0.65	0
		切槽、切断	1375	1.0	1.0	0								

注：1. 加工钢和铸铁的力学性能改变时，切削力的修正系数 k_{MF} 可按表 2-11 计算。

2. 车刀的几何参数改变时，切削分力的修正系数见表 2-12。

3. 切削条件改变时，切削力及功率的修正系数见表 2-9。

表 2-11　钢和铸铁的强度和硬度改变时切削力的修正系数 k_{MF}

加工材料	结构钢和铸钢	灰铸铁	可锻铸铁
系数 k_{MF}	$k_{MF}=\left(\dfrac{\sigma_b}{650}\right)^{n_F}$	$k_{MF}=\left(\dfrac{\text{HBS}}{190}\right)^{n_F}$	$k_{MF}=\left(\dfrac{\text{HBS}}{150}\right)^{n_F}$

上列公式中的指数 n_F

加工材料	车削时的切削力						钻孔时的轴向力 F_f 及转矩 M		铣削时的圆周力 F_c	
	F_c		F_p		F_f					
	刀 具 材 料									
	硬质合金	高速钢	硬质合金	高速钢	硬质合金	高速钢	硬质合金	高速钢	硬质合金	高速钢
	指数 n_F									
结构钢及铸钢： $\sigma_b \leqslant 600\text{MPa}$ $\overline{\qquad}$ $\sigma_b > 600\text{MPa}$	0.75	$\dfrac{0.35}{0.75}$	1.35	2.0	1.0	1.5	0.75		0.3	
灰铸铁、可锻铸铁	0.4	0.55	1.0	1.3	0.8	1.1	0.6		1.0	0.55

表 2-12　加工钢及铸铁时刀具几何参数改变时切削力的修正系数

参　数		刀具材料	修　正　系　数			
			名称	切削力		
名称	数值			F_c	F_p	F_f
主偏角 $\kappa_r /(°)$	30	硬质合金	$k_{\kappa_r F}$	1.08	1.30	0.78
	45			1.0	1.0	1.0
	60			0.94	0.77	1.11
	75			0.92	0.62	1.13
	90			0.89	0.50	1.17
	30	高速钢		1.08	1.63	0.7
	45			1.0	1.0	1.0
	60			0.98	0.71	1.27
	75			1.03	0.54	1.51
	90			1.08	0.44	1.82
前角 $\gamma_0 /(°)$	−15	硬质合金	$k_{\gamma_0 F}$	1.25	2.0	2.0
	−10			1.2	1.8	1.8
	0			1.1	1.4	1.4
	10			1.0	1.0	1.0
	20			0.9	0.7	0.7
	12～15	高速钢		1.15	1.6	1.7
	20～25			1.0	1.0	1.0
刃倾角 λ_s /(°)	+5	硬质合金	$k_{\lambda_s F}$		0.75	1.07
	0				1.0	1.0
	−5			1.0	1.25	0.85
	−10				1.5	0.75
	−15				1.7	0.65
刀尖圆弧半径 r_ε /mm	0.5	高速钢	$k_{\gamma_\varepsilon F}$	0.87	0.66	1.0
	1.0			0.93	0.82	
	2.0			1.0	1.0	
	3.0			1.04	1.14	
	5.0			1.1	1.33	

　　② 孔加工（钻、扩、铰）时切削速度、切削力、切削功率的计算公式及有关修正系数见表 2-13～表 2-16。

表 2-13　钻、扩和铰孔时切削速度的计算公式

计　算　公　式						
$$v_c = \frac{C_v d_0^{z_v}}{T^m a_p^{x_v} f^{y_v}} k_v \ (v_c \text{ 的单位：m/min})$$						
公式中的系数和指数						
加工类型	刀具材料	进给量 $f/(\text{mm/r})$	公式中的系数和指数			
			C_v	z_v	x_v	y_v	m
加工碳素结构钢及合金结构钢, $\sigma_b = 650\text{MPa}$						
钻孔	高速钢（用切削液）	≤0.2	4.8	0.4	0	0.7	0.2
		>0.2	6.6			0.5	
扩钻	高速钢（用切削液）	—	11.1	0.4	0.2	0.5	0.2
	YG8（用切削液）	—	8.0	0.6	0.2	0.3	0.25

加工类型	刀具材料	进给量 f/(mm/r)	公式中的系数和指数				
			C_v	z_v	x_v	y_v	m
扩孔	高速钢（用切削液）	—	18.6	0.3	0.2	0.5	0.3
	YT15（用切削液）	—	16.5	0.6	0.2	0.3	0.25
铰孔	高速钢（用切削液）	—	12.1	0.3	0.2	0.65	0.4
	YT15（用切削液）	—	115.7	0.3	0	0.65	0.7
加工灰铸铁，硬度190HBS							
钻孔	高速钢（不用切削液）	≤0.3	9.5	0.25	0	0.55	0.125
		>0.3	11.1			0.4	
	YG8（不用切削液）		22.2	0.45	0	0.3	0.2
扩钻	高速钢（不用切削液）		15.2	0.25	0.1	0.4	0.125
	YG8（不用切削液）		37	0.5	0.15	0.45	0.4
扩孔	高速钢（不用切削液）		18.8	0.2	0.1	0.4	0.125
	YG8（不用切削液）		68.2	0.4	0.15	0.45	0.4
铰孔	高速钢（不用切削液）		15.6	0.2	0.1	0.5	0.3
	YG8（不用切削液）		109		0		0.45
加工可锻铸铁，150HBS							
钻孔	高速钢（不用切削液）	≤0.3	14.1	0.25	0	0.55	0.125
		>0.3	16.4			0.4	
	YG8（不用切削液）		26.2	0.45	0	0.3	0.2
扩钻	高速钢（不用切削液）		22.4	0.25	0.1	0.4	0.125
	YG8（不用切削液）		50.3	0.5	0.15	0.45	0.4
扩孔	高速钢（不用切削液）		27.9	0.2	0.1	0.4	0.125
	YG8（不用切削液）		93	0.4	0.15	0.45	0.4
铰孔	高速钢（不用切削液）		23.2	0.2	0.1	0.5	0.3
	YG8（不用切削液）	—	148		0		0.45

注：加工条件改变时切削速度的修正系数见表2-14。

表2-14　钻、扩及铰孔时使用条件改变时切削速度的修正系数

（一）用高速钢钻头及扩孔钻加工

1. 与刀具寿命有关

实际寿命 ＝ $\dfrac{T_R}{T}$ 标准寿命		0.25	0.5	1	2	4	6	8	10	12	18	24
系数 k_{Tv}	加工钢　钻、扩钻	1.32	1.15	1.0	0.87	0.76	0.70	0.66	0.63	0.61	0.56	0.53
	扩孔	1.51	1.23	1.0	0.81	0.66	0.58	0.53	0.50	0.47	0.42	0.39
	加工铸铁　钻、扩钻、扩孔	1.2	1.09	1.0	0.91	0.84	0.79	0.76	0.75	0.73	0.69	0.66

2. 与加工材料有关

加工材料的名称	材料牌号	钢的力学性能										
		硬度/HBS										
		—	—	—	110～140	>140～170	>170～200	>200～230	>230～260	>260～290	>290～320	>320～350	>350～380
		σ_b/MPa										
		100～200	>200～300	>300～400	>400～500	>500～600	>600～700	>700～800	>800～900	>900～1000	>1000～1100	>1100～1200	>1200～1300
		修正系数 k_{Mv}										
易切削钢	Y12、Y15、Y20、Y30、Y35	—	—	—	0.87	1.39	1.2	1.06	0.94	—	—	—	—
结构碳钢 (w_C≤0.6%)	08、10、15、20、25、30、35、40、45、50、55、60	—	—	0.57	0.72	1.16	1.0	0.88	0.78	—	—	—	—

材料名称	材料牌号	铸铁硬度/HBS												
		35~65	70~80	60~80	60~90	70~90	100~120	120~140	140~160	160~180	180~200	200~220	220~240	240~260
		修正系数 k_{Mv}												
灰铸铁	HT100 HT150 HT200 HT250 HT300 HT350	—	—	—	—	—	—	—	1.36	1.16	1.0	0.88	0.78	0.70
可锻铸铁	KTH300-06 KTH330-08 KTH350-10 KTH370-12	—	—	—	—	—	1.5	1.2	1.0	0.85	0.74	—	—	—

3. 与钻孔时钢料状态有关

钢料状态	轧材及已加工的孔		热处理			铸件，冲压（扩孔用）		
	冷拉的	热轧的	正火	退火	调质	未经过酸蚀的	经过酸蚀的	
系数 k_{Sv}	1.1	1.0	0.95	0.9		0.8	0.75	0.95

4. 与扩孔时加工表面的状态有关

加工表面状态	已加工的孔	铸孔 $\frac{a_{pR}}{a_p} \geqslant 3$
系数 k_{Wv}	1.0	0.75

5. 与刀具材料有关

刀具材料牌号	W18Cr4V，W6Mo5Cr4V2	9CrSi
系数 k_{tv}	1.0	0.6

6. 与钻头刃磨形状有关

刃磨形状		双横	标准
系数 k_{xv}	加工钢	1.0	0.87
	加工铸铁	1.0	0.84

7. 与钻孔深度有关

孔深（以钻头直径为单位）	$\leqslant 3d_0$	$4d_0$	$5d_0$	$6d_0$	$8d_0$	$10d_0$
系数 k_{1v}	1.0	0.85	0.75	0.7	0.6	0.5

8. 与扩孔的背吃刀量有关

$\frac{实际背吃刀量}{标准背吃刀量}=\frac{a_{pR}}{a_p}$		0.5	1.0	2.0
系数 $k_{a_p v}$	加工钢	1.15	1.0	0.87
	加工铸铁	1.08	1.0	0.93

（二）用硬质合金钻头和扩孔钻加工

1. 与刀具寿命有关

$\frac{实际寿命}{标准寿命}=\frac{T_R}{T}$		0.25	0.5	1	2	4	6	8	10	12	18	24
系数 k_{Tv}	加工钢	1.41	1.19	1.0	0.84	0.71	0.64	0.60	0.56	0.54	0.49	0.45
	加工铸铁	1.74	1.32	1.0	0.76	0.57	0.49	0.43	0.40	0.37	0.31	0.28

						2. 与加工材料有关					
加工材料名称						钢的力学性能					
	硬度/HBS	—	110 ～140	>140 ～170	>170 ～200	>200 ～230	>230 ～260	>260 ～290	>290 ～320	>320 ～350	>350 ～380
	σ_b/MPa	300～ 400	>400～ 500	>500 ～600	>600 ～700	>700 ～800	>800 ～900	>900 ～1000	>1000 ～1100	>1100 ～1200	>1200 ～1300
						修正系数 k_{Mv}					
易切削钢、碳钢		1.74	1.39	1.16	1.0	0.88	0.78	0.71	0.65	0.6	0.55

加工材料名称				铸铁硬度/HBS			
	100～120	120～140	140～160	160～180	180～200	200～220	220～240	240～260
				修正系数 k_{Mv}			
灰铸铁	—	—	—	1.15	1.0	0.88	0.70	0.70
可锻铸铁	1.5	1.2	1.0	0.85	0.74	—	—	—

3. 与毛坯的表面状态有关

表面状态	无外皮	铸造外皮
系数 k_{Sv}	1.0	0.8

4. 与刀具材料有关

刀具材料	加工钢		加工铸铁		
	YT15	YT5	YG8	YG6	YG3
系数 k_{tv}	1.0	0.65	1.0	1.2	1.3～1.4

5. 与使用切削液有关

工作条件	加工钢		加工铸铁	
	加切削液	不加切削液	不加切削液	加切削液
系数 k_{0v}	1.0	0.7	1.0	1.2～1.3

6. 与钻孔深度有关

孔深(以钻头直径为单位)	$\leq 3d_0$	$4d_0$	$5d_0$	$6d_0$	$10d_0$
系数 k_{1v}	1.0	0.85	0.75	0.6	0.5

7. 与扩孔的背吃刀量有关

$\dfrac{实际背吃刀量}{标准背吃刀量}=\dfrac{a_{pR}}{a_p}$		0.5	1.0	2.0
系数 $k_{a_p v}$	加工钢	1.15	1.0	0.87
	加工铸铁	1.11	1.0	0.93

(三)用高速钢铰刀加工

1. 与刀具寿命有关

$\dfrac{实际寿命}{标准寿命}=\dfrac{T_R}{T}$		0.25	0.5	1.0	2	4	6	8	10	12	18	24
系数 k_{Tv}	加工钢	1.74	1.32	1.0	0.76	0.57	0.49	0.43	0.40	0.37	0.31	0.28
	加工铸铁	1.51	1.23	1.0	0.81	0.66	0.58	0.53	0.50	0.47	0.42	0.39

2. 与加工材料有关

加工材料		钢的力学性能									
		硬度/HBS									
	—	—	110~140	>140~170	>170~200	>200~230	>230~260	>260~290	>290~320	>320~350	>350~380
		σ_b/MPa									
	≤300	300~400	>400~500	>500~600	>600~700	>700~800	>800~900	>900~1000	>1000~1100	>1100~1200	>1200~1300
		修正系数 k_{Mv}									
易切削钢、碳钢	—	—	0.9	1.0	1.0	0.88	0.78	0.71	0.65	0.6	0.55
加工材料	铸铁的硬度/HBS										
	60~80	60~90	70~90	100~120	120~140	140~160	160~180	180~200	200~220	220~240	240~260
		修正系数 k_{Mv}									
灰铸铁	—	—	—	—	—	—	1.16	1.0	0.88	0.78	0.70
可锻铸铁	—	—	1.5	1.2	1.0	0.85	0.74	—	—	—	—

3. 与刀具材料有关

刀具材料牌号	W18Cr4V,W6Mo5Cr4V2	9CrSi
系数 k_{tv}	1.0	0.85

4. 与铰孔的背吃刀量有关

实际背吃刀量/标准背吃刀量 $=\dfrac{a_{pR}}{a_p}$		0.5	1.0	2.0
系数 $k_{a_p v}$	加工钢	1.15	1.0	0.87
	加工铸铁	1.08	1.0	0.93

表2-15 钻孔时轴向力、转矩及功率的计算公式

	计 算 公 式		
名称	轴向力/N	转矩/(N·m)	功率/kW
计算公式	$F_f = C_F d_0^{z_F} f^{y_F} k_F$	$M_c = C_M d_0^{z_M} f^{y_M} k_M$	$P_c = \dfrac{M_c v_c}{30 d_0}$

公式中的系数和指数

加工材料	刀具材料	系数和指数					
		轴向力			转矩		
		C_F	z_F	y_F	C_M	z_M	y_M
钢,σ_b=650MPa	高速钢	600	1.0	0.7	0.305	2.0	0.8
灰铸铁,硬度190HBS	高速钢	420	1.0	0.8	0.206	2.0	0.8
	硬质合金	410	1.2	0.75	0.117	2.2	0.8
可锻铸铁,硬度150HBS	高速钢	425	1.0	0.8	0.206	2.0	0.8
	硬质合金	320	1.2	0.75	0.098	2.2	0.8

注：1. 当钢和铸铁的强度和硬度改变时，切削力的修正系数 k_{MF} 可按表2-11计算。

2. 加工条件改变时，切削力及转矩的修正系数见表2-16。

3. 用硬质合金钻头钻削未淬硬的结构碳钢、铬钢及镍铬钢时，轴向力及转矩可按下列公式计算：

$$F_f = 3.48 d_0^{1.4} f^{0.8} \sigma_b^{0.75} \qquad M_c = 5.87 d_0^2 f \sigma_b^{0.7}$$

表 2-16　加工条件改变时钻孔轴向力及转矩的修正系数

1. 与加工材料有关

钢	力学性能	硬度/HBS	110~140	>140~170	>170~200	>200~230	>230~260	>260~290	>290~320	>320~350	>350~380
		σ_b/MPa	400~500	>500~600	>600~700	>700~800	>800~900	>900~1000	>1000~1100	>1100~1200	>1200~1300
	$k_{MF}=k_{MM}$		0.75	0.88	1.0	1.11	1.22	1.33	1.43	1.54	1.63
铸铁	力学性能硬度/HBS		100~120	120~140	140~160	160~180	180~200	200~220	220~240	240~260	—
	系数 $k_{MF}=k_{MM}$	灰铸铁	—	—	—	0.94	1.0	1.06	1.12	1.18	—
		可锻铸铁	0.83	0.92	1.0	1.08	1.14	—	—	—	—

2. 与刃磨形状有关

刃磨形状		标　准	双横、双横棱、横、横棱
系数	k_{xF}	1.33	1.0
	k_{xM}	1.0	1.0

3. 与刀具磨钝有关

切削刃状态		尖锐的	磨钝的
系数	k_{hF}	0.9	1.0
	k_{hM}	0.87	1.0

③ 铣削时切削速度、切削力、切削功率的计算公式见表 2-17 与表 2-18。

表 2-17　铣削时切削速度的计算公式

1. 计算公式

$$v_c = \frac{C_v d_0{}^{q_v}}{T^m a_p{}^{x_v} f_z{}^{y_v} a_e{}^{u_v} z^{p_v}} k_v$$

式中，k_v 为切削条件改变时切削速度修正系数；v_c 的单位为 m/min。

2. 公式中的指数及系数

铣刀类型	刀具材料	a_e/mm	a_p/mm	f_z/(mm/z)	公式中的指数和系数					
					C_v	q_v	x_v	y_v	u_v	p_v	m
加工碳素结构钢 $\sigma_b=650\text{MPa}$											
端铣刀	YT15	—			186	0.2		0.4	0.2	0	0.2
	高速钢（用切削液）	—		<0.1	41	0.25	0.1	0.2	0.15	0.1	
				≥0.1	26			0.4			
圆柱铣刀	YT15	≤2	≤35		240	0.17	−0.05		0.19	0.1	0.33
		>2			280			0.28	0.38		
		≤2	>35	≥0.15	379		0.08		0.19		
		>2			431				0.38		
	高速钢（用切削液）			≤0.1	28.5	0.45	0.1	0.2	0.3		
				>0.1	18			0.4			

铣刀类型		刀具材料	a_e/mm	a_p/mm	f_z/(mm/z)	C_v	q_v	x_v	y_v	u_v	p_v	m
镶齿盘铣刀	铣平面与凸台	YT15	—	—	<0.12	600	0.21	0	0.12	0.4	0	0.35
					≥0.12	332			0.4			
	铣槽				<0.06	715	0.1		0.12	0.3		
					≥0.06	270			0.4			
	铣平面、凸台及槽	高速钢(用切削液)			≤0.1	48	0.25	0.1	0.2	0.3	0.1	0.2
					>0.1	31			0.4			
整体盘铣刀		高速钢(用切削液)	—	—	—	43	0.25	0.1	0.2	0.3	0.1	0.2
立铣刀		高速钢(用切削液)				21.5	0.45	0.1	0.5	0.5	0.1	0.33
切槽和切断铣刀						24.4	0.25	0.2	0.5	0.5	0.1	0.1
凸半圆铣刀						27	0.45	0.1	0.2	0.3	0.1	0.33
凹半圆和角铣刀						22.8	0.45	0.1	0.2	0.3	0.1	0.33
带整体刀头的立铣刀		YT15	—	—	—	145	0.44	0.1	0.26	0.24	0.13	0.37
镶螺旋形刀片的立铣刀						144						
加工灰铸铁硬度190HBS												
端铣刀		YG6	—	—	—	245	0.2	0.15	0.35	0.2	0	0.32
		高速钢(不用切削液)				18.9	0.2	0.1	0.4	0.1	0.1	0.15
圆柱铣刀		YG6	<2.5	—	≤0.2	508	0.37	0.23	0.19	0.13	0.14	0.42
					>0.2	323			0.47			
		YG6	≥2.5		≤0.2	640	0.37	0.23	0.19	0.4	0.14	0.42
					>0.2	412.5			0.47			
		高速钢(不用切削液)	—		≤0.15	20	0.7	0.3	0.2	0.5	0.3	0.25
					>0.15	9.5			0.6			
镶齿盘铣刀		高速钢(不用切削液)	—	—	—	35	0.2	0.1	0.4	0.5	0.1	0.15
整体盘铣刀						25	0.2	0.1	0.4	0.5	0.1	0.15
立铣刀						25	0.7	0.3	0.4	0.5	0.3	0.25
切槽与切断铣刀			—	—	—	10.5	0.2	0.2	0.4	0.5	0.1	0.15
加工可锻铸铁硬度150HBS												
端铣刀		YG8	—	—	≤0.18	784	0.22	0.17	0.1	0.22	0	0.33
					>0.18	548			0.32			
		高速钢(用切削液)			≤0.1	63.4	0.25	0.1	0.2	0.15	0.1	0.2
					>0.1	43.1			0.4			
圆柱铣刀		高速钢(用切削液)			≤0.1	47	0.45	0.1	0.2	0.3	0.1	0.33
					>0.1	49.5			0.4			
镶齿盘铣刀					≤0.1	74	0.25	0.1	0.2	0.3	0.1	0.2
					>0.1	47.6			0.4			
整体盘铣刀			—	—	—	67	0.25	0.1	0.2	0.3	0.1	0.2
立铣刀						61.7	0.45	0.1	0.2		0.1	0.33
切槽与切断铣刀						30	0.25	0.2	0.2		0.1	0.2

切削速度修正系数					
主偏角 $\kappa_r/(°)$	15	30	45	60	90
系数 $k_{\kappa_r v}$	1.6	1.25	1.1	1.0	0.87

注：1. 端铣刀的切削速度是按 $\kappa_r = 60°$ 计算的，当 κ_r 改变时，切削速度应乘修正系数 $k_{\kappa_r v}$。

2. 硬质合金铣刀均不用切削液。

3. 加工材料的强度和硬度改变时，切削速度修正系数 k_{Mv} 见车削部分表 2-9。

4. 毛坯状态改变时，切削速度修正系数 k_{sv} 见车削部分表 2-9。

5. 硬质合金牌号改变时，切削速度修正系数 k_{tv} 见车削部分表 2-9。

表 2-18 铣削时切削力、转矩和功率的计算公式

计算公式		
圆周力/N	转矩/(N·m)	功率/kW
$F_c = \dfrac{C_F a_p^{x_F} f_z^{y_F} a_e^{u_F} z}{d_0^{q_F} n^{w_F}} k_{Fc}$	$M = \dfrac{F_c d_0}{2 \times 10^3}$	$P_c = \dfrac{F_c v_c}{1000}$

式中，k_{Fc} ——切削条件改变时，切削力修正系数。

公式中的系数及指数							
铣刀类型	刀具材料	公式中的系数及指数					
		C_F	x_F	y_F	u_F	w_F	q_F
加工碳素结构钢 $\sigma_b = 650$MPa							
端铣刀	硬质合金	7900	1.0	0.75	1.1	0.2	1.3
	高速钢	788	0.95	0.8	1.1	0	1.1
圆柱铣刀	硬质合金	967	1.0	0.75	0.88	0	0.87
	高速钢	650	1.0	0.72	0.86	0	0.86
立铣刀	硬质合金	119	1.0	0.75	0.85	−0.13	0.73
	高速钢	650	1.0	0.72	0.86	0	0.86
盘铣刀、切槽及切断铣刀	硬质合金	2500	1.1	0.8	0.9	0.1	1.1
	高速钢	650	1.0	0.72	0.86	0	0.86
凹、凸半圆铣刀及角铣刀	高速钢	450	1.0	0.72	0.86	0	0.86
加工灰铸铁硬度 190HBS							
端铣刀	硬质合金	54.5	0.9	0.74	1.0	0	1.0
圆柱铣刀		58	1.0	0.8	0.9	0	0.9
圆柱铣刀、立铣刀、盘铣刀、切槽及切断铣刀	高速钢	30	1.0	0.65	0.83	0	0.83
加工可锻铸铁硬度 150HBS							
端铣刀	硬质合金	491	1.0	0.75	1.1	0.2	1.3
圆柱铣刀、立铣刀、盘铣刀、切槽及切断铣刀	高速钢	30	1.0	0.72	0.86	0	0.86

注：1. 铣削铝合金时，圆周力 F_c 按加工碳钢的公式计算并乘系数 0.25。

2. 表列数据按锐刀求得。当铣刀的磨损量达到规定的数值时，F_c 要增大。加工软钢，增加 75%～90%；加工中硬钢、硬钢及铸铁，增加 30%～40%。

3. 加工材料强度和硬度改变时，切削力的修正系数 k_{MFc} 见车削部分表 2-9。

④ 齿轮加工时切削速度、切削力、切削功率的计算公式见表2-19与表2-20。

表2-19 齿轮刀具切削速度计算公式

（一）计算公式

齿轮滚刀和插齿刀切削速度：

$$v_c = \frac{C_v}{T^{m_v} f^{y_v} m^{x_v}} k_v$$

式中，v_c 的单位为 m/min。

（二）公式中的指数及系数

刀具类型	加工材料	加工性质	模数 m /mm	C_v	y_v	x_v	q_v	m_v	刀具寿命 T/min
单头齿轮滚刀	45钢 207HBS	粗加工	1.5～6	281	0.5	0		0.33	480
			7～26	315		0.10			
		精加工	1.5～3	364	0.85	−0.5		0.5	240
	灰铸铁 170～210HBS	粗加工	1.5～26	178	0.3	0.15		0.2	960
		精加工	1.5～3	152	0.4	−0.4		0.3	
修缘齿轮滚刀	45钢 207HBS	粗加工	4～6	270	0.33	0	—	0.33	480
			7～26	322	0.33	0.1			
插齿刀				49	0.5	0.3		0.2	400
		精加工	1.5～8	90		0		0.3	240
	灰铸铁 170～210HBS	粗加工		54	0.25	0.15		0.2	400
		精加工		113	0.5	0		0.3	240

模数/mm	≤4	>4～6	>6～8	>8～12	>12
系数 k_T	0.5	0.75	1.0	1.5	2.0

（三）加工条件改变时的切削速度修正系数

1. 加工材料力学性能的修正系数

加工材料	硬度/HBS	系数 k_{Mv}
35钢	156～187	1.1
45钢	170～207	1.0
	208～241	0.8
50钢	170～229	0.9
35Cr，40Cr	156～207	1.0

2. 刀具结构特点及其他因素的修正系数

影响切削速度的因素	刀具名称	影响因素数值及系数值				
滚刀头数	齿轮滚刀	头数 z_T	1	2	3	—
		系数 $k_{z_{Tv}}$	1.0	0.85	0.75	
刀具轴向移动	齿轮滚刀	滚刀移动次数 n_D	0	1	2	3	>3
		系数 k_{n_Dv}	1.0	1.1	1.2	1.3	
刀具精度	齿轮滚刀 加工钢	精度等级	C	B	A	—
		系数 k_{Fv}		1.0	0.8	

影响切削速度的因素	刀具名称	影响因素数值及系数值					
齿轮齿向	齿轮滚刀与插齿刀	轮齿斜角 $\omega/(°)$	0	15	30	45	60
		系数 $k_{\omega v}$		1.0	0.9	0.8	0.7
齿轮齿数	插齿刀	齿轮齿数 z_w	12	20	40	80	120
		系数 $k_{z_w v}$	0.95	1.0	1.1	1.2	

走刀次数	齿轮滚刀	走刀次数 i	一次	两次	
				第一次	第二次
		系数 k_{iv}	1.0		1.4

注：表中插齿刀寿命的数值只适用于该表中相应的尺寸。

表 2-20　齿轮加工时切削功率的计算公式

1. 计算公式

齿轮滚刀：

$$P_c = \frac{C_{Pc} f^{y_{Pc}} m^{x_{Pc}} d_0^{u_{Pc}} z_w^{q_{Pc}} v_c}{10^3} k_{Pc}$$

插齿刀：

$$P_c = \frac{C_{Pc} f_k^{y_{Pc}} m^{x_{Pc}} z_w^{q_{Pc}} v_c}{10^4} k_{Pc}$$

式中　f——工件每转滚刀进给量，mm/r；

f_k——插齿刀圆周进给量，mm/双行程；

z_w——齿轮齿数；

d_0——滚刀和插齿刀外径，mm；

v_c——切削速度，m/min；

k_{Pc}——切削条件改变时，切削功率修正系数；P_c 的单位为 kW。

2. 公式中的系数和指数

刀具类型	加工材料	系数和指数				
		C_{Pc}	y_{Pc}	x_{Pc}	u_{Pc}	q_{Pc}
单头齿轮滚刀	45 钢 207HBS	124	0.9	1.7	−1.0	0
	灰铸铁 170～210HBS	62				
修缘齿轮滚刀	45 钢 207HBS	175		1.0	1.1	
插齿刀		179	1.0	2.0	—	0.11
	灰铸铁 170～210HBS	139				

备注：双头滚刀切削功率应增加 64%；三头应增加 100%。

3. 加工材料力学性能对切削功率的修正系数

钢号	35	45		50	35Cr 40Cr
硬度 HBS	156～187	170～207	208～241	170～229	156～207
系数 k_{MPc}	0.9	1.0	1.2	1.1	1.0

⑤ 磨削加工时，法向磨削力 F_n 和切向磨削力 F_t 的比值 F_n/F_t 见表 2-21，切向磨削力 F_t 可按式（2-4）计算，法向磨削力 F_n 可按式（2-5）计算。

表 2-21 磨削时 F_n/F_t 的值

工件材料	钢	淬火钢	铸铁
F_n/F_t	1.6～1.8	1.9～2.6	2.7～3.2

$$F_t = C_F(v_w f_r B/v_s) + \mu F_n \quad (\text{N}) \tag{2-4}$$

$$F_n = C_F \frac{\pi}{2}(v_w f_r B/v_s)\tan\alpha \quad (\text{N}) \tag{2-5}$$

式中　v_w——工件速度，m/s；

v_s——砂轮速度，m/s；

f_r——径向进给量，m/r；

B——磨削宽度，mm；

C_F——切除单位体积的切屑所需压力，N/mm²，见表 2-22；

α——磨粒的锥顶半角；

μ——工件与砂轮间摩擦系数，见表 2-23。

表 2-22　各种工件材料的 C_F 值（GB80R₁ 和 TL80R₁）

工件材料	花岗石	硅	纯铁	铸铁	高速钢
$C_F/(\text{N/mm}^2)$	4218	5395	2746	4802	17640

表 2-23　磨削时摩擦系数 μ 的数值

工件材料	砂　轮	切　削　液				
		豆油	轻油	乳化液	水	干脂
退火碳素钢	GZ46Z₂A	0.21	0.61	0.35	0.82	0.73
淬火高速钢	GZ46R₂A	0.10	0.15	0.16	0.38	0.32

磨削加工时磨削功率 P_m 可按式(2-6)计算：

$$P_m = F_t v_s / 1000 \quad (\text{kW}) \tag{2-6}$$

四、工时定额的确定

1. 工时定额的计算

工时定额指完成零件加工的一个工序的时间定额（单件时间定额），可按式(2-7)计算

$$T_d = T_j + T_f + T_b + T_x + T_z/N \tag{2-7}$$

式中　T_d——单件时间定额；

T_j——基本时间（机动时间），可计算求得；

T_f——辅助时间，一般取（15～20）%T_j；

T_j 与 T_f 之和称为作业时间；

T_b——布置工作的时间，一般按作业时间的（2～7）%估算；

T_x——休息及生理需要时间，一般按作业时间的（2～4）%估算；

T_z——准备与终结时间，大量生产时，准备终结时间可忽略不计，只有在中小批量生产时才考虑，一般按作业时间的（3～5）%计算；

N——一批零件的数量。

2. 机动时间（基本时间）的计算

机动时间可用计算法、实测法或类比法确定。

常用加工方法机动时间的计算见表 2-24～表 2-30。

（1）车削和镗削机动时间的计算　车削和镗削加工常用符号：

T_j——机动时间，min；　　　　　　　d——工件或刀具直径，mm；

L——刀具或工作台行程长度，mm；　n——机床主轴转速，r/min；

l——切削加工长度，mm；　　　　　f——主轴每转刀具的进给量，mm/r；

l_1——刀具切入长度，mm；　　　　　a_p——背吃刀量，mm；

l_2——刀具切出长度，mm；　　　　　i——进给次数。

v_c——切削速度，m/min 或 m/s；

表 2-24　车削和镗削机动时间计算公式

加工示意图	计 算 公 式	备 注
①车外圆和镗孔 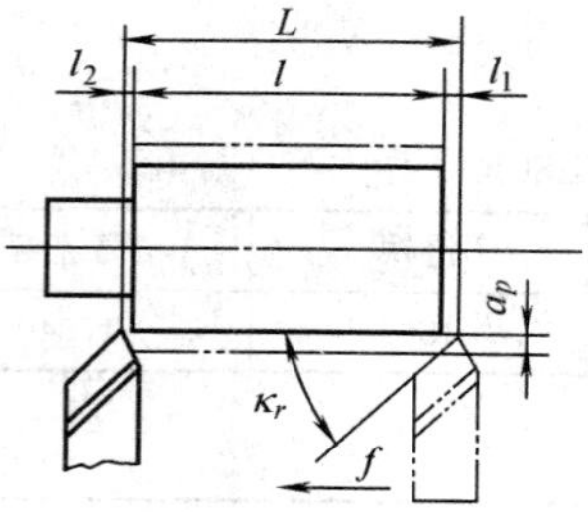 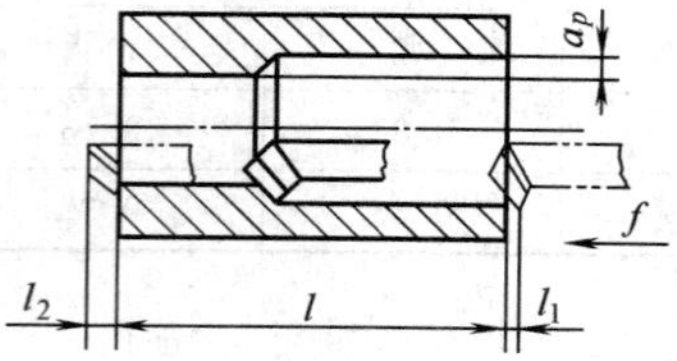 	$$T_j = \frac{L}{fn}i = \frac{l+l_1+l_2+l_3}{fn}i$$ $$l_1 = \frac{a_p}{\tan\kappa_r}+(2\sim3)$$ $$l_2 = 3\sim5$$ l_3——单件小批生产时的试切附加长度	1. 当加工到台阶时 $l_2=0$ 2. l_3 的值见表 2-25 3. 主偏角 $\kappa_r=90°$ 时 $l_1=2\sim3$
②车端面、切断或车圆环端面、切槽 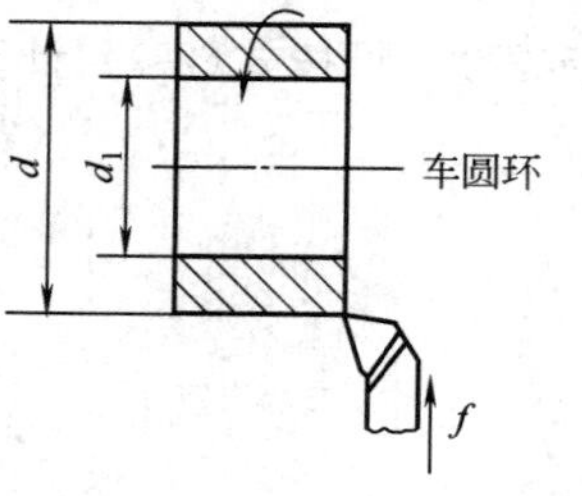 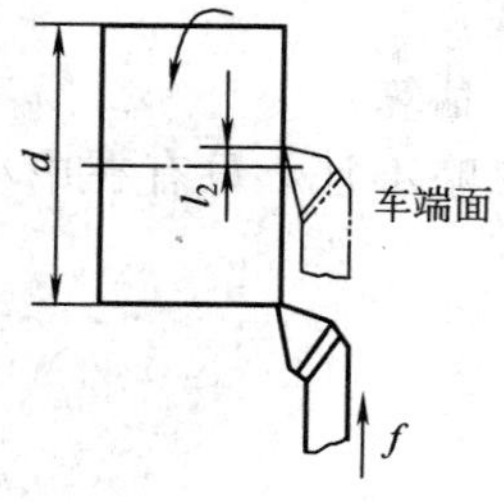 	$$T_j = \frac{L}{fn}i$$ $$L = \frac{d-d_1}{2}+l_1+l_2+l_3$$ l_1、l_2、l_3 同①	1. 车槽时 $l_2=l_3=0$，切断时 $l_3=0$ 2. d_1 为车圆环的内径或车槽后的底径，mm 3. 车实体端面和切断时 $d_1=0$

表 2-25　试切附加长度 l_3 mm

测量尺寸	测量工量	l_3
—	游标卡尺、直尺、卷尺、内卡钳、塞规、样板、深度尺	5
≤250	卡规、外卡钳、千分尺	3~5
>250		5~10
≤1000	内径百分尺	5

（2）钻削机动时间的计算　见表 2-26 和表 2-27。

表 2-26　钻削机动时间的计算公式

加 工 示 意 图	计 算 公 式	备　　注
钻孔和钻中心孔 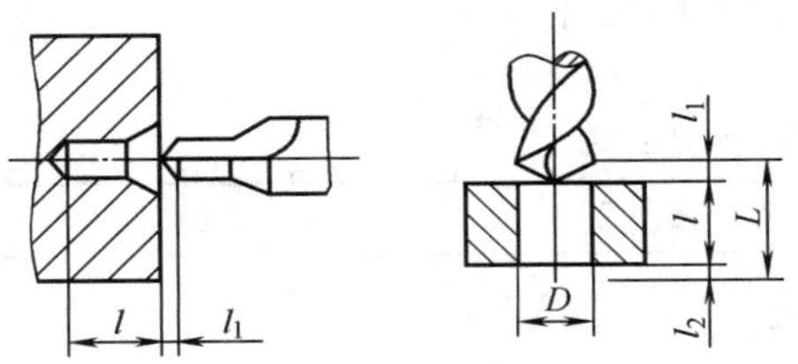 	$$T_j=\frac{L}{fn}=\frac{l+l_1+l_2}{fn}$$ $$l_1=\frac{D}{2}\cot\kappa_r+(1\sim2)$$ $$l_2=1\sim4$$	1. 钻中心孔和钻盲孔时 $l_2=0$ 2. D 为孔径，mm
扩钻、扩孔和铰圆柱孔 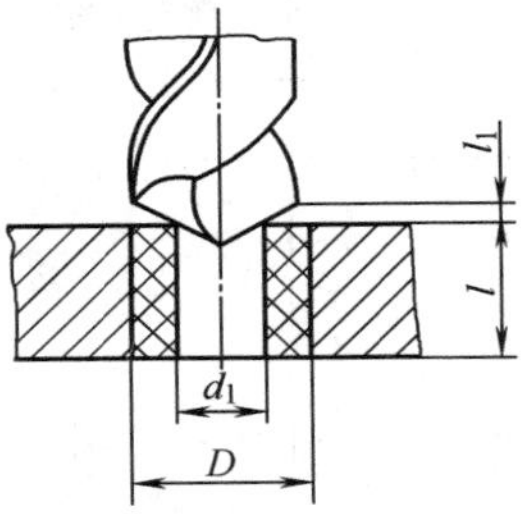 	$$T_j=\frac{L}{fn}=\frac{l+l_1+l_2}{fn}$$ $$l_1=\frac{D-d_1}{2}\cot\kappa_r+(1\sim2)$$	1. 扩钻盲孔、扩盲孔和铰盲孔时 $l_2=0$ 扩钻、扩孔时 $l_2=2\sim4$ 铰圆柱孔时 l_2 见表 2-27 2. d_1 为扩、铰前的孔径，mm；D 为扩、铰后的孔径，mm
锪倒角、锪埋头孔和锪凸台 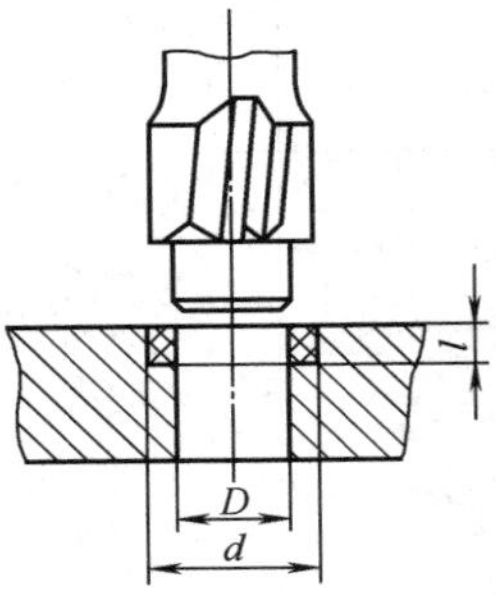 	$$T_j=\frac{L}{fn}=\frac{l+l_1}{fn}$$ $$l_1=1\sim2$$	
扩和铰圆锥孔 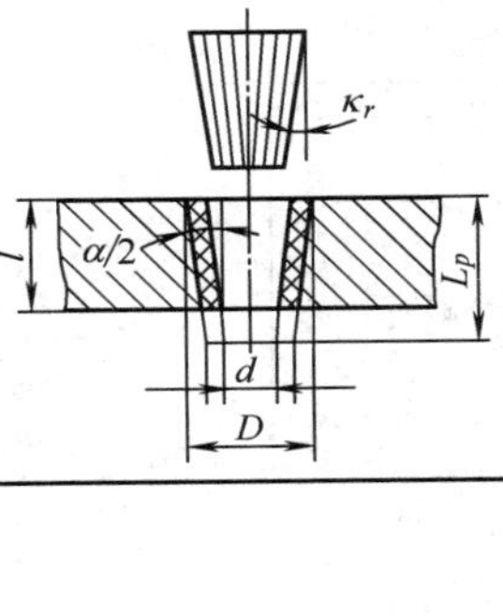 	$$T_j=\frac{L}{fn}i=\frac{L_p+l_2}{fn}i$$ $$l_1=1\sim2$$ $$L_p=\frac{D-d}{2\tan\kappa_r}$$ $$\kappa_r=\frac{\alpha}{2}$$	1. L_p 为行程计算长度，mm 2. κ_r 为主偏角，α 为圆锥角

表 2-27　铰圆柱孔的超出长度 l_2　　　　　　　　　　　　　　　　　　　　/mm

$a_p = \dfrac{D-d}{2}$	0.05	0.10	0.125	0.15	0.20	0.25	0.30
l_2	13	15	18	22	28	39	45

（3）铣削机动时间的计算　铣削常用符号如下：

z ——铣刀齿数；

f_z ——铣刀每齿的进给量，mm/z；

f_M ——工作台的进给量，mm/min，$f_M = f_z z n$；

f_{Mz} ——工作台的水平进给量，mm/min；

f_{Mc} ——工作台的垂直进给量，mm/min；

a_e ——铣削宽度（垂直于铣刀轴线方向测量的切削层尺寸），mm；

a_p ——铣削深度（平行于铣刀轴线方向测量的切削层尺寸），mm；

d ——铣刀直径，mm。

表 2-28　铣削机动时间的计算公式

加工示意图	计 算 公 式	备 注
铣键槽（两端开口） 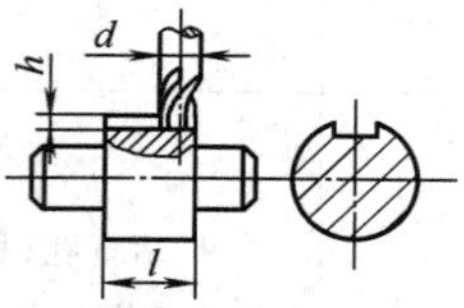 	$T_j = \dfrac{l + l_1 + l_2}{f_{Mz}} i$ $l_1 = 0.5d + (1\sim 2)$ $l_2 = 1\sim 3$ $i = \dfrac{h}{a_p}$	1. h 为键槽深度 2. 通常 $i = 1$，即一次铣削到规定深度
铣键槽（一端闭口） 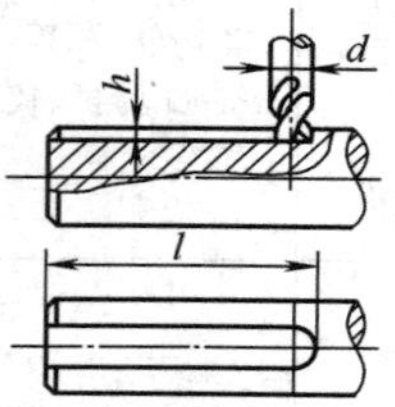 	$l_2 = 0$，其余计算同上	
铣键槽（两端闭口） 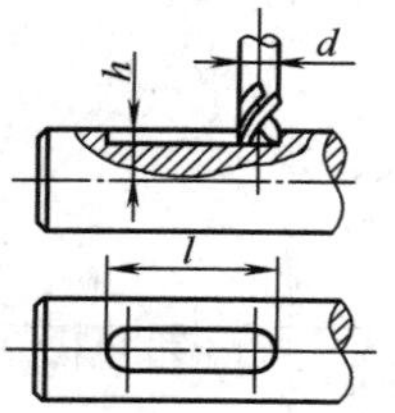 	$T_j = \dfrac{h + l_1}{f_{Mc}} + \dfrac{l - d}{f_{Mz}}$ $l_1 = 1\sim 2$	
圆柱铣刀铣平面、三面刃铣刀铣槽 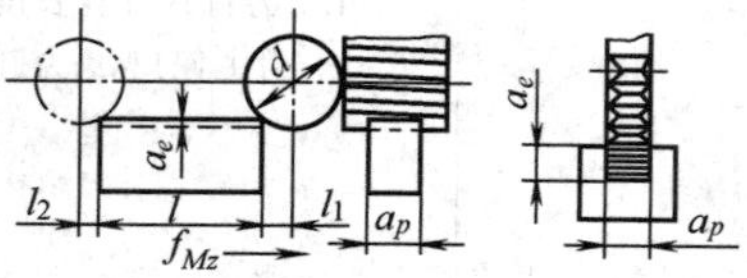	$T_j = \dfrac{l + l_1 + l_2}{f_{Mz}} i$ $l_1 = \sqrt{a_e(d - a_e)} + (1\sim 3)$ $l_2 = 2\sim 5$	

加工示意图	计算公式	备注
端面铣刀铣平面（对称铣削） 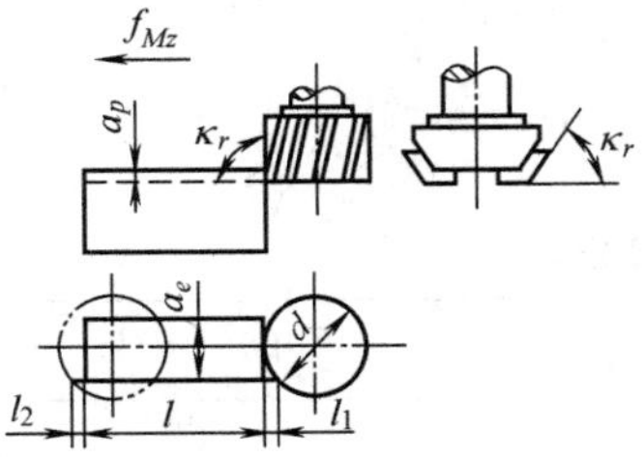	$T_j = \dfrac{l + l_1 + l_2}{f_{Mz}}$ 当主偏角 $\kappa_r = 90°$ 时 $l_1 = 0.5(d - \sqrt{d^2 - a_e^2}) + (1 \sim 3)$ 当主偏角 $\kappa_r < 90°$ 时 $l_1 = 0.5(d - \sqrt{d^2 - a_e^2}) + \dfrac{a_p}{\tan \kappa_r} +$ $(1 \sim 2)$ $l_2 = 1 \sim 3$	
端面铣刀铣平面（不对称铣削） 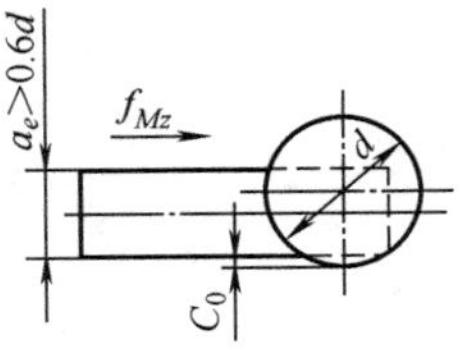	$l_1 = 0.5d - \sqrt{C_0(d - C_0)} + (1 \sim 3)$ $C_0 = (0.03 \sim 0.05)d$ $l_2 = 3 \sim 5$	

（4）齿轮加工机动时间的计算　见表 2-29。

齿轮加工常用符号：

B——齿轮宽度，mm；　　　　f_M——每分钟进给量，mm/min；

β——螺旋角，（°）；　　　　n——铣刀或滚刀每分钟转数，r/min；

m——齿轮模数，mm；　　　　q——滚刀头数；

h——全齿高，mm；　　　　D——刀具直径，mm。

z——齿轮的齿数，mm；

表 2-29　齿轮加工机动时间的计算公式

加工示意图	计算公式	备注
用滚刀滚圆柱齿轮 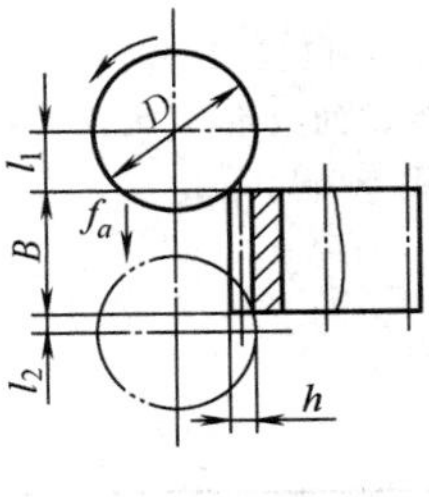	$T_j = \dfrac{\left(\dfrac{B}{\cos\beta} + l_1 + l_2\right)z}{qnf_a}$ $l_1 = \sqrt{h(D - h)} + (2 \sim 3)$ $l_2 = 2 \sim 5$	1. $\beta = 0$ 为铣直齿轮 2. 同时加工多个齿轮时，B 为所有齿轮宽度之和，算出的 T_j 应被齿轮数除 3. $h \leqslant 13$ 时可一次切削 4. $h > 13 \sim 36$ 时分两次切削，第一次 $h = 1.4m$，第二次 $h = 0.85m$，分别计算 l_1，将其平均值代入 T_j 公式 5. f_a 为工件每转轴向进给量，mm/r
用圆盘插齿刀插圆柱齿轮 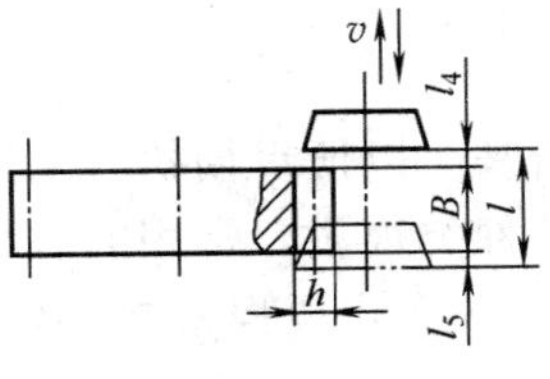	$T_j = \dfrac{h}{f_r n_d} + \dfrac{\pi d i}{f_\tau n_d}$ $n_d = \dfrac{1000v}{2L}$ $L = B + l_4 + l_5$ 插直齿时 $l_4 + l_5 = 5 \sim 6$ 插斜齿时 $\beta = 15°，l_4 + l_5 = 5 \sim 10$ $\beta = 30°，l_4 + l_5 = 6 \sim 12$	f_r 为插齿刀每双行程的径向进给量，mm/双行程；f_τ 为每双行程的圆周进给量，mm/双行程；n_d 为插齿刀的每分钟双行程数；d 为工件分度圆直径，mm；L 为插齿刀的行程，mm；$l_4 + l_5$ 模数大时取大值

（5）螺纹加工机动时间的计算　见表 2-30。

螺纹加工常用符号：

d——螺纹大径，mm；

P——螺纹螺距，mm；

f——工件每转进给量，mm/r；

q——螺纹的线数。

表 2-30　螺纹加工机动时间的计算公式

加工示意图	计算公式	备注
在车床上车螺纹 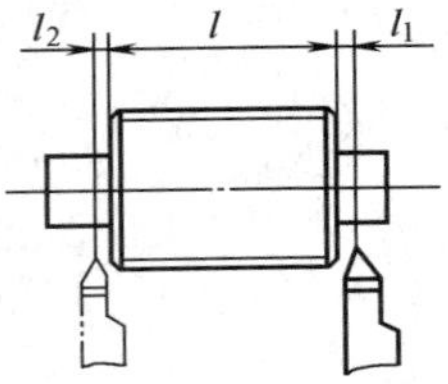 	$T_j = \dfrac{L}{fn}iq = \dfrac{l + l_1 + l_2}{fn}iq$ 通切螺纹 $l_1 = (2\sim3)P$ 不通切螺纹 $l_1 = (1\sim2)P$ $l_2 = 2\sim5$	
用板牙攻螺纹 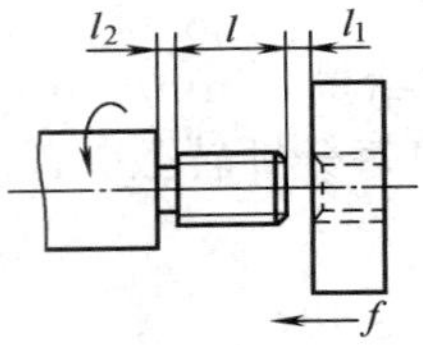 	$T_j = \left(\dfrac{l + l_1 + l_2}{fn} + \dfrac{l + l_1 + l_2}{fn_0} \right)i$ $l_1 = (1\sim3)P$ $l_2 = (0.5\sim2)P$	n_0 为工件回程的每分钟转数，r/min； i 为使用板牙的次数
用丝锥攻螺纹 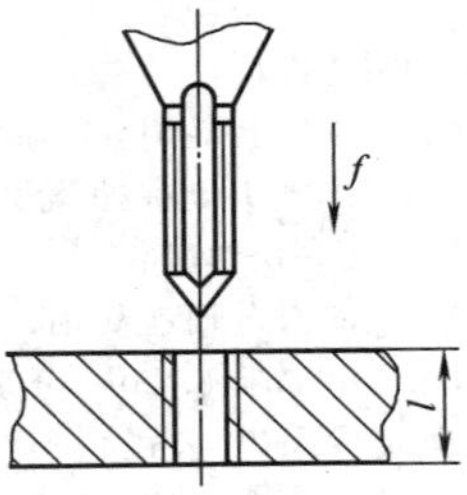 	$T_j = \left(\dfrac{l + l_1 + l_2}{fn} + \dfrac{l + l_1 + l_2}{fn_0} \right)i$ $l_1 = (1\sim3)P$ $l_2 = (2\sim3)P$ 攻盲孔时 $l_2 = 0$	n_0 为丝锥或工件回程的每分钟转数，r/min；i 为使用丝锥的数量；n 为工件或丝锥的每分钟转数，r/min

第四节　工艺文件的编制

上述零件工艺规程设计的结果需以图表、卡片和文字材料表达出来，以便贯彻执行，这些图表、卡片和文字材料统称为工艺文件。在生产中使用的工艺文件种类很多，常用的有机械加工工艺过程卡片、机械加工工序卡片等，格式详见机械行业标准《工艺规程格式 JB/T 9165.2—1998》，如图 2-7 与图 2-8 所示。

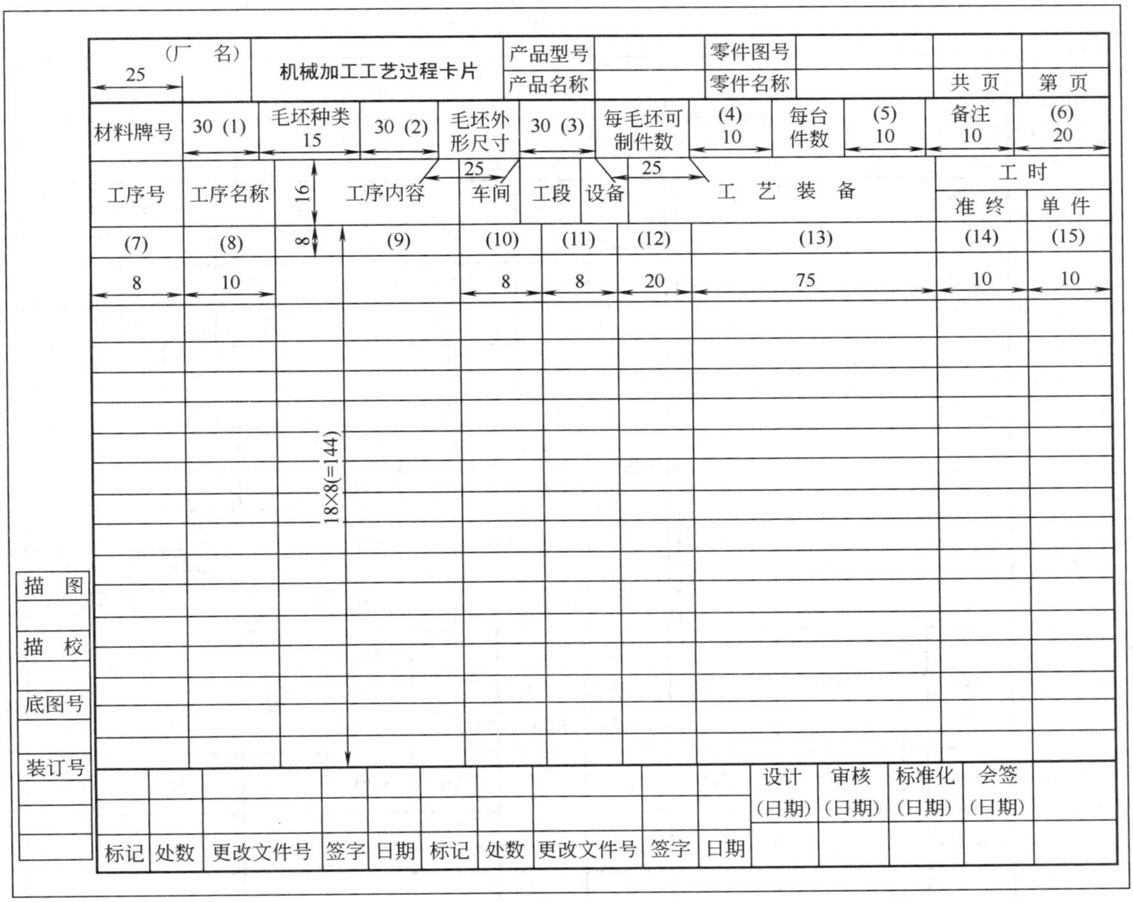

(厂 名)	机械加工工艺过程卡片	产品型号		零件图号			共 页	第 页
25		产品名称		零件名称				
材料牌号 30 (1)	毛坯种类 15 30 (2)	毛坯外形尺寸 30 (3)	每毛坯可制件数 (4) 10	每台件数 (5) 10	备注 10 (6) 20			
工序号	工序名称	16 工序内容	车间 25	工段	设备 25	工 艺 装 备 (13)	工 时	
							准终	单件
(7)	(8)	8 (9)	(10)	(11)	(12)		(14)	(15)
8	10	18×8=144	8	8	20	75	10	10

描 图						设计 (日期)	审核 (日期)	标准化 (日期)	会签 (日期)
描 校									
底图号									
装订号	标记	处数	更改文件号	签字	日期	标记 处数 更改文件号 签字 日期			

图 2-7　机械加工工艺过程卡片的规格尺寸（JB/T 9165.2—1998　单位：mm）

　　本设计可以将前述各项内容以及各工序加工简图填入机械加工工艺过程卡片、机械加工工序卡片，这样做符合工厂实际要求，但篇幅较大。

　　为减少篇幅，本设计也可采用课程设计专用的机械加工工艺过程综合卡片，卡片的尺寸规格如图 2-9 所示。学生将前述各项内容以及各工序加工简图，一并填入机械加工工艺过程综合卡片即可。

　　以何种方式填写工艺文件，由指导教师指定。

一、三种标准卡片的格式

三种标准卡片的格式见图 2-7～图 2-9。

二、工艺文件中工序简图的画法要求

工艺文件中工序简图的画法要求见表 4-9～表 4-16。

① 简图可按比例缩小，用尽量少的投影视图表达。简图可以只画出与加工部位有关的局部视图，除加工面、定位面、夹紧面、主要轮廓面外，其余线条均可省略，以必需、明了为度。

② 被加工表面用粗实线（或红线）表示，其余均用细实线。

③ 应标明各加工表面在本工序加工后的尺寸、公差及表面粗糙度。

④ 定位、夹紧表面应以规定的符号标明（详见《机械加工定位、夹紧符号 JB/T 5061—2006》）。表 2-31 摘要表示了几种常见的定位、夹紧符号以及各种定位、夹紧装置标注示例。

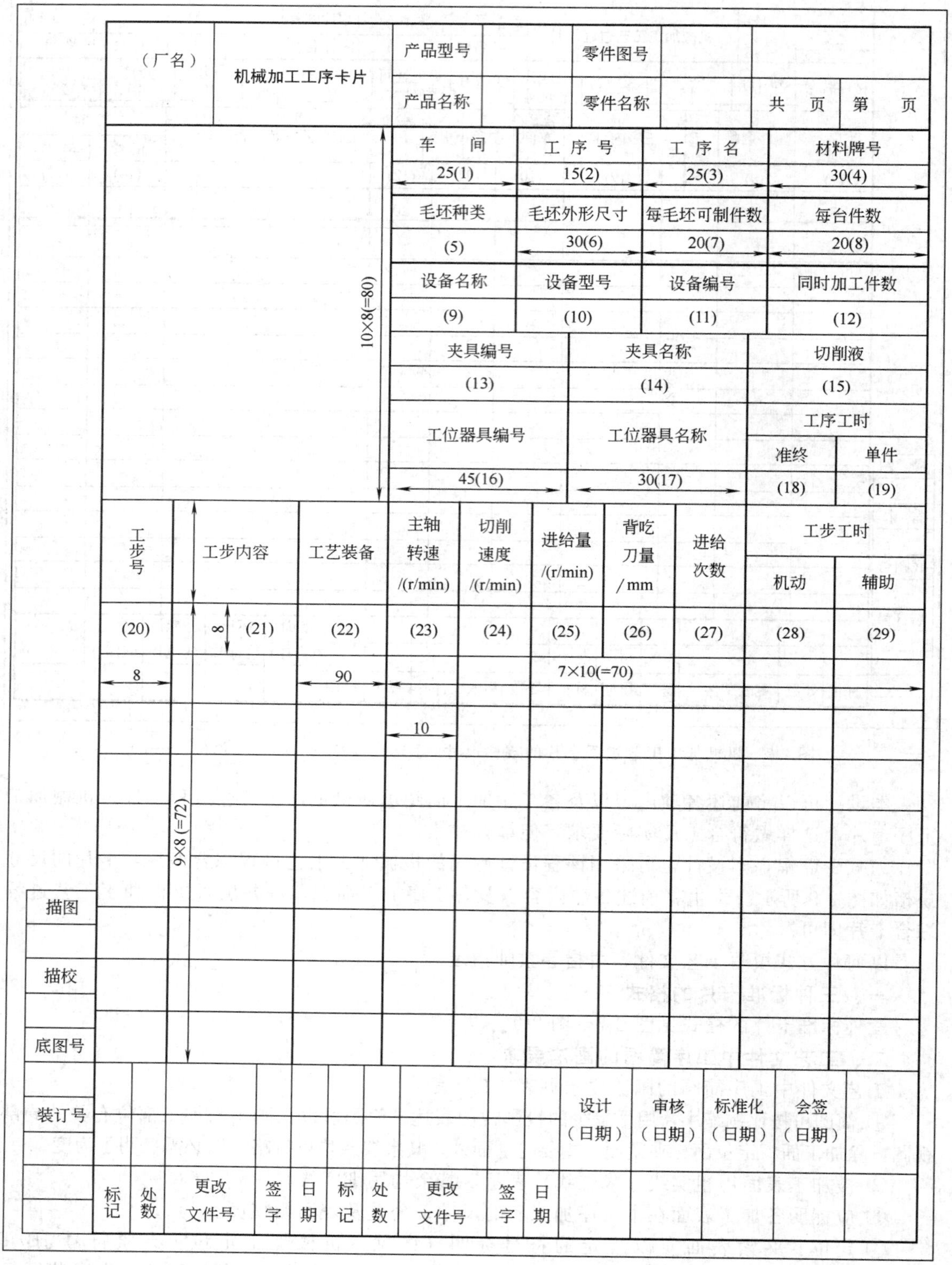

（厂名）	机械加工工序卡片	产品型号		零件图号			
		产品名称		零件名称		共 页	第 页

车 间	工 序 号	工 序 名	材料牌号
25(1)	15(2)	25(3)	30(4)
毛坯种类	毛坯外形尺寸	每毛坯可制件数	每台件数
(5)	30(6)	20(7)	20(8)
设备名称	设备型号	设备编号	同时加工件数
(9)	(10)	(11)	(12)

夹具编号	夹具名称	切削液	
(13)	(14)	(15)	
工位器具编号	工位器具名称	工序工时	
		准终	单件
45(16)	30(17)	(18)	(19)

10×8（=80）

工步号	工步内容	工艺装备	主轴转速 /(r/min)	切削速度 /(r/min)	进给量 /(r/min)	背吃刀量 /mm	进给次数	工步工时	
								机动	辅助
(20)	(21)	(22)	(23)	(24)	(25)	(26)	(27)	(28)	(29)
8		90			7×10(=70)				
		10							

9×8(=72)

描图									
描校									
底图号									
装订号					设计 （日期）	审核 （日期）	标准化 （日期）	会签 （日期）	
	标记	处数	更改文件号	签字	日期	标记	处数	更改文件号	签字	日期

图 2-8 机械加工工序卡片的规格尺寸（JB/T 9165—1998 单位：mm）

44 ·

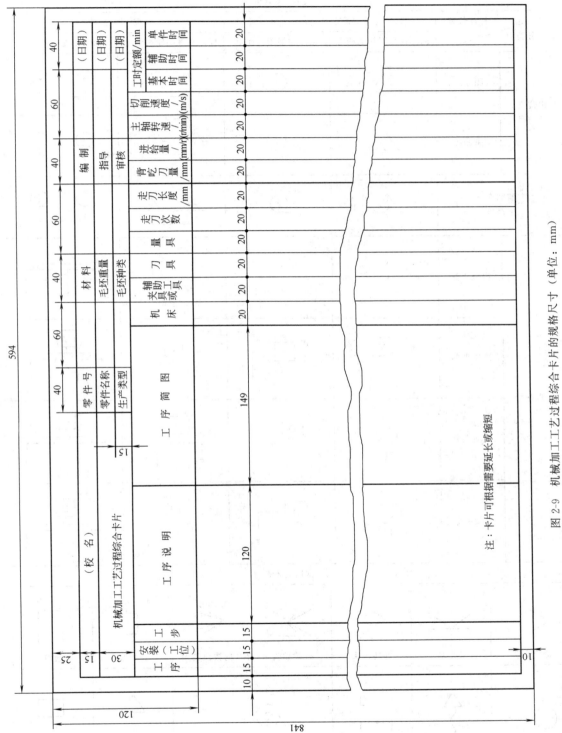

图 2-9　机械加工工艺过程综合卡片的规格尺寸（单位：mm）

注：卡片可根据需要延长或缩短

表 2-31　定位、夹紧符号及常用装置符号（摘自 JB/T 5061—2006）

1. 定位、夹紧符号

分类 / 标注位置		独立定位		联合定位	
		标注在视图轮廓线上	标注在视图正面上	标注在视图轮廓线上	标注在视图正面上
定位支承符号	固定式			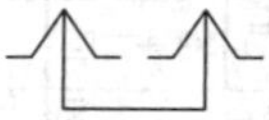	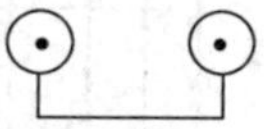
	活动式			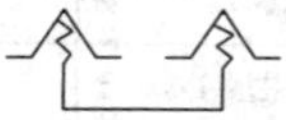	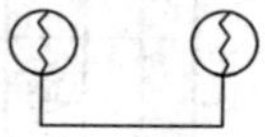
辅助支承符号				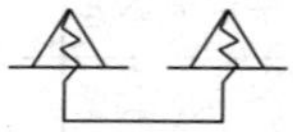	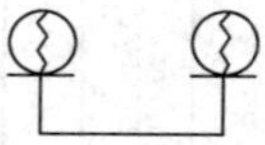
夹紧符号	机械夹紧			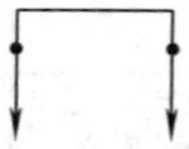	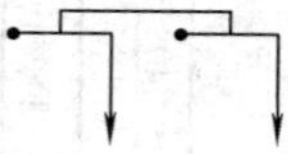
	液压夹紧	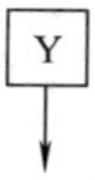 Y	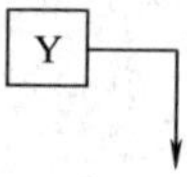 Y	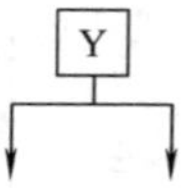 Y	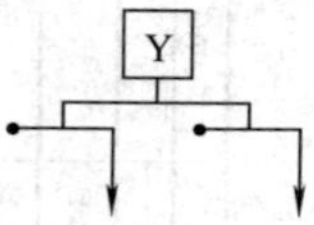 Y
	气动夹紧	 Q	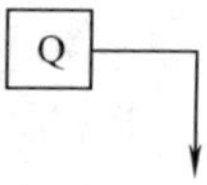 Q	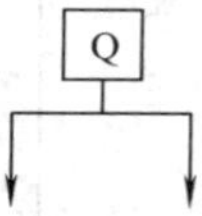 Q	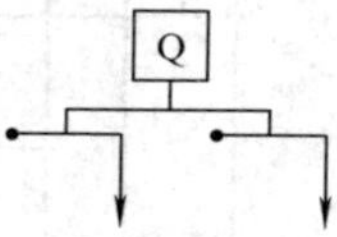 Q
	电磁夹紧	 D	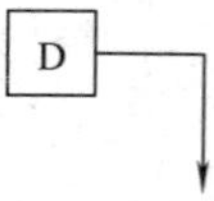 D	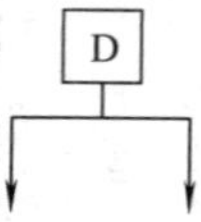 D	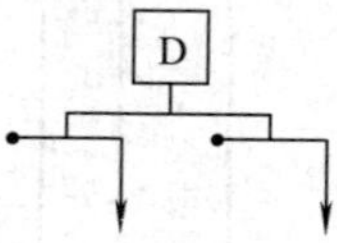 D

2. 常用装置符号

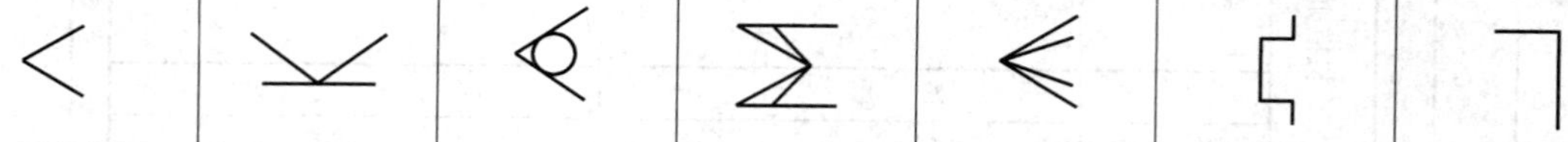

固定顶尖	V 形块	回转顶尖	外拨顶尖	内拨顶尖	止口盘	拨杆
圆柱心轴	可调支承	平口钳	弹性心轴　弹簧夹头		三爪自定心卡盘	四爪单动卡盘

· 46 ·

3. 定位、夹紧符号与装置符号综合标注示例

序号	说　明	定位、夹紧符号标注示意图	装置符号标注示意图
1	床头固定顶尖、床尾固定顶尖定位,拨杆夹紧	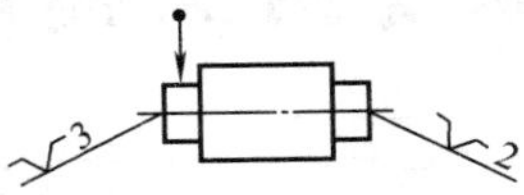	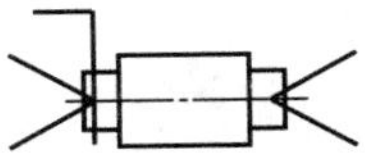
2	床头外拨顶尖、床尾回转顶尖定位夹紧(轴类零件)	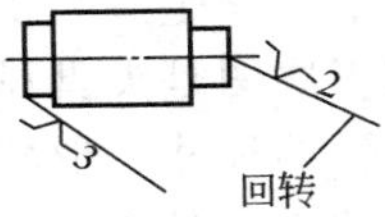	
3	弹性心轴定位夹紧(套类零件)	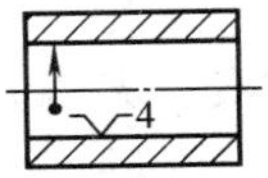	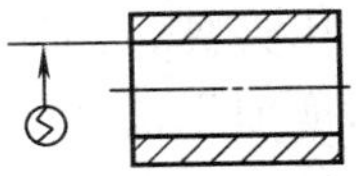
4	三爪自定心卡盘定位夹紧(短轴类零件)	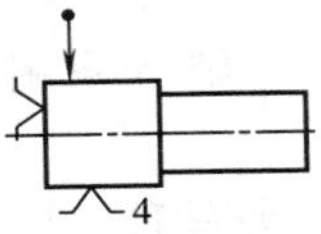	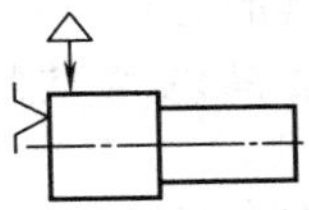
5	四爪单动卡盘定位夹紧、带端面定位(盘类零件)	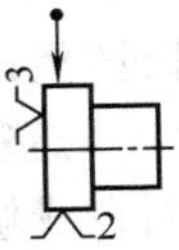	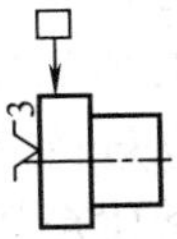
6	止口盘定位,气动压板联动夹紧	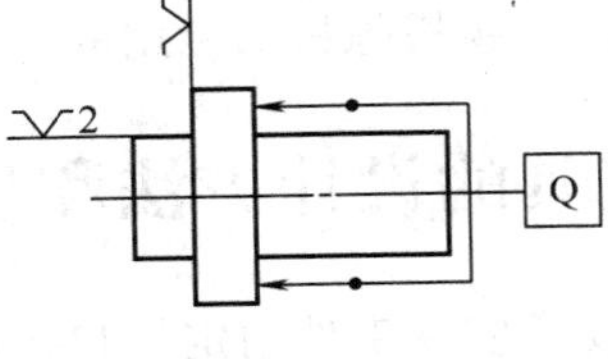	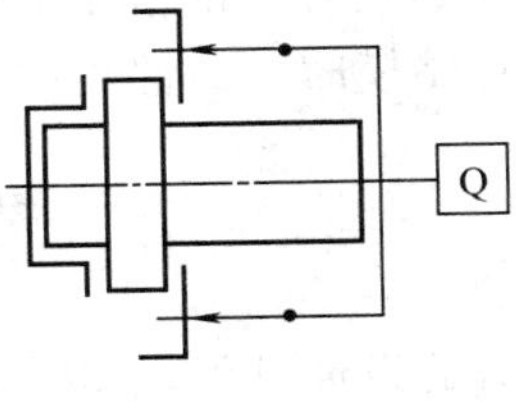

注：1. 视图正面是指观察者面对的投影面。

2. 定位符号旁边的阿拉伯数字代表消除的自由度数目。

第三章　机床专用夹具设计

第一节　夹具设计的基本要求

在完成零件机械加工工艺规程设计的基础上，学生应与指导教师商定，设计指定工序的专用夹具，显然该零件的生产纲领、零件图和工序图是夹具设计的依据。生产纲领决定了夹具的复杂程度和自动化程度；零件图给出了工件的尺寸、形状和位置精度、表面粗糙度等具体要求；工序图则给出了夹具所在工序的零件的工序基准、工序尺寸、已加工表面、待加工表面，以及本工序的定位、夹紧原理方案，这是夹具设计的直接依据。

设计专用夹具，必须满足以下基本要求。

（1）保证加工精度　夹具应有合理的定位方案、夹紧方案、正确的刀具导向方案以及合适的尺寸、公差和技术要求，应有足够的强度、刚度，确保夹具能满足工件的加工精度要求。

（2）夹具的总体方案应与年生产纲领相适应　对于大批量生产中使用的夹具，宜采用如气压、液压等高效夹紧装置；而中小批量生产，则宜采用较简单的夹具结构及手动夹紧机构。

（3）提高夹具的通用化和标准化程度　设计夹具时应尽量选用夹具通用零部件和标准化元件以及夹具的典型结构，以缩短夹具的设计制造周期，降低夹具成本。

（4）操作方便、安全　夹具的操作手柄或扳手一般应放在右边或前面并有足够的操作空间。根据不同的加工方法，设置必要的防护装置、挡屑板以及各种安全器具。

（5）具有良好的结构工艺性　夹具应便于制造、调整和维修，且便于切屑的清理、排除。专用夹具的生产属于单件生产，当最终精度由调整或修配保证时，夹具上应设置调整或修配结构，如适当的调整间隙、可修磨的垫片等。

上述要求有时是相互矛盾的，应全面考虑，抓住主要矛盾，使之达到较好的设计效果。例如设计钻模时，通常侧重于生产率的要求；镗模等精加工用的夹具则侧重考虑加工精度。

第二节　专用夹具的设计方法和步骤

夹具的设计过程，实际上就是按工序要求实现工件的定位和夹紧结构化的过程。夹具的定位要满足以下三方面：工件在夹具中的正确定位、夹具相对刀具的正确定位以及夹具相对机床的正确定位。这三方面定位的实现分别对应于本章的第三节、第四节和第六节。工件的夹紧也有多种方式，对应于本章的第五节。最后通过夹具体的设计（本章第六节）将上述这些部分连接在一起，便完成了一个专用夹具的设计。在设计时，应按相关章节有针对性地学习。

课程设计中，专用夹具的设计流程如图 3-1 所示，具体步骤如下。

一、制订总体方案，绘制结构草图

专用夹具总体方案的确定是一项十分重要的设计程序，方案的优劣往往决定了夹具设计的成败。因此，宁可在这里多花一点时间充分地进行研究、讨论，也不要急于绘图、草率从事。最好制订两种以上的结构方案，进行分析比较，确定一个最佳方案。

绘制草图可以徒手画，也可以按尺寸和比例画，直接在绘图纸上边画边算边修改。只画主要部位，不必画出细部结构。草图的绘制过程如下。

① 以工人在本工序加工时所面对的工件位置为主视图，在草图上用双点划线勾勒出三视图的轮廓，注意必须画出定位表面、夹紧表面和待加工表面，有时需对零件图做必要的转换。

② 根据该道工序的加工要求和基准的选择，确定工件的定位方式及定位元件的结构。这是一个将工序简图上的定位方法具体实现的过程，要选择好定位元件及定位元件在夹具上的安装方式，将这些定位元件在草图上的被加工零件相应位置上画出。参阅本章第三节。

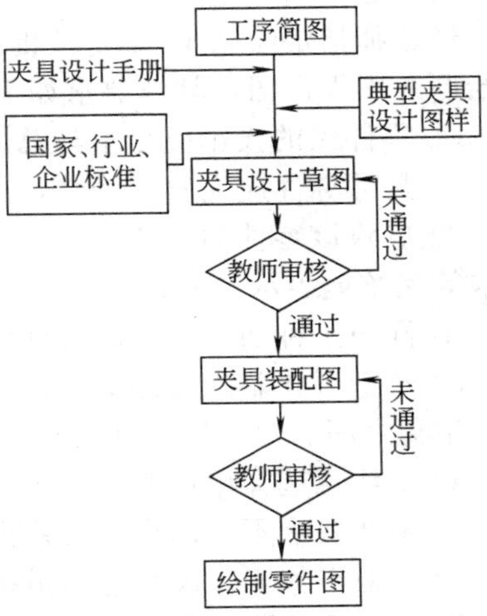

③ 确定刀具的导向、对刀方式，选择导向、对刀元件。一般来说，不同类型的夹具（钻夹具、镗夹具、铣夹具等），其刀具的导向、对刀方式也不同。设计时，要先确定是哪种类型的夹具，再有针对性地选择其导向、对刀方式。同样也把选定的导向、对刀元件及其安装方式在草图上的被加工零件相应位置上画出。参阅本章第四节。

④ 按照夹紧的基本原则，确定工件的夹紧方式、夹紧力的方向和作用点的位置，选择合适的夹紧机构，在草图的被加工零件相应位置上画出。参阅本章第五节。

⑤ 确定其他元件或装置的结构形式，如连接件、分度装置等。协调各装置、元件的布局，确定夹具体结构尺寸和夹具的总体结构。这些结构都有一些常用的标准结构和标准件，在资料中找到后选择确认。同样把它在草图上的被加工零件相应位置上画出。参阅本章第六、第七节。

⑥ 一道工序的夹具可以有多种结构方案，设计者应进行全面分析对比，确定出合理的设计方案。

夹具结构草图画好后，应对夹具的定位误差进行分析计算，校核制订的夹具公差和技术要求能否满足工件工序尺寸公差和技术要求。计算结果如超差时，需要改变定位方法或提高定位元件、定位表面的制造精度，以减少定位误差，提高加工精度。有时甚至要从根本上改变工艺路线的安排，以保证零件的加工能顺利进行。采用机动夹紧时还应计算夹紧力。

以上绘制的结构草图和分析计算的结果经指导教师审阅通过后，即可正式进行夹具装配图的设计。

二、绘制夹具装配图

尽量采用 1∶1 的比例绘制。夹具装配图应能清楚地表示出夹具的工作原理和结构，各元件间相互位置关系和外廓尺寸。主视图应选择夹具在机床上使用时正确安放的位置，并且是工人操作面对的位置。夹紧机构应处于"夹紧"状态下。要正确选择必要的视图、剖面、剖视以及它们的配置。

在装配图适当的位置上画上缩小比例的工序简图，以便于审核、制造、装配、检验者在阅图时对照。

绘制夹具装配图的具体指导见本章第七节。各类机床夹具的设计要点见本章第八节。

以上绘制的夹具装配图经自我认真审查后请指导教师审阅，修改定稿后即可着手绘制专用零件图。

图 3-1　专用夹具设计流程

三、绘制零件图

经教师指定绘制 1～2 个关键的、非标准的夹具零件，如夹具体等。根据已绘制的装配图绘制专用零件图，具体要求如下：

① 零件图的投影应尽量与总图上的投影位置相符合，便于读图和核对；

② 尺寸标注应完整、清楚，避免漏注，做到既便于读图，又便于加工；

③ 应将该零件的形状、尺寸、相互位置精度、表面粗糙度、材料、热处理及表面处理要求等完整地表示出来；

④ 同一工种加工表面的尺寸应尽量集中标注；

⑤ 对于可在装配后用组合加工来保证的尺寸，应在其尺寸数值后注明"按总图"字样，如，钻套之间、定位销之间的尺寸等；

⑥ 要注意选择设计基准和工艺基准；

⑦ 某些要求不高的形位公差由加工方法自行保证，可省略不注；

⑧ 为便于加工，尺寸应尽量按加工顺序标注，以免进行尺寸换算。

四、夹具设计过程示例

图 3-2(a) 为加工连杆零件小头孔的工序简图。已知：工件材料为 45 钢，毛坯为模锻件，成批生产规模，所用机床为 Z525 型立式钻床。试为该工序设计一钻床夹具。设计过程如下。

1. 确定夹具的结构方案，绘制装配草图

(1) 布置图面　选择适当比例（通常取 1:1），用双点划线绘出工件的各视图的轮廓线及其主要表面（如定位基面、夹紧表面、本工序的加工表面等）。加工表面的加工余量可以用网纹线表示出来。

(2) 确定定位方案，选择定位元件　本工序加工要求保证的位置精度主要是中心距尺寸 (120 ± 0.08)mm 及平行度公差 0.05mm。根据基准重合原则，应选 $\phi36$H7mm 孔为主要定位基准，即工序简图中所规定的定位基准是恰当的。定位元件选择长定位销 2（限制 4 个自由度）加小端面（限制 1 个自由度）和一个活动 V 形块 5（限制 1 个自由度），实现完全定位，如图 3-2(b) 所示。定位孔与定位销的配合尺寸为 $\phi36\dfrac{\text{H7}}{\text{g6}}$mm（定位孔 $\phi36^{+0.026}_{0}$mm，定位销 $\phi36^{-0.0095}_{-0.0265}$mm）。对于工序尺寸（$120\pm0.08$）mm 而言，定位基准与工序基准重合 $\Delta_{jb}=0$；由于定位副制造误差引起的定位误差 $\Delta_{jw}=0.026+0.0265=0.0525$mm。$\Delta_{dw}=\Delta_{jb}+\Delta_{jw}=0+0.0525=0.0525$mm，该方案的定位误差小于该工序尺寸制造公差 0.16mm 的 1/3（0.16/3＝0.5333mm），上述定位方案可行。

(3) 确定导向装置　本工序小头孔（$\phi18$H7mm）加工的精度要求较高，采用一次装夹完成钻、扩、粗铰、精铰 4 个工步的加工，故此夹具选用快换钻套 4 作导向元件［图 3-2(c)］，相应的机床上采用快换夹头。钻套高度 $H=1.5D=1.5\times18=27$mm，排屑空间 $h=d=18$mm。

(4) 确定夹紧机构　针对成批生产的工艺特征，此夹具选用螺旋夹紧机构夹压工件，如图 3-2(d) 所示。在定位销上直接做出一段螺杆，装夹工件时，先将工件定位孔装入带有螺母的定位销 2 上（螺母最大径向尺寸小于定位孔直径），接着向右移动 V 形块 5 使之与工件小头外圆相靠，实现定位；然后在工件与螺母之间插上开口垫圈 3，拧紧螺母压紧工件。

(5) 确定其他装置　为了减小加工时工件的变形，保证加工时工艺系统的刚度，在靠近工件的加工部位增加辅助支承 6［图 3-2(e)］。设计活动 V 形块的矩形导向和螺杆驱动装置。

(6) 设计夹具体　夹具体的设计应通盘考虑，使上述各部分通过夹具体能有机地联系起

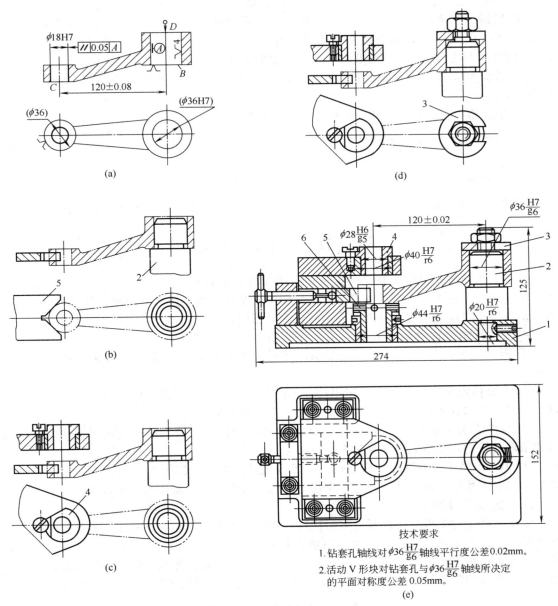

图 3-2　加工连杆零件小头孔的夹具设计过程

1—夹具体；2—定位销；3—开口垫圈；4—钻套；5—V形块；6—辅助支承

来，形成一个整体。考虑夹具与机床的连接，因为是在立式钻床上使用，夹具安装在工作台上直接用钻套找正并用压板固定，故只需在夹具体上留出压板压紧的位置即可，不需专门的夹具与机床的定位连接元件。钻模板、矩形导轨和夹具体一起用4根螺栓固连，再用2根销子定位。夹具体上表面与其他元件接触的部位均做成等高的凸台以减少加工面积，夹具体底面设计成周边接触的形式以改善接触状况、提高安装的稳定性。

2. 在草图基础上画出夹具装配图

在草图基础上画出夹具装配图。如图 3-2(e) 所示。

3. 在夹具装配图上标注尺寸、配合及技术要求在夹具装配图上标注尺寸，配合及技术要求如图 3-2（e）所示。

① 根据工序简图上规定的两孔中心距要求，确定钻套中心线与定位销中心线之间的尺寸为（120±0.02）mm，其公差值取为零件相应尺寸（120±0.08）mm 的公差值的 1/2～1/5；钻套中心线对定位销中心线的平行度公差取为 0.02mm。

② 活动 V 形块对称平面相对于钻套中心线与定位销中心线所决定的平面的对称度公差取为 0.05mm。

③ 定位销中心线与夹具底面的垂直度公差取为 0.01mm。

④ 参考表 3-15，标注配合尺寸：$\phi 28 \dfrac{H6}{g5}$ mm、$\phi 40 \dfrac{H7}{r6}$ mm、$\phi 44 \dfrac{H7}{r6}$ mm、$\phi 36 \dfrac{H7}{g6}$ mm 和 $\phi 20 \dfrac{H7}{r6}$ mm。

⑤ 按工件公差的 1/3，确定钻套、活动 V 形块的位置公差，写在技术要求中。

第三节　定位方案设计

这里所指的工件定位是狭义的，主要是指用定位元件使工件在夹具上有一个正确的位置。很明显，要加工出合格的工件仅有这样的定位是不够的，还必须使得夹具相对于机床和刀具都有一个正确的位置，这两部分内容将在后面阐述。

一、工件定位应注意的问题

① 定位支承点与工件的定位基准始终保持紧贴接触，若二者一旦脱离，即失去定位作用。

② 在分析定位支承点的定位作用时，不应考虑力的作用；使工件在外力作用下不能运动，这是夹紧的任务，不要把定位与夹紧两个概念相混淆。

③ 应搞清完全定位、不完全定位、欠定位和过定位的实质，根据被加工零件的具体情况，采取有效的定位方式，尽量减少定位误差。

④ 为了提高工件的刚度和稳定性，常常设置辅助支承，但辅助支承是工件完成定位夹紧后才参加支承工作的，并不起定位作用，在每次装卸工件时都必须重新调整。

二、定位元件的选用

定位元件是与工件的定位基准面相接触或相配合而使工件相对于机床、刀具有正确位置的夹具元件。工序图上的定位符号必须依靠具体的某一种定位元件在夹具中实现工件的定位。工件上被用于定位的表面有不同的形状，如平面、内孔、外圆、圆锥面和型面，需要选用或设计相应的定位元件。不同定位面的定位元件的选择或设计，可参考表 3-1。

表 3-1　常用定位元件的选择

定位面	名称	元件类型	工作特点及使用说明
平面定位	支承钉	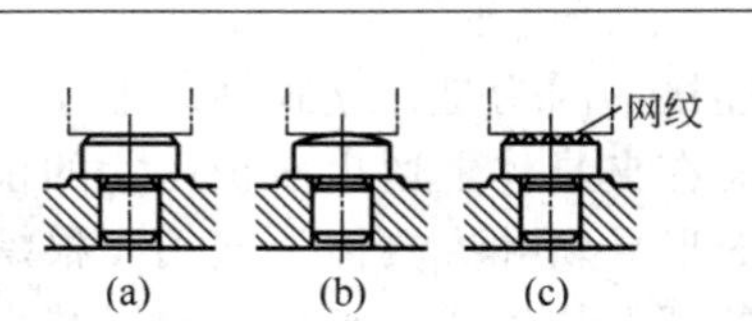	平头型用于精基准，圆头型用于粗基准，花头型宜用于侧面粗基准。可换支承钉要加衬套。使用几个平头支承钉时，应在装配后一起磨平
	支承板	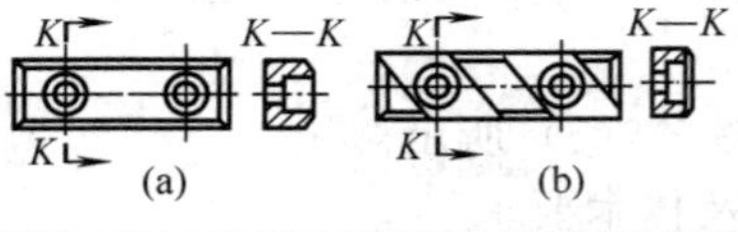	适用于精基准。(a)型可用其侧面和顶面定位，(b)型便于清除切屑、用其顶面定位。使用两个以上支承板时，应在装配后一起磨平

定位面	名称	元 件 类 型	工作特点及使用说明
平面定位	可调支承	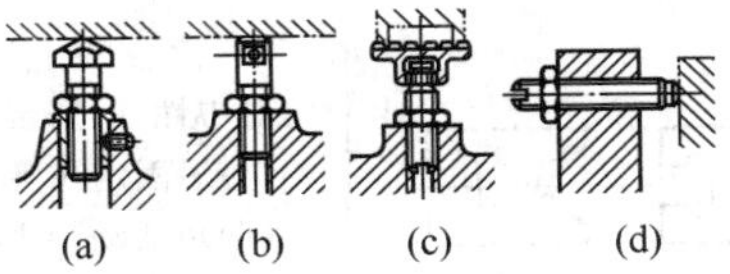 (a)　(b)　(c)　(d)	适用于形状尺寸变化较大、分批制造的毛坯面作为粗基准定位。在一批加工前调整一次，调整到位后用螺母锁紧
	自位支承	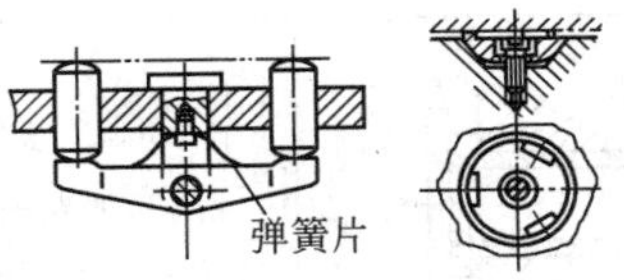 弹簧片	自位支承与工件多点接触，自动适应断续表面、台阶面、角度误差面的定位，只限制一个自由度。可提高工件安装刚性和稳定性，减小工件变形
	辅助支承	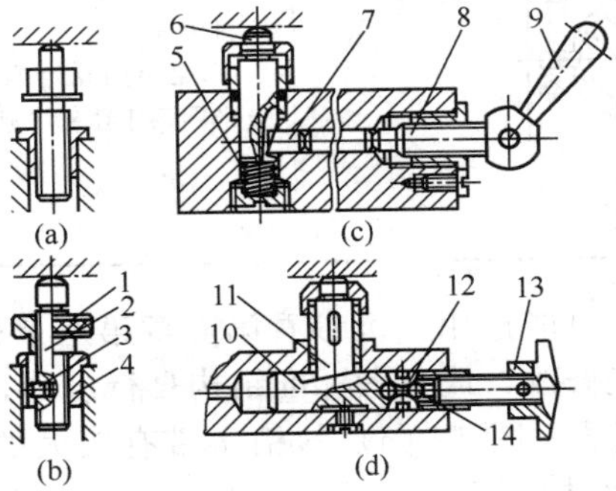 (a)　(c) (b)　(d)	辅助支承用于增加工件刚度、减小切削变形，不起定位作用。使用时应先定位夹紧工件再调节辅助支承 　(a)结构简单，效率低 　(b)旋转螺母1，支承螺钉2受装在套筒4键槽中的止动销3的限制，只做直线移动 　(c)为自动调节支承，支承销在弹簧5作用下顶端高于主支承面，当工件定位夹紧后，支承销6与工件接触，回转手柄9将支承销6锁紧。适用于工件重量、切削负荷较小的场合 　(d)为推式辅助支承，支承销顶端低于主支承面，滑柱11通过推杆10向上移动与工件接触，然后回转手柄13，将支承滑柱11锁紧。适用于工件重量、切削负荷较大的场合
内孔定位	定位销	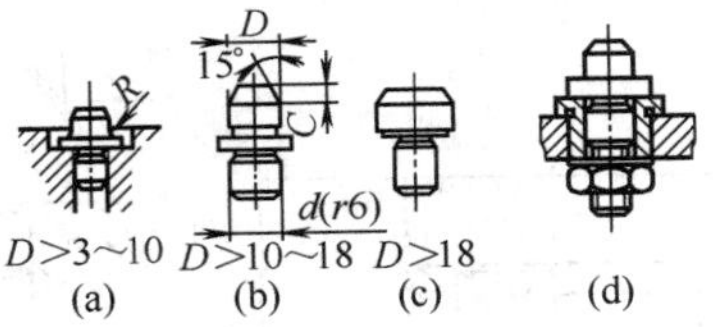 $D>3\sim10$　$D>10\sim18$　$D>18$ (a)　(b)　(c)　(d)	根据工件的孔径尺寸，定位销有不同的(a)、(b)、(c)结构。大批大量生产时，为了便于更换定位销而采用带衬套的(d)结构。当采用工件上孔与端面组合定位时，应加上支承板或垫圈
	圆锥销	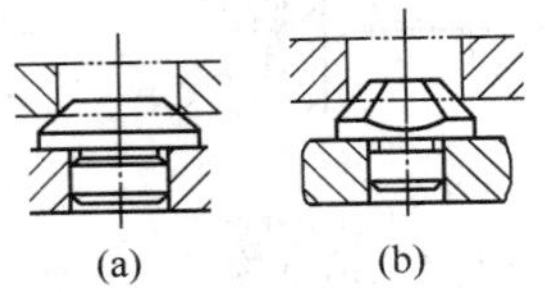 (a)　(b)	与其他定位元件组合定位限制轴向自由度 　(a)适用于精基准 　(b)适用于粗基准
	定位心轴	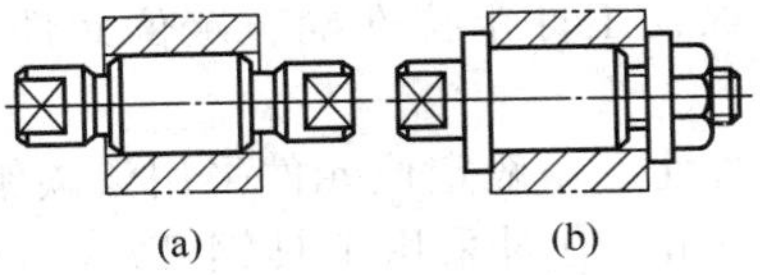 (a)　(b)	(a)为过盈配合心轴，结构简单，轴向不定位，容易制造且定心精度高，但装卸不便，易损伤定位孔。多用于定心精度要求较高的场合 　(b)为间隙配合心轴，装卸工件较方便，可同时实现轴向定位，但定心精度较低

定位面	名称	元 件 类 型	工作特点及使用说明
外圆定位	V 形块	(a)　　　　　　(b)	对中性好,安装方便,可用于粗、精基准 (a)短固定 V 形块限制 2 个自由度 (b)短活动 V 形块限制 1 个自由度
	定位套	(a)　　　　(b) (c)	(a)与大端面组合定位,用在以端面为主要定位基准的场合,短定位套限制工件的两个自由度 (b)与小端面组合定位,用在以圆柱面为主要定位基准的场合,长定位套限制工件的四个自由度 (c)是半圆孔定位装置。下半圆用作定位,上半圆用于压紧。适用于大型轴类零件

　　常用的定位元件已经标准化,应尽可能选用,可参看第五章第八节表 5-173～表 5-185。必要时可在标准元件结构基础上作一些修改,或参考标准结构自行设计,以满足具体设计的需要。图 3-3 为非标准定位销结构的例子。图 3-3(a) 的销子带有较大的凸台,可从正面用螺钉固定,以便于装拆;图 3-3(b) 的结构用于大直径孔的定位,二者均可实现孔、面组合定位。图 3-3(c) 是用于孔缘定位的锥形定位销。

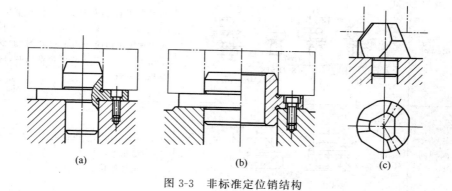

图 3-3　非标准定位销结构

　　自行设计定位元件时应注意以下方面。

　　① 定位元件应具有适当的精度,以保证工件定位准确。定位元件的制造公差可取工件相应公差的 1/5～1/2。

　　② 定位元件应具有较高的硬度和耐磨性。一般定位元件采用渗碳钢（20 钢、20Cr 钢）,经过渗碳淬火,渗碳层深度为 0.8～1.2mm。有时采用工具钢 T7A、T8A 等,淬火硬度为 58～62HRC。

③ 定位元件应具有足够的刚度，以保证在夹紧力、切削力等的作用下不致产生较大的变形而影响工件的加工精度。

三、定位误差的分析与计算

用调整法加工一批工件时，工件在定位过程中，由于工件的定位基准与工序基准不重合，以及工件的定位基准面与夹具定位元件的定位表面存在制造误差，都会引起工件的工序基准偏离理想位置，而使工序尺寸产生加工误差，称为定位误差，常用符号 Δ_{dw} 表示。其数值大小为工件的工序基准沿工序尺寸方向上发生的最大偏移量。它由定位基准与工序基准不重合误差 Δ_{bc} 和定位副制造不准确引起工序基准的位移误差 Δ_{wy} 两部分所组成，其大小是两项误差在工序尺寸方向上的代数和，即

$$\Delta_{dw} = \Delta_{wy} + \Delta_{bc}$$

当工序基准位置与多个定位基准有关时，以上两个误差的方向和工序尺寸方向便可能不一致，定位误差的计算则比较复杂，需要具体情况具体分析。一般按最不利的情况找出定位时一批工件中工序基准的两个极端位置，然后把工序基准的最大变动量折算到工序尺寸方向上，即可得到定位误差。

使用夹具安装工件时，应尽量减少定位误差，在保证该工序加工要求的前提下，留给其他工艺系统误差的比例大一些，以便能较好地控制加工误差。根据加工误差计算不等式，定位误差应不超过零件公差的 $1/5 \sim 1/3$。

表 3-2 列举了一些常用定位方法和定位误差的计算公式，供设计夹具时参考。

表 3-2 常用定位方法和定位误差

定位方法	定位简图	定位总误差 Δ_Z/mm
以平面为定位基准	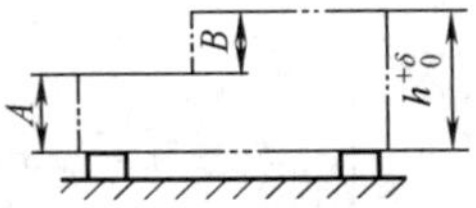	$\Delta_{DA} = 0$ $\Delta_{DB} = \Delta_B = \delta$
		$\Delta_{DB} = 2(H-h)\tan\Delta\alpha_g$ 当 $\alpha = 90°$，$h > H/2$ 时，应按 $\Delta_{DB} = 2h\tan\Delta\alpha_g$
以圆柱面为定位基准	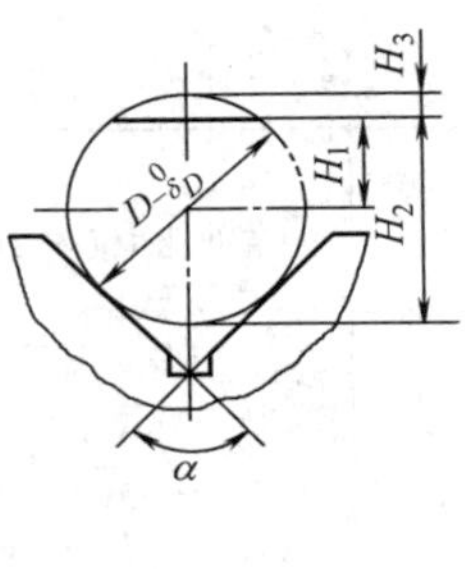	$\Delta_{DH_1} = \dfrac{\delta_D}{2} \times \dfrac{1}{\sin\dfrac{\alpha}{2}}$ $\Delta_{DH_2} = \dfrac{\delta_D}{2}\left(\dfrac{1}{\sin\dfrac{\alpha}{2}} - 1\right)$ $\Delta_{DH_3} = \dfrac{\delta_D}{2}\left(\dfrac{1}{\sin\dfrac{\alpha}{2}} + 1\right)$

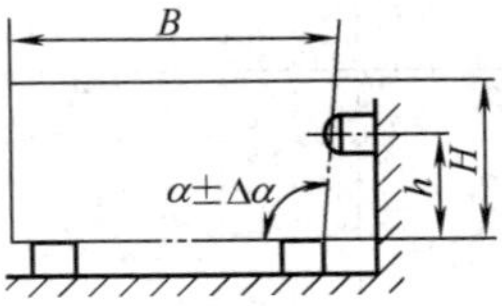

α	Δ_{DH_1}	Δ_{DH_2}	Δ_{DH_3}
60°	δ_D	$0.5\delta_D$	$1.5\delta_D$
90°	$0.71\delta_D$	$0.21\delta_D$	$1.21\delta_D$
120°	$0.58\delta_D$	$0.08\delta_D$	$1.08\delta_D$

定位方法	定位简图	定位总误差 Δ_Z/mm
以圆柱面为定位基准	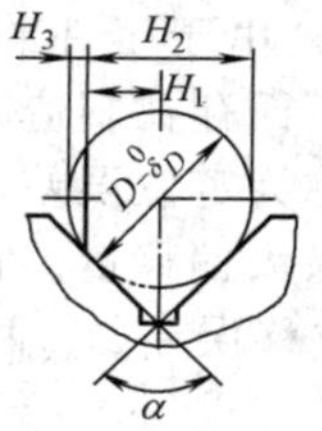 H_3 H_2 H_1 $D_{-\delta_D}^{0}$ α	$\Delta_{DH_1}=0$ $\Delta_{DH_2}=\Delta_{DH_3}=\dfrac{\delta_D}{2}$
	H_4 H_3 H_1 H_2 $D_{-\delta_D}^{0}$	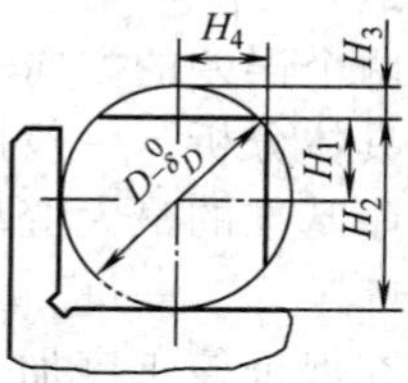 $\Delta_{DH_1}=\dfrac{\delta_D}{2}$ $\Delta_{DH_2}=0$ $\Delta_{DH_3}=\delta_D$ $\Delta_{DH_4}=\dfrac{\delta_D}{2}$
	C A B $D_{-\delta_D}^{0}$	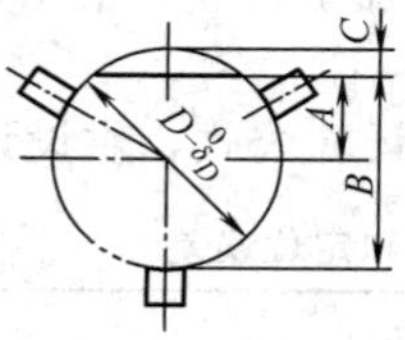 $\Delta_D=\Delta_W=\dfrac{\delta_D+\delta_d}{2}$ $\Delta_{DA}=0$ $\Delta_{DB}=\dfrac{\delta_D}{2}$ $\Delta_{DC}=\dfrac{\delta_D}{2}$
以圆孔为定位基准	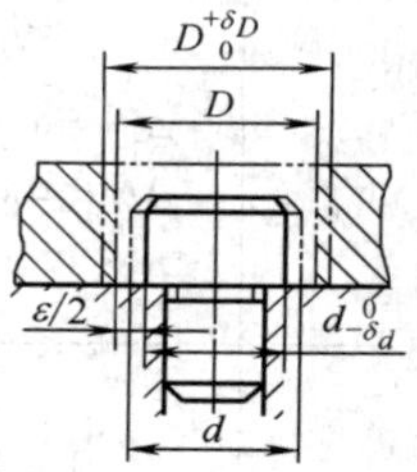 定位销垂直放置 $D_0^{+\delta_D}$ D $\varepsilon/2$ $d_{-\delta_d}^{0}$ d	$\Delta_D=\delta_D+\delta_d+\Delta_{\min}$ 式中 $\Delta_{\min}$——销孔与定位销的最小间隙
	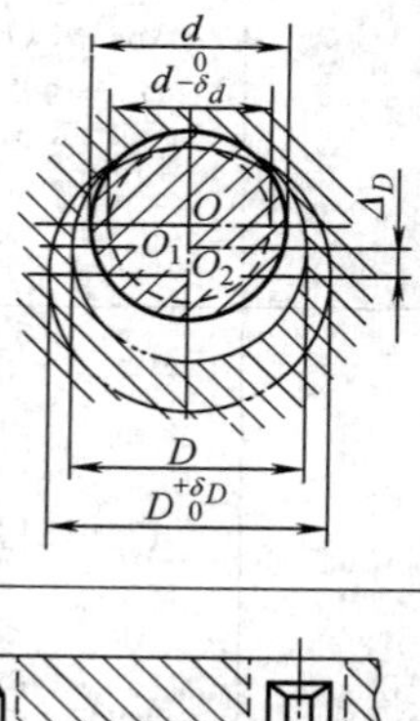 定位销水平放置 d $d_{-\delta_d}^{0}$ O O_1 O_2 Δ_D D $D_0^{+\delta_D}$	$\Delta_D=\Delta_W=\dfrac{\delta_D+\delta_d}{2}$
以平面和两孔为定位基准	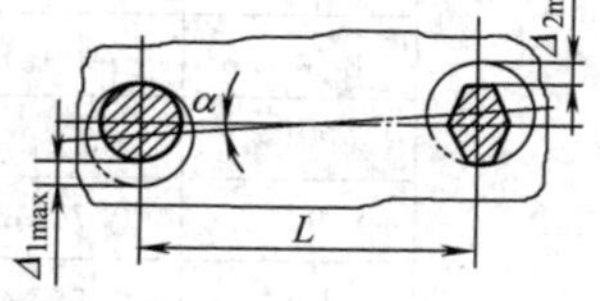 $\Delta_{2\max}$ α $\Delta_{1\max}$ L	基准孔中心连线的转角误差 $\tan\alpha=\dfrac{\Delta_{1\max}+\Delta_{2\max}}{2L}$ 式中 $\Delta_{1\max}$——圆柱销与基准孔的最大间隙 $\Delta_{2\max}$——菱形销与基准孔的最大间隙 L——两基准孔的中心距离

第四节 对刀、导向装置设计

工件用夹具的定位元件定位和夹具安装在机床上的定位，对于刀具做主切削运动的加工过程，只能保证加工面对定位基准角度位置的正确性，如加工面对定位基准的平行度、垂直度、夹角等，却不能解决加工尺寸本身的精度问题。刀具相对于夹具的位置的确定，是用来保证加工尺寸本身的精确度的，简称对刀。夹具的对刀方法通常有三种，一种是通过试切来调整刀具相对工件定位面的位置；一种是应用样件对刀；还有一种是用夹具的对刀、导向装置来对刀。

一、对刀装置设计

对刀装置由对刀块与塞尺组成，主要用于铣床夹具，使用对刀块调整刀具相对工件的位置，生产中常用试切法调刀而不设置对刀块，本设计作为训练，要求设计铣床夹具时设计对刀装置。

1. 对刀块

对刀块是用来确定夹具与刀具相对位置的元件，其结构尺寸已经标准化。对刀块共有四种，如图 3-4 所示。图 3-4（a）是圆形对刀块，用于加工单一平面时对刀。图 3-4（b）是直角对刀块或侧装对刀块，调整铣刀两相互垂直凸面位置时使用，如盘形铣刀及圆柱铣刀铣槽时的对刀。图 3-4（c）用两片对刀平塞尺来调整成形铣刀的位置、加工成形槽。图 3-4（d）用两根对刀圆柱塞尺来调整成形铣刀位置、加工成形曲面。

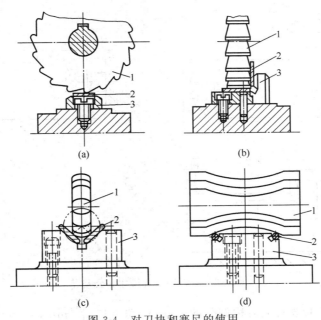

(a)   (b)

(c)   (d)

图 3-4 对刀块和塞尺的使用

1—铣刀；2—塞尺；3—对刀块

对刀装置应安排在夹具开始进给的一侧。对刀块应制成单独的元件，用螺钉和定位销安装在夹具体便于操作的位置上，不能用夹具上的其他元件兼作对刀块。对刀块通常选用 20 钢渗碳淬硬至 58～64HRC。标准对刀块尺寸规格见第五章第八节表 5-186～表 5-189。

2. 塞尺

对刀时，不允许刀具与对刀块直接接触，损坏刀刃或造成对刀块过早磨损，而要将塞尺放在刀具与对刀块之间，凭抽动塞尺的松紧感觉来判断二者的正确位置，以适度为宜。塞尺有两种，对刀平塞尺或对刀圆柱塞尺也已经标准化，见第五章第八节表 5-190、表 5-191。

塞尺通常选用 T8 工具钢淬硬至 55～60HRC。

3. 对刀块位置尺寸和公差的确定

在夹具总装图上，对刀块工作面的位置应以定位元件的定位表面或定位元件轴心线（V 形块对称线）为基准进行标注。其位置尺寸由相应的工序尺寸（平均值）和塞尺尺寸所组成，位置尺寸的公差取相应工序尺寸公差的 1/5～1/2，且对称标注。对刀块工作表面与定位元件定位面的相互位置精度要求，应根据工件被加工面与定位基准的位置要求来确定，参见表 3-3。

表 3-3 按工件公差确定对刀块到定位面的制造公差   mm

工件公差	对刀块工作面到定位面的制造公差	
	平行或垂直时	不平行或不垂直时
≈±0.10	±0.02	±0.015
±0.10～±0.25	±0.05	±0.035
±0.25 以上	±0.10	±0.08

例 加工如图 3-5 所示工件，要求保证工序尺寸 $A = 14.2_{-0.1}^{0}$ mm，$B = 10_{-0.1}^{0}$ mm，采用直角对刀块对刀，试确定其对刀面位置尺寸 H、L。

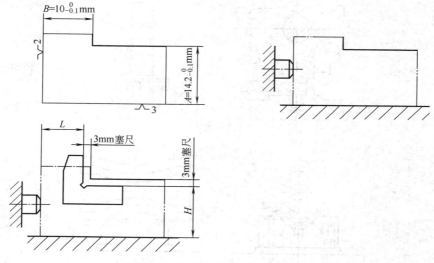

图 3-5 对刀块位置尺寸和公差

首先将 A、B 尺寸改写成对称偏差的形式 $A = 14.15_{-0.05}^{+0.05}$ mm，$B = 9.95_{-0.05}^{+0.05}$ mm；取塞尺厚度为 3mm。

对刀面位置尺寸为工序尺寸的平均尺寸与塞尺厚度之差，即 $H = 14.15 - 3 = 11.15$mm，$L = 9.95 - 3 = 6.95$mm。

尺寸 H、L 的公差取工件相应尺寸公差的 1/5～1/2，即为 $0.1 \times (1/5 \sim 1/2) = (0.02 \sim 0.05)$mm，若取 0.04mm，则对刀面位置尺寸为：$H = (11.15 \pm 0.02)$mm；$L = (6.95 \pm 0.02)$mm。

二、导向装置设计

导向装置用于引导刀具对工件的加工，可提高被加工孔的形状精度、尺寸精度以及孔系的位置精度。常用导向装置有两种：一种是钻床夹具的钻套及铰套，对钻头、铰刀进行导向，以确定与夹具及工件的位置；另一种是镗夹具的导套，引导镗杆并确定镗杆相对夹具定位元件的位置。这里主要介绍钻夹具的钻套，而镗模的导套从略。

钻套是钻床夹具所特有的零件，用来引导钻头等孔加工刀具，提高刀具刚度并保证被加工孔与工件其他表面的相对位置。根据其结构和使用情况分为固定式、可换式、快换式和特殊钻套，前三种已标准化，必要时也可自行设计。钻套的基本类型及使用见表3-4。选用标准钻套、钻套用衬套和钻套螺钉，可查第五章第八节表5-192～表5-196。

表3-4　钻套的基本类型

钻套名称	结构简图	使用说明
固定钻套 (JB/T 8045.1—1999)	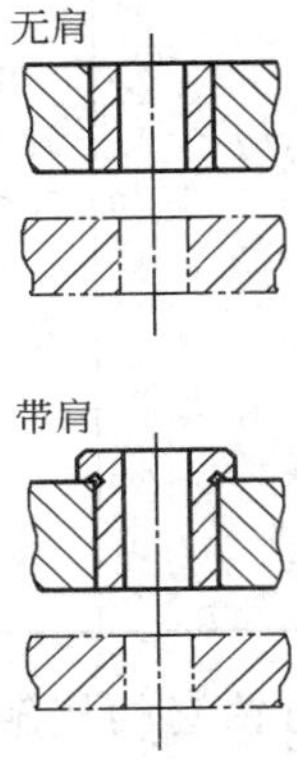 无肩 带肩	钻套直接压入钻模板或夹具体上,其外圆与钻模板采用 H7/n6 或 H7/r6 配合,磨损后不易更换。适用于中、小批生产的钻模上或用来加工孔距甚小以及孔径精度要求较高的孔。为了防止切屑进入钻套孔内,钻套的上、下端应稍突出钻模板为宜,一般不能低于钻模板 带肩固定钻套主要用于钻模板较薄时,用以保持必需的引导长度,也可作为主轴头进给时轴向定程挡块用
可换钻套 (JB/T 8045.2—1999)	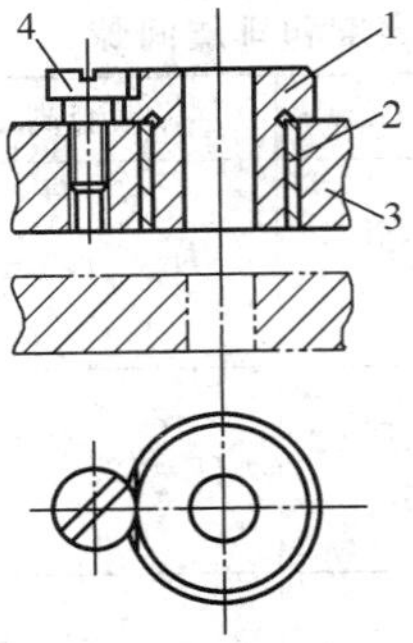	钻套1装在衬套2中,而衬套则是压配在夹具体或钻模板3中。钻套由螺钉4固定,以防止它移动。钻套与衬套间采用 F7/m6 或 F7/k6 配合。便于钻套磨损后,可以迅速更换。适用于大批量生产
快换钻套 (JB/T 8045.3—1999)	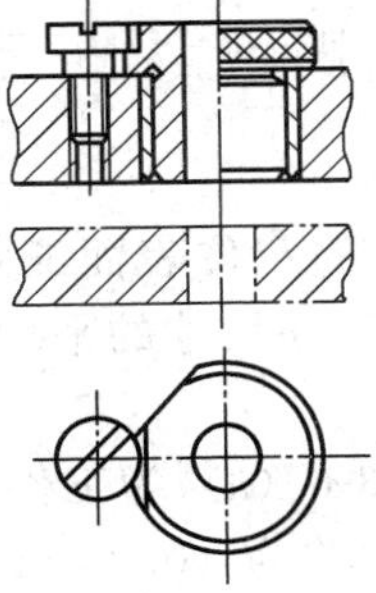	当要取出钻套时,只要将钻套朝逆时针方向转动使螺钉头部刚好对准钻套上的削边平面,即可取出钻套。适用于同一个孔须经多种工步加工的工序中。例如:钻、扩、铰孔时,常用快换钻套

钻套名称	结 构 简 图	使 用 说 明
特殊钻套	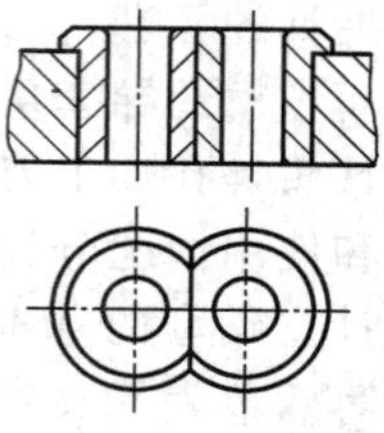	加工距离较近的两个孔时用的削边钻套
	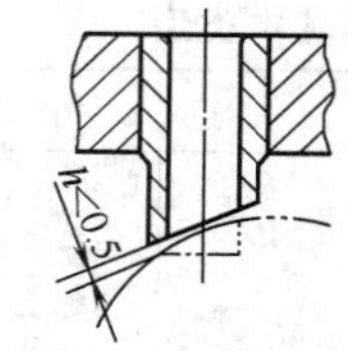 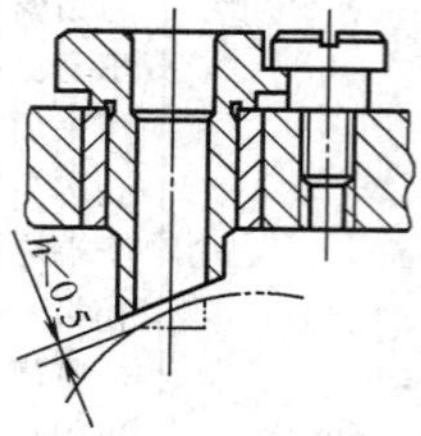	用于在斜面上钻孔。钻套的下端做成斜面,距离小于0.5mm,以保证铁屑不会塞在工件和钻套之间,而从钻套中排出。用这种钻套钻孔时,应先在工件上锪出一个平面,使钻头在垂直平面上钻孔,以避免钻头折断

钻套在钻模板上安装时,钻套高度(钻头与钻套的接触长度)H 和排屑间隙(钻套端部与工件表面间的距离)h 有一定的要求,应根据表3-5选定。

表 3-5 钻套高度和排屑间隙
mm

简 图	加工条件	钻套高度	加工材料	排屑间隙
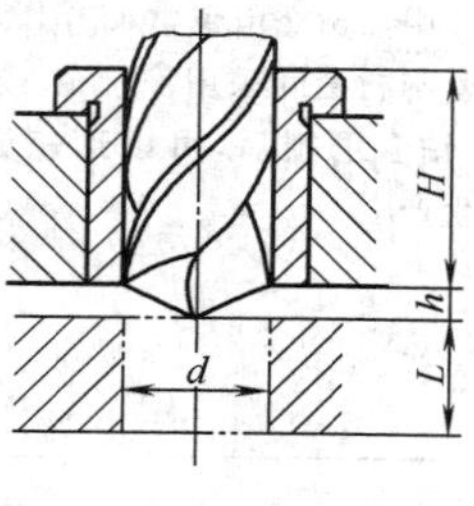	一般螺孔、销孔、孔距公差为±0.25	$H=(1.5\sim2)d$	铸铁	$h=(0.3\sim0.7)d$
	H7以上的孔、孔距公差为±0.1~±0.15	$H=(2.5\sim3.5)d$		
	H8以下的孔、孔距公差为±0.06~±0.10	$H=(1.25\sim1.5)\times$ $(h+L)$	钢青铜铝合金	$h=(0.7\sim1.5)d$

注:孔的位置精度要求高时,允许 $h=0$;钻深孔$\left(\dfrac{L}{d}>5\right)$时,$h$ 一般取 1.5d;钻斜孔或在斜面上钻孔时,h 尽量取小一些。

钻套轴线在夹具上的位置,应以定位元件的定位表面或定位元件轴心线(V形块对称线)为基准进行标注。其位置尺寸就是相应的工序尺寸的平均值,而位置尺寸的公差取相应工序尺寸公差的 1/5~1/2,且对称标注。

例 在长方形工件上钻 $\phi10$mm 的孔,图 3-6(a)为工件工序简图,要求保证孔的位置尺寸 $A_1=100$mm,$A_2=50$mm,孔的位置度公差为 $\phi0.2$mm。试确定夹具上钻套相对于定位元件的位置尺寸 A_x 和 A_y。

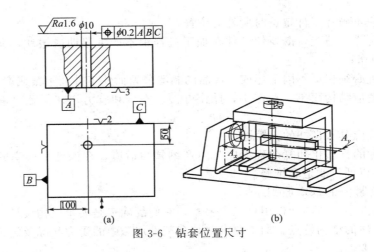

图 3-6　钻套位置尺寸

解　首先将工序尺寸改写成对称公差的形式，钻套位置尺寸为工序尺寸的平均尺寸，即 $A_1 = (100 \pm 0.1)$mm，$A_2 = (50 \pm 0.1)$mm。

钻套位置尺寸的公差取工件相应工序尺寸公差的 1/5～1/2，即取：$\pm 0.1 \times$（1/5～1/2）mm＝$\pm$（0.02～0.05）mm。本例取 ± 0.035mm，则钻套位置尺寸 $A_x = (100 \pm 0.035)$mm；$A_y = (50 \pm 0.035)$mm。

第五节　夹紧装置设计

在机械加工中，工件的定位和夹紧是两个密切联系的工作过程。在装夹工件时，先把工件放置在夹具的定位元件上，使它获得正确位置，然后采用一定的机构将它压紧夹牢，以保证在加工过程中工件不会由于切削力、离心力、惯性力、重力等作用而产生移动或振动，以致改变原来的位置。这种将工件压紧夹牢的机构，称为夹紧装置。夹紧装置的好坏，会影响工件加工的精度和表面粗糙度，也影响到加工的时间，因此在夹具中占有重要的地位。

夹紧可以用手动、气动、液压或其他力源形式。重点应考虑夹紧力的大小、方向、作用点，以及作用力的传递方式，看是否会破坏定位，是否会造成工件过量变形，是否会有活动度为零的"机构"，是否能满足生产率的要求。对于气动、液压夹具，应考虑气（液）压缸的形式、安装位置、活塞杆长短等。

夹紧机构的功用就是将动力源的力正确、有效地施加到工件上去。根据具体情况，选择并设计杠杆、螺旋、偏心、铰链等不同的夹紧机构，并配合以手动、气动或液动的动力源，将夹具的设计工作逐步完善起来。

一、夹紧装置的组成和要求

夹紧机构一般是由三个部分组成：夹紧元件——直接夹紧工件的元件；中间机构——在动力源和夹紧元件之间的传力机构；动力装置——使夹紧机构产生夹紧力的动力源，如气动、液压装置等，用人力控制的夹紧机构就没有这部分装置。

夹紧机构通过中间机构和夹紧元件，改变动力装置所产生的原始力的大小和方向，形成作用于工件的夹紧力，并使夹紧后的机构自锁。构成夹紧装置的很多零件已经标准化、系列化，在设计夹紧装置时，应首先采用标准件，没有合适的标准件时，可参考标准件自行设计。常用夹紧元件见第五章第八节表 5-197～表 5-226。

设计夹紧装置时应满足下列几个要求：

① 夹紧时应不破坏工件定位时所处的位置；

② 夹紧应可靠和适当，既要使工件在加工过程中不产生移动或振动，又不使工件产生过大的变形和损伤；

③ 夹紧装置必须保证不因毛坯或半成品的制造公差而使工件夹不紧或产生过度的变形；

④ 夹紧装置应结构简单，动作快，操作方便、安全和省力，在保证足够强度和刚度条件下体积最小；

⑤ 夹紧装置应具有良好的自锁性；

⑥ 夹紧装置的自动化和复杂程度应与生产纲领相适应，在保证生产率的前提下，其结构要力求简单，以便于制造和维修。

二、确定夹紧力的基本原则

夹紧力包括大小、方向和作用点三个要素，它们的确定是夹紧机构设计中首先要解决的问题。应依据工件的结构特点、加工要求并结合工件加工中的受力状况及定位元件的结构和布置方式等综合考虑。

1. 夹紧力方向的选择

夹紧力的方向与工件定位基准所处的位置，以及工件所受外力的作用方向等有关。选择时注意：应垂直于主要定位基准面，以保证工件夹紧的稳定性；最好与切削力和工件重力的方向一致，这样所需夹紧力最小；应尽量与工件刚度最大的方向一致，以减小工件变形。

2. 夹紧力作用点的选择

夹紧力作用点的选择对夹紧的稳定性和工件变形有很大影响。选择时注意：应落在支承元件上或几个支承元件所形成的支承面内；应落在工件刚度较好的部位上；应尽量靠近加工面。

三、夹紧力的计算

夹紧力作用点位置和方向确定以后，还需合理地确定夹紧力的大小，夹紧力不足，会使工件在切削过程中产生位移并容易引起振动；夹紧力过大又会造成工件或夹具不应有的变形或表面损伤。因此，应对所需的夹紧力进行计算。

理论上，夹紧力的大小应与作用在工件上的其他力（力矩）相平衡；而实际上，夹紧力的大小还与工艺系统的刚度、夹紧机构的传递效率等因素有关，计算是很复杂的。因此，实际设计中常采用类比法、估算法和试验法确定所需的夹紧力。

一般工厂常用类比法由经验确定夹紧力的大小。例如，当采用气动、液压夹紧时，为了确定动力装置的尺寸（如活塞直径等），往往参照在相似的工作条件下经过考验的同类型的动力装置进行设计或选用。

当采用估算法确定夹紧力的大小时，为简化计算，通常将夹具和工件看成一个刚性系统。根据工件所受切削力、夹紧力、摩擦力（大型工件还应考虑重力、惯性力）等的作用情况，找出加工过程中对夹紧最不利的状态，按静力平衡原理计算出理论夹紧力 F_{J_0}，再乘以安全系数 K 作为实际所需夹紧力 F_J，即

$$F_J = K F_{J_0}$$

安全系数 K 的选择应根据切削的具体情况和所用夹紧机构的特点来选取。一般粗加工或断续切削时取 $K = 2.5 \sim 3$；精加工和连续切削时取 $K = 1.5 \sim 2$。如果夹紧力的方向和切削力的方向相反，为了保证夹紧可靠，K 值可取 $2.5 \sim 3$。

在实际夹具设计中，夹紧力的大小并非在所有情况下都要计算确定。如手动夹紧时，常用经验类比法估算确定。若需要准确地确定夹紧力大小，则要采用实验的方法。

常见夹紧形式所需的夹紧力和各种不同接触表面之间的摩擦系数见表 3-6 和表 3-7。

表 3-6　常见夹紧形式所需的夹紧力

夹紧形式		夹紧简图	夹紧力计算公式及备注
工件以平面定位	夹紧力与切削力方向一致	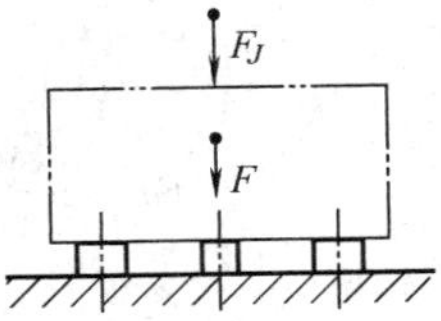	当其他切削力较小时,仅需较小的夹紧力来防止工件在加工过程中产生振动和转动,可不作计算
	夹紧力与切削力方向相反	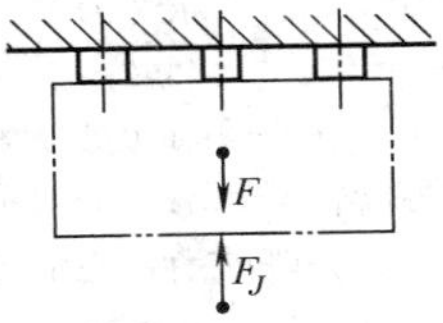	$F_J = KF$ 式中　F_J——实际所需夹紧力,N 　　　F——切削力,N 　　　K——安全系数
	夹紧力与切削力方向垂直	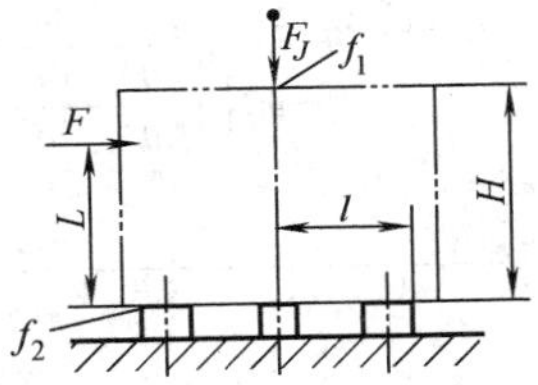	$F_J = \dfrac{KFL}{f_1 H + L}$ 或　$F_J = \dfrac{KF}{f_1 + f_2}$ 取其中最大值 式中　f_1——摩擦系数只在夹紧机构有足够刚性时才考虑(下同)
	工件多面同时受力	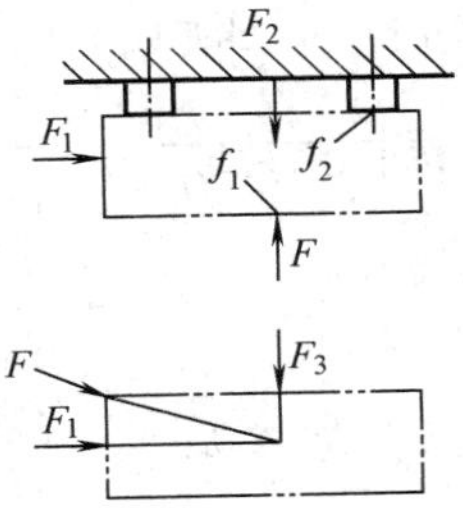	$F_J = \dfrac{K(F' + F_2 f_2)}{f_1 + f_2}$ $= \dfrac{K(\sqrt{F_1^2 + F_3^2} + F_2 f_2)}{f_1 + f_2}$
工件以两垂直面定位	侧向夹紧	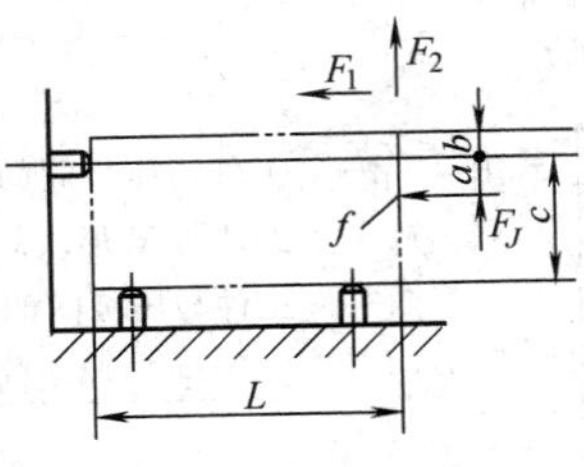	$F_J = \dfrac{K[F_2(L + cf) + F_1 b]}{cf + Lf + a}$
	轴向夹紧套类零件	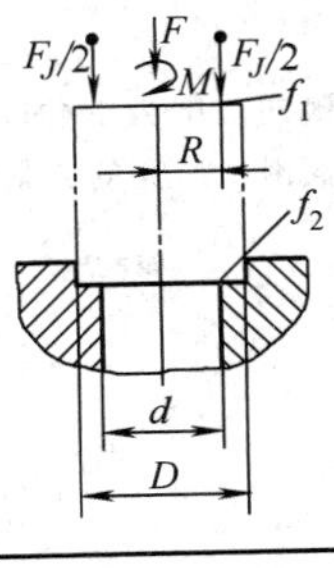	$F_J = \dfrac{K\left(M - \dfrac{1}{3}Ff_2 \dfrac{D^3 - d^3}{D^2 - d^2}\right)}{f_1 R + \dfrac{1}{3}f_2 \dfrac{D^3 - d^3}{D^2 - d^2}}$

夹紧形式		夹紧简图	夹紧力计算公式及备注
工件以内孔定位	用压板夹紧在三个支撑点上	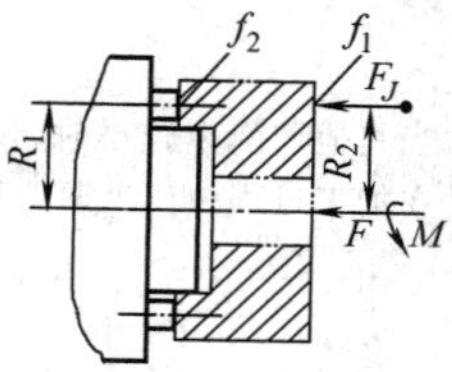	$$F_J = \frac{K(M - f_2 FR_1)}{f_1 R_2 + f_2 R_1}$$
	定心夹紧	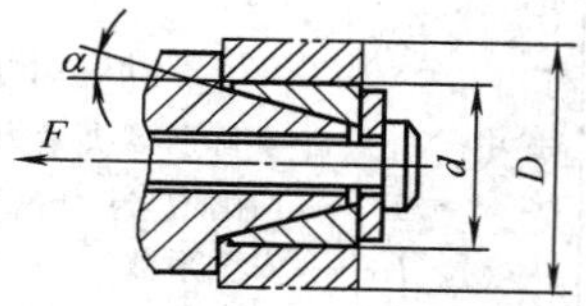	$$F = \frac{KF_J D}{\tan\varphi_2 d}\left[\tan(\alpha + \varphi) + \tan\varphi_1\right]$$ 式中 φ——斜面上的摩擦角 $\tan\varphi_1$——工件与心轴在轴向方向的摩擦系数 $\tan\varphi_2$——工件与心轴在圆周方向的摩擦系数
	端面夹紧	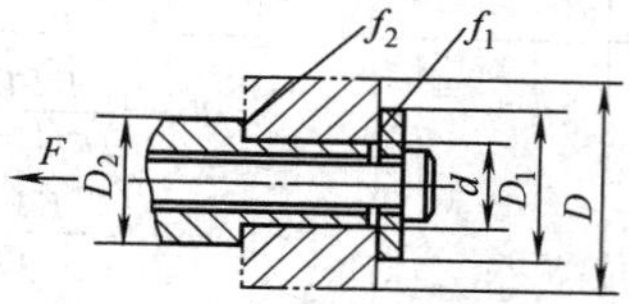	$$F = \frac{3KF_J D}{2\left(f_1 \dfrac{D_1^3 - d^3}{D_1^2 - d^2} + f_2 \dfrac{D_2^3 - d^3}{D_2^2 - d^2}\right)}$$
工件以外圆定位	卡盘夹紧	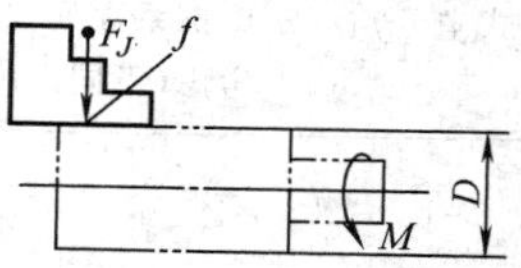	$$F_J = \frac{2KM}{nDf}$$ 式中 n——卡爪数
	工件承受切削转矩及轴向力	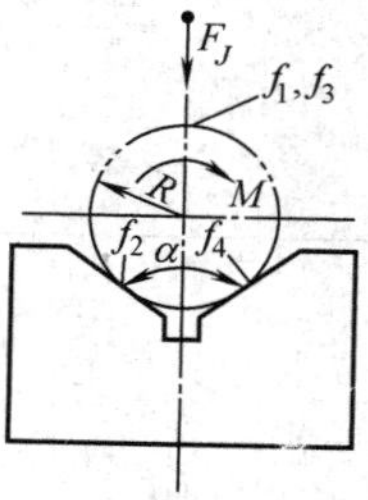	防止工件转动 $$F_J = \frac{KM\sin\frac{\alpha}{2}}{f_1 R\sin\frac{\alpha}{2} + f_2 R}$$ 防止工件移动 $$F_J = \frac{KF\sin\frac{\alpha}{2}}{f_3 \sin\frac{\alpha}{2} + f_4}$$ 式中 f_1——工件与压板间的圆周方向摩擦系数 f_2——工件与V形块间的圆周方向摩擦系数 f_3——工件与压板间的轴向摩擦系数 f_4——工件与V形块间的轴向摩擦系数
	工件承受侧向切削力	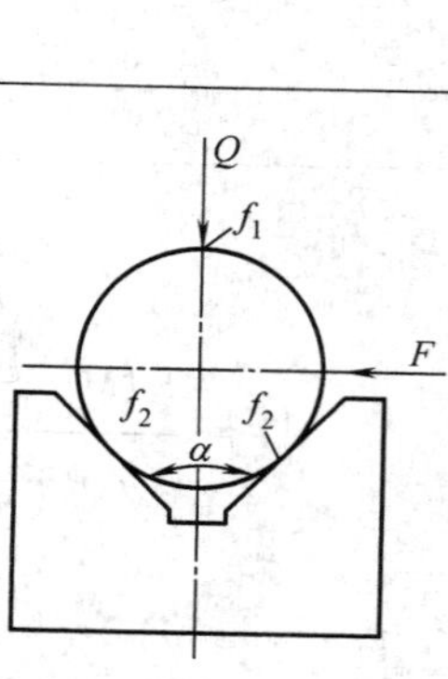	在侧向切削力 $F(\mathrm{N})$ 的作用下,为防止工件从V形块斜面滑出所需的夹紧力: $$Q = \frac{2KF}{2f_1 + f_2 + \cot\frac{\alpha}{2}}(\mathrm{N})$$

夹紧形式		夹紧简图	夹紧力计算公式及备注
工件以外圆定位	工件以Ｖ形块定位·Ｖ形块夹紧		为防止工件在切削转矩 M（N·mm）的作用下打滑而转动所需的夹紧力： $$Q_1 = \frac{KM\sin\frac{\alpha}{2}}{2Rf_1}（\text{N}）$$ 为防止工件在轴向力 P 的作用下打滑而轴向移动所需的夹紧力： $$Q_2 = \frac{KP\sin\frac{\alpha}{2}}{2f_2}（\text{N}）$$ 式中　f_1——工件与Ｖ形块间在圆周方向的摩擦系数 　　　f_2——工件与Ｖ形块间在轴向方向的摩擦系数 Q 按上述两种情况计算后，取其中较大值

表 3-7　各种不同接触表面之间的摩擦系数

接触表面的形式	摩擦系数 f
接触表面均为加工过的光滑表面	0.15～0.25
工件表面为毛坯,夹具的支承面为球面	0.2～0.3
夹具夹紧元件的淬硬表面在沿主切削力方向有齿纹	0.3
夹具夹紧元件的淬硬表面在沿垂直于主切削力方向有齿纹	0.4
夹具夹紧元件的淬硬表面有相互垂直齿纹	0.4～0.5
夹具夹紧元件的淬硬表面有网状齿纹	0.7～0.8

四、常用典型夹紧机构

1. 斜楔夹紧机构

斜楔夹紧是利用其斜面移动所产生的压力来夹紧工件。单一的斜楔夹紧机构由于行程小，夹紧和松开时要敲打楔块，操作不便，仅在一些小型钻床和铣床上应用（图 3-7）。多数斜楔夹紧机构是楔块与其他机构联合使用，采用气动或液压夹紧。

图 3-8 为楔式铰链夹紧机构。当楔块 2 向左移动（在 A—A 剖面中）时，连板 3 同时带动两螺栓 5 向下移动，两压板 4 同时将工件压紧。

2. 螺旋夹紧机构

螺旋夹紧机构指采用单个螺旋直接夹紧或与其他元件组合实现工件夹紧的机构，多采用手动方式夹紧，在生产中使用极为普遍，也是课程设计常采用的夹紧装置。螺旋夹紧机构结构简单、夹紧行程大，特别是它具有增力比大、自锁性能好两大特点，缺点是夹紧和松开工件比较费时，但设计得好，采用快速夹紧机构提高装卸速度可以予以克服。

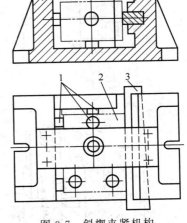

图 3-7　斜楔夹紧机构
1—支承钉；2—工件；3—斜楔

（1）单螺旋夹紧机构　图 3-9（a）所示为六角头压紧螺钉，它是螺钉头部直接压紧工件的一种结构。它容易压伤工件、带动工件旋转，一般应用较少。图 3-9（b）所示在螺钉头部装上摆动压块，可防止损伤工件表面或带动工件转动，衬套 2 可提高夹具寿命。摆动压块 3 有两种，光面压块用于夹紧已加工面，槽面压块用于夹紧毛坯面。

（2）螺旋压板夹紧机构　夹紧机构中，应用最普遍、结构形式变化最多的是螺旋压板机

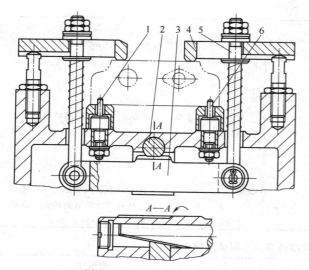

图 3-8 楔式铰链夹紧机构
1—圆柱销；2—楔块；3—连板；4—压板；5—螺栓；6—菱形销

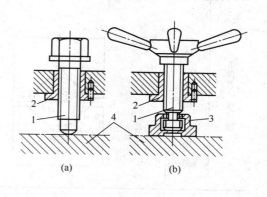

图 3-9 单螺旋夹紧机构
1—螺杆；2—衬套；3—摆动压块；4—工件

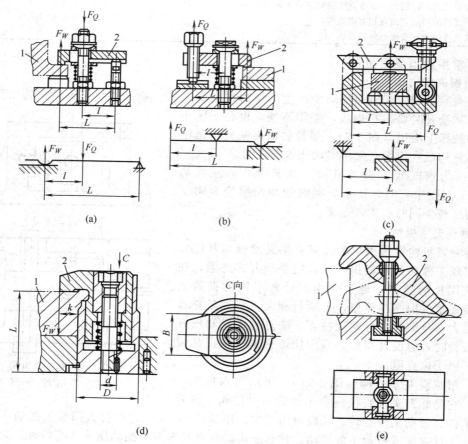

图 3-10 典型螺旋压板机构
1—工件；2—压板；3—T形槽用螺母

构，图 3-10 所示为常用的五种典型结构。图 3-10(a)、图 3-10(b) 两种机构的施力螺钉位置不同，图 3-10(a) 减力增加夹紧行程，图 3-10(b) 不增力但可改变夹紧力的方向。图 3-10(c) 采用了铰链压板增力但减小了夹紧行程，使用上受工件尺寸形状的限制。图 3-10(d) 为钩形压板，其结构紧凑，很适应夹具上安装夹紧机构位置受到限制的场合。图 3-10(e) 为自调式压板，它能适应工件高度由 0~200mm 范围内的变化，其结构简单，使用方便。

采用螺旋压板夹紧时，常在螺母和压板之间设置一对球面垫圈（第五章表 5-204）和锥面垫圈（第五章表 5-205），可防止在压板倾斜时，螺栓不致因受弯矩作用而损坏。

3. 快速装卸机构

为了减少辅助时间，可以使用各种快速接近或快速撤离工件的螺旋夹紧机构。图 3-11 (a) 是带有快换垫圈的螺母夹紧机构，螺母 5 最大外径小于工件孔径，松开螺母取下快换垫圈 4，工件即可穿过螺母被取出。图 3-11(b) 为快卸螺母。螺孔内钻有光滑斜孔，其直径略大于螺纹公称直径。螺母旋出一段距离后，就可倾斜取下螺母。图 3-11(c) 为回转压板夹紧机构，旋松螺钉 7 后，将回转压板 6 逆时针转过适当角度，工件便可从上面取出。图 3-11 (d) 所示为快卸螺杆，螺杆 1 下端做成 T 形扁舌。使用时螺杆穿过工件和夹具体底座上有长方形孔的板后，再转动 90°使扁舌钩住板的底面，然后旋动螺母 5，便可夹紧工件。卸下工件时，稍松螺母，转动螺杆使扁舌对准长方孔，就可把螺母 5、垫圈 4 连同螺杆一起抽出。图 3-11(e) 中，螺杆 1 上的直槽连着螺旋槽，当转动手柄 2 松开工件，并将螺杆上直槽

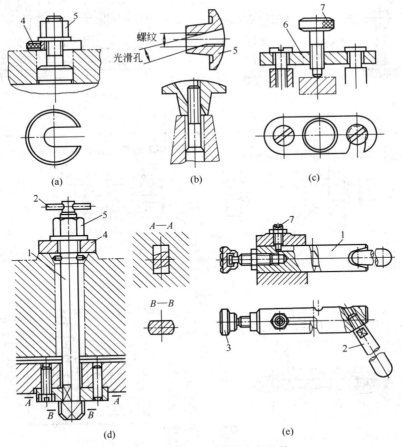

图 3-11　快速装卸螺旋夹紧机构

1—螺杆；2—手柄；3—摆动压块；4—垫圈、快换垫圈；5—螺母；6—回转压板；7—螺钉

对准螺钉头时，便可迅速抽动螺杆1，装卸工件。前四种结构的夹紧行程小，后一种的夹紧行程较大。

4. 常用典型夹紧机构图例

除了斜楔夹紧机构、螺旋夹紧机构以外，还有偏心夹紧机构、定心夹紧机构、铰链夹紧机构和联动夹紧机构，这六种夹紧机构每一种里的具体结构形式又是多种多样的，在设计时可以参看表3-8的常用典型夹紧机构，常用标准夹紧元件参见第五章第八节表5-197～表5-226。

表 3-8　常用典型夹紧机构

类型	典型夹紧机构示例

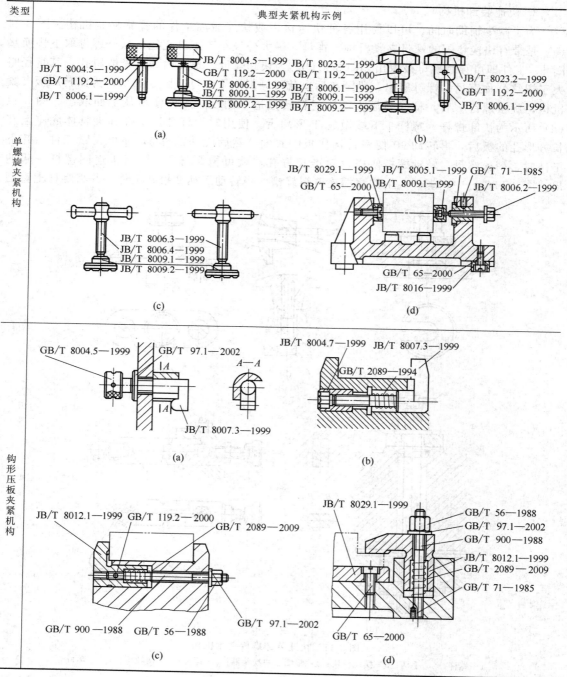

类型	典型夹紧机构示例

螺旋压板夹紧机构

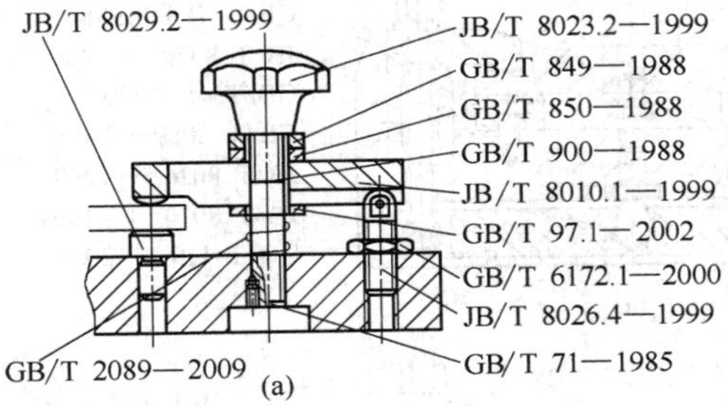

(a)
- JB/T 8029.2—1999
- JB/T 8023.2—1999
- GB/T 849—1988
- GB/T 850—1988
- GB/T 900—1988
- JB/T 8010.1—1999
- GB/T 97.1—2002
- GB/T 6172.1—2000
- JB/T 8026.4—1999
- GB/T 2089—2009
- GB/T 71—1985

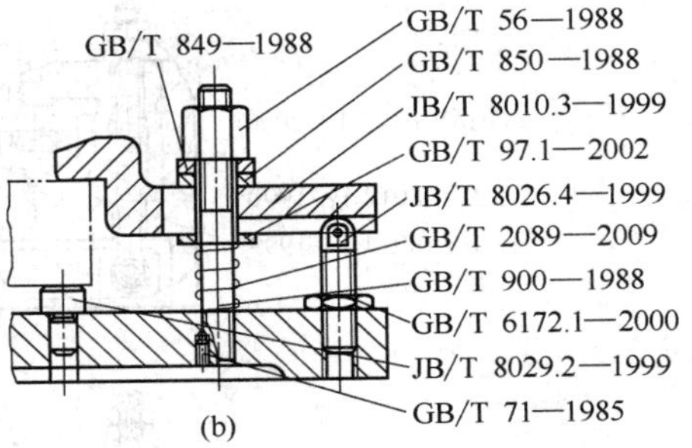

(b)
- GB/T 849—1988
- GB/T 56—1988
- GB/T 850—1988
- JB/T 8010.3—1999
- GB/T 97.1—2002
- JB/T 8026.4—1999
- GB/T 2089—2009
- GB/T 900—1988
- GB/T 6172.1—2000
- JB/T 8029.2—1999
- GB/T 71—1985

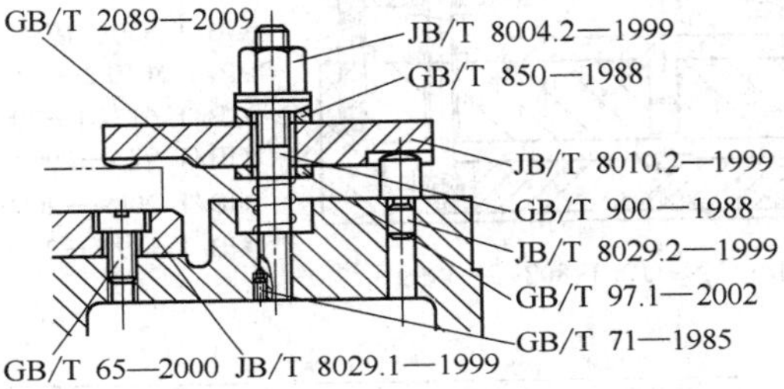

(c)
- GB/T 2089—2009
- JB/T 8004.2—1999
- GB/T 850—1988
- JB/T 8010.2—1999
- GB/T 900—1988
- JB/T 8029.2—1999
- GB/T 97.1—2002
- GB/T 71—1985
- GB/T 65—2000
- JB/T 8029.1—1999

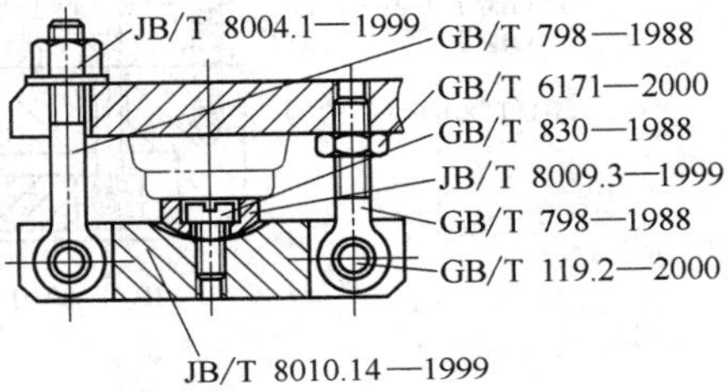

(d)
- JB/T 8004.1—1999
- GB/T 798—1988
- GB/T 6171—2000
- GB/T 830—1988
- JB/T 8009.3—1999
- GB/T 798—1988
- GB/T 119.2—2000
- JB/T 8010.14—1999

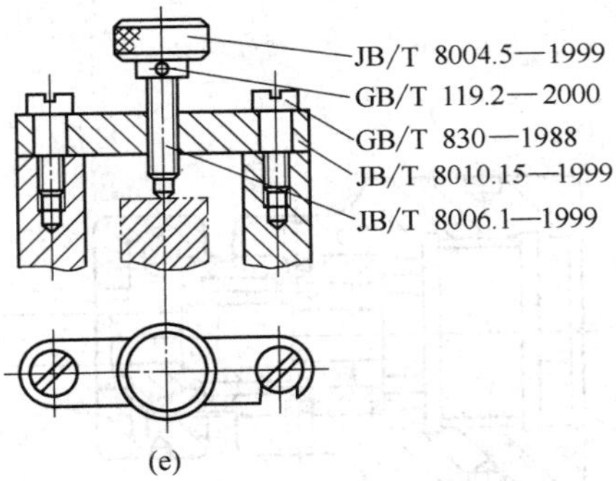

(e)
- JB/T 8004.5—1999
- GB/T 119.2—2000
- GB/T 830—1988
- JB/T 8010.15—1999
- JB/T 8006.1—1999

偏心压板夹紧机构

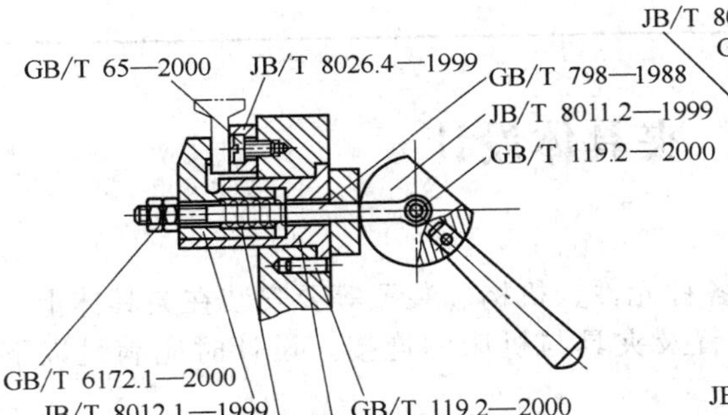

(a)
- GB/T 65—2000
- JB/T 8026.4—1999
- GB/T 798—1988
- JB/T 8011.2—1999
- GB/T 119.2—2000
- GB/T 6172.1—2000
- JB/T 8012.1—1999
- GB/T 2089—2009
- GB/T 119.2—2000
- JB/T 8012.2—1999

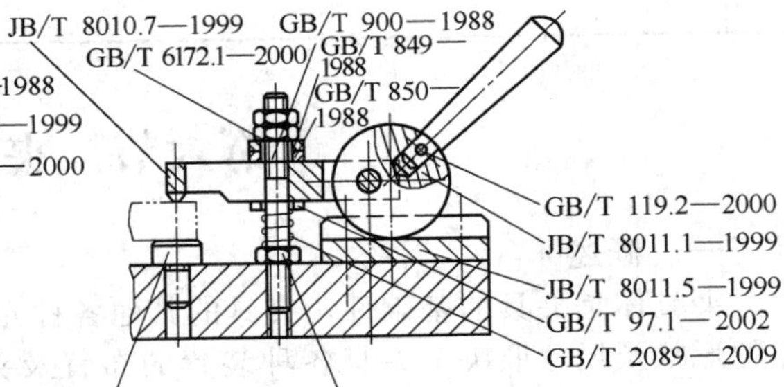

(b)
- JB/T 8010.7—1999
- GB/T 900—1988
- GB/T 6172.1—2000
- GB/T 849—1988
- GB/T 850—1988
- GB/T 119.2—2000
- JB/T 8011.1—1999
- JB/T 8011.5—1999
- GB/T 97.1—2002
- GB/T 2089—2009
- JB/T 8029.2—1999
- GB/T 6172.1—2000

类型	典型夹紧机构示例

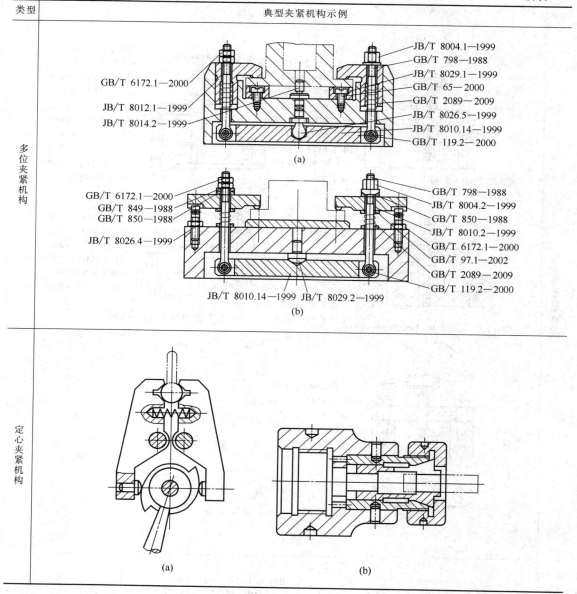

多位夹紧机构

(a)

(b)

定心夹紧机构

(a)　　　　　(b)

第六节　夹具体设计

一、概述

夹具体是夹具的基础件，夹具的其他各种元件、机构和装置等要安装在夹具体上。夹具体的形状及尺寸取决于夹具各种装置的布置及夹具与机床的连接。设计时应满足以下基本要求。

① 应有足够的强度和刚度。在刚度不足的部位应设加强筋，使夹具能承受在加工过程中所产生的作用力而不致变形和振动。

② 结构简单紧凑，重量轻、体积小。对于不重要的部位可挖空以减轻重量。

③ 夹具在机床上安装应稳固和安全，重心要低。夹具在加工时所受外力和自身重力的作用点应在夹具体的安装基面内。

④ 便于切屑的排除。防止加工时切屑积聚影响工件的正确定位。

⑤ 具有良好的结构工艺性。包括毛坯制造、机械加工和装配的工艺性。

⑥ 尽量采用标准化、系列化的元件或结构，或选用一些标准化的零部件来组合成夹具体，缩短设计制造周期。

夹具体毛坯的制造方法有铸造、锻造、焊接、装配等，可根据夹具体的大小、结构形状及工厂的条件进行选择，图 3-12 所示是同一个钻床夹具的夹具体分别用铸造 [图 3-12（a）]、锻造 [图 3-12（b）]、焊接 [图 3-12（c）] 及装配 [图 3-12（d）] 方法制成。

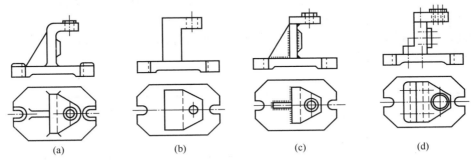

(a)	(b)	(c)	(d)

图 3-12　夹具体毛坯制造方法

各种夹具体毛坯的特点、使用的材料和应用场合见表 3-9，具体选择时，必须根据夹具本身的要求和工厂的实际生产技术水平综合考虑。

表 3-9　夹具体毛坯的选用

结构类型	特　点	材　料	应用场合
铸造结构	可铸出各种复杂形状。易于加工,抗压强度和抗振性好,但生产周期长,需进行时效处理,以消除内应力	灰铸铁 HT150、HT200,要求强度高时用铸钢 ZG35Ⅱ,切削力小时可用铸铝 ZL110	适用于成批生产、切削负荷大、断续切削等场合。应用最广
锻造结构	用于尺寸较小、结构形状简单的夹具体	碳钢	应用很少
焊接结构	由钢板、型材焊接而成,易于制造,生产周期短,成本低,重量轻。热变形大,焊后须退火处理	低碳钢 A1、A2、A3、20 钢和 16Mn 等	新产品试制和单件小批生产
装配结构	由标准的毛坯件、零件及个别非标准件通过螺钉、销钉连接组装而成。制造成本低、周期短、精度稳定		较少,值得推广

二、夹具体的结构

实际上在绘制夹具总图时，根据工件、定位元件、夹紧装置、对刀-导向元件以及其他辅助机构和装置在总体上的配置，夹具体的外形尺寸便已大体确定。夹具体的形状及尺寸取决于夹具上各种装置的布置及夹具与机床的连接。主要分两大类：车床类夹具的旋转型夹具体和铣床、钻床、镗床夹具的固定型夹具体。旋转型夹具体与机床主轴连接，固定型夹具体则与机床工作台连接。夹具体有三个重要表面，即夹具体的安装基面（与机床相连接的表面）、安装定位元件的表面和安装对刀或导向元件的表面。

1. 夹具体设计的注意点

① 结构形式分为开式、半开式和框架式等，应从便于工件的装卸、便于制造装配和检

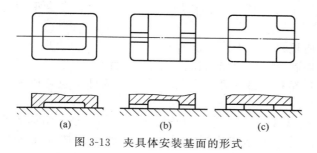

图 3-13 夹具体安装基面的形式

验考虑慎重选择。

② 为提高夹具安装精度和减少加工面积，夹具体的安装基面形式有三种（图 3-13），图 3-13（a）为周边接触，图 3-13（b）为两端接触，图 3-13（c）为四个支脚接触。接触面或支脚的宽度应大于机床工作台梯形槽的宽度且一次加工出来，保证一定的平面精度。

③ 以夹具体在机床上的定位表面作为加工其他表面的定位基准。各加工表面最好位于同一平面或同一旋转表面上。夹具体上安装各元件的表面，一般应铸出 3～5mm 凸台，以减少加工面积。夹具体上不加工的毛面与工件表面之间应保证有一定的空隙，以免工件与夹具体间发生干涉。夹具体的结构尺寸可以借鉴一些经验数据，见表 3-10。

表 3-10　夹具体结构尺寸　　　　　　　　　　　　　　　　　　mm

夹具体结构部位	经验数据	
	铸造结构	焊接结构
壁厚 h	8～25	6～15
加强筋厚度	$(0.7～0.9)h$	
加强筋高度	不大于 $5h$	
不加工毛面与工件表面间的间隙	4～15	
装配表面的凸出高度	3～5	

④ 对于大型夹具，还应在夹具体上设计吊孔等结构以便搬运。

⑤ 夹具体与机床连接的结构必须正确设计，属于夹具的对定问题，详见下节。

2. 夹具体的排屑结构

对于切削时产生切屑不多的夹具，可加大定位元件工作表面与夹具之间的距离或增设容屑沟槽（图 3-14），以增加容屑空间。对于加工时产生大量切屑的夹具，可设置排屑缺口或斜面，图 3-15（a）所示为钻床夹具所采用的一种结构，在被加工孔的下部设置斜面，以使切屑自动滚落，避免切屑在夹具上积聚。车床夹具常用排屑孔，借离心力将切屑从孔中甩出［图 3-15（b）］。

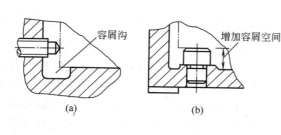

图 3-14　容屑空间

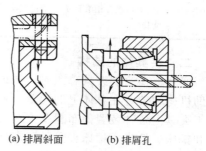

(a) 排屑斜面　　(b) 排屑孔

图 3-15　各种排屑方法

3. 夹具体的找正基面

夹具体在坐标镗床上镗孔时，需要设置找正基面确定坐标尺寸。有的夹具装在机床工作台上时，也需要按夹具体上的找正基面找正其正确位置。因此，在夹具体上应根据需要相应设置找正基面，如图3-16所示。

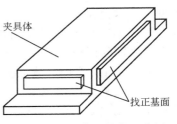

图3-16　夹具体上的找正基面

4. 铸造夹具体的技术要求

① 铸件不许有裂纹、气孔、砂眼、缩松、夹渣等铸造缺陷，浇口、冒口、结疤、粘砂应清除干净。

② 铸件在机械加工前应经时效处理。

③ 未注明的铸造圆角$R3\sim5mm$。

④ 铸件在垂直分型面的表面需有铸造斜度。

夹具体零件尺寸公差的参考值见表3-11。

表 3-11　夹具体尺寸公差的参考值

夹具体零件的尺寸（角度）	公 差 数 据
相应于工件未注尺寸公差的直线尺寸	$\pm0.1mm$
相应于工件未注角度公差的角度	$\pm10'$
相应于工件标注公差的直线尺寸或位置公差	$(1/5\sim1/2)$工件相应公差
夹具体上找正基面与安装工序的平面间的垂直度	$0.01mm$
找正基面的直线度与平面度	$0.005mm$
紧固件用的孔中心距公差	$\pm0.1mm\quad L\leqslant150mm$ $\pm0.15mm\quad L>150mm$

三、夹具对机床的定位设计

夹具体与机床连接的结构必须正确设计，不可忽视。为了保证工件对刀具及切削成形运动有正确位置，还需要使夹具与机床连接和配合时用的夹具定位表面（简称夹具定位面）相对刀具及切削成形运动处于正确的位置。这种过程称为夹具的对定，它包括三个方面：一是夹具对切削成形运动的定位（即夹具对机床的正确定位）；二是夹具对刀具的对准（对刀、导向问题，前已述及）；三是分度和转位后定位（夹具有分度机构时才考虑，本书从略）。

夹具在机床上定位，即夹具要与形成加工面的机床运动方向保持正确的位置关系，有两种最基本的形式：一是夹具安装在机床平面工作台上（如铣床、刨床、钻床、镗床、平面磨床等）；一种是夹具安装在机床回转主轴上（如车床、圆磨床等）。本节介绍铣床类、钻床类和车床类夹具的对定。

1. 铣床类夹具的对定

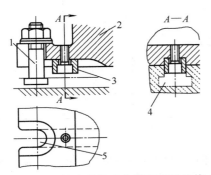

图3-17　铣夹具的定位键和座耳连接
1—T形螺钉；2—夹具体；3—定位键；
4—T形槽；5—夹具体上的螺钉槽

铣床加工时，刀具和工作台面是按固定轨迹运动的，因此对于铣床类夹具，除底面定位外，还要用两个定位键与机床工作台的T形槽连接，以保证夹具在工作台上的正确方向。定位键根据机床上安装夹具的工作台面T形槽尺寸来选定（第五章表5-228）。两个定位键分别用螺钉紧固在夹具体底面的键槽中，为提高定位精度，应在允许的范围内尽量增大两个定位键间的距离。图3-17为夹具定位键的连接方式，夹具对定后，用T形螺栓将其压紧在工作台上。

根据定位键下半部分结构尺寸的不同，定位键分为A型和B型两种（第五章表5-227）。A型定位键在对夹具的导向精度要求不高时采用，定位键与夹具体键槽和工作台 T 形槽的配合尺寸均为 B，其极限偏差可选 h6 或 h8，夹具体键槽宽 B_2 极限偏差可选 H7 或 JS6。侧面有沟槽的 B 型定位键用于定向精度较高时的定位，定位键上半部与夹具底面的键槽相配合，下半部分尺寸 B_1 留有磨量，可按机床 T 形槽实际宽度配作，极限偏差取 h6 或 h8。安装夹具时，定位键靠向 T 形槽的同一侧面，以减少定位间隙造成的误差。夹具上的定位键与定位面之间没有严格的尺寸联系，但为了保证工件处于正确的加工位置，它们之间的相互位置精度（如平行度或垂直度等），必须规定较严的公差（表 3-12）。

表 3-12　对刀块工作面、定位键工作侧面与定位面的技术要求　　　　mm

工件加工面对定位基准的位置要求	对刀块工作面、定位键工作侧面与定位面的平行度或垂直度的公差
0.05～0.1	0.01～0.02
0.1～0.2	0.02～0.05
0.2 以上	0.05～0.1

若工件的加工精度要求较高，或夹具结构上不便设置定位键时，可在夹具体上设置工艺基面，安装夹具时找正工艺基面，确保夹具相对机床具有正确位置（图 3-16）。

铣夹具在机床工作台上定位后，需要用 T 形螺栓和螺母及垫片进行固定，在夹具体上需要设计出相应的座耳（图 3-17），座耳结构尺寸见表 3-13。

表 3-13　夹具体座耳结构尺寸　　　　mm

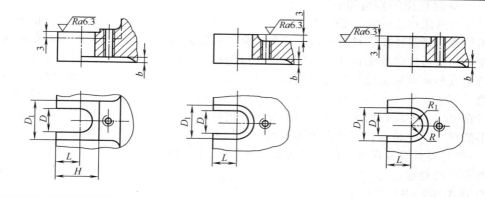

螺栓直径 d	D	D_1	R	R_1	L	H	b
8	10	20	5	10	16	28	4
10	12	24	6	12	18	32	4
12	14	30	7	15	20	36	4
16	18	38	9	19	25	46	6

2. 钻床类夹具的对定

钻床夹具的对定除了用夹具的底平面在钻床工作台面上定位外，具体加工位置是靠钻夹具上的钻套轴心线与钻床主轴轴心线重合来确定的。操作方法有两种：当加工精度要求不高时，可以直接用钻头或量棒插入钻套内孔，调整后使钻头或量棒在钻套内移动自如，确定出夹具与机床间正确的加工位置；当加工精度要求较高时，可以将杠杆式千分表安装在钻床主轴上，经调整用千分表找正钻套内孔与钻床主轴同心，确定出夹具与机床间正确的加工位置。

上述两种操作方法，在找正调整时针对不同的钻床调整对象略有不同。对于非摇臂类钻床来说，钻床主轴位置是固定的，调整时只能通过在钻床工作台面上移动夹具位置找正后固定。对于摇臂钻床，钻床主轴位置是可移动的，只需把夹具固定在摇臂钻床可加工范围内的任意位置，找正调整则通过移动钻床主轴来完成。

无论是哪一类钻夹具，夹具体上都不用安装另外的定位元件（如铣夹具上的定位键）来确定夹具在工作台面上的位置，这一任务由夹具上的钻套来完成。钻夹具位置确定后，一般要用螺旋压板将夹具固定在工作台面上，因此，设计钻夹具时，应在适当位置留有压板的夹紧位置。也可在夹具体上设计座耳，用 T 形螺栓固定。甚至钻小孔时夹具与工作台可不加固定。

3. 车床类夹具的对定

车床类夹具一般安装在主轴上，安装方法取决于所用机床主轴端部结构，图 3-18 为三种常见的安装形式。当切削力较小时，可选用莫氏锥柄式夹具形式，夹具安装在主轴的莫氏锥孔内，根据需要可用拉杆从主轴尾部拉紧。如图 3-18(a) 所示。

图 3-18(b) 所示为车床夹具靠圆柱面 D 和端面 A 定位、由螺纹 M 连接和压板防松。这种方式制造方便，但定位精度低。

图 3-18(c) 所示为车床夹具靠短锥面 K 和端面 T 定位，由螺钉固定。这种方式不但定心精度高，而且刚度也高，但是这种方式是过定位，夹具体上的锥孔和端面制造精度也要高，一般要经过与主轴端部的配磨加工。

常见车床主轴及端部形状和尺寸如图 3-19～图 3-22 所示，供设计车床夹具体时选用。

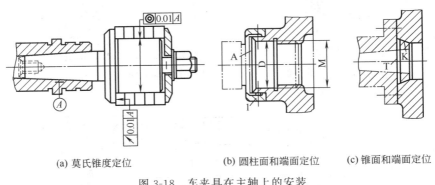

(a) 莫氏锥度定位　　　　(b) 圆柱面和端面定位　　　(c) 锥面和端面定位

图 3-18　车夹具在主轴上的安装

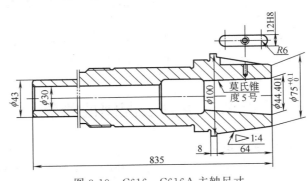

图 3-19　C616、C616A 主轴尺寸

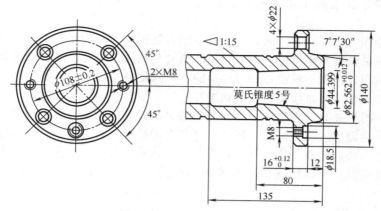

图 3-20　C6132A 主轴尺寸

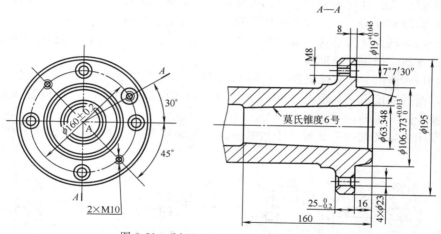

图 3-21　CA6140、CA6150 主轴尺寸

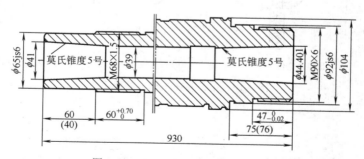

图 3-22　C620-1、C620-3 主轴尺寸

第七节　夹具装配图的绘制

一、绘制夹具装配图的注意事项

① 绘图比例尽可能采用 1∶1，使图形具有良好的直观性。根据视图大小，也可采用 1∶2 或 2∶1 比例。

② 用双点划线绘制工件外形轮廓、定位基准面、夹紧表面和加工表面。被加工工件在图中作透明体处理，不影响夹具元件的投影。

③ 尽可能以操作者正面相对位置的视图为主视图，视图多少以能完整、清晰地表达夹具的工作原理、结构和各种元件间的装配关系为准。一般情况下，最好画出三视图，必要时可画出局部视图或剖面图。

④ 参考草图，合理选择和布置视图（尤其是用手工绘图时），注意在各个视图间留有足够的距离，以便引出件号、标注尺寸和技术要求。在适当的位置上画上缩小比例的工序图，以便于审核、制造、装配、检验者在阅图时对照。

⑤ 装配图按工件处于夹紧状态下绘制。对某些在使用中位置可能变化且范围较大的夹具，例如夹紧手柄或其他移动或转动元件，必要时以双点划线局部地表示出其极限位置，以便检查是否与其他元件、部件、机床或刀具相干涉。

⑥ 工件在夹具上的支承定位，必须使用定位元件的定位表面，而不能以铸件夹具体上的表面与工件直接接触定位，因为铸件夹具体耐磨性差，磨损后难以修复而影响定位精度，参见图 3-23。

⑦ 为减少加工表面面积和加工行程次数，夹具体上与其他夹具元件相接触的结合面一般应设计成等高的凸台。凸台高度一般高出非加工铸造表面 3～5mm ［图 3-23(b) 所示的尺寸 h］。若结合面用其他方法加工时，其结构尺寸也可设计成沉孔或凹槽（图 3-24 的 ϕD 沉孔）。

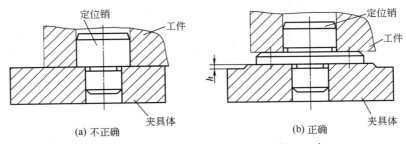

图 3-23　定位基面必须与定位元件接触（配合）

⑧ 夹具体上各元件应与夹具体可靠连接。为保证工人操作安全，一般采用内六角圆柱头螺钉（表 5-201）沉头连接紧固，若相对位置精度要求较高，还需用两个圆柱销（表 5-181）定位。例如 V 形块与夹具体连接（图 3-25），由于它是定位元件，位置精度要求高，装配时先将 V 形块对称中心的位置找正后拧紧两个内六角圆柱头螺钉，再钻铰定位销孔压入两个定位销，以确保 V 形块在工作过程中或拆装时位置不变。又如钻模板、辅助支承用的某些支座等，均需使用此法与夹具体连接紧固。

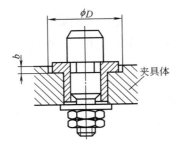

图 3-24　夹具体与夹具零件结合面结构

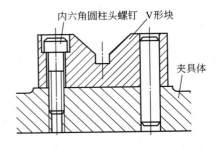

图 3-25　V 形块与夹具体连接

⑨ 对于标准部件或标准机构如标准液压油缸、汽缸等，可不必将结构剖示出来。

⑩ 装配图绘制完后，按一定顺序引出各元件和零件的件号。一般从夹具体为件号 1 开始，顺时针引出各个件号。如果夹具元件在工作中需要更换（如钻、扩、铰的快换钻套），应在一条引出线端引出三个件号。

如果某几个零件在使用中需要更换，在视图中是以某个零件画出的，为表达更换的零件，可用局部剖面表示更换零件的装配关系，并在技术要求或局部剖面图下面加以说明。

⑪ 合理标注尺寸、公差和技术要求。

⑫ 夹具装配图上应画出标题栏和零件明细表（格式参见第一章第三节图 1-2），写明零件名称、数量、材料牌号、热处理硬度等内容。

⑬ 合理选择专用零件的材料和热处理（表 3-14）。

表 3-14 机床专用夹具非标准零件推荐材料及热处理

零 件 名 称		材 料	热 处 理 要 求
夹具体及形状复杂的壳体		HT150 HT200	时效
定位销	$d \leqslant 16$	T8	淬火、回火 55～60HRC
	$d > 16$	20 钢	渗碳深度 0.8～1.2mm,淬火、回火 55～60HRC
V 形块		20 钢	渗碳深度 0.8～1.2mm,淬火、回火 58～64HRC
定位支承板		T8	淬火、回火 55～60HRC
		20 钢	渗碳深度 0.8～1.2mm,淬火、回火 55～60HRC
活动件用导向板		45 钢	淬火、回火 35～40HRC
各种压板		45 钢	淬火、回火 40～45HRC
钳口		20 钢	渗碳深度 0.8～1.2mm,淬火、回火 55～60HRC
虎钳丝杠		45 钢	淬火、回火 35～40HRC
有相对运动的导套		45 钢	淬火、回火 35～40HRC
可换定位销的衬套	$d \leqslant 25$	T8	淬火、回火 55～60HRC
	$d > 25$	20 钢	渗碳深度 0.8～1.2mm,淬火、回火 58～64HRC
夹紧用螺母		45 钢	淬火、回火 35～40HRC

二、装配图上应标注的尺寸、公差和技术要求

夹具总装图上应标注的尺寸、公差和技术要求，随各个具体夹具、具体设计制造和使用工厂的不同而有所不同。一般说来，在夹具总装图上应标注的基本尺寸、公差和技术要求有以下几种。

1. 夹具的轮廓尺寸

一般是指夹具的最大外形轮廓尺寸。特别是当夹具结构中有可动部分时，应包括可动部分处于极限位置时，在空间所占的尺寸。

2. 配合尺寸

通常是指工件定位基准与定位元件之间、导向元件与刀具（或刀杆）之间以及夹具各组成元件之间的配合要求。这时不仅要标注尺寸大小，而且需标注配合种类和公差等级。

3. 夹具各组成元件间的相互位置和相关尺寸公差

为了使夹具制造和装配后，达到设计规定的精度要求，除一部分可直接用尺寸公差标注外，还有需要用文字说明或用符号表示的相互位置精度要求，习惯上统称为夹具的技术要求。

根据夹具的功用，其技术要求分为以下几方面：

① 定位面与定位面之间的尺寸公差和相互位置精度（如平行度、垂直度要求等）；

② 定位面与夹具安装基面（或找正基面）间的相互位置精度；

③ 导向元件间、导向-对刀元件与定位面间的相互位置精度；

④ 导向-对刀元件与夹具安装基面（或找正基面）间的相互位置精度；

⑤ 有时将夹具的强度试验、焊缝试验、平衡试验及密封性试验等要求，也列入技术要求中。

4. 夹具与刀具的联系尺寸

它是用来确定夹具上导向-对刀元件位置的，如铣床夹具，即为对刀块工作面与定位面间的位置尺寸；钻、镗床夹具，就是钻（镗）套与定位面间的位置尺寸，钻（镗）套间的位置尺寸，以及钻（镗）套与刀具导向部分的配合尺寸等。

5. 夹具与机床的联系尺寸

它是用来表示夹具如何与机床有关部分连接，从而确定夹具在机床上的位置。如车、磨床夹具与机床主轴前端的联系尺寸；铣、刨床夹具，则是夹具上的定位键与机床工作台的 T 形槽的配合尺寸等。

6. 其他装配尺寸和制造使用方面的特殊要求

这种尺寸和要求，主要是为了保证夹具装配后能满足使用要求而规定的。

三、夹具公差与配合的选择

夹具常用的配合种类和公差等级见表 3-15。

夹具常用元件的配合见表 3-16。

表 3-15　夹具常用的配合种类和公差等级

配合件的工作形式		精度要求		示　例
		一般精度	较高精度	
定位元件与工件定位基面间的配合		$\dfrac{H7}{h6}$、$\dfrac{H7}{g6}$、$\dfrac{H7}{f7}$	$\dfrac{H6}{h5}$、$\dfrac{H6}{g5}$、$\dfrac{H6}{f5}$	定位销与工件定位基准孔的配合
有导向作用，并有相对运动的元件间的配合		$\dfrac{H7}{h6}$、$\dfrac{H7}{g6}$、$\dfrac{H7}{f7}$ $\dfrac{H7}{h6}$、$\dfrac{G7}{h6}$、$\dfrac{F8}{h6}$	$\dfrac{H6}{h5}$、$\dfrac{H6}{g5}$、$\dfrac{H6}{f5}$ $\dfrac{H6}{h5}$、$\dfrac{G6}{h5}$、$\dfrac{F7}{h5}$	移动定位元件、刀具与导套的配合
无导向作用，但有相对运动元件间的配合		$\dfrac{H8}{f9}$、$\dfrac{H8}{d9}$	$\dfrac{H8}{f8}$	移动夹具底座与滑座的配合
没有相对运动元件间的配合	无紧固件	$\dfrac{H7}{n6}$、$\dfrac{H7}{r6}$、$\dfrac{H7}{s6}$		固定支承钉、定位销
	有紧固件	$\dfrac{H7}{m6}$、$\dfrac{H7}{k6}$、$\dfrac{H7}{js6}$		

表 3-16　夹具常用元件的配合

配合元件名称		图例	配合元件名称		图例
定位销和支承钉的典型配合	定位销	$d\dfrac{H7}{r6}$	定位销和支承钉的典型配合	可换定位销	$d\dfrac{H7}{h6}$　$D\dfrac{H7}{n6}$
	菱形销	$d\dfrac{H7}{n6}$		大尺寸定位销	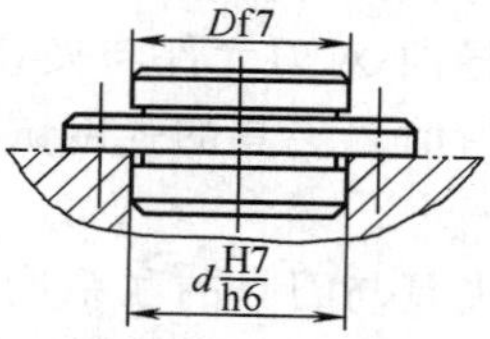 $Df7$　$d\dfrac{H7}{h6}$
	盖板式钻模定位销	$d\dfrac{H7}{h6}$	夹紧件的典型配合	偏心夹紧机构	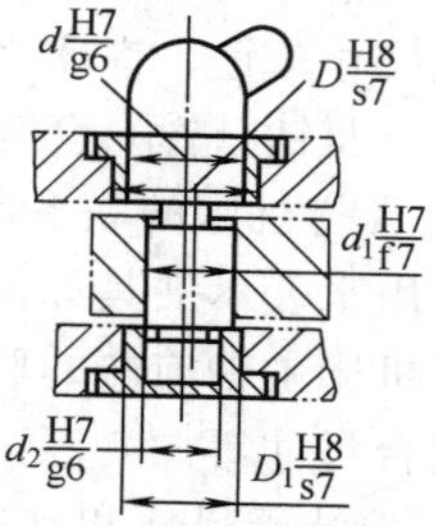 $d\dfrac{H7}{g6}$　$D\dfrac{H8}{s7}$　$d_1\dfrac{H7}{f7}$　$d_2\dfrac{H7}{g6}$　$D_1\dfrac{H8}{s7}$
	支承钉	$d\dfrac{H7}{n6}$		钩形压板	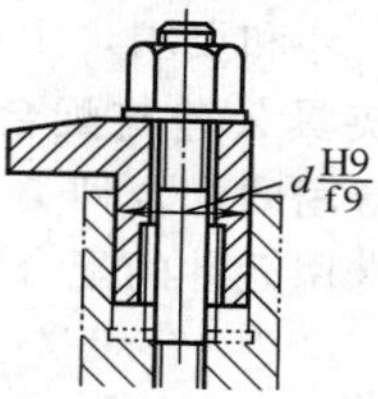 $d\dfrac{H9}{f9}$
夹紧件的典型配合	切向夹紧装置	$D\dfrac{H9}{f9}$　$d\dfrac{H11}{11P}$	可动件的典型配合	滑动底板	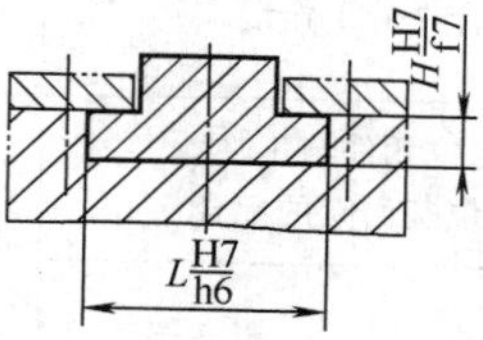 $\dfrac{H7}{f7}$　$L\dfrac{H7}{h6}$
可动件的典型配合	滑动钳口	$H\dfrac{H7}{h6}$　$L\dfrac{H7}{f7}$	其他典型配合	铰链钻模板	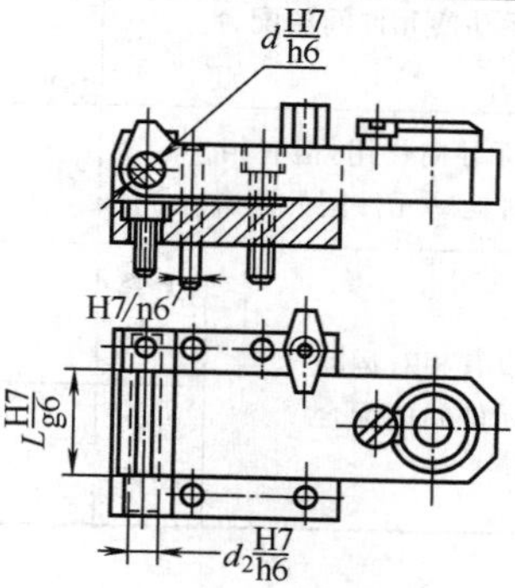 $d\dfrac{H7}{h6}$　$H7/n6$　$L\dfrac{H7}{g6}$　$d_2\dfrac{H7}{h6}$

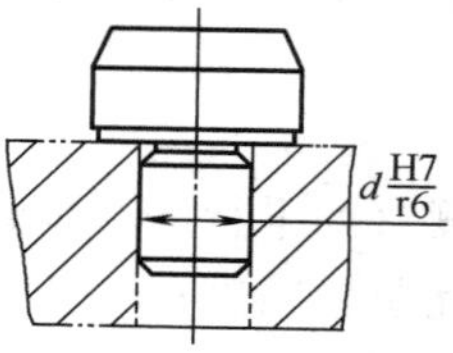

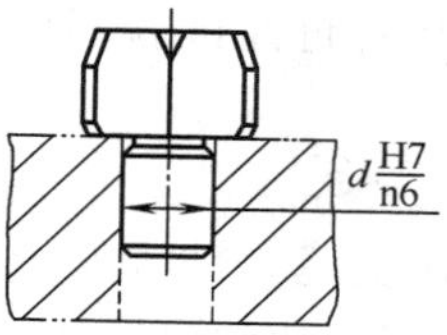

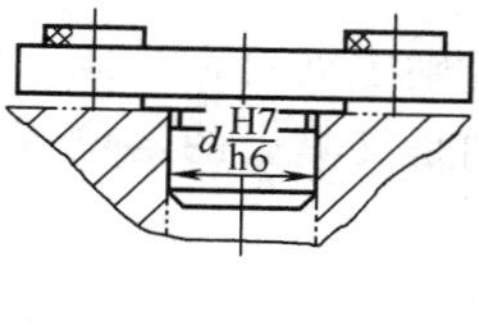

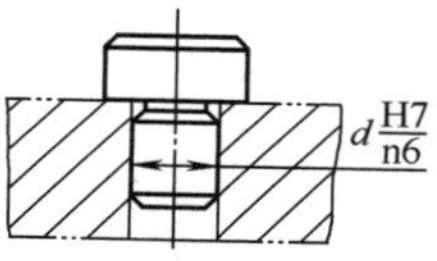

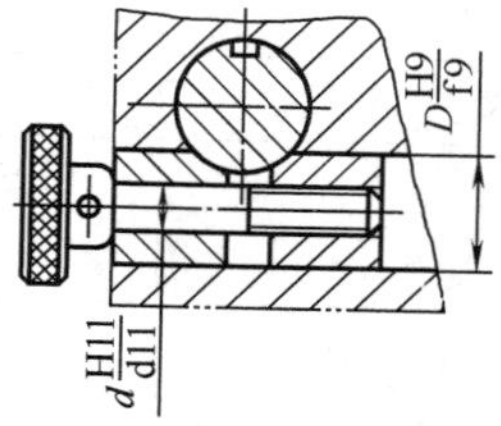

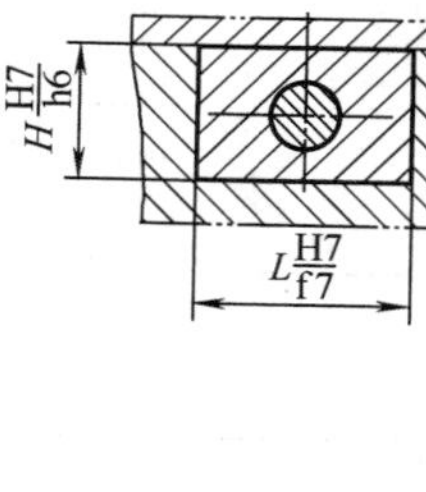

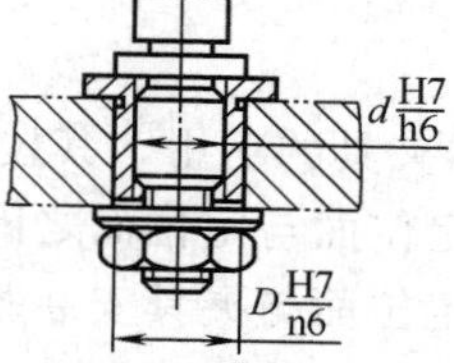

固定式导套的配合

结构简图	工艺方法		配合尺寸		
			d	D	D_1
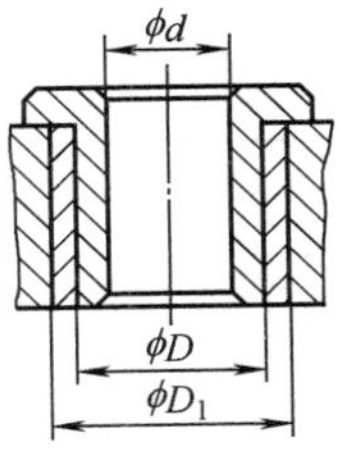	钻孔	刀具切削部分引导	$\dfrac{F8}{h6},\dfrac{G7}{h6}$	$\dfrac{H7}{g6},\dfrac{H7}{f7}$	$\dfrac{H7}{r6},\dfrac{H7}{s6},\dfrac{H7}{n6}$
		刀具柄部或刀杆引导	$\dfrac{H7}{f7},\dfrac{H7}{g6}$		
	铰孔	粗铰	$\dfrac{G7}{h6},\dfrac{H7}{h6}$	$\dfrac{H7}{g6},\dfrac{H7}{h6}$	$\dfrac{H7}{r6},\dfrac{H7}{n6}$
		精铰	$\dfrac{G6}{h5},\dfrac{H6}{h5}$	$\dfrac{H6}{g5},\dfrac{H6}{h5}$	
	镗孔	粗镗	$\dfrac{H7}{h6}$	$\dfrac{H7}{g6},\dfrac{H7}{h6}$	
		精镗	$\dfrac{H6}{h5}$	$\dfrac{H6}{g5},\dfrac{H6}{h5}$	

（结构简图：ϕd、ϕD、ϕD_1）

四、装配图上位置公差的标注

1. 钻床夹具

① 钻套轴心线对夹具底面的垂直度（表 3-17）；

② 钻套轴心线对定位元件的同轴度、位置度、平行度、垂直度（表 3-18）；

③ 多个处于同一圆周位置上的钻套所在圆的圆心相对定位元件的轴心线的同轴度；

④ 定位表面对夹具体底面的平行度或垂直度；

⑤ 活动定位件（如活动 V 形块）的对称中心线对定位元件、钻套轴心线的位置度；

⑥ 定位销的定位表面对支承面的垂直度（当定位表面较短时，可以不注）。

表 3-17　钻套中心对夹具安装基面的相互位置要求　　　　mm/100mm

工件加工孔对定位基面的垂直度要求	钻套轴心线对夹具安装基面的垂直度要求
0.05～0.10	0.01～0.02
0.10～0.25	0.02～0.05
0.25 以上	0.05

表 3-18　钻套中心距或导套中心到定位基面的制造公差　　　　mm

工件孔中心距或中心到基面的公差	钻套中心距或导套中心到定位基面的制造公差	
	平行或垂直时	不平行或不垂直时
±0.05～±0.10	±0.005～±0.02	±0.005～±0.015
±0.10～±0.25	±0.02～±0.05	±0.015～±0.035
0.25 以上	±0.05～±0.10	±0.035～±0.08

钻床夹具技术条件示例见表 3-19。

表 3-19　钻床夹具技术条件示例

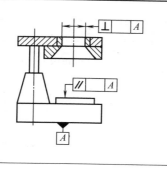
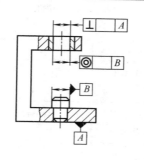
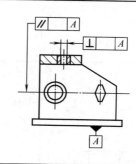

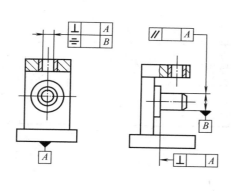
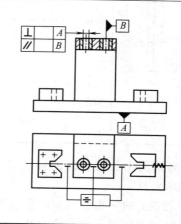

2. 铣床夹具

① 定位表面（或轴心线）对夹具体底面的垂直度、平行度；

② 定位元件间的平行度、垂直度；

③ 对刀块工作面对定位表面的垂直度或平行度（表 3-20）；

④ 对刀块工作面、定位表面（或轴线）对定位键侧面的平行度、垂直度（表 3-21）。

铣床夹具技术条件示例见表 3-22。

表 3-20　按工件公差确定夹具对刀块到定位表面制造公差　　　　　　mm

工件的公差	对刀块对定位表面的相互位置	
	平行或垂直时	不平行或不垂直时
~±0.10	±0.02	±0.015
±0.1~±0.25	±0.05	±0.035
±0.25 以上	±0.10	±0.08

表 3-21　对刀块工作面、定位表面和定位键侧面间的技术要求

工件加工面对定位基准的技术要求 /mm	对刀块工作面及定位键侧面对定位表面的垂直度或平行度 /(mm/100mm)
0.05~0.10	0.01~0.02
0.10~0.20	0.02~0.05
0.20 以上	0.05~0.10

表 3-22　铣床夹具技术条件示例

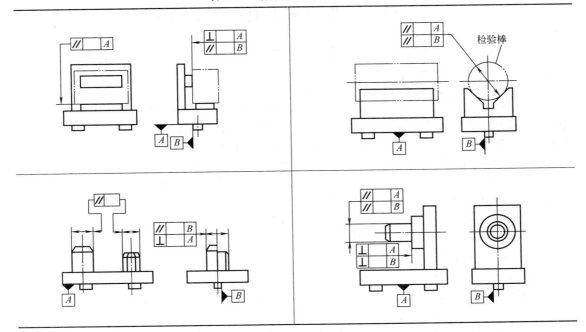

凡与工件加工要求有直接关系的位置公差数值，应取工件上相应的加工要求数值的 1/5～ 1/2；与工件无直接关系的可参考表 3-23 选取。

表 3-23　夹具技术条件参考数值　　　　　　　　　　　　　　　　　mm

技 术 条 件	参 考 数 值
同一平面上的支承钉和支承板的等高公差	0.02
定位元件工作表面对夹具体底面的平行度或垂直度	0.02：100
钻套轴心线对夹具体底面的垂直度	0.05：100
定位元件工作表面对定位键槽侧面的平行度或垂直度	0.02：100
对刀块工作表面对定位元件工作表面的平行度或垂直度	0.03：100
对刀块工作表面对定位键槽侧面的平行度或垂直度	0.03：100

五、装配图上技术要求的确定

技术要求是夹具在制造和使用上的其他要求，如夹具的平衡和密封、装配性能和要求、有关机构的调整参数、主要元件的磨损范围和极限、打印标记和编号以及使用中应注意的事项等，要用文字标注在夹具的总图上。

① 一般情况下，位置公差尽量用公差框图标注在装配图上，若有困难，也可用文字说明写在技术要求中。

② 对于需要用特殊方法进行加工或装配才能达到要求的夹具，制造说明可作为技术要求用文字写在总图上。一般有以下几个方面：必须先行装配或装配一部分以后再加工的表面（如一起磨平保证等高性等）；夹具手柄的特定位置；制造时需要相互配合的零件。

③ 技术要求还应包括使用说明：多件夹具同时加工的零件数；成组夹具加工多种零件的说明；较复杂夹紧装置的夹紧方法及手柄的操作顺序等；使用时的调整说明；使用时的安全注意事项；高精度夹具的保养方法。

第八节　各类机床夹具的设计要点

机床夹具设计中关于定位、夹紧元件及其机构前面已经讨论过，本节主要阐述各类机床夹具设计中各自特点和需要注意之处。

一、车床专用夹具设计要点

对于一些非回转体工件，要在车床上加工回转表面时，如钻孔、镗孔、车端面等，需要设计车床专用夹具。车床夹具的主要特点是夹具与机床主轴连接，工作时由机床主轴带动做高速回转。因此在设计车床夹具时除了保证工件达到工序的精度要求外，还应考虑：

① 夹具的结构应力求紧凑、轻便、悬臂尺寸短，使重心尽可能靠近主轴；

② 夹具应有平衡措施，消除回转的不平衡现象，以减少主轴轴承的不正常磨损，避免产生振动及振动对加工质量和刀具寿命的影响，平衡重的位置应可以调节；

③ 夹紧装置除应使夹紧迅速、可靠外，还应注意夹具旋转的惯性力不应使夹紧力有减小的趋势，以防回转过程中夹紧元件松脱；

④ 夹具上的定位、夹紧元件及其他装置的布置不应大于夹具体的直径，靠近夹具外缘的元件，不应该有突出的棱角，必要时应加防护罩；

⑤ 车床夹具与主轴连接精度对夹具的回转精度有决定性的影响，因此回转轴线与车床主轴轴线要有尽可能高的同轴度；

⑥ 当主轴有高速转动、急刹车等情况时，夹具与主轴之间的连接应该有防松装置；

⑦ 在加工过程中，工件在夹具上应能用量具测量，切屑能顺利排出或清理。

车床专用夹具的设计要点也适用于内、外圆磨床专用夹具。

二、钻床专用夹具设计要点

钻床夹具大都有刀具导向装置即钻套，钻套安装在钻模板上，故习惯上把钻床夹具称为钻模。钻模从结构上分为固定式钻模、回转式钻模、翻转式钻模、盖板式钻模和滑柱式钻模等。

在设计钻模时，首先需要根据工件的形状尺寸、质量、加工要求和批量来选择钻模的结构类型。选择时注意以下几点。

① 被钻孔直径大于10mm时（特别是加工钢件），宜采用固定式钻模。

② 翻转式钻模适用于加工中小件，包括工件在内的总质量不宜超过10kg。

③ 当加工分布不在同心圆周上的平行孔系时，如工件和夹具的总质量超过15kg，宜采用固定式钻模在摇臂钻床上加工，如生产批量大，则可在立式钻床上采用多轴传动头加工。

④ 对于孔的垂直度和孔心距要求不高的中小型工件，宜优先采用滑柱式钻模。

固定式钻模在使用时，是被固定在钻床工作台上。用于在立式钻床上加工较大的单孔或在摇臂钻床上加工平行孔系。课程设计中固定式钻模应用最广，易犯的错误有：

① 由于注意力集中在定位、夹紧上，忘记设计钻模板，成图后发现错误却难以安排图面，应在方案设计时记住钻模这一不可或缺的导引装置的安排；

② 将钻模板与底座设计成整体式，使夹具体很难加工甚至无法加工，通常应将钻模板与底座分开设计，再用内六角圆柱头螺钉（GB/T 70.1—2008）和内螺纹圆锥销（GB/T 118—2000）或内螺纹圆柱销（GB/T 120—2000）连接紧固；

③ 工件无法装卸，此时应将钻模板与底座的连接设计成铰链式或可调式（典型结构参阅第五章第九节）；

④ 不清楚钻模与钻床的连接方式，钻模和铣夹具不同，夹具体上一般不设定位和定向装置，但夹具体底板上一般都设有翻边或留一些平台面，以便夹具在机床工作台上固定，有

时只要保证安全，甚至钻模在工作台上不用固定。

钻模设计的其他注意事项：

① 钻模板上安装钻套的孔之间及孔与定位元件的位置应有足够的精度；

② 钻模板应具有足够的刚度，以保证钻套位置的准确性，但又不能做得太厚太重，注意布置加强筋以提高钻模板的刚性，钻模板一般不应承受夹紧力；

③ 翻转式钻模一般要在夹具体上设计支脚，以保证夹具在钻床工作台上放置平稳，减少夹具底面与工作台的接触面积，支脚结构形式有整体式（铸造或焊接）、装配式（已有标准）。

三、铣床专用夹具设计要点

① 为了调整和确定夹具与机床工作台运动方向的相对位置，在夹具体的底面应具有两个定位键，定位键与工作台上中间 T 形槽相配，保证进给运动方向与工件加工表面间的正确位置。精度高的或重型铣夹具宜采用夹具体上的找正基面实现在机床上定位和定向（图 3-16）。

② 为了调整和确定夹具与铣刀的相对位置，应正确选用对刀装置，对刀装置在使用塞尺方便和易于观察的位置，并应在铣刀开始切入工件的一端。

③ 铣床夹具一般要在工作台上对定后固定。对于矩形铣床工作台，一般是通过两侧 T 形槽用 T 形槽螺钉来固定夹具，应先查出该机床工作台 T 形槽的尺寸及槽距，根据 T 形槽尺寸和槽距选择定位键，在夹具体底板上设计开有 U 形槽口的耳座。

④ 由于铣削过程不是连续切削，且加工余量较大，切削力较大而方向随时都在变化。所以夹具应有足够的刚性和强度，夹具的重心应尽量低，夹具的高度与宽度之比应为 1：1.25，并应有足够的排屑空间。

⑤ 夹紧装置要有足够的强度和刚度，保证必需的夹紧力，并有良好的自锁性能，一般在铣床夹具上特别是粗铣，不宜采用偏心夹紧。

⑥ 夹紧力应作用在工件刚度较大的部位上。工件与主要定位元件的定位表面接触刚度要大。当从侧面压紧工件时，压板在侧面的着力点应低于工件侧面的支承点。

由于刨床、平面磨床专用夹具的结构和动作原理与铣床专用夹具相近，故其设计要点可参照上述内容。

四、镗床专用夹具设计要点

镗床夹具通常称为镗模，它有钻模的特点，即被加工孔或孔系的位置精度主要由镗模来保证，镗模的结构类型主要决定于导向支架的布置形式，分为单面导向和双面导向两种。

镗孔工具主要为安装刀具的镗杆，镗杆靠镗套引导保证所加工孔的位置。

镗模支架和底座均为镗模主要零件。支架供安装镗套和承受切削力用。底座承受包括工件、镗杆、镗套、镗模支架、定位元件和夹紧装置等在内的全部重量以及加工过程中的切削力，因此支架和底座的刚性要好，变形要小。

在设计支架和底座时应注意：支架与底座宜分开，以便于制造；支架在底座上安装要稳固，必须用两定位销定位，用螺钉紧固；支架应尽量避免承受夹紧力；底座上应有找正基面，以便于夹具的制造和装配；底座上应设置供起吊用的吊环螺钉或起重螺栓。

五、切齿机床专用夹具设计要点

滚、插、刨、铣齿夹具，多为心轴和套筒类结构，根据齿轮齿形的成形原理，这类夹具设计要点主要是保证心轴轴线及端面的垂直度要求、套筒内外圆柱面同轴及对端面和安装基面的位置度要求。注意保证夹具在机床上安装后定位元件工作面与机床工作台回转轴线的同轴度要求。必要时还应设计找正基面。

六、组合机床夹具设计要点

组合机床夹具是组合机床的重要组成部件，是根据机床的工艺和结构方案的具体要求而专门设计的。组合机床夹具按其结构特点分为单工位和多工位两大类。

组合机床夹具设计应注意以下问题。

① 提高夹具通用化程度。应尽可能选用组合机床夹具的通用零部件。

② 提高夹具的刚性。组合机床夹具一般都要承受较大的切削力，其结构也较复杂，又是保证加工精度的重要部件之一。因而提高夹具的刚性就特别重要。

③ 装卸工件的方便性。组合机床的生产效率一般都很高，装卸工件不仅动作频繁，而且要求时间短。为减轻工人的劳动强度，缩短辅助时间，一般可采用气动、液压或机械扳手等机构来实现夹压自动化。减少操作手柄的数量，手柄应尽量集中于方便操作的地方。

④ 排屑方便和有良好的润滑。如切屑排除不畅，往往会导致机构工作不可靠，影响加工精度，影响机床生产率。良好的润滑可以保证夹具各运动机构，尤其是导向装置的工作性能好，能持久保持高的精度、延长使用寿命。

⑤ 操作使用和维修的方便性。

⑥ 加工和装配的工艺性好。

⑦ 提高多品种加工用夹具的调整方便性。

第九节　夹具设计常见错误举例

由于学生是第一次独立进行工艺规程编制和夹具设计，常常会发生一些结构设计方面的错误，现将它们以正误对照的形式列于表 3-24 中，以资借鉴。

表 3-24　常见错误举例

项　目	正　误　对　比		简要说明
	错误或不好的	正确或好的	
定位销在夹具体上的定位与连接	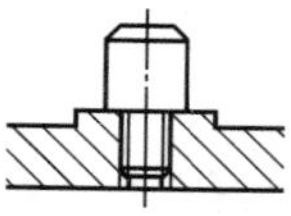	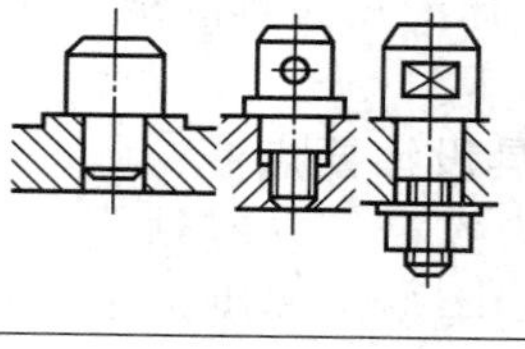	螺纹不起定心作用。带螺纹的销应有旋紧用的扳手孔或扳手平面
工件安放	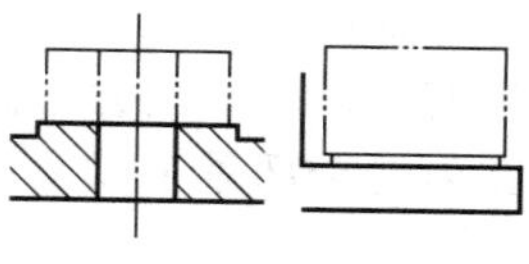	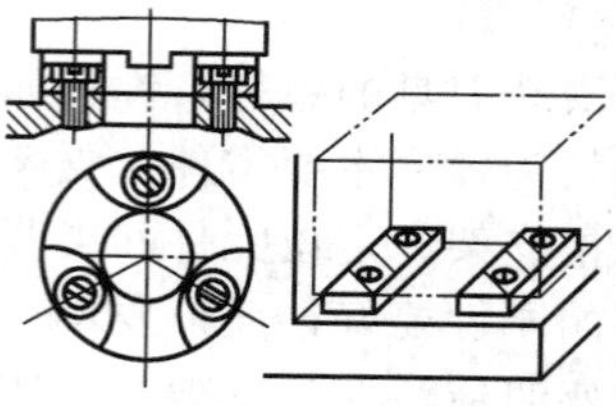	工件不要与夹具体直接接触，应加放钢制支承板、垫块等，保证耐磨性
机构自由度	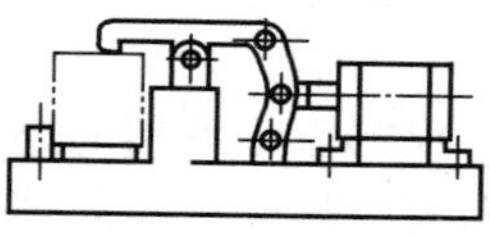	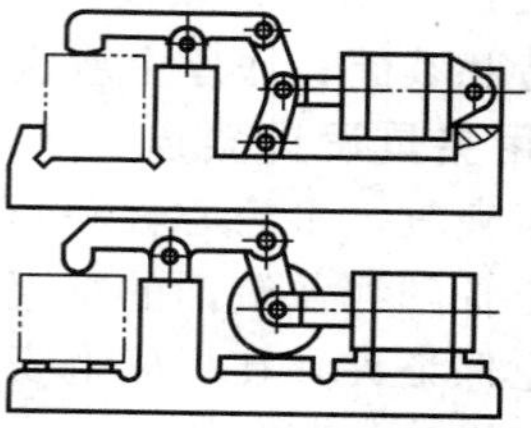	夹紧机构运动时不得发生干涉，保证自由度 $F \neq 0$，左图 $F=3\times4-2\times6=0$，右上图 $F=3\times5-2\times7=1$，右下图 $F=3\times3-2\times4=1$

项　目	正　误　对　比		简要说明
	错误或不好的	正确或好的	
考虑极限状态下不卡死	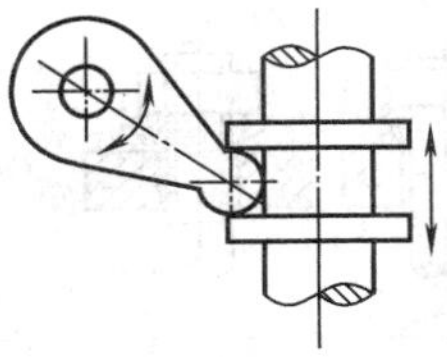	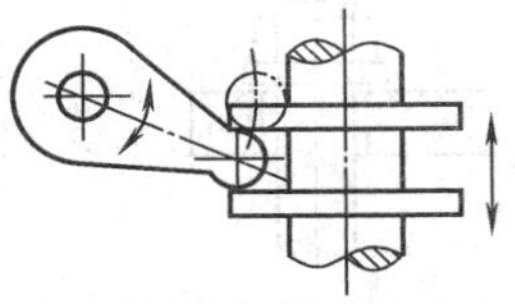	摆动零件动作过程中不应卡死,应检查极限位置
移动V形架	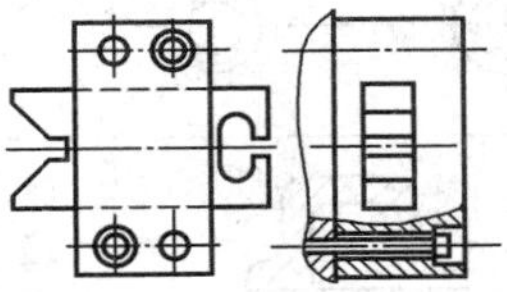	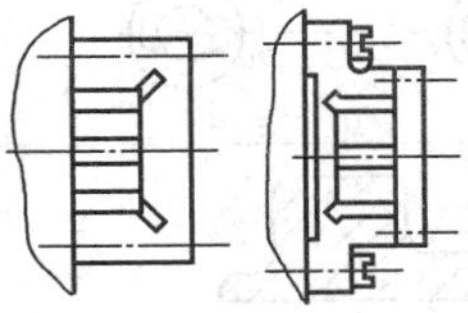	V形架移动副应便于制造、调整和维修;与夹具体之间应避免大平面接触
螺纹连接或定位	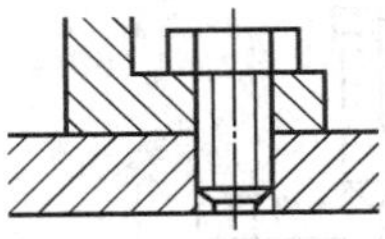	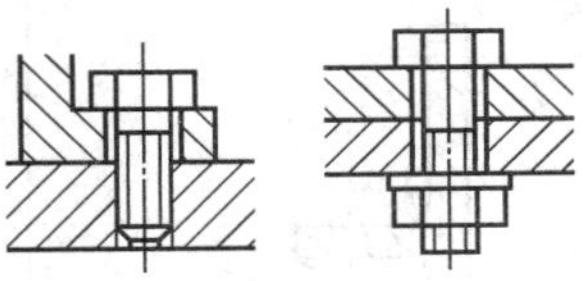	被连接件应为光孔。若两者都有螺纹,将无法拧紧
	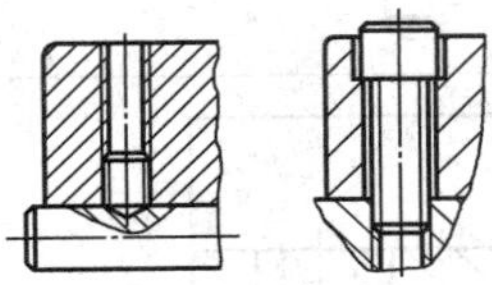	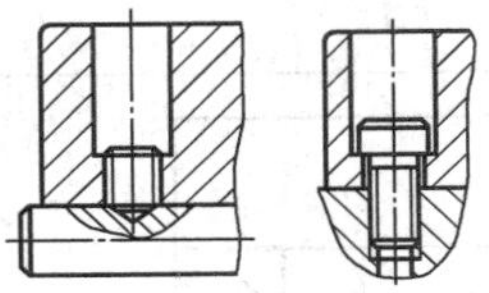	避免螺孔或螺杆太长
可调支承	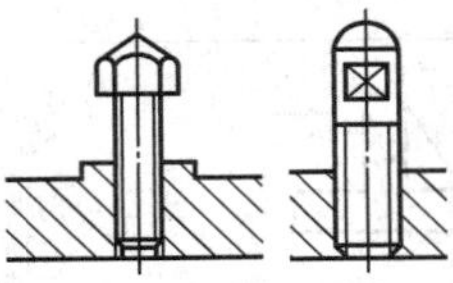	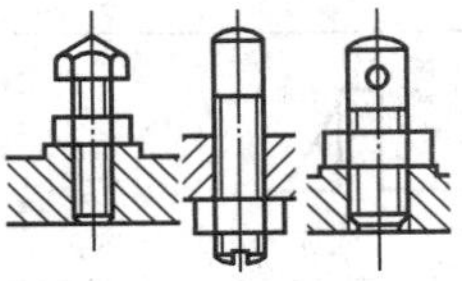	应有锁紧螺母。应有调整用扳手孔(面)或起子槽
摆动压块	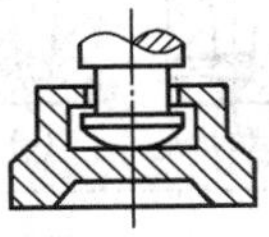	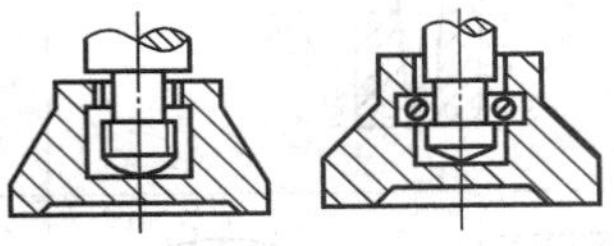	压杆应能装入,且上升时摆动压块不得脱落
可移动心轴	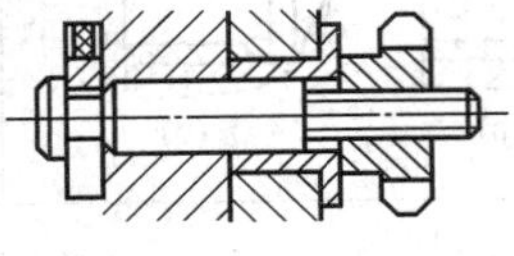	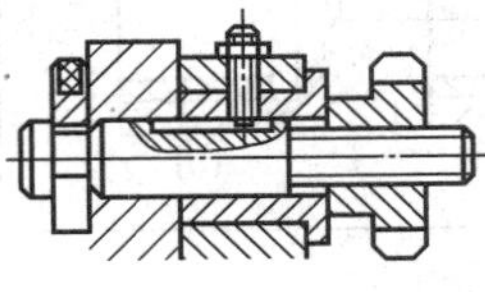	手轮转动时,应保证心轴只移不转
耳孔方向	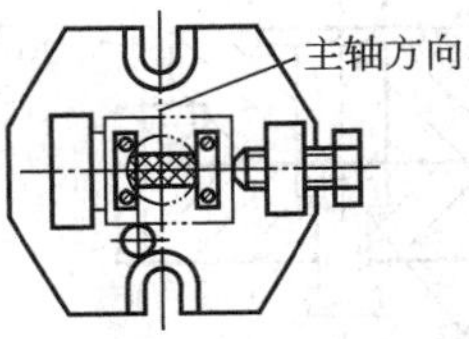	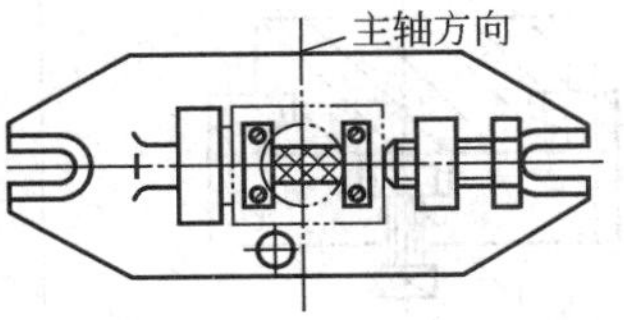	耳孔方向(铣床工作台T形槽方向)与夹具在机床上安放及刀具(铣床主轴)不应矛盾

项 目	正 误 对 比		简要说明
	错误或不好的	正确或好的	
使用球面垫圈	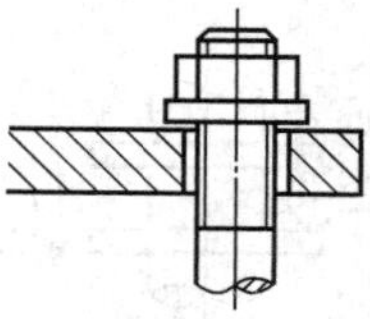	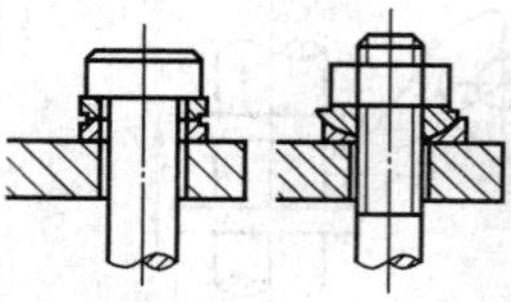	当螺杆与压板有可能倾斜受力时,应采用球面垫圈以免螺纹受到弯曲应力而破坏
菱形销安装方向	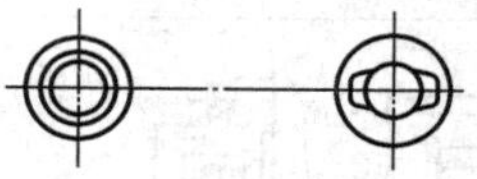	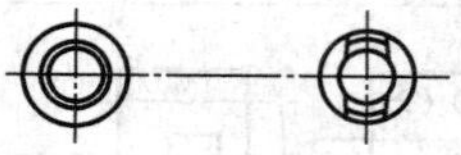	菱形销长轴应与两销连心线垂直,方能消除转动自由度
铸造结构	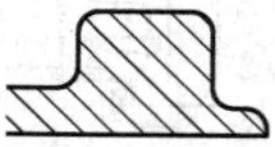		夹具体铸件壁厚应均匀
铸造夹具体工艺性	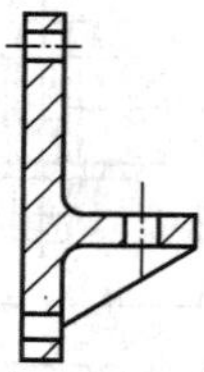	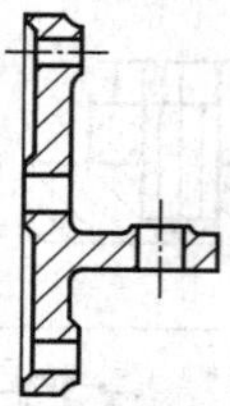	被加工孔的端面应铸造出小凸台,孔的正下方不能设置加强筋
焊接夹具体工艺性	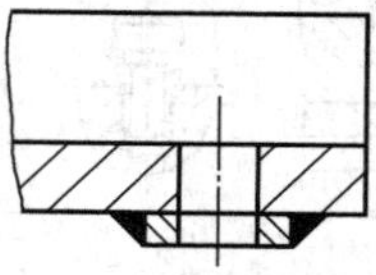	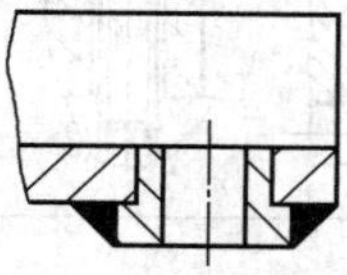	改进设计使焊接后孔的位置得到保证
加强筋	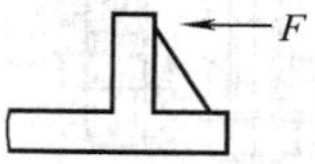	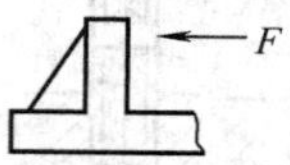	加强筋应尽量放在承受压应力的方向
	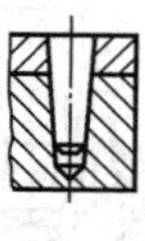	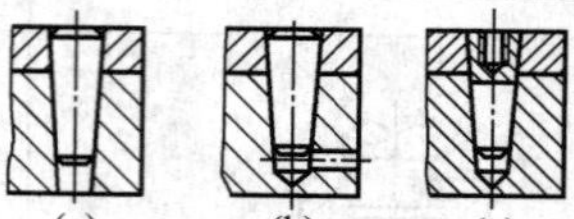 (a) (b) (c)	连接定位用的销钉设计时应考虑到装拆和维修
加工和维修的工艺性	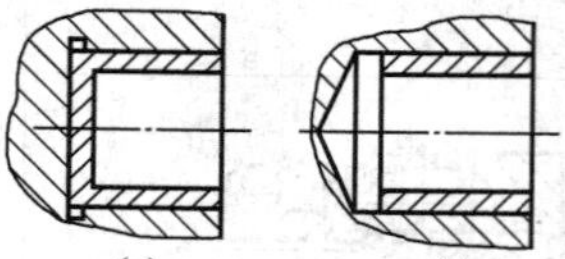 (a) (b)	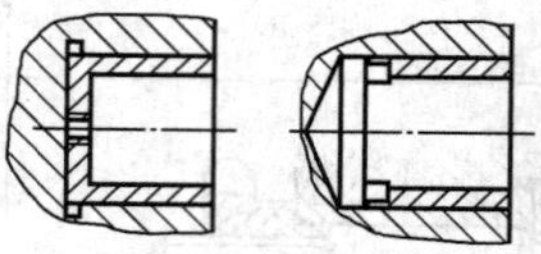 (a) (b)	在衬套的底部设计螺孔或缺口槽,以便使用工具将其拔出
	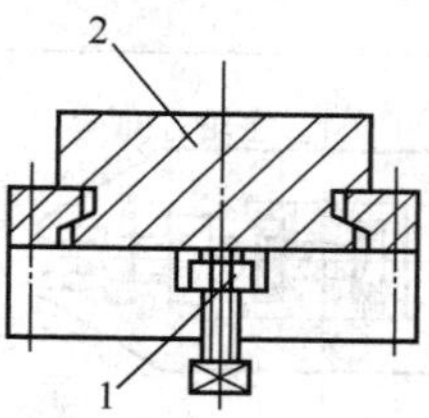	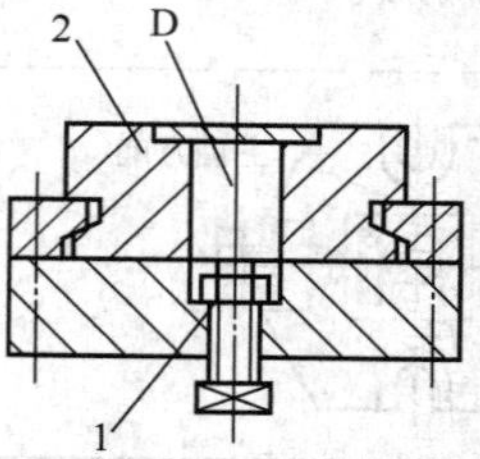	在件2上预先设置供工具伸入用的工艺孔D,拆卸零件1时,不受件2的阻碍

项 目	正 误 对 比		简要说明
	错误或不好的	正确或好的	
夹紧不能产生过定位	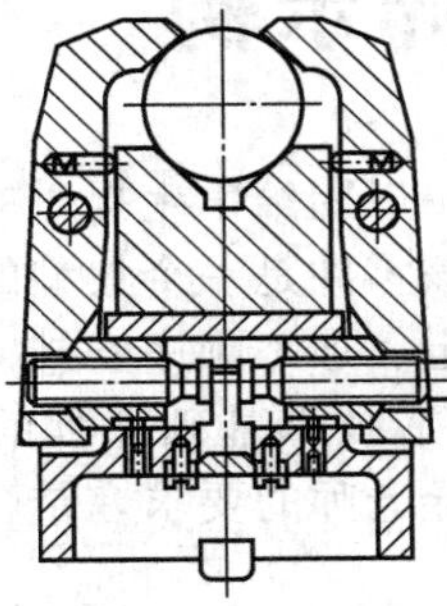	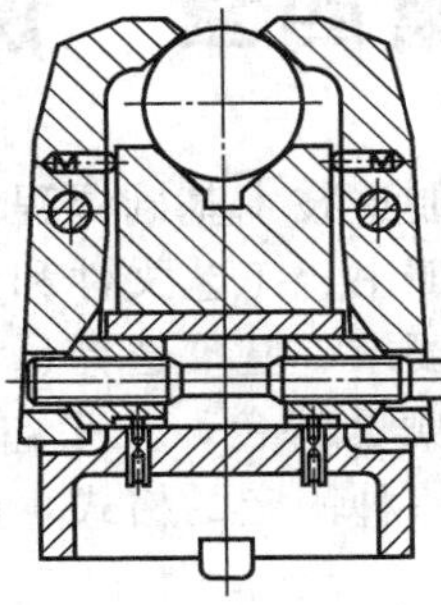	双向正反螺杆定心夹紧机构形成过定位，改进后去掉了螺杆中间的轴向叉形限位件，使螺杆轴向不定位，保证了可靠夹紧
调整环节	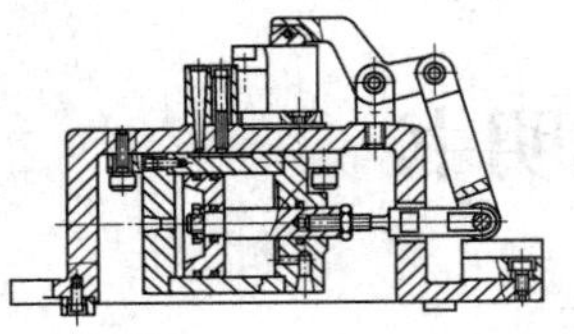	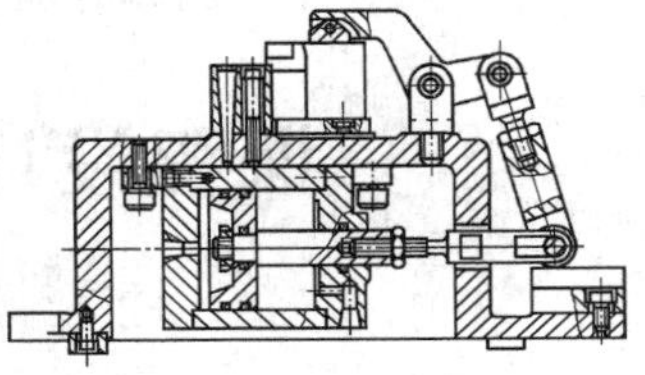	左图铰链夹紧机构缺少调整环节，可能出现活塞到达终点时还夹不紧工件的情况。右图在拉杆上增加一个调整环节，保证了可靠夹紧

第四章　课程设计示例

本章提供了一个机械制造技术基础课程设计的实例，以期给学生提供一个符合设计要求的格式，其中包括设计说明书、工艺文件和设计图样。该零件是一个典型的盘套类零件，虽然简单，但其结构、技术要求、基准选择、工艺尺寸确定、加工顺序安排、定位夹紧方法等诸方面既有其代表性，又颇具特色，几乎包含了机械制造技术基础课程的大部分内容。当然，希望学生不要拘泥于一种固定的格式，而应根据指导老师的要求，结合自己的题目做出有特色的设计。

机械制造技术基础

课程设计说明书

设计题目： 设计"离合齿轮"零件机械
　　　　　　加工工艺规程及工艺装备

设　计　者：_____

班级学号：_____

指导教师：_____

××大学

_____年_____月_____日

× ×大学

机械制造技术基础课程设计任务书

题目：设计"离合齿轮"零件的机械加工工艺规程及相关工序的专用夹具

内容： 1. 零件图   1 张

2. 毛坯图   1 张

3. 机械加工工艺过程综合卡片   1 张

（或机械加工工艺规程卡片   1 套）

4. 夹具装配图   1 张

5. 夹具体零件图   1 张

6. 课程设计说明书   1 份

原始资料：该零件图样，$Q=2000$ 台/年，$n=1$ 件/台，每日 1 班

班　级　学　号＿＿＿＿＿＿＿＿＿

学　　　　　生＿＿＿＿＿＿＿＿＿

指　导　教　师＿＿＿＿＿＿＿＿＿

系（教研室）主任＿＿＿＿＿＿＿＿＿

＿＿＿＿＿＿年＿＿＿＿＿月＿＿＿＿＿日

目　　录（略）

序　　言

　　机械制造技术基础课程设计是在学完了机械制造技术基础和大部分专业课，并进行了生产实习的基础上进行的又一个实践性教学环节。这次设计使我们能综合运用机械制造技术基础中的基本理论，并结合生产实习中学到的实践知识，独立地分析和解决了零件机械制造工艺问题，设计了机床专用夹具这一典型的工艺装备，提高了结构设计能力，为今后的毕业设计及未来从事的工作打下了良好的基础。

　　由于能力所限，经验不足，设计中还有许多不足之处，希望各位老师多加指教。

一、零件的工艺分析及生产类型的确定

1. 零件的作用

　　题目所给定的零件是 CA6140 车床主轴箱中运动输入轴Ⅰ轴上的一个离合齿轮（图4-1），它位于Ⅰ轴的右端，用于接通或断开主轴的反转传动路线，与其他零件一起组成摩擦片正反转离合器。它借助两个滚动轴承空套在Ⅰ轴上，只有当装在Ⅰ轴上的内摩擦片和装在该齿轮上的外摩擦片压紧时，Ⅰ轴才能带动该齿轮转动。该零件的 $\phi68K7$mm 孔与两个滚动轴承的外圈相配合，$\phi71$mm 沟槽为弹簧挡圈卡槽，$\phi94$mm 孔容纳内、外摩擦片，$4\sim 16$mm 槽口与外摩擦片的翅片相配合使其和该齿轮一起转动，6×1.5mm 沟槽和 $4\times\phi5$mm 孔用于通入冷却润滑油。

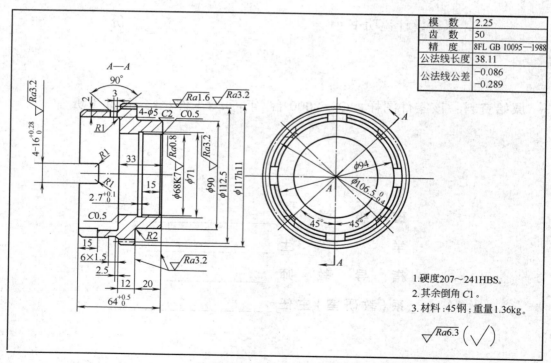

模　　数	2.25
齿　　数	50
精　　度	8FL GB 10095—1988
公法线长度	38.11
公法线公差	−0.086 / −0.289

图 4-1　离合齿轮零件图

2. 零件的工艺分析

　　通过对该零件图的重新绘制，知原图样的视图正确、完整，尺寸、公差及技术要求齐全。但基准孔 $\phi68K7$mm 要求 $Ra0.8\mu$m 有些偏高。一般 8 级精度的齿轮，其基准孔要求

$Ra1.6\mu m$ 即可。

该零件属盘套类回转体零件，它的所有表面均需切削加工，各表面的加工精度和表面粗糙度都不难获得。4～16mm 槽口相对 $\phi68K7$mm 孔的轴线互成 90°垂直分布，其径向设计基准是 $\phi68K7$mm 孔的轴线，轴向设计基准是 $\phi90$mm 外圆柱的右端平面。$4\times\phi5$mm 孔在 6×1.5mm 沟槽内，孔中心线距沟槽一侧面的距离为 3mm，由于加工时不能选用沟槽的侧面为定位基准，故要精确地保证上述要求则比较困难，但这些小孔为油孔，位置要求不高，只要钻到沟槽之内接通油路即可，加工不成问题。应该说，这个零件的工艺性较好。

3. 零件的生产类型

依设计题目知：$Q=2000$ 台/年，$n=1$ 件/台；结合生产实际，备品率 α 和废品率 β 分别取为 10％和 1％。代入公式（2-1）得该零件的生产纲领

$$N=2000\times1\times(1+10\%)\times(1+1\%)=2222 \quad （件/年）$$

零件是机床上的齿轮，质量为 1.36kg，查表 2-1 可知其属轻型零件，生产类型为中批生产。

二、选择毛坯，确定毛坯尺寸，设计毛坯图

1. 选择毛坯

该零件材料为 45 钢。考虑到车床在车削螺纹工作中要经常正、反向旋转，该零件在工作过程中则经常承受交变载荷及冲击性载荷，因此应该选用锻件，以使金属纤维尽量不被切断，保证零件工作可靠。由于零件年产量为 2222 件，属批量生产，而且零件的轮廓尺寸不大，故可采用模锻成形。这从提高生产率、保证加工精度上考虑，也是应该的。

2. 确定机械加工余量、毛坯尺寸和公差

参见本书第五章第一节，钢质模锻件的公差及机械加工余量按 GB/T 12362—2003 确定。要确定毛坯的尺寸公差及机械加工余量，应先确定如下各项因素。

（1）锻件公差等级　由该零件的功用和技术要求，确定其锻件公差等级为普通级。

（2）锻件质量 m_f　根据零件成品质量 1.36kg，估算为 $m_f=2.2$kg。

（3）锻件形状复杂系数 S

$$S=m_f/m_N$$

该锻件为圆形，假设其最大直径为 $\phi121$mm，长 68mm，则由公式(5-4)、公式(5-5) 得

$$m_N=\frac{\pi}{4}\times121^2\times68\times7.85\times10^{-6}=6.138 \quad （kg）$$

$$S=\frac{2.2}{6.138}=0.358$$

由于 0.358 介于 0.32 和 0.63 之间，故该零件的形状复杂系数 S 属 S_2 级。

（4）锻件材质系数 M　由于该零件材料为 45 钢，是碳的质量分数小于 0.65％的碳素钢，故该锻件的材质系数属 M_1 级。

（5）零件表面粗糙度　由零件图知，除 $\phi68K7$mm 孔为 $Ra0.8\mu m$ 以外，其余各加工表面为 $Ra\geqslant1.6\mu m$。

3. 确定机械加工余量

根据锻件质量、零件表面粗糙度、形状复杂系数查表 5-9，由此查得单边余量在厚度方向为 1.7～2.2mm，水平方向亦为 1.7～2.2mm，即锻件各外径的单面余量为 1.7～2.2mm，各轴向尺寸的单面余量亦为 1.7～2.2mm。锻件中心两孔的单面余量按表 5-10 查得为 2.5mm。

4. 确定毛坯尺寸

上面查得的加工余量适用于机械加工表面粗糙度 $Ra\geqslant1.6\mu m$。$Ra<1.6\mu m$ 的表面，余

量要适当增大。

分析本零件，除 $\phi68K7mm$ 孔为 $Ra0.8\mu m$ 以外，其余各加工表面为 $Ra\geqslant1.6\mu m$，因此这些表面的毛坯尺寸只需将零件的尺寸加上所查得的余量值即可（由于有的表面只需粗加工，这时可取所查数据中的小值。当表面需经粗加工和半精加工时，可取其较大值）。$\phi68K7mm$ 孔需精加工达到 $Ra0.8\mu m$，参考磨圆孔余量（表 5-51）确定精镗孔单面余量为 $0.25mm$。

综上所述，确定毛坯尺寸见表 4-1。

表 4-1　离合齿轮毛坯（锻件）尺寸　　　　　mm

零件尺寸	单面加工余量	锻件尺寸	零件尺寸	单面加工余量	锻件尺寸
$\phi117h11$	2	$\phi121$	$64^{+0.5}_{0}$	2 及 1.7	67.7
$\phi106.5^{0}_{-0.4}$	1.75	$\phi110$	20	2 及 2	20
$\phi90$	2	$\phi94$	12	2 及 1.7	15.7
$\phi94$	2.5	$\phi89$	$\phi94$ 孔深 31	1.7 及 1.7	31
$\phi68K7$	3	$\phi62$			

5. 确定毛坯尺寸公差

毛坯尺寸公差根据锻件质量、材质系数、形状复杂系数从表 5-6、表 5-7 中查得。本零件毛坯尺寸允许偏差见表 4-2。

表 4-2　离合齿轮毛坯（锻件）尺寸允许偏差　　　　　mm

锻件尺寸	偏　　差	根　据	锻件尺寸	偏　　差	根　据
$\phi121$	$+1.7$ -0.8	表 5-6	$\phi62(\phi54)$	$+0.6$ -1.4	表 5-6
$\phi110$	$+1.5$ -0.7		20	±0.9	
$\phi94$	$+1.5$ -0.7		31	±1.0	
$\phi89$	$+0.7$ -1.5		15.7	$+1.2$ -0.4	表 5-7
			67.7	$+1.7$ -0.5	

6. 设计毛坯图

（1）确定圆角半径　锻件的外圆角半径按表 5-12 确定，内圆角半径按表 5-13 确定。本锻件各部分的 t/H 为 $>0.5\sim1$，故均按表中第一行数值。为简化起见，本锻件的内、外圆角半径分别取相同数值，以台阶高度 $H=16\sim25$ 进行确定。结果为

外圆角半径　　　　　　　　　　　$r=6$
内圆角半径　　　　　　　　　　　$R=3$

以上所取的圆角半径数值能保证各表面的加工余量。

（2）确定模锻斜度　本锻件由于上、下模腔深度不相等，模锻斜度应以模腔较深的一侧计算。

$$\frac{L}{B}=\frac{110}{110}=1, \quad \frac{H}{B}=\frac{32}{110}=0.291$$

按表 5-11，外模锻斜度 $\alpha=5°$，内模锻斜度加大，取 $\beta=7°$。

（3）确定分模位置　由于毛坯是 $H<D$ 的圆盘类锻件，应采取轴向分模，这样可冲内孔，使材料利用率得到提高。为了便于起模及便于发现上、下模在模锻过程中错移，选择最大直径即齿轮处的对称平面为分模面，分模线为直线，属平直分模线。

（4）确定毛坯的热处理方式　钢质齿轮毛坯经锻造后应安排正火，以消除残余的锻造应力，并使不均匀的金相组织通过重新结晶而得到细化、均匀的组织，从而改善加工性。

图 4-2 所示为本零件的毛坯图。

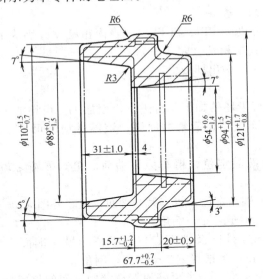

技术要求
1. 正火，硬度 207~241HBS。
2. 未注圆角 R2.5。
3. 外模锻斜度 5°。

材料：45 钢
重量：2.2kg

图 4-2　离合齿轮毛坯图

三、选择加工方法，制定工艺路线

1. 定位基准的选择

本零件是带孔的盘状齿轮，孔是其设计基准（亦是装配基准和测量基准），为避免由于基准不重合而产生的误差，应选孔为定位基准，即遵循"基准重合"的原则。具体而言，即选 ϕ68K7mm 孔及一端面作为精基准。

由于本齿轮全部表面都需加工，而孔作为精基准应先进行加工，因此应选毛坯外圆 ϕ110mm 及一端面为粗基准。毛坯外圆 ϕ121mm 上有分模面，表面不平整有飞边等缺陷，定位不可靠，故不能选为粗基准。

2. 零件表面加工方法的选择

本零件的加工面有外圆、内孔、端面、齿面、槽及小孔等，材料为 45 钢。以公差等级和表面粗糙度要求，参考本指南有关资料，其加工方法选择如下。

（1）ϕ90mm 外圆面　为未注公差尺寸，根据 GB 1800—79 规定其公差等级按 IT14，表面粗糙度为 $Ra3.2\mu m$，需进行粗车和半精车（表 5-18）。

（2）齿圈外圆面　公差等级为 IT11，表面粗糙度为 $Ra3.2\mu m$，需粗车、半精车（表 5-18）。

（3）ϕ106.5$_{-0.4}^{\ 0}$ mm 外圆面　公差等级为 IT12，表面粗糙度为 $Ra6.3\mu m$，粗车即可（表 5-18）。

（4）ϕ68K7mm 内孔　公差等级为 IT7，表面粗糙度为 $Ra0.8\mu m$，毛坯孔已锻出，为未淬火钢，根据表 5-19，加工方法可采取粗镗、半精镗之后用精镗、拉孔或磨孔等都能满足加工要求。由于拉孔适用于大批大量生产，磨孔适用于单件小批生产，故本零件宜采用粗镗、半精镗、精镗。

（5）ϕ94mm 内孔　为未注公差尺寸，公差等级按 IT14，表面粗糙度为 $Ra6.3\mu m$，毛坯孔已锻出，只需粗镗即可（表 5-19）。

（6）端面　本零件的端面为回转体端面，尺寸精度都要求不高，表面粗糙度为

$Ra3.2\mu m$ 及 $Ra6.3\mu m$ 两种要求。要求 $Ra3.2\mu m$ 的端面可粗车和半精车,要求 $Ra6.3\mu m$ 的端面,经粗车即可(表5-20)。

(7)齿面 齿轮模数为2.25,齿数为50,精度8FL,表面粗糙度为 $Ra1.6\mu m$,采用A级单头滚刀滚齿即能达到要求(表5-22、表5-23)。

(8)槽 槽宽和槽深的公差等级分别为IT13和IT14,表面粗糙度分别为 $Ra3.2\mu m$ 和 $Ra6.3\mu m$,需采用三面刃铣刀,粗铣、半精铣(表5-20)。

(9)$\phi 5mm$ 小孔 采用复合钻头一次钻出即成。

3. 制订工艺路线

齿轮的加工工艺路线一般是先进行齿坯的加工,再进行齿面加工。齿坯加工包括各圆柱表面及端面的加工。按照先加工基准面及先粗后精的原则,该零件加工可按下述工艺路线进行。

工序 I:以 $\phi 106.5mm$ 处外圆及端面定位,粗车另一端面,粗车外圆 $\phi 90mm$ 及台阶面,粗车外圆 $\phi 117mm$,粗镗孔 $\phi 68mm$。

工序 II:以粗车后的 $\phi 90mm$ 外圆及端面定位,粗车另一端面,粗车外圆 $\phi 106.5_{-0.4}^{0}mm$ 及台阶面,车 $6mm \times 1.5mm$ 沟槽,粗镗 $\phi 94mm$ 孔,倒角。

工序 III:以粗车后的 $\phi 106.5_{-0.4}^{0}mm$ 外圆及端面定位,半精车另一端面,半精车外圆 $\phi 90mm$ 及台阶面,半精车外圆 $\phi 117mm$,半精镗 $\phi 68mm$ 孔,倒角。

加工齿面是以孔 $\phi 68K7mm$ 为定位基准,为了更好地保证它们之间的位置精度,齿面加工之前,先精镗孔。

工序 IV:以 $\phi 90mm$ 外圆及端面定位,精镗 $\phi 68K7mm$ 孔,镗孔内的沟槽,倒角。

工序 V:以 $\phi 68K7mm$ 孔及端面定位,滚齿。

4个沟槽与4个小孔为次要表面,其加工应安排在最后。考虑定位方便,应该先铣槽后钻孔。

工序 VI:以 $\phi 68K7mm$ 孔及端面定位,粗铣4个槽。

工序 VII:以 $\phi 68K7mm$ 孔、端面及粗铣后的一个槽定位,半精铣4个槽。

工序 VIII:以 $\phi 68K7mm$ 孔、端面及一个槽定位,钻4个小孔。

工序 IX:钳工去毛刺。

工序 X:终检。

四、工序设计

1. 选择加工设备与工艺装备

(1)选择机床 根据不同的工序选择机床。

① 工序 I、II、III 是粗车和半精车。各工序的工步数不多,成批生产不要求很高的生产率,故选用卧式车床就能满足要求。本零件外廓尺寸不大,精度要求不是很高,选用最常用的C620-1型卧式车床即可(表5-62)。

② 工序 IV 为精镗孔。由于加工的零件外廓尺寸不大,又是回转体,故宜在车床上镗孔。由于要求的精度较高,表面粗糙度数值较小,需选用较精密的车床才能满足要求,因此选用C616A型卧式车床(表5-62)。

③ 工序 V 滚齿。从加工要求及尺寸大小考虑,选Y3150型滚齿机较合适(表5-86)。

④ 工序 VI、VII 是用三面刃铣刀粗铣及半精铣槽,应选卧式铣床。考虑本零件属成批生产,所选机床使用范围较广为宜,故选常用的X62型铣床能满足加工要求(表5-81)。

⑤ 工序 VIII 钻4个 $\phi 5mm$ 的小孔,可采用专用的分度夹具在立式钻床上加工,故选Z525型立式钻床(表5-71)。

(2)选择夹具 本零件除粗铣及半精铣槽、钻小孔等工序需要专用夹具外,其他各工序使用通用夹具即可。前四道车床工序用三爪自定心卡盘，滚齿工序用心轴。

（3）选择刀具　根据不同的工序选择刀具。

① 在车床上加工的工序，一般都选用硬质合金车刀和镗刀。加工钢质零件采用 YT 类硬质合金，粗加工用 YT5，半精加工用 YT15，精加工用 YT30。为提高生产率及经济性，应选用可转位车刀（GB/T 5343.1—1985，GB/T 5343.2—1985）。切槽宜选用高速钢。

② 滚齿根据表 5-22，采用 A 级单头滚刀能达到 8 级精度。滚刀的选择按表 5-115，选模数为 2.25mm 的Ⅱ型 A 级精度滚刀（GB/T 6083—1985）。

③ 铣刀按表 5-113 选镶齿三面刃铣刀（JB/T 7953—1999）。零件要求铣切深度为 15mm，按表 5-106，铣刀的直径应为 100～160mm。因此所选铣刀：半精铣工序铣刀直径 $d=125$mm，宽 $L=16$mm，孔径 $D=32$mm，齿数 $z=20$；粗铣由于留有双面余量 3mm（表 5-48），槽宽加工到 13mm，该标准铣刀无此宽度需特殊订制，铣刀规格为 $d=125$mm，$L=13$mm，$D=32$mm，$z=20$。

④ 钻 ϕ5mm 小孔，由于带有 90° 的倒角，可采用复合钻一次钻出。

（4）选择量具　本零件属成批生产，一般情况下尽量采用通用量具。根据零件表面的精度要求、尺寸和形状特点，参考本书有关资料，选择如下。

① 选择各外圆加工面的量具。本零件各外圆加工面的量具见表 4-3。

表 4-3　外圆加工面所用量具　　　　　　　　　　　　　　　　　　　　mm

工　序	加工面尺寸	尺寸公差	量　　具
Ⅰ	ϕ118.5	0.54	读数值 0.02、测量范围 0～150 游标卡尺（表 5-116）
	ϕ91.5	0.87	
Ⅱ	ϕ106.5	0.4	
Ⅲ	ϕ90	0.87	读数值 0.05、测量范围 0～150 游标卡尺（表 5-116）
	ϕ117	0.22	读数值 0.01、测量范围 100～125 外径千分尺（表 5-116）

加工 ϕ91.5mm 外圆面可用分度值 0.05mm 的游标卡尺进行测量，但由于与加工 ϕ118.5mm 外圆面是在同一工序中进行，故用表中所列的一种量具即可。

② 选择加工孔用量具。ϕ68K7mm 孔经粗镗、半精镗、精镗三次加工。粗镗至 $\phi65^{+0.19}_{0}$mm，半精镗 $\phi67^{+0.09}_{0}$mm。

ⅰ. 粗镗孔 $\phi65^{+0.19}_{0}$mm 公差等级为 IT11，从表 5-116 中选读数值 0.01mm、测量范围 50～125mm 的内径千分尺即可。

ⅱ. 半精镗孔 $\phi67^{+0.09}_{0}$mm，公差等级约为 IT9，根据表 5-116，可选读数值 0.01mm、测量范围 50～100mm 的内径百分表。

ⅲ. 精镗 ϕ67K7mm 孔，由于精度要求高，加工时每个工件都需进行测量，故宜选用极限量规。按表 5-117，根据孔径可选三牙锁紧式圆柱塞规（GB/T 6322—1986）。

③ 选择加工轴向尺寸所用量具　加工轴向尺寸所用量具见表 4-4。

④ 选择加工槽所用量具　槽经粗铣、半精铣两次加工。槽宽及槽深的尺寸公差的等级为：粗铣时均为 IT14；半精铣时，槽宽为 IT13，槽深为 IT14。均可选用读数值为 0.02mm、测量范围 0～150mm 的游标卡尺进行测量。

⑤ 选择滚齿工序所用量具　滚齿工序在加工时测量公法线长度即可。根据表 5-119，选分度值为 0.01mm、测量范围 25～50mm 的公法线千分尺（GB/T 1217—1986）。

2. 确定工序尺寸

（1）确定圆柱面的工序尺寸　圆柱表面多次加工的工序尺寸只与加工余量有关。前面已

表 4-4　加工轴向尺寸所用量具　　　　　　　　　　　　　　　　mm

工序	尺寸及公差	量　　具
Ⅰ	$66.4_{-0.34}^{0}$	读数值 0.02、测量范围 0～150 游标卡尺（表 5-116）
	$20_{0}^{+0.21}$	
Ⅱ	$64.7_{-0.34}^{0}$	
	$32_{0}^{+0.25}$	
	$31_{0}^{+0.52}$	
Ⅲ	$20_{0}^{+0.08}$	读数值 0.01、测量范围 0～25 游标卡尺（表 5-116）
	$64_{-0.1}^{0}$	读数值 0.01、测量范围 50～75 外径千分尺（表 5-116）

确定各圆柱面的总加工余量（毛坯余量），应将毛坯余量分为各工序加工余量，然后由后往前计算工序尺寸。中间工序尺寸的公差按加工方法的经济精度确定。

本零件各圆柱表面的工序加工余量、工序尺寸及公差、表面粗糙度见表 4-5。

表 4-5　圆柱表面的工序加工余量、工序尺寸及公差、表面粗糙度　　　　　　　　　mm

加工表面	工序双边余量			工序尺寸及公差			表面粗糙度/μm		
	粗	半精	精	粗	半精	精	粗	半精	精
$\phi117h11$ 外圆	2.5	1.5	—	$\phi118.5_{-0.54}^{0}$	$\phi117_{-0.22}^{0}$	—	$Ra6.3$	$Ra3.2$	
$\phi106.5_{-0.4}^{0}$ 外圆	3.5	—	—	$\phi106.5_{-0.4}^{0}$	—	—	$Ra6.3$		
$\phi90$ 外圆	2.5	1.5	—	$\phi91.5$	$\phi90$	—	$Ra6.3$	$Ra3.2$	
$\phi94$ 孔	5			$\phi94$			$Ra6.3$		
$\phi68K7$ 孔	3	2	1	$\phi65_{0}^{+0.19}$	$\phi67_{0}^{+0.074}$	$\phi68_{-0.021}^{+0.009}$	$Ra6.3$	$Ra1.6$	$Ra0.8$

（2）确定轴向工序尺寸　本零件各工序的轴向尺寸如图 4-3 所示。

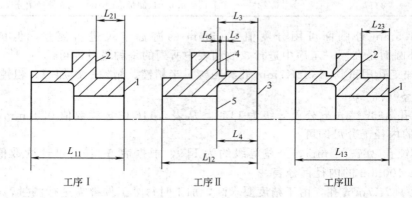

图 4-3　工序轴向尺寸

① 确定各加工表面的工序加工余量。本零件各端面的工序加工余量见表 4-6。

② 确定工序尺寸 L_{13}、L_{23}、L_5 及 L_6。该尺寸在工序中应达到零件图样的要求，则

$$L_{13}=64_{0}^{+0.5}\text{mm}\text{（尺寸公差暂定）}$$

$$L_{23}=20\text{mm}，L_5=6\text{mm}，L_6=2.5\text{mm}$$

③ 确定工序尺寸 L_{12}、L_{11} 及 L_{21}。该尺寸只与加工余量有关，则

$$L_{12}=L_{13}+Z_{13}=64+0.7=64.7\text{（mm）}$$

$$L_{11}=L_{12}+Z_{32}=64.7+1.7=66.4\text{（mm）}$$

$$L_{21}=L_{23}+Z_{13}-Z_{23}=20+0.7-0.7=20\text{（mm）}$$

表 4-6 各端面的工序加工余量   mm

工 序	加 工 表 面	总加工余量	工序加工余量
I	1	2	$Z_{11}=1.3$
	2	2	$Z_{21}=1.3$
II	3	1.7	$Z_{32}=1.7$
	4	1.7	$Z_{42}=1.7$
	5	1.7	$Z_{52}=1.7$
III	1	2	$Z_{13}=0.7$
	2	2	$Z_{23}=0.7$

④ 确定工序尺寸 L_3。尺寸 L_3 需解工艺尺寸链才能确定。工艺尺寸链如图 4-4 所示。

图中 L_7 为零件图样上要求保证的尺寸 12mm。L_7 为未注公差尺寸，其公差等级按 IT14，查公差表得公差值为 0.43mm，则 $L_7=12_{-0.43}^{0}$ mm。

根据尺寸链计算公式：

$$L_7=L_{13}-L_{23}-L_3$$
$$L_3=L_{13}-L_{23}-L_7=64-20-12=32 \text{（mm）}$$
$$L_7=T_{13}+T_{23}+T_3$$

按前面所定的公差 $T_{13}=0.5$mm，而 $T_7=0.43$mm，不能满足尺寸公差的关系式，必须缩小 T_{13} 的数值。现按加工方法的经济精度确定：

$$T_{13}=0.1\text{mm} \quad T_{23}=0.08\text{mm} \quad T_3=0.25\text{mm}$$

则 $$T_{13}+T_{23}+T_3=0.1+0.08+0.25=0.43 \text{（mm）}=T_7$$

决定组成环的极限偏差时，留 L_3 作为调整尺寸，L_{13} 按外表面、L_{23} 按内表面决定其极限偏差，则

$$L_{13}=64_{-0.1}^{0}\text{mm} \quad L_{23}=20_{0}^{+0.08}\text{mm}$$

L_7、L_{13} 及 L_{23} 的中间偏差为

$$\Delta_7=-0.215\text{mm} \quad \Delta_{13}=-0.05\text{mm} \quad \Delta_{23}=+0.04\text{mm}$$

L_3 的中间偏差 $\Delta_3=\Delta_{13}-\Delta_{23}-\Delta_7=-0.05-(-0.04)-(-0.125)=+0.125 \text{（mm）}$

$$\text{ES}L_3=\Delta_3+\frac{T_3}{2}=0.125+\frac{0.25}{2}=+0.25 \text{（mm）}$$

$$\text{EI}L_3=\Delta_3-\frac{T_3}{2}=0.125-\frac{0.25}{2}=0 \text{（mm）}$$

$$L_3=32_{0}^{+0.25}\text{mm}$$

⑤ 确定工序尺寸 L_4。工序尺寸 L_4 也需解工艺尺寸链才能确定。工艺尺寸链如图 4-5 所示。

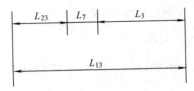

图 4-4 含尺寸 L_3 的工艺尺寸链

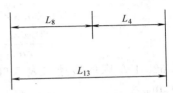

图 4-5 含尺寸 L_4 的工艺尺寸链

图中 L_8 为零件图样上要求保证的尺寸 33mm。其公差等级按 IT14，查表为 0.62mm，则 $L_8=33_{-0.62}^{0}$ mm。解工艺尺寸链得 $L_4=31_{0}^{+0.52}$ mm。

⑥ 确定工序尺寸 L_{11}、L_{12} 及 L_{21}。按加工方法的经济精度及偏差入体原则，得 $L_{11}=66.4_{-0.34}^{0}$ mm，$L_{12}=64.7_{-0.34}^{0}$ mm，$L_{21}=20_{0}^{+0.21}$ mm。

（3）确定铣槽的工序尺寸　半精铣可达到零件图样的要求，则该工序尺寸：槽宽为 $16^{+0.28}_{0}$mm，槽深 15mm。粗铣时，为半精铣留有加工余量：槽宽双边余量为 3mm，槽深余量为 2mm。则粗铣工序的尺寸：槽宽为 13mm，槽深 13mm。

五、确定切削用量及基本时间

切削用量包括背吃刀量 a_p、进给量 f 和切削速度 v_c。确定顺序是先确定 a_p、f，再确定 v_c。

1. 工序 I 切削用量及基本时间的确定

（1）切削用量　本工序为粗车（车端面、外圆及镗孔）。已知加工材料为 45 钢，$\sigma_b =$ 670MPa，锻件，有外皮；机床为 C620-1 型卧式车床，工件装卡在三爪自定心卡盘中。

① 确定粗车外圆 $\phi118.5^{0}_{-0.54}$mm 的切削用量。所选刀具为 YT5 硬质合金可转位车刀。根据表 5-120，由于 C620-1 车床的中心高为 200mm（表 5-62），故选刀杆尺寸 $B \times H =$ 16mm×25mm，刀片厚度为 4.5mm。根据表 5-121，选择车刀几何形状为卷屑槽倒棱型前刀面，前角 $\gamma_0 = 12°$，后角 $\alpha_0 = 6°$，主偏角 $\kappa_r = 90°$，副偏角 $\kappa'_r = 10°$，刃倾角 $\lambda_s = 0°$，刀尖圆弧半径 $\gamma_\varepsilon = 0.8$mm。

i . 确定背吃刀量 a_p。粗车双边余量为 2.5mm，显然 a_p 为单边余量，$a_p = \dfrac{2.5}{2} = 1.25$mm。

ii . 确定进给量 f。根据表 5-122，在粗车钢料、刀杆尺寸为 16mm×25mm、$a_p \leqslant$ 3mm、工件直径为 100～400mm 时，$f = 0.6～1.2$mm/r，按 C620-1 车床的进给量（表 5-64），选择 $f = 0.65$mm/r。

确定的进给量尚需满足机床进给机构强度的要求，故需进行校验。

根据表 5-62，C620-1 车床进给机构允许的进给力 $F_{max} = 3530$N。

根据表 5-131，当钢料 $\sigma_b = 570～670$MPa、$a_p \leqslant 2$mm、$f \leqslant 0.75$mm/r、$\kappa_r = 45°$、$v_c = 65$m/min（预计）时，进给力 $F_f = 760$N。

F_f 的修正系数为 $k_{\gamma_0 F_f} = 1.0$，$k_{\lambda_s F_f} = 1.0$，$k_{\kappa_r F_f} = 1.17$（表 2-12），故实际进给力为

$$F_f = 760 \times 1.17 = 889.2 \text{（N）}$$

$F_f < F_{max}$，所选的进给量 $f = 0.65$mm/r 可用。

iii . 选择车刀磨钝标准及耐用度。根据表 5-127，车刀后刀面最大磨损量取为 1mm，可转位车刀耐用度 $T = 30$min。

iv . 确定切削速度 v_c。根据表 5-128，当用 YT15 硬质合金车刀加工 $\sigma_b = 600～700$MPa 钢料、$a_p \leqslant 3$mm、$f \leqslant 0.75$mm/r 时，切削速度 $v_c = 109$m/min。

切削速度的修正系数为 $k_{sv} = 0.8$，$k_{tv} = 0.65$，$k_{\kappa_r Tv} = 0.81$，$k_{Tv} = 1.15$，$k_{Mv} = k_{\kappa v} = 1.0$（表 2-9），故

$$v_c = 109 \times 0.8 \times 0.65 \times 0.81 \times 1.15 = 52.8 \text{（m/min）}$$

$$n = \frac{1000 v_c}{\pi d} = \frac{1000 \times 52.5}{\pi \times 121} = 138.9 \text{（r/min）}$$

按 C620-1 车床的转速（表 5-63），选择 $n = 120$r/min = 2r/s，则实际切削速度 $v_c = 45.6$m/min。

v . 校验机床功率。由表 5-133，当 $\sigma_b = 580～970$MPa、HBS = 166～277、$a_p \leqslant 2$mm、$f \leqslant 0.75$mm/r、$v_c = 46$m/min 时，$P_c = 1.7$kW。

切削功率的修正系数为 $k_{\kappa_r P_c} = 1.17$，$k_{\gamma_0 P_c} = k_{M P_c} = k_{\kappa P_c} = 1.0$，$k_{T,P_c} = 1.13$，$k_{S P_c} = 0.8$，$k_{t P_c} = 0.65$（表 2-9），故实际切削时的功率为 $P_c = 0.72$kW。

根据表 5-66，当 $n = 120$r/min 时，机床主轴允许功率 $P_E = 5.9$kW。$P_c < P_E$，故所选

切削用量可在 C620-1 车床上进行。

最后确定的切削用量为

$$a_p=1.25\text{mm}, \quad f=0.65\text{mm/r}, \quad n=120\text{r/min}, \quad v_c=45.6\text{m/min}$$

② 确定粗车外圆 $\phi91.5\text{mm}$、端面及台阶面的切削用量。采用车外圆 $\phi118.5\text{mm}$ 的刀具加工这些表面。加工余量皆可一次走刀切除，车外圆 $\phi91.5\text{mm}$ 的 $a_p=1.25\text{mm}$，端面及台阶面的 $a_p=1.3\text{mm}$。车外圆 $\phi91.5\text{mm}$ 的 $f=0.65\text{mm/r}$，车端面及台阶面的 $f=0.52\text{mm/r}$。主轴转速与车外圆 $\phi118.5\text{mm}$ 相同。

③ 确定粗镗 $\phi65^{+0.19}_{0}\text{mm}$ 孔的切削用量。所选刀具为 YT5 硬质合金、直径为 20mm 的圆形镗刀。

ⅰ. 确定背吃刀量 a_p。双边余量为 3mm，显然 a_p 为单边余量，$a_p=\dfrac{3}{2}=1.5\text{mm}$。

ⅱ. 确定进给量 f。根据表 5-123，当粗镗钢料、镗刀直径为 20mm、$a_p\leqslant2\text{mm}$、镗刀伸出长度为 100mm 时，$f=0.15\sim0.30\text{mm/r}$，按 C620-1 车床的进给量（表 5-64），选择 $f=0.20\text{mm/r}$。

ⅲ. 确定切削速度 v_c。按表 2-8 的计算公式确定。

$$v_c=\frac{C_v}{T^m a_p^{x_v} f^{y_v}}k_v$$

式中，$C_v=291$，$m=2$，$x_v=0.15$，$y_v=0.2$，$T=60\text{min}$，$k_v=0.9\times0.8\times0.65=0.468$，则

$$v_c=\frac{291}{60^{0.2}\times1.5^{0.15}\times0.2^{0.2}}\times0.468=78 \text{（m/min）}$$

$$n=\frac{1000v}{\pi d}=\frac{1000\times78}{\pi\times65}=382 \text{（r/min）}$$

按 C620-1 车床的转速，选择 $n=370\text{r/min}$。

(2) 基本时间

① 确定粗车外圆 $\phi91.5\text{mm}$ 的基本时间。根据表 2-21，车外圆基本时间为

$$T_{j1}=\frac{L}{fn}i=\frac{l+l_1+l_2+l_3}{fn}i$$

式中，$l=20\text{mm}$，$l_1=\dfrac{a_p}{\tan\kappa_r}+(2\sim3)$，$\kappa_r=90°$，$l_1=2\text{mm}$，$l_2=0$，$l_3=0$，$f=0.65\text{mm/r}$，$n=2.0\text{r/min}$，$i=1$，则

$$T_{j1}=\frac{20+2}{0.65\times2}=17 \text{（s）}$$

② 确定粗车外圆 $\phi118.5^{0}_{-0.54}\text{mm}$ 的基本时间

$$T_{j2}=\frac{l+l_1+l_2+l_3}{fn}i$$

式中，$l=14.4\text{mm}$，$l_1=0$，$l_2=4\text{mm}$，$l_3=0$，$f=0.65\text{mm/r}$，$n=2.0\text{r/min}$，$i=1$，则

$$T_{j2}=\frac{14.4+4}{0.65\times2}=15 \text{（s）}$$

③ 确定粗车端面的基本时间

$$T_{j3}=\frac{L}{fn}i, \quad L=\frac{d-d_1}{2}+l_1+l_2+l_3$$

式中，$d=94\text{mm}$，$d_1=62\text{mm}$，$l_1=2\text{mm}$，$l_2=4\text{mm}$，$l_3=0$，$f=0.52\text{mm/r}$，$n=2.0\text{r/s}$，$i=1$，则

$$T_{j3} = \frac{16+2+4}{0.52 \times 2} = 22 \ (\text{s})$$

④ 确定粗车台阶面的基本时间

$$T_{j4} = \frac{L}{fn}i, \quad L = \frac{d-d_1}{2} + l_1 + l_2 + l_3$$

式中，$d = 121\text{mm}$，$d_1 = 91.5\text{mm}$，$l_1 = 0$，$l_2 = 4\text{mm}$，$l_3 = 0$，$f = 0.52\text{mm/r}$，$n = 2.0\text{r/s}$，$i = 1$，则

$$T_{j4} = \frac{14.75+4}{0.52 \times 2} = 18 \ (\text{s})$$

⑤ 确定粗镗 $\phi 65^{+0.19}_{0}\text{mm}$ 孔的基本时间，选镗刀的主偏角 $\kappa_r = 45°$。

$$T_{j5} = \frac{l+l_1+l_2+l_3}{fn}i$$

式中，$l = 35.4\text{mm}$，$l_1 = 3.5\text{mm}$，$l_2 = 4\text{mm}$，$l_3 = 0$，$f = 0.2\text{mm/r}$，$n = 6.17\text{r/s}$，$i = 1$，则

$$T_{j5} = \frac{35.4+3.5+4}{0.2 \times 6.17} = 35 \ (\text{s})$$

⑥ 确定工序的基本时间

$$T_j = \sum_{i=1}^{5} T_{ji} = 17+15+22+18+35 = 107 \ (\text{s})$$

2. 工序Ⅱ切削用量及基本时间的确定

本工序仍为粗车（车端面、外圆、台阶面，镗孔，车沟槽及倒角）。已知条件与工序Ⅰ相同。车端面、外圆及台阶面可采用工序Ⅰ相同的可转位车刀。镗刀选 YT5 硬质合金、主偏角 $\kappa_r = 90°$、直径为 20mm 的圆形镗刀。车沟槽采用高速钢成形切槽刀。

采用工序Ⅰ确定切削用量的方法，得本工序的切削用量及基本时间见表 4-7。

表 4-7　工序Ⅱ的切削用量及基本时间

工　步	a_p/mm	$f/(\text{mm/r})$	$v_c/(\text{m/s})$	$n/(\text{r/s})$	T_i/s
粗车端面	1.7	0.52	0.69	2	16
粗车外圆 $\phi 106.5\text{mm}$	1.75	0.65	0.69	2	25
粗车台阶面	1.7	0.52	0.74	2	8
镗孔及台阶面	2.5 及 1.7	0.2	1.13	3.83	69
车沟槽		手动	0.17	0.5	
倒角		手动	0.69	2	

3. 工序Ⅲ切削用量及基本时间的确定

（1）切削用量　本工序为半精加工（车端面、外圆、镗孔及倒角）。已知条件与粗加工工序相同。

① 确定半精车外圆 $\phi 117^{0}_{-0.22}\text{mm}$ 的切削用量。所选刀具为 YT15 硬质合金可转位车刀。车刀形状、刀杆尺寸及刀片厚度均与粗车相同。根据表 5-121，车刀几何形状为 $\gamma_0 = 12°$，$\alpha_0 = 8°$，$\kappa_r = 90°$，$\kappa_r' = 5°$，$\lambda_s = 0°$，$\gamma_\varepsilon = 0.5\text{mm}$。

ⅰ．确定背吃刀量：$a_p = \dfrac{1.5}{2} = 0.75 \ (\text{mm})$。

ⅱ．确定进给量 f：根据表 5-124 及 C620-1 车床的进给量（表 5-64），选择 $f = 0.3\text{mm/r}$。由于是半精加工，切削力较小，故不需校核机床进给机构强度。

ⅲ．选择车刀磨钝标准及耐用度：根据表 5-127，车刀后刀面最大磨损量取为 0.4mm，

耐用度 $T=30\text{min}$。

iv. 确定切削速度 v_c：根据表 5-128，当用 YT15 硬质合金车刀加工 $\sigma_b=600\sim700\text{MPa}$ 钢料，$a_p\leqslant1.4\text{mm}$，$f\leqslant0.38\text{mm/r}$ 时，切削速度 $v_c=156\text{m/min}$。

切削速度的修正系数为，$k_{\kappa_{rv}}=0.81$，$k_{Tv}=1.15$，其余的修正系数均为 1（表 2-9），故

$$v_c=156\times0.81\times1.15=145.3\ （\text{m/min}）$$

$$n=\frac{1000v}{\pi d}=\frac{1000\times145.3}{\pi\times118.5}=390\ （\text{r/min}）$$

按 C620-1 车床的转速（表 5-63），选择 $n=380\text{r/min}=6.33\text{r/s}$，则实际切削速度 $v_c=2.33\text{m/s}$。

半精加工机床功率也可不校验。

最后决定的切削用量为：$a_p=0.75\text{mm}$，$f=0.3\text{mm/r}$，$n=380\text{r/min}=6.33\text{r/s}$，$v_c=2.33\text{m/s}=141.6\text{m/min}$。

② 确定半精车外圆 $\phi90\text{mm}$、端面、台阶面的切削用量。采用半径车外圆 $\phi117\text{mm}$ 的刀具加工这些表面。车外圆 $\phi90\text{mm}$ 的 $a_p=0.75\text{mm}$，端面及台阶面的 $a_p=0.7\text{mm}$。车外圆 $\phi90\text{mm}$、端面及台阶面的 $f=0.3\text{mm/r}$，$n=380\text{r/min}=6.33\text{r/s}$。

③ 确定半精镗孔 $\phi67^{+0.074}_{0}\text{mm}$ 的切削用量。所选刀具为 YT15 硬质合金、主偏角 $\kappa_r=45°$、直径为 20mm 的圆形镗刀。其耐用度 $T=60\text{min}$。

i. $a_p=\dfrac{2}{2}=1\ （\text{mm}）$

ii. $f=0.1\text{mm/r}$

iii. $v_c=\dfrac{291}{60^{0.2}\times1^{0.15}\times0.1^{0.2}}\times0.9=183\ （\text{m/min}）$

$$n=\frac{1000\times183}{\pi\times67}=869.4\ （\text{r/min}）$$

选择 C620-1 车床的转速 $n=760\text{r/min}=12.7\text{r/s}$，则实际切削速度 $v_c=2.67\text{m/s}$。

（2）基本时间

① 确定半精车外圆 $\phi117\text{mm}$ 的基本时间：$T_{j1}=\dfrac{12+4}{0.3\times6.33}=9\ （\text{s}）$

② 确定半精车外圆 $\phi90\text{mm}$ 的基本时间：$T_{j2}=\dfrac{20+2}{0.3\times6.33}=12\ （\text{s}）$

③ 确定半精车端面的基本时间：$T_{j3}=\dfrac{13.25+2+4}{0.3\times6.33}=11\ （\text{s}）$

④ 确定半精车台阶面的基本时间：$T_{j4}=\dfrac{2014025+4}{0.3\times6.33}=10\ （\text{s}）$

⑤ 确定半精镗 $\phi67\text{mm}$ 孔的基本时间：$T_{j5}=\dfrac{33+3.5+4}{0.1\times12.7}=32.5\ （\text{s}）$

4. 工序 IV 切削用量及基本时间的确定

（1）切削用量　本工序为精镗 $\phi68^{+0.009}_{-0.021}\text{mm}$ 孔、镗沟槽及倒角。

① 确定精镗 $\phi68\text{mm}$ 孔的切削用量。所选刀具为 YT30 硬质合金、主偏角 $\kappa_r=45°$、直径为 20mm 的圆形镗刀。其耐用度 $T=60\text{min}$。

i. $a_p=\dfrac{68-67}{2}=0.5\ （\text{mm}）$

ii. $f=0.04\text{mm/r}$

iii. $v_c=\dfrac{291}{60^{0.2}\times0.5^{0.15}\times0.04^{0.2}}\times0.9\times1.4=5.52\ （\text{m/min}）$

$$n = \frac{1000 \times 5.52}{\pi \times 68} = 1598.6 \ (\text{r/min})$$

根据 C616A 车床的转速表（表5-63），选择 $n = 1400\text{r/min} = 23.3\text{r/s}$，则实际切削速度 $v_c = 4.98\text{m/s}$。

② 确定镗沟槽的切削用量。选用高速钢切槽刀，采用手动进给，主轴转速 $n = 40\text{r/min} = 0.67\text{r/s}$，切削速度 $v_c = 0.14\text{m/s}$。

（2）基本时间　精镗 $\phi68\text{mm}$ 孔的基本时间为

$$T_j = \frac{33 + 3.5 + 4}{0.04 \times 23.3} = 44 \ (\text{s})$$

5. 工序 Ⅴ 切削用量及基本时间的确定

（1）切削用量　本工序为滚齿，选用标准的高速钢单头滚刀，模数 $m = 2.25\text{mm}$，直径 $\phi63\text{mm}$，可以采用一次走刀切至全深。工件齿面要求表面粗糙度为 $Ra1.6\mu\text{m}$，根据表 5-166，选择工件每转滚刀轴向进给量 $f_a = 0.8 \sim 1.0\text{mm/r}$。按 Y3150 型滚齿机进给量表（表5-88）选 $f_a = 0.83\text{mm/r}$。

按表2-19 的计算公式确定齿轮滚刀的切削速度。

$$v_c = \frac{C_v}{T^m f_a^{y_v} m^{x_v}} k_v$$

式中，$C_v = 364$，$T = 240\text{min}$，$f_a = 0.83\text{mm/r}$，$m = 2.25\text{mm}$，$y_v = 0.85$，$x_v = -0.5$，$k_v = 0.8 \times 0.8 = 0.64$，则

$$v_c = \frac{364}{240^{0.5} \times 0.83^{0.85} \times 2.25^{-0.5}} \times 0.64 = 26.4 \ (\text{m/min})$$

$$n = \frac{1000 v_c}{\pi d} = \frac{1000 \times 26.4}{\pi \times 63} = 133 \ (\text{r/min})$$

根据 Y3150 型滚齿机主轴转速（表5-87），选 $n = 135\text{r/min} = 2.25\text{r/s}$。实际切削速度为 $v_c = 0.45\text{m/s}$。

加工时的切削功率按下式计算（表2-20）

$$P_c = \frac{C_{P_c} f^{y_{P_c}} m^{x_{P_c}} d^{u_{P_c}} z^{q_{P_c}} v_c}{10^3} k_{P_c}$$

式中，$C_{P_c} = 124$，$y_{P_c} = 0.9$，$x_{P_c} = 1.7$，$u_{P_c} = -1.0$，$q_{P_c} = 0$，$f = 0.83\text{mm/r}$，$m = 2.25\text{mm}$，$d = 63\text{mm}$，$z = 50$，$v_c = 26.7\text{m/min}$，$k_{P_c} = 1.2$。

$$P_c = \frac{124 \times 0.83^{0.9} \times 2.25^{1.7} \times 63^{-1.0} \times 50^0 \times 26.7}{10^3} \times 1.2 = 0.21 \ (\text{kW})$$

Y3150 型滚齿机的主电动机功率 $P_E = 3\text{kW}$（表5-86）。因 $P_c < P_E$，故所选择的切削用量可在该机床上使用。

（2）基本时间　根据表2-26，用滚刀滚圆柱齿轮的基本时间为

$$T_j = \frac{\left(\dfrac{B}{\cos\beta} + l_1 + l_2\right)z}{qnf_a}$$

式中，$B = 12\text{mm}$，$\beta = 0°$，$z = 50$，$q = 1$，$n = 1.72\text{r/s}$，$f_a = 0.83\text{mm/r}$，
$l_1 = \sqrt{h(d-h)} + (2\sim3) = \sqrt{5.06 \times (63 - 5.06)} + 2 = 19 \ (\text{mm})$，$l_2 = 3\text{mm}$。

$$T_j = \frac{(12 + 9 + 3) \times 50}{1.72 \times 0.83} = 1191 \ (\text{s})$$

6. 工序 Ⅵ 切削用量及基本时间的确定

（1）切削用量　本工序为粗铣槽，所选刀具为高速钢三面刃铣刀。铣刀直径 $d =$

125mm，宽度 $L=13$mm，齿数 $z=20$。根据表 5-143 选择铣刀的基本形状。由于加工钢料的 σ_b 在 $600\sim700$MPa 范围内，故选前角 $\gamma_0=15°$，后角 $\alpha_0=12°$（周齿），$\alpha_0=6°$（端齿）。已知铣削宽度 $a_e=13$mm，铣削深度 $a_p=13$mm。机床选用 X62 型卧式铣床。共铣 4 个槽。

① 确定每齿进给量 f_z。根据表 5-152，X62 型卧式铣床的功率为 7.5kW（表 5-81），工艺系统刚性为中等，细齿盘铣刀加工钢料，查得每齿进给量 $f_z=0.06\sim0.1$mm/z。现取 $f_z=0.07$mm/z。

② 选择铣刀磨钝标准及耐用度。根据表 5-156，用高速钢盘铣刀粗加工钢料，铣刀刀齿后刀面最大磨损量为 0.6mm；铣刀直径 $d=125$mm，耐用度 $T=120$min（表 5-157）。

③ 确定切削速度和工作台每分钟进给量 f_{Mz}。根据表 2-17 中公式计算：

$$v_c=\frac{C_v d^{q_v}}{T^m a_p^{x_v} f_z^{y_v} a_e^{u_v} z^{p_v}}k_v$$

式中，$C_v=48$，$q_v=0.25$，$x_v=0.1$，$y_v=0.2$，$u_v=0.3$，$p_v=0.1$，$m=0.2$，$T=120$min，$a_p=13$mm，$f_z=0.07$mm/z，$a_e=13$mm，$z=20$，$d=125$mm，$k_v=1.0$。

$$v_c=\frac{48\times125^{0.25}}{120^{0.2}\times13^{0.1}\times0.07^{0.2}\times13^{0.3}\times20^{0.1}}=27.86\ (\text{m/min})$$

$$n=\frac{1000\times27.86}{\pi\times125}=70.9\ (\text{r/min})$$

根据 X62 型卧式铣床主轴转速表（表 5-82），选择 $n=60$r/min$=1$r/s，则实际切削速度 $v_c=0.39$m/s，工作台每分钟进给量为

$$f_{Mz}=0.07\times20\times60=84\ (\text{mm/min})$$

根据 X62 型卧式铣床工作台进给量表（表 5-83），选择 $f_{Mz}=75$mm/min，则实际的每齿进给量为 $f_z=\frac{75}{20\times60}=0.063\ (\text{mm/z})$。

④ 校验机床功率。根据表 2-18 的计算公式，铣削时的功率（单位 kW）为

$$P_c=\frac{F_c v_c}{1000}$$

$$F_c=\frac{C_F a_p^{x_F} f_z^{y_F} a_e^{u_F} z}{d^{q_F} n^{w_F}}k_{F_c}\ (\text{N})$$

式中，$C_F=650$，$x_F=0.10$，$y_F=0.72$，$u_F=0.86$，$w_F=0$，$q_F=0.86$，$a_p=13$mm，$f_z=0.063$mm/z，$a_e=13$mm，$z=20$，$d=125$mm，$n=60$r/min，$k_{F_c}=0.63$。

$$F_c=\frac{650\times13^{1.0}\times0.063^{0.72}\times13^{0.86}\times20}{125^{0.86}\times60^0}\times0.63=2076.8\ (\text{N})$$

$$v_c=0.39\text{m/s}$$

$$P_c=\frac{2076.8\times0.39}{1000}=0.81\ (\text{kW})$$

X62 铣床主电动机的功率为 7.5kW，故所选切削用量可以采用。所确定的切削用量为

$$f_z=0.063\text{mm/z}，f_{Mz}=75\text{mm/min}，n=60\text{r/min}，v_c=0.39\text{m/s}$$

（2）基本时间 根据表 2-28，三面刃铣刀铣槽的基本时间为

$$T_j=\frac{l+l_1+l_2}{f_{Mz}}i$$

式中，$l=7.5$mm，$l_1=\sqrt{a_e(d-a_e)}+(1\sim3)$，$a_e=13$mm，$d=125$mm，$l_1=45$mm，$l_2=4$mm，$f_{Mz}=75$mm/min，$i=4$。

$$T_j=\frac{7.5+40+4}{75}\times4=2.75\ (\text{min})\ =165\ (\text{s})$$

7. 工序Ⅶ切削用量及基本时间的确定

（1）切削用量　本工序为半精铣槽，所选刀具为高速钢错齿三面刃铣刀。$d=125\text{mm}$，$L=16\text{mm}$，$z=20$。机床亦选用 X62 型卧式铣床。

① 确定每齿进给量 f_z。本工序要求保证的表面粗糙度为 $Ra3.2\mu\text{m}$（侧槽面），根据表 5-152，每转进给量 $f_r=0.5\sim1.2\text{mm/r}$，现取 $f_r=0.6\text{mm/r}$，则

$$f_z=\frac{0.6}{20}=0.03\text{（mm/z）}$$

② 选择铣刀磨钝标准及耐用度。根据表 5-156，铣刀刀齿后刀面最大磨损量为 0.25mm；耐用度 $T=120\text{min}$（表 5-157）。

③ 确定切削速度和工作台每分钟进给量 f_{Mz}。按表 2-17 中公式计算，得

$$v_c=0.97\text{m/s}, \quad n=2.47\text{r/s}=148\text{r/min}$$

根据 X62 型卧式铣床主轴转速表（表 5-82），选择 $n=150\text{r/min}=2.5\text{r/s}$，实际切削速度 $v_c=0.98\text{m/s}$，工作台每分钟进给量为 $f_{Mz}=90\text{mm/min}$。

根据 X62 型卧式铣床工作台进给量表（表 5-83），选择 $f_{Mz}=95\text{mm/min}$，则实际的每齿进给量为 $f_z=0.032\text{mm/z}$。

（2）基本时间　$T_j=\dfrac{7.5+43+4}{95}\times4=2.3\text{min}=138\text{s}$

8. 工序Ⅷ切削用量及基本时间的确定

（1）切削用量　本工序为钻孔，刀具选用高速钢复合钻头，直径 $d=5\text{mm}$；钻 4 个通孔；使用切削液。

① 确定进给量 f。由于孔径和深度均很小，宜采用手动进给。

② 选择钻头磨钝标准及耐用度。根据表 5-138，钻头后刀面最大磨损量为 0.8mm；耐用度 $T=15\text{min}$。

③ 确定切削速度 v_c。由表 5-140，$\sigma_b=670\text{MPa}$ 的 45 钢加工性属 5 类。根据表 5-135，暂定进给量 $f=0.16\text{mm/r}$。由表 5-139，可查得 $v_c=17\text{m/min}$，$n=1082\text{r/min}$。根据 Z525 立式钻床说明书选择主轴实际转速。

（2）基本时间　钻 4 个 $\phi5\text{mm}$ 深 12mm 的通孔，基本时间约为 20s。

将前面进行的工作所得的结果，填入工艺文件。作为示例的表 4-8 列出了离合齿轮的机械加工工艺过程；表 4-9～表 4-16 给出了离合齿轮加工的机械加工工序卡片。学生也可按图 2-9 规格填画机械加工工艺过程综合卡片，更为简洁。

六、夹具设计

本夹具是工序Ⅵ用三面刃铣刀纵向进给粗铣 4～16mm 槽口的专用夹具，在 X62W 卧式铣床上加工离合齿轮一个端面上的两条互成 90°的十字槽。所设计的夹具装配图及工序简图如图 4-6 所示，夹具体零件图如图 4-7 所示。有关说明如下。

（1）定位方案　工件以另一端面及 $\phi68\text{K7mm}$ 孔为定位基准，采用平面与定位销组合定位方案，在定位盘 10 的短圆柱面及台阶面上定位，其中台阶平面限制 3 个自由度、短圆柱面限制 2 个自由度，共限制了五个自由度。槽口在圆周上无位置要求，该自由度不需限制。

（2）夹紧机构　根据生产率要求，运用手动夹紧可以满足。采用二位螺旋压板联动夹紧机构，通过拧紧右侧夹紧螺母 15 使一对压板同时压紧工件，实现夹紧，有效提高了工作效率。压板夹紧力主要作用是防止工件在铣削力作用下产生的倾覆和振动，手动螺旋夹紧是可靠的，可免去夹紧力计算。

（3）对刀装置　采用直角对刀块及平面塞尺对刀。选用 JB/T 8031.3—1999 直角对刀块

17 通过对刀块座 21 固定在夹具体上，保证对刀块工作面始终处在平行于走刀路线的方向上，这样便不受工件转位的影响。确定对刀块的对刀面与定位元件定位表面之间的尺寸，水平方向尺寸为 13/2（槽宽一半尺寸）＋5（塞尺厚度）＝11.5mm，其公差取工件相应尺寸公差的 1/3。由于槽宽尺寸为自由公差，查标准公差表 IT14 级公差值为 0.43mm，则水平尺寸公差取 $0.43 \times 1/3 = 0.14$mm，对称标注为 (11.5 ± 0.07)mm，同理确定垂直方向的尺寸为 (44 ± 0.1)mm（塞尺厚度亦为 5mm）。

（4）夹具与机床连接元件　采用两个标准定位键 A18h8 JB/T 8016—1999，固定在夹具体底面的同一直线位置的键槽中，用于确定铣床夹具相对于机床进给方向的正确位置，并保证定位键的宽度与机床工作台 T 形槽相匹配的要求（表 5-84）。

（5）夹具体　工件的定位元件和夹紧元件由连接座 6 连接起来，连接座定位固定在分度盘 23 上，而分度装置和对刀装置均定位固定在夹具体 1 上，这样该夹具便有机连接起来，实现定位、夹紧、对刀、分度等功能。

（6）使用说明　安装工件时，松开右边铰链螺栓上的螺母 15，将两块压板 16 后撤，把工件装在定位盘 10 上，再将两块压板 16 前移，然后旋紧螺母 15，通过杠杆 8 联动使两块压板 16 同时夹紧工件。为了使压板与走刀路线在四个工位不发生干涉，压板与走刀路线成 45°角布置。

当一条槽加工完毕后，扳手 30 顺时针转动，使分度盘 23 与夹具体 1 之间松开。分度盘下端沿圆周方向分布有四条长度为 1/4 周长的斜槽。然后逆时针转动分度盘，在斜槽面的推压下，使对定销 24 逐渐退入夹具体的衬套孔中，当分度盘转过 90°位置时，对定销依靠弹簧力量弹出，落入第二条斜槽中，再反靠分度盘使对定销与槽壁贴紧，逆时针转动扳手 30 把分度盘紧定在夹具体上，即可加工另一条槽。由于分度盘上四条槽为单向升降，因此分度盘也只能单向旋转分度。

（7）结构特点　该夹具结构简单，操作方便。但分度精度受到四条斜槽制造精度的限制，故适用于加工要求不高的场合。

夹具上装有直角对刀块 17，可使夹具在一批零件的加工之前很好地对刀（与塞尺配合使用）；同时，夹具体底面上的一对定位键可使整个夹具在机床工作台上有一正确的安装位置，以利于铣削加工。

本夹具调整对刀块位置、增添周向定位机构，即可用于下一道工序，成为在 X62W 卧式铣床上精铣槽口的专用夹具，使离合齿轮的十字槽最终成形。

设计小结　（略）

参考文献　（略）

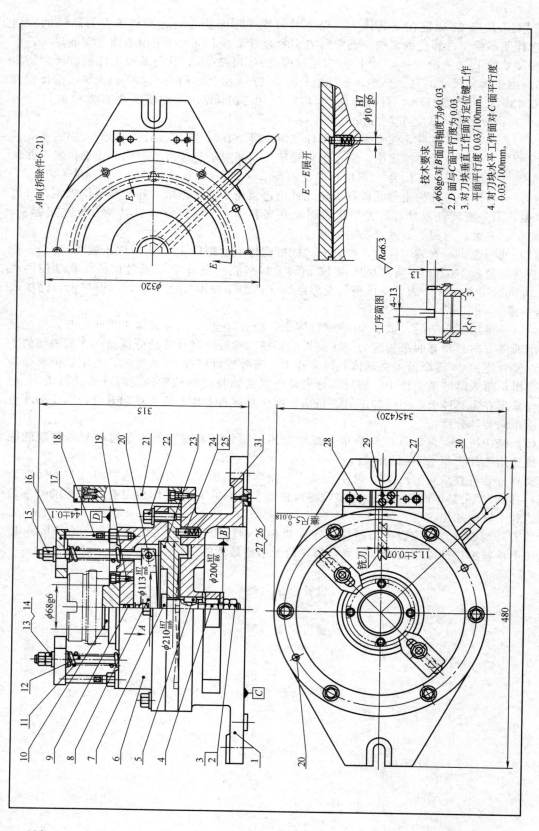

技术要求

1. $\phi68g6$ 对 B 面同轴度为 $\phi0.03$。
2. D 面与 C 面垂直工作面对定位键工作平面平行度为 0.03。
3. 对刀块垂直工作面对 C 面平行度 0.03/100mm。
4. 对刀块水平工作面对 C 面平行度 0.03/100mm。

$\sqrt{Ra6.3}$

工序简图

A 向(拆除件6、21)

$\phi320$

$E—E$ 展开

$\frac{H7}{g6}$
$\phi10$

$\frac{H7}{g6}$
$\phi200$

$\frac{H7}{m6}$
$\phi113$

$\phi68g6$

$\frac{H7}{m6}$
$\phi210$

44 ± 0.1

315

$345(420)$

480

$\phi25^{0}_{-0.018}$

11.5 ± 0.07

(铣刀)

图 4-6

离合齿轮铣槽夹具明细表（一）

序号	名称	件数	材料	备注
17	直角对刀块	1		JB/T 8031.3—1999
16	压板	2	45钢	35～40HRC
15	带肩六角螺母	1	45钢	M12 JB/T 8004.1—1999
14	平垫圈	9		12 GB/T 97.1—2002
13	六角螺母	4		M12 GB/T 6170—1986
12	铰链螺栓	2	45钢	35～40HRC
11	压缩弹簧	2	65Mn	
10	定位盘	1	45钢	45～50HRC
9	球头轴	1	45钢	35～40HRC
8	杠杆	1	45钢	35～40HRC
7	中心轴	1	45钢	调质 28～32HRC
6	连接座	1	HT200	
5	平键	1	45钢	8×18 GB/T 1096—1979
4	六角螺母	1	45钢	M20 GB/T 6170—1986
3	大垫圈	2	45钢	20 GB/T 96—1985
2	螺母	2	45钢	M20 GB/T 6172—1986
1	夹具体	1	HT200	
序号	名称	件数	材料	备注

离合齿轮铣槽夹具				
设计		（日期）	比例 1:1	（图 号）
指导			件数	共1张 第1张
审核			重量	××大学 ××班××号

离合齿轮铣槽夹具明细表（二）

序号	名称	件数	材料	备注
31	衬套	1	45钢	40～45 HRC
30	扳手	1	ZG45	
29	圆柱销	2		5×16 GB/T 119.2—2000
28	圆柱销	2		8×35 GB/T 119.2—2000
27	螺钉	4		M6×16 GB/T 65—2000
26	定位键	2		A18h8 JB/T 8016—1999
25	压缩弹簧	1	65Mn	
24	对定销	1	T7钢	50～55HRC
23	分度盘	1	45钢	40～45HRC
22	六角头螺栓	6		M12×35 GB/T 5780—1986
21	对刀块座	1	HT200	
20	圆柱销	4		10×35 GB/T 119.2—2000
19	内六角圆柱头螺钉	6		M8×20 GB/T 70.1—2008
18	支撑螺杆	2	45钢	35～40HRC
序号	名称	件数	材料	备注

图 4-6 离合齿轮铣槽夹具装配图

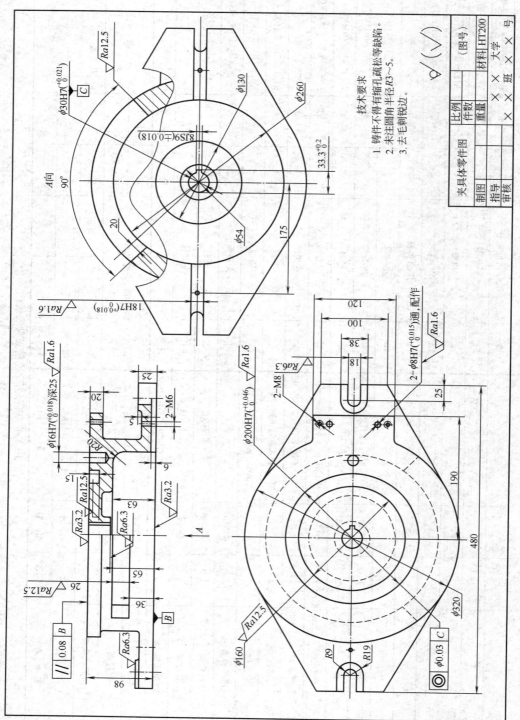

技术要求
1. 铸件不得有缩孔、疏松等缺陷。
2. 未注圆角半径R3~5。
3. 去毛刺锐边。

$\sqrt{}$ ($\sqrt{}$)

夹具体零件图			比例	××	(图号)
			件数	××	大学
			重量		材料 HT200
制图				××	班 ×× 号
指导					
审核					

图 4-7 夹具体零件图

表4-8　机械加工工艺过程卡片

（厂名）	机械加工工艺过程卡片		产品型号	CA6140	零（部件）图号			共1页	第1页
			产品名称	车床	零（部件）名称	1			备注

材料牌号	45钢	毛坯种类	模锻件	毛坯外形尺寸	φ121mm×68mm	每毛坯可制件数	每台件数	1	工时/s	
									准终	单件

工序号	工序名称	工序内容	车间	工段	设备	工艺装备	准终	单件
Ⅰ	粗车	粗车小端面，外圆φ90mm，φ117mm及台阶面，粗镗孔φ68mm			C620-1卧式车床	三爪自定心卡盘		107
Ⅱ	粗车	粗车大端面，外圆φ106.5mm及台阶面，沟槽，粗镗φ94mm孔，倒角			C620-1卧式车床	三爪自定心卡盘		118
Ⅲ	半精车	半精车小端面，外圆φ90mm，φ117mm及台阶面，半精镗孔φ68mm，倒角			C620-1卧式车床	三爪自定心卡盘		73
Ⅳ	精镗	精镗孔φ68mm，镗沟槽φ71mm，倒角0.5×45°			C616A卧式车床	三爪自定心卡盘		44
Ⅴ	滚齿	滚齿达图样要求			Y3150滚齿机	心轴		1191
Ⅵ	粗铣	粗铣4个槽口			X62卧式铣床	专用夹具		165
Ⅶ	半精铣	半精铣4个槽口			X62卧式铣床	专用夹具		138
Ⅷ	钻孔	钻4×φ5mm孔			Z518立式钻床	专用夹具		
Ⅸ	去毛刺	去除全部毛刺			钳工台			
Ⅹ	终检	按零件图样要求全面检查						

				设计（日期）	审核（日期）	标准化（日期）	会签（日期）
标记	处数	更改文件号	签字	日期	标记	处数	更改文件号	签字	日期

描图　描校　底图号　装订号

表 4-9　机械加工工序 I 卡片

(厂名)	机械加工工序卡片	产品型号	CA6140	零部件图号		共 10 页	第 1 页
		产品名称	车床	零部件名称		材料牌号	45 钢

$\sqrt{Ra6.3}$; $\phi118.5_{-0.54}^{0}$; $\phi91.5$; $\phi65_{0}^{+0.19}$; $20_{0}^{+0.21}$; $66.4_{-0.34}^{0}$

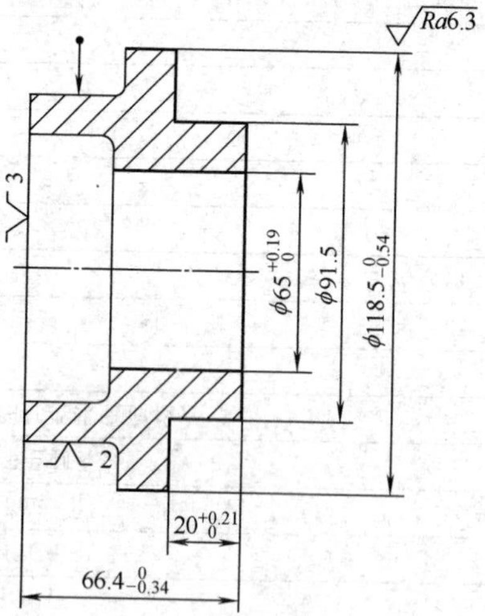

车间		工序号	I	工序名	粗车
毛坯种类	模锻件	毛坯外形尺寸	$\phi121mm \times 68mm$	每毛坯可制件数	1	每台件数	1
设备名称	卧式车床	设备型号	C620-1	设备编号		同时加工件数	1
夹具编号		夹具名称	三爪自定心卡盘			切削液	
工位器具编号		工位器具名称				工序工时/s　准终　单件　107	

工步号	工步内容	工艺装备	主轴转速 /(r/s)	切削速度 /(m/min)	进给量 /(mm/r)	背吃刀量 /mm	进给次数	工步工时/s 机动	辅助
1	车小端面，保持尺寸 $66.4_{-0.34}^{0}$ mm		2.0	0.59	0.52	1.3	1	22	
2	车外圆 $\phi91.5$ mm	YT5 90°偏刀、 YT5 镗刀、游标卡 尺、内径百分尺	2.0	0.59	0.65	1.25	1	17	
3	车台阶面，保持尺寸 $20_{0}^{+0.21}$ mm		2.0	0.76	0.52	1.3	1	18	
4	车外圆 $\phi118.5_{-0.54}^{0}$ mm		2.0	0.76	0.65	1.25	1	15	
5	镗孔 $\phi65_{0}^{+0.19}$ mm		6.17	1.26	0.2	1.5	1	35	

		设计 (日期)	审核 (日期)	标准化 (日期)	会签 (日期)
描图					
描校		标记	处数	更改文件号	签字	日期	标记	处数	更改文件号	签字	日期
底图号					
装订号					

表 4-10 机械加工工序Ⅱ卡片

(厂名)	机械加工工序卡片	产品型号	CA6140	零部件图号		离合齿轮	共 10 页 第 2 页
		产品名称		零部件名称			材料牌号 45 钢

车间	工序号	工序名	
	Ⅱ	粗车	

毛坯种类	毛坯外形尺寸	每毛坯可制件数	每台件数
模锻件	$\phi121\text{mm}\times68\text{mm}$	1	1

设备名称	设备型号	设备编号	同时加工件数
卧式车床	C620-1		1

夹具编号	夹具名称	切削液
	三爪自定心卡盘	

工位器具编号	工位器具名称	工序工时/s
		准终 — 单件 118

$\sqrt{Ra6.3}$

$1\times45°$ R1 $\phi106.5_{-0.4}^{\ 0}$ $\phi94$ $31_{\ 0}^{+0.52}$ $32_{\ 0}^{+0.25}$ 6×1.5 2.5 $64.7_{-0.34}^{\ 0}$

工步号	工步内容	工艺装备	主轴转速 /(r/s)	切削速度 /(m/min)	进给量 /(mm/r)	背吃刀量 /mm	进给次数	工步工时/s 机动	辅助
1	车大端面,保持尺寸 $64.7_{-0.34}^{\ 0}$ mm		2.0	0.69	0.52	1.7	1	16	
2	车外圆 $\phi106.5_{-0.4}^{\ 0}$ mm	YT5 90°偏刀、45° 外圆车刀、YT5 镗刀、高速钢切槽刀、游标卡尺	2.0	0.69	0.65	1.75	1	25	
3	车台阶面,保持尺寸 $32_{\ 0}^{+0.25}$ mm		2.0	0.74	0.52	1.7	1	8	
4	镗孔 $\phi94$mm 及台阶面,保持尺寸 $31_{\ 0}^{+0.52}$ mm		3.83	1.13	0.2	2.5 及 1.7	1	69	
5	车沟槽,保持尺寸 2.5mm 及 6×1.5mm		0.5	0.17	手动		1		
6	倒角 $1\times45°$		2.0	0.69	手动		1		

	设计 (日期)	审核 (日期)	标准化 (日期)	会签 (日期)
描图				
描校				
底图号				
装订号				
标记	处数	更改文件号	签字	日期	标记	处数	更改文件号	签字	日期

表4-11 机械加工工序Ⅲ卡片

机械加工工序卡片	产品型号	CA6140	零(部)件图号		共10页	第3页
	产品名称	车床	零(部)件名称	离合齿轮	材料牌号	45钢

车间	工序号	工序名	每台件数
	Ⅲ	半粗车	1

毛坯种类	毛坯外形尺寸	每毛坯可制件数	同时加工件数
模锻件	φ121mm×68mm	1	1

设备名称	设备型号	设备编号	切削液
卧式车床	C620-1		

夹具编号	夹具名称	工序工时/s	
	三爪自定心卡盘	准终	74 单件

工位器具编号	工位器具名称

工步号	工步内容	工艺装备	主轴转速 /(r/s)	切削速度 /(m/min)	进给量 /(mm/r)	背吃刀量 /mm	进给次数	工步工时/s	
								机动	辅助
1	车端面,保持尺寸 66.4 $_{-0.1}^{0}$ mm	YT15 90°偏刀,倒角刀,YT15镗刀,游标卡尺,内径百分表,外径百分尺,深度百分尺	6.33	1.79	0.3	0.7	1	11	
2	车外圆 φ90mm		6.33	1.79	0.3	0.7	1	12	
3	车台阶面,保持尺寸 20 $_{0}^{+0.08}$ mm		6.33	2.33	0.3	0.75	1	10	
4	车外圆 φ117 $_{-0.22}^{0}$ mm		6.33	2.33	0.3	0.7	1	9	
5	镗孔 φ67 $_{0}^{+0.074}$ mm		12.7	2.67	0.1	0.75	1	32	
6	倒角 1×45°		6.33		手动		1		

		设计 (日期)	审核 (日期)	标准化(日期)	会签(日期)
描图					
描校					
底图号					
装订号					
	标记	处数	更改文件号	签字	日期
	标记	处数	更改文件号	签字	日期

$\sqrt{Ra3.2}$
$\sqrt{Ra1.6}$

φ117 $_{-0.22}^{0}$
φ90
φ67 $_{0}^{+0.074}$
20 $_{0}^{+0.08}$
64 $_{-0.1}^{0}$
C1 C1 R1

表 4-12　机械加工工序 IV 卡片

（厂名）	机械加工工序卡片	产品型号	CA6140	零（部件）图号		离合齿轮		共 10 页	第 4 页
		产品名称	车床	零（部件）名称		工序名	精镗	材料牌号	45 钢

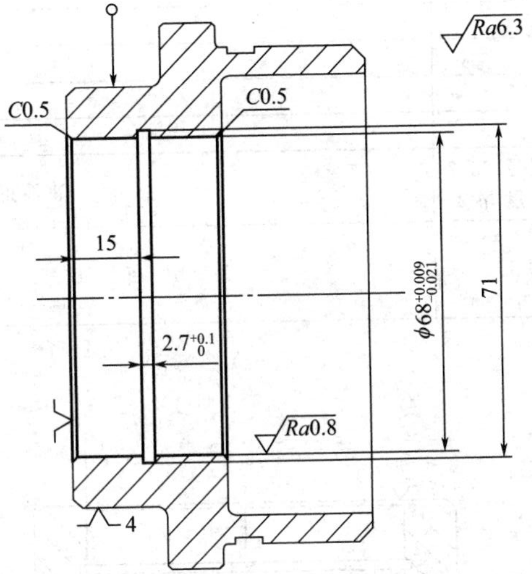

			车间	工序号	IV	毛坯种类	模锻件	毛坯外形尺寸	φ121mm×68mm	每毛坯可制件数	1	每台件数	1

		设备名称	卧式车床	设备型号	C616A	设备编号		同时加工件数	1

		夹具编号		夹具名称	三爪自定心卡盘		切削液	

		工位器具编号		工位器具名称		工序工时/s	准终	单件	44

工步号	工步内容	工艺装备	主轴转速 /(r/s)	切削速度 /(m/min)	进给量 /(mm/r)	背吃刀量 /mm	进给次数	工步工时/s 机动	辅助
1	精镗孔 φ68$^{+0.009}_{-0.021}$ mm	YT30 精镗刀、高	23.3	4.98	0.04	0.5	1		
2	镗沟槽 φ71mm，保持宽 2.7$^{+0.1}_{0}$ mm	速钢切槽刀、倒角	0.67	0.14	手动		1		
3	倒角 0.5×45°	刀、圆柱塞规	0.67	0.14	手动				
			设计 （日期）	审核（日期）	标准化（日期）	会签（日期）			

标记	处数	更改文件号	签字	日期	标记	处数	更改文件号	签字	日期
描图									
描校									
底图号									
装订号									

表 4-13　机械加工工序 V 卡片

机械加工工序卡片	产品型号	CA6140	零(部件)图号			离合齿轮		共 10 页	第 5 页
	产品名称	车床	零(部件)名称					材料牌号	45 钢

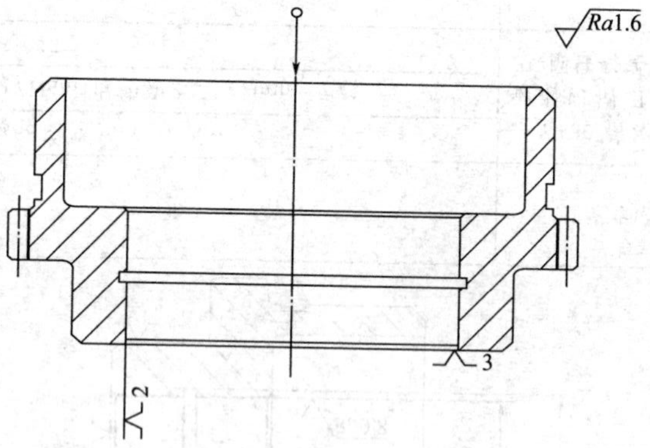

√Ra1.6

（厂名）					车间	工序号	工序名		每台件数	1
						V	滚齿		同时加工件数	1
					毛坯种类	毛坯外形尺寸	每毛坯可制件数		切削液	
					模锻件	φ121mm×68mm				
					设备名称	设备型号	设备编号		工序工时/s	
					滚齿机	Y3150			准终	单件 1191
					夹具编号		夹具名称 心轴			
						工位器具编号	工位器具名称		工步工时/s	
									机动 1191	辅助

工步号	工步内容	工艺装备	主轴转速 /(r/s)	切削速度 /(m/min)	进给量 /(mm/r)	背吃刀量 /mm	进给次数
1	滚齿达到图纸要求	齿轮滚刀 m = 2.25、公法线百分尺	2.25	0.45	0.83	34	1

				设计 (日期)	审核（日期）	标准化（日期）	会签（日期）
描图							
描校							
底图号							
装订号							
标记	处数	更改文件号	签字	日期	标记	处数	更改文件号	签字	日期

表 4-14 机械加工工序 Ⅵ 卡片

(厂名)	机械加工工序卡片	产品型号	CA6140	零(部件)图号		共 10 页	第 6 页
		产品名称	车床	零(部件)名称	离合齿轮	材料牌号	45 钢

√Ra6.3

4~13

1

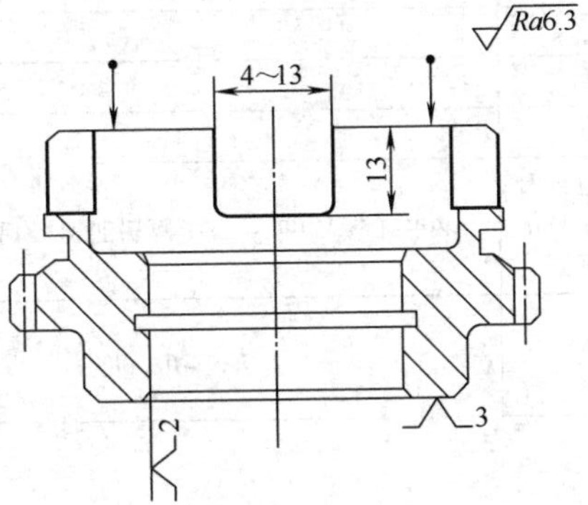

车间	工序号	工序名	材料牌号	每台件数
	Ⅵ	粗铣		1

毛坯种类	毛坯外形尺寸	每毛坯可制件数	同时加工件数
模锻件	φ121mm×68mm	1	1

设备名称	设备型号	设备编号	切削液
卧式铣床	X62		

夹具编号	夹具名称	工序工时/s	
	专用夹具	准终	单件
			165

工位器具编号	工位器具名称	工步工时/s	
		机动	辅助

工步号	工步内容	工艺装备	主轴转速 /(r/s)	切削速度 /(m/min)	进给量 /(mm/r)	背吃刀量 /mm	进给次数	工步工时/s	
								机动	辅助
1	在四个工位上铣槽,保证槽宽 13mm,深 13mm	高速钢错齿三面刃铣刀 φ125mm,游标卡尺	1.0	0.39	0.063	1.3	4	165	

			设计 (日期)	审核 (日期)	标准化 (日期)	会签 (日期)
描图						
描校						
底图号						
装订号						
标记	处数	更改文件号	签字	日期	标记	处数	更改文件号	签字	日期

表 4-15　机械加工工序 Ⅶ 卡片

(厂名)	机械加工工序卡片	产品型号	CA6140	零部件)图号		共 10 页　第 7 页
		产品名称	车床	零部件)名称	离合齿轮	材料牌号　45 钢

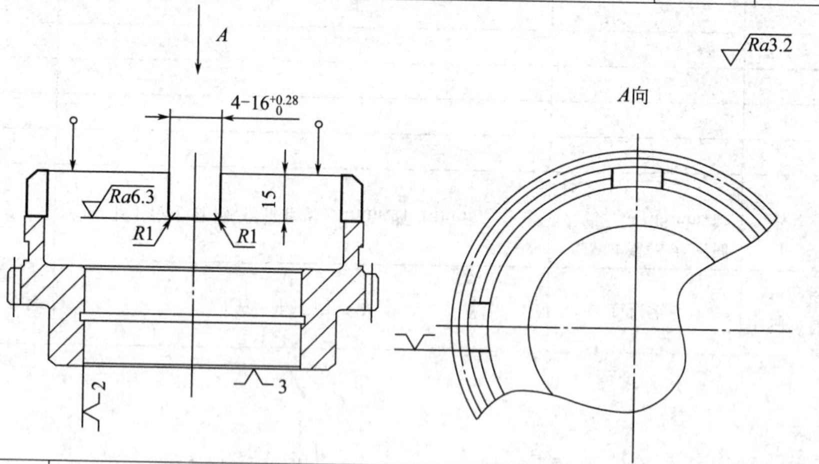

车间	工序号 Ⅶ	工序名 半精铣	每台件数 1
毛坯种类 模锻件	毛坯外形尺寸 φ121mm×68mm	每毛坯可制件数	同时加工件数 1
设备名称 卧式铣床	设备型号 X62	设备编号	切削液
夹具编号	夹具名称 专用夹具		
工位器具编号	工位器具名称		工序工时/s　准终　单件 138

$\sqrt{Ra3.2}$　A向

4-16$_{0}^{+0.28}$　R1　R1　$\sqrt{Ra6.3}$

工步号	工步内容	工艺装备	主轴转速/(r/s)	切削速度/(m/s)	进给量/(mm/r)	背吃刀量/mm	进给次数	工步工时/s 机动	辅助
1	在四个工位上铣槽，保证槽宽 16$_{0}^{+0.28}$ mm，深 15mm	高速钢错齿三面刃铣刀 φ125mm，游标卡尺	2.5	0.98	0.032	3	4	138	
			设计 (日期)	审核 (日期)	标准化 (日期)	会签 (日期)			

描图							
描校							
底图号							
装订号	标记	处数	更改文件号	签字	日期	标记　处数　更改文件号　签字　日期	

表 4-16　机械加工工序Ⅷ卡片

机械加工工序卡片		产品型号	CA6140	零(部件)图号			共 10 页　第 8 页
（厂名）		产品名称		零(部件)名称	离合齿轮		

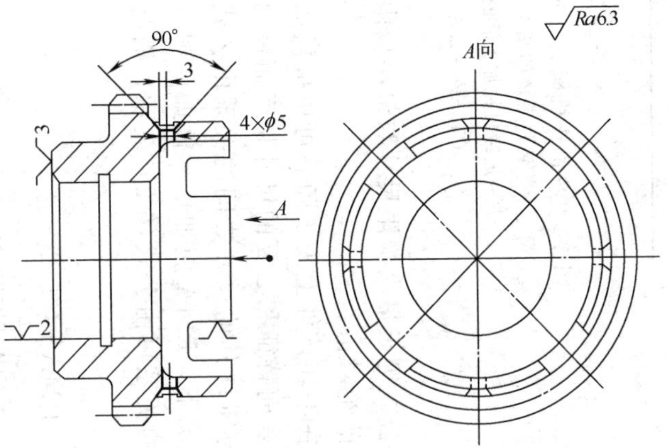

车间	工序号	工序名	材料牌号
	Ⅷ	钻孔	45 钢

毛坯种类	毛坯外形尺寸	每毛坯可制件数	每台件数
模锻件	φ121mm×68mm	1	1

设备名称	设备型号	设备编号	同时加工件数
立式钻床	Z518		1

夹具编号	夹具名称	切削液
	专用夹具	

工位器具编号	工位器具名称	工序工时/s	
		准终	单件

$\sqrt{Ra6.3}$　A 向　4×φ5　90°

工步号	工 步 内 容	工艺装备	主轴转速 /(r/s)	切削速度 /(m/s)	进给量 /(mm/r)	背吃刀量 /mm	进给次数	工步工时/s	
								机动	辅助
1	在四个工位上钻孔 φ5mm	复合钻头 φ5mm 及 90°角	18	0.28	手动	2.5	4		

			设计 （日期）	审核（日期）	标准化（日期）	会签（日期）

标记	处数	更改文件号	签字	日期	标记	处数	更改文件号	签字	日期

描图	
描校	
底图号	
装订号	

第五章　常用设计资料

第一节　毛坯尺寸公差与机械加工余量

一、铸件尺寸公差与机械加工余量

本内容（摘自 GB/T 6414—1999）。

1. 基本概念

（1）铸件基本尺寸　机械加工前的毛坯铸件的尺寸，包括必要的机械加工余量（图5-1）。

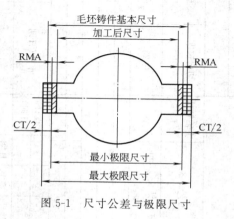

图 5-1　尺寸公差与极限尺寸

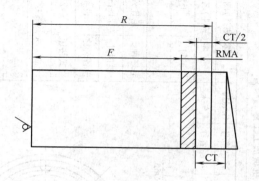

图 5-2　单侧作机械加工 RMA 示意图
R—铸件毛坯的基本尺寸；
F—最终机械加工后的尺寸；
CT—铸件公差

（2）尺寸公差　允许尺寸的变动量。公差等于最大极限尺寸与最小极限尺寸之代数差的绝对值；也等于上偏差与下偏差之代数差的绝对值。

（3）要求的机械加工余量（RMA）　在毛坯铸件上为了随后可用机械加工方法去除铸造对金属表面的影响，并使之达到所要求的表面特征和必要的尺寸精度而留出的金属余量。单侧作机械加工时，如图 5-2 所示，RMA 与铸件其他尺寸之间的关系由公式（5-1）表示。对圆柱形的铸件部分或在双侧机械加工的情况下，RMA 应加倍。例如，图 5-3 所示外圆面作机械加工时，RMA 与铸件其他尺寸之间的关系可由公式（5-2）表示；而与图 5-4 所示内腔作机械加工相对应的表达式为式（5-3）

$$R = F + \text{RMA} + CT/2 \tag{5-1}$$

$$R = F + 2\text{RMA} + CT/2 \tag{5-2}$$

$$R = F - 2\text{RMA} - CT/2 \tag{5-3}$$

2. 公差等级

铸件公差有 16 级，代号为 CT1～CT16，常用的为 CT4～CT13，表 5-1 和表 5-2 列出了各种铸造方法通常能够达到的公差等级。

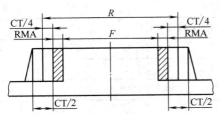
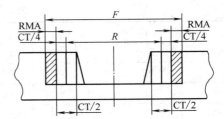

图 5-3　外圆面作机械加工 RMA 示意图　　　　图 5-4　内腔作机械加工 RMA 示意图

R—铸件毛坯的基本尺寸；F—最终机械加工　　　　R—铸件毛坯的基本尺寸；F—最终机械加工

后的尺寸；CT—铸件公差　　　　　　　　　　后的尺寸；CT—铸件公差

表 5-1　大批量生产的毛坯铸件的公差等级

方　法		公差等级 CT					
		铸　件　材　料					
		钢	灰铸铁	球墨铸铁	可锻铸铁	铜合金	锌合金
砂型铸造 手工造型		11～14	11～14	11～14	11～14	10～13	10～13
砂型铸造 机器造型和壳型		8～12	8～12	8～12	8～12	8～10	8～10
金属型铸造			8～10	8～10	8～10	8～10	7～9
压力铸造						6～8	4～6
熔模 铸造	水玻璃	7～9	7～9	7～9		5～8	
	硅溶胶	4～6	4～6	4～6		4～6	

注：表中所列的公差等级是指在大批量生产下、且影响铸件尺寸精度的生产因素已得到充分改进时铸件通常能够达到的公差等级。

表 5-2　小批量生产或单件生产的毛坯铸件的公差等级

方法	造型材料	公差等级 CT					
		铸　件　材　料					
		钢	灰铸铁	球墨铸铁	可锻铸铁	铜合金	轻金属合金
砂型铸造 手工造型	黏土砂	13～15	13～15	13～15	13～15	13～15	11～13
	化学 黏结剂砂	12～14	11～13	11～13	11～13	10～12	10～12

注：表中的数值一般适用于大于 25mm 的基本尺寸。对于较小的尺寸，通常能经济实用地保证下列较细的公差。

1. 基本尺寸≤10mm：精三级。

2. 10mm<基本尺寸≤16mm：精二级。

3. 16mm<基本尺寸≤25mm：精一级。

对于大批量重复生产方式，有可能通过精心调整和控制型芯的位置达到比表 5-1 所示更精的公差等级。

在用砂型铸造方法作小批量和单个铸件生产时，通过采用金属模样和研制开发装备及铸造工艺来达到小公差的做法通常是不切实际且不经济的。表 5-2 给出了适用于这种生产方式的较宽的公差。

铸件的尺寸公差可由表 5-3 查出。

3. 公差带的位置

表 5-3　铸件尺寸公差　　　　　　　　　　　　　　　　　　　　　　　mm

毛坯铸件基本尺寸		铸件尺寸公差等级 CT									
大于	至	4	5	6	7	8	9	10	11	12	13
	10	0.26	0.36	0.52	0.74	1	1.5	2	2.8	4.2	
10	16	0.28	0.38	0.54	0.78	1.1	1.6	2.2	3.0	4.4	
16	25	0.30	0.42	0.58	0.82	1.2	1.7	2.4	3.2	4.6	6
25	40	0.32	0.46	0.64	0.9	1.3	1.8	2.6	3.6	5	7
40	63	0.36	0.50	0.70	1	1.4	2	2.8	4	5.6	8
63	100	0.40	0.56	0.78	1.1	1.6	2.2	3.2	4.4	6	9
100	160	0.44	0.62	0.88	1.2	1.8	2.5	3.6	5	7	10
160	250	0.50	0.72	1	1.4	2	2.8	4	5.6	8	11
250	400	0.56	0.78	1.1	1.6	2.2	3.2	4.4	6.2	9	12
400	630	0.64	0.9	1.2	1.8	2.6	3.6	5	7	10	14

注：1. 在等级 CT4～CT13 中对壁厚采用粗一级公差。

2. 对于不超过 16mm 的尺寸，不采用 CT13～CT16 的公差，对于这些尺寸应标注个别公差。

除非另有规定，公差带应相对于基本尺寸对称分布，即一半在基本尺寸之上，一半在基本尺寸之下（图 5-1）。

4. 要求的机械加工余量

（1）除非另有规定，要求的机械加工余量适用于整个毛坯铸件，即对所有需机械加工的表面只规定一个值，且该值应根据最终机械加工后成品铸件的最大轮廓尺寸，在相应的尺寸范围内选取。

铸件某一部位在铸态下的最大尺寸应不超过成品尺寸与要求的加工余量及铸造总公差之和（图 5-1、图 5-3 和图 5-4）。

（2）要求的机械加工余量等级　要求的机械加工余量等级有 10 级，称为 A、B、C、D、E、F、G、H、J 和 K 级，其中 A、B 级仅用于特殊场合。表 5-4 列出了 C～K 级的机械加工余量数值。推荐用于各种铸造合金和铸造方法的 RMA 等级列在表 5-5 中，仅作为参考。

表 5-4　要求的铸件机械加工余量（RMA）　　　　　　　　　　　mm

最大尺寸[①]		要求的机械加工余量等级							
大于	至	C	D	E	F	G	H	J	K
	40	0.2	0.3	0.4	0.5	0.5	0.7	1	1.4
40	63	0.3	0.3	0.4	0.5	0.7	1	1.4	2
63	100	0.4	0.5	0.7	1	1.4	2	2.8	4
100	160	0.5	0.8	1.1	1.5	2.2	3	4	6
160	250	0.7	1	1.4	2	2.8	4	5.5	8
250	400	0.9	1.3	1.4	2.5	3.5	5	7	10
400	630	1.1	1.5	2.2	3	4	6	9	12

① 最终机械加工后铸件的最大轮廓尺寸。

5. 在图样上的标注

（1）铸造公差的标注　主要有统一标注及个别标注两种。

① 用公差代号统一标注。例如："一般公差 GB/T 6414—CT12"。

表 5-5　毛坯铸件典型的机械加工余量等级

方　法	要求的机械加工余量等级					
	铸　件　材　料					
	钢	灰铸铁	球墨铸铁	可锻铸铁	铜合金	锌合金
砂型铸造 手工造型	G～K	F～H	F～H	F～H	F～H	F～H
砂型铸造 机器造型和壳型	F～H	E～G	E～G	E～G	E～G	E～G
金属型铸造		D～F	D～F	D～F	D～F	D～F
压力铸造					B～D	B～D
熔模铸造	E	E	E		E	

② 如果需要在基本尺寸后面标注个别公差。例如："95±3"或"200_{-3}^{+5}"。

（2）机械加工余量的标注　应在图样上标出需机械加工的表面和要求的机械加工余量值，并在括号内标出要求的机械加工余量等级。要求的机械加工余量应按下列方式标注在图样上。

① 用公差和要求的机械加工余量代号统一标注。例如：对于轮廓最大尺寸在 400～630mm 范围内的铸件，要求的机械加工余量等级为 H，要求的机械加工余量值为 6mm（同时铸件的一般公差为 GB/T 6414—CT12）为 "GB/T 6414—CT12—RMA6（H）"，也可以在图样上直接标注经计算后得出的尺寸值。

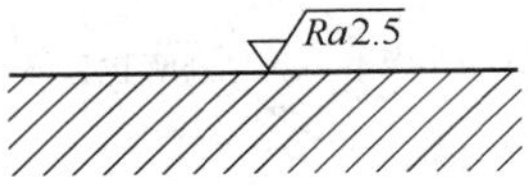

图 5-5　要求机械加工余量在特定表面上的标注

② 如果需要个别要求的机械加工余量，则应标注在图样的特定表面上（图 5-5）。

二、钢质模锻件公差及机械加工余量

本内容摘自 GB/T 12362—2003。

1. 范围

本标准适用于模锻锤、热模锻压力机、螺旋压力机和平锻机等锻压设备生产的结构钢锻件。其他钢种的锻件亦可参照使用。

本标准适用于质量小于或等于 250kg、长度（最大尺寸）小于或等于 2500mm 的锻件。

2. 公差及机械加工余量等级

① 本标准中公差分为两级：普通级和精密级。

普通级公差适用于一般模锻工艺能够达到技术要求的锻件。

精密级公差适用于有较高技术要求，但需要采取附加制造工艺才能达到的锻件。精密级公差可用于某一锻件的全部尺寸，也可用于局部尺寸。

平锻件只采用普通级。

② 机械加工余量只采用一级。

3. 技术内容

（1）主要因素　确定锻件公差和机械加工余量的主要因素如下。

① 锻件质量 m_f　锻件质量的估算按下列程序进行：

零件图基本尺寸→估计机械加工余量→绘制锻件图→估算锻件质量，按此质量查表确定公差和机械加工余量。

局部成形的平锻件，当一端镦锻时只计入镦锻部分质量（图 5-6）。两端均镦锻时，分别计算镦锻部分质量。当不成形部分长度小于该部分直径两倍时应视为完整锻件（图 5-7）。

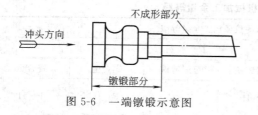

图 5-6　一端镦锻示意图

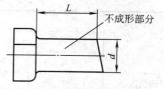

图 5-7　两端镦锻示意图

② 锻件形状复杂系数 S。锻件形状复杂系数是锻件质量 m_f 与相应的锻件外廓包容体质量 m_N 之比

$$S = m_f / m_N$$

锻件外廓包容体质量 m_N 为以包容锻件最大轮廓的圆柱体或长方体作为实体的计算质量，图 5-8 和图 5-9 分别为圆形锻件和非圆形锻件的外廓包容体示意图。

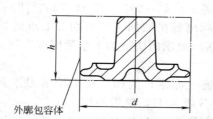
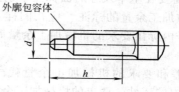

图 5-8　圆形锻件外廓包容体示意图

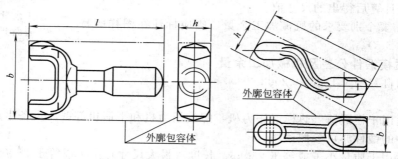

图 5-9　非圆形锻件外廓包容体示意图

圆形锻件计算质量公式为

$$m_N = \frac{\pi}{4} d^2 h \rho \qquad\qquad (5\text{-}4)$$

式中　ρ——钢材密度，7.85g/cm³。

非圆形锻件计算质量公式为

$$m_N = l b h \rho \qquad\qquad (5\text{-}5)$$

根据 S 值的大小，锻件形状复杂系数分为 4 级。

S_1 级（简单）　$0.63 < S \leqslant 1$；

S_2 级（一般）　$0.32 < S \leqslant 0.63$；

S_3 级（较复杂）　$0.16 < S \leqslant 0.32$；

S_4 级（复杂）　$0 < S \leqslant 0.16$。

特殊情况：

i. 当锻件形状为薄形圆盘或法兰件（图 5-10），且圆盘厚度和直径之比 $t/d \leqslant 0.2$ 时，采用 S_4 级；

ii. 当平锻件 $t_1/d_1 \leqslant 0.2$ 或 $t_2/d_2 \geqslant 4$ 时（图 5-11），采用 S_4 级；

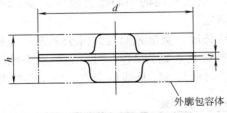

图 5-10　圆盘或法兰件示意图

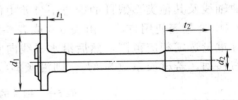

图 5-11　平锻件示意图

iii. 平锻件冲孔深度大于直径 1.5 倍时，形状复杂系数提高一级。

③ 锻件材质系数 M。锻件材质系数分为 M_1 和 M_2 两级。

M_1 级：最高含碳量小于 0.65％的碳素钢或合金元素总含量小于 3％的合金钢。

M_2 级：最高含碳量大于或等于 0.65％的碳素钢或合金元素总含量大于或等于 3％的合金钢。

④ 锻件分模线形状。锻件分模线形状分为以下两类：

i. 平直分模线或对称弯曲分模线 [图 5-12(a)、图 5-12(b)]；

ii. 不对称弯曲分模线 [图 5-12(c)]。

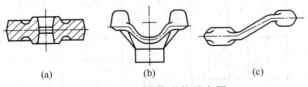

(a)　　　　　　　(b)　　　　　　　(c)

图 5-12　分模线形状示意图

⑤ 零件表面粗糙度。零件表面粗糙度是确定锻件加工余量的重要参数。按 Ra 数值大小分为两类：

i. $Ra > 1.6 \mu m$；

ii. $Ra \leqslant 1.6 \mu m$。

(2) 锻件公差　主要有以下几种。

① 长度、宽度和高度尺寸公差。

i. 长度、宽度和高度尺寸公差是指在分模线一侧同一块模具上沿长度、宽度、高度方向上的尺寸公差（图 5-13）。图中，l 为长度方向尺寸；b 为宽度方向尺寸；h 为高度方向尺寸；f 为落差尺寸；t 为跨越分模线的厚度尺寸。

此类公差根据锻件基本尺寸、质量、形状复杂系数以及材质系数查表 5-6 确定。

ii. 孔径尺寸公差。孔径尺寸公差按孔径尺寸由表 5-6 确定公差值，其上下偏差按 +1/4、−3/4 比例分配。

iii. 落差尺寸公差。落差尺寸公差是高度尺

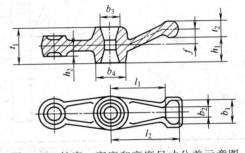

图 5-13　长度、宽度和高度尺寸公差示意图

寸公差的一种形式（如图 5-13 中的 f），其数值比相应高度尺寸公差放宽一档，上下偏差值按 ±1/2 比例分配。

② 厚度尺寸公差。厚度尺寸公差指跨越分模线的厚度尺寸的公差（如图 5-13 中的 t）。锻件所有厚度尺寸取同一公差，其数值按锻件最大厚度尺寸由表 5-7 确定。

③ 中心距公差。对于平面直线分模，且位于同一块模具内的中心距公差由表 5-8 确定；弯曲轴线及其他类型锻件的中心距公差由供需双方商定。

④ 公差表使用方法。由表 5-6 或表 5-7 确定锻件长度、宽度或高度尺寸公差时，应根据锻件重量选定相应范围，然后沿水平线向右移动。若材质系数为 M_1，则沿同一水平线继续向右移动，若材质系数为 M_2，则沿倾斜线向右下移动到与 M_2 垂线的交点。对于形状复杂

表 5-6　锻件的长度、宽度、高度公差　　　　　　　　　　　　mm

| 锻件质量/kg | | 材质系数 | | 形状复杂系数 | | | | 锻件基本尺寸 | | | | |
大于	至	M_1	M_2	S_1	S_2	S_3	S_4	大于 0 至 30	大于 30 至 80	大于 80 至 120	大于 120 至 180	大于 180 至 315
								公差值及极限偏差				
0	0.4							$1.1^{+0.8}_{-0.3}$	$1.2^{+0.8}_{-0.4}$	$1.4^{+1.0}_{-0.4}$	$1.6^{+1.1}_{-0.5}$	$1.8^{+1.2}_{-0.6}$
0.4	1.0							$1.2^{+0.8}_{-0.4}$	$1.4^{+1.0}_{-0.4}$	$1.6^{+1.1}_{-0.5}$	$1.8^{+1.2}_{-0.6}$	$2.0^{+1.4}_{-0.6}$
1.0	1.8							$1.4^{+1.0}_{-0.4}$	$1.6^{+1.1}_{-0.5}$	$1.8^{+1.2}_{-0.6}$	$2.0^{+1.4}_{-0.6}$	$2.2^{+1.5}_{-0.7}$
1.8	3.2							$1.6^{+1.1}_{-0.5}$	$1.8^{+1.2}_{-0.6}$	$2.0^{+1.4}_{-0.6}$	$2.2^{+1.5}_{-0.7}$	$2.5^{+1.7}_{-0.8}$
3.2	5.6							$1.8^{+1.2}_{-0.6}$	$2.0^{+1.4}_{-0.6}$	$2.2^{+1.5}_{-0.7}$	$2.5^{+1.7}_{-0.8}$	$2.8^{+1.9}_{-0.9}$
5.6	10							$2.0^{+1.4}_{-0.6}$	$2.2^{+1.5}_{-0.7}$	$2.5^{+1.7}_{-0.8}$	$2.8^{+1.9}_{-0.9}$	$3.2^{+2.1}_{-1.1}$
10	20							$2.2^{+1.5}_{-0.7}$	$2.5^{+1.7}_{-0.8}$	$2.8^{+1.9}_{-0.9}$	$3.2^{+2.1}_{-1.1}$	$3.6^{+2.4}_{-1.2}$
								$2.5^{+1.7}_{-0.8}$	$2.8^{+1.9}_{-0.9}$	$3.2^{+2.1}_{-1.1}$	$3.6^{+2.4}_{-1.2}$	$4.0^{+2.7}_{-1.3}$
								$2.8^{+1.9}_{-0.9}$	$3.2^{+2.1}_{-1.1}$	$3.6^{+2.4}_{-1.2}$	$4.0^{+2.7}_{-1.3}$	$4.5^{+3.0}_{-1.5}$
								$3.2^{+2.1}_{-1.1}$	$3.6^{+2.4}_{-1.2}$	$4.0^{+2.7}_{-1.3}$	$4.5^{+3.0}_{-1.5}$	$5.0^{+3.3}_{-1.7}$
								$3.6^{+2.4}_{-1.2}$	$4.0^{+2.7}_{-1.3}$	$4.5^{+3.0}_{-1.5}$	$5.0^{+3.3}_{-1.7}$	$5.6^{+3.8}_{-1.8}$
								$4.0^{+2.7}_{-1.3}$	$4.5^{+3.0}_{-1.5}$	$5.0^{+3.3}_{-1.7}$	$5.6^{+3.8}_{-1.8}$	$6.3^{+4.2}_{-2.1}$

注：锻件的高度或台阶尺寸及中心到边缘尺寸公差，按 ±1/2 的比例分配。内表面尺寸极限偏差，正负符号与表中相反。

表 5-7　锻件的厚度公差　　　　　　　　　　　　mm

锻件质量 /kg 大于	至	材质系数 M₁	M₂	形状复杂系数 S₁ S₂ S₃ S₄	锻件厚度尺寸 大于 0 至 18	大于 18 至 30	大于 30 至 50	大于 50 至 80	大于 80 至 120
					公差值及极限偏差				
0	0.4				$1.0^{+0.8}_{-0.2}$	$1.1^{+0.8}_{-0.3}$	$1.2^{+0.9}_{-0.3}$	$1.4^{+1.0}_{-0.4}$	$1.6^{+1.2}_{-0.4}$
0.4	1.0				$1.1^{+0.8}_{-0.3}$	$1.2^{+0.9}_{-0.3}$	$1.4^{+1.0}_{-0.4}$	$1.6^{+1.2}_{-0.4}$	$1.8^{+1.4}_{-0.4}$
1.0	1.8				$1.2^{+0.9}_{-0.3}$	$1.4^{+1.0}_{-0.4}$	$1.6^{+1.2}_{-0.4}$	$1.8^{+1.4}_{-0.4}$	$2.0^{+1.5}_{-0.5}$
1.8	3.2				$1.4^{+1.0}_{-0.4}$	$1.6^{+1.2}_{-0.4}$	$1.8^{+1.4}_{-0.4}$	$2.0^{+1.5}_{-0.5}$	$2.2^{+1.7}_{-0.5}$
3.2	5.6				$1.6^{+1.2}_{-0.4}$	$1.8^{+1.4}_{-0.4}$	$2.0^{+1.5}_{-0.5}$	$2.2^{+1.7}_{-0.5}$	$2.5^{+2.0}_{-0.5}$
5.6	10				$1.8^{+1.4}_{-0.4}$	$2.0^{+1.5}_{-0.5}$	$2.2^{+1.7}_{-0.5}$	$2.5^{+2.0}_{-0.5}$	$2.8^{+2.1}_{-0.7}$
10	20				$2.0^{+1.5}_{-0.5}$	$2.2^{+1.7}_{-0.5}$	$2.5^{+2.0}_{-0.5}$	$2.8^{+2.1}_{-0.7}$	$3.2^{+2.4}_{-0.8}$
					$2.2^{+1.7}_{-0.5}$	$2.5^{+2.0}_{-0.5}$	$2.8^{+2.1}_{-0.7}$	$3.2^{+2.4}_{-0.8}$	$3.6^{+2.7}_{-0.9}$
					$2.5^{+2.0}_{-0.5}$	$2.8^{+2.1}_{-0.7}$	$3.2^{+2.4}_{-0.8}$	$3.6^{+2.7}_{-0.9}$	$4.0^{+3.0}_{-1.0}$
					$2.8^{+2.1}_{-0.7}$	$3.2^{+2.4}_{-0.8}$	$3.6^{+2.7}_{-0.9}$	$4.0^{+3.0}_{-1.0}$	$4.5^{+3.4}_{-1.1}$
					$3.2^{+2.4}_{-0.8}$	$3.6^{+2.7}_{-0.9}$	$4.0^{+3.0}_{-1.0}$	$4.5^{+3.4}_{-1.1}$	$5.0^{+3.8}_{-1.2}$
					$3.6^{+2.7}_{-0.9}$	$4.0^{+3.0}_{-1.0}$	$4.5^{+3.4}_{-1.1}$	$5.0^{+3.8}_{-1.2}$	$5.6^{+4.2}_{-1.4}$

注：上、下偏差也可按 +2/3、-1/3 的比例分配。

表 5-8　锻件的中心距公差　　　　　　　　　　　　mm

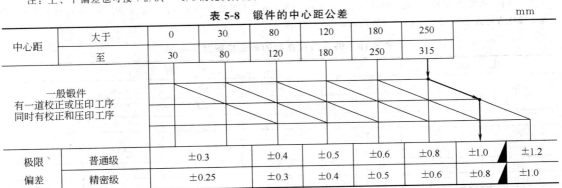

中心距	大于	0	30	80	120	180	250	
	至	30	80	120	180	250	315	
一般锻件 有一道校正或压印工序 同时有校正和压印工序								
极限偏差	普通级	±0.3	±0.4	±0.5	±0.6	±0.8	±1.0	±1.2
	精密级	±0.25	±0.3	±0.4	±0.5	±0.6	±0.8	±1.0

注：例如，中心距尺寸为 300mm，一道压印工序，其中心距的极限偏差是，普通级为 ±1.0mm，精密级为 ±0.8mm。

系数 S，用同样方法，沿水平或倾斜线移动到 S_1 或 S_2、S_3、S_4 格的位置，并继续向右移动，直到所需尺寸的垂直栏中，即可查得所需的公差值。

例如：某锻件重 6kg，长度尺寸为 160mm，材质系数 M_1，形状复杂系数 S_2，平直分模线，由表 5-6 查得极限偏差为 +1.2mm，−1.1mm，查表顺序按表 5-6 箭头所示。

其余公差表使用方法类推。

（3）机械加工余量　锻机机械加工余量根据估算锻件质量、零件表面粗糙度及形状复杂系数由表 5-9、表 5-10 确定。对于扁薄截面或锻件相邻部位截面变化较大的部分应适当增大局部余量。

表 5-9　锻件内外表面加工余量

锻件质量 /kg		零件表面粗糙度 Ra /μm	形状复杂系数	单边余量/mm				
					水平方向			
		>1.6，≤1.6，	$S_1 S_2 S_3 S_4$	厚度方向	大于 0	315	400	630
大于	至				至 315	400	630	800
0	0.4			1.0~1.5	1.0~1.5	1.5~2.0	2.0~2.5	
0.4	1.0			1.5~2.0	1.5~2.0	1.5~2.0	2.0~2.5	2.0~3.0
1.0	1.8			1.5~2.0	1.5~2.0	1.5~2.0	2.0~2.7	2.0~3.0
1.8	3.2			1.7~2.2	1.7~2.2	2.0~2.5	2.0~2.7	2.0~3.0
3.2	5.6			1.7~2.2	1.7~2.2	2.0~2.5	2.0~2.7	2.5~3.5
5.6	10			2.0~2.2	2.0~2.2	2.0~2.5	2.3~3.0	2.5~3.5
10	20			2.0~2.5	2.0~2.5	2.0~2.7	2.3~3.0	2.5~3.5
				2.3~3.0	2.3~3.0	2.3~3.0	2.5~3.5	2.7~4.0
				2.5~3.2	2.5~3.5	2.5~3.5	2.5~3.5	2.7~4.0

注：例如，当锻件质量为 3kg，零件表面粗糙度 $Ra = 3.2$μm，形状复杂系数为 S_3，长度为 480mm 时查出该锻件余量是，厚度方向为 1.7~2.2mm，水平方向为 2.0~2.7mm。

表 5-10　锻件内孔直径的单面机械加工余量　　　　　　　　　　　　mm

孔　径		孔　深				
大于	至	大于 0	63	100	140	200
		至 63	100	140	200	280
	25	2.0				
25	40	2.0	2.6			
40	63	2.0	2.6	3.0		
63	100	2.5	3.0	3.0	4.0	
100	160	2.6	3.0	3.4	4.0	4.6
160	250	3.0	3.0	3.4	4.0	4.6

三、锻件模锻斜度及圆角半径

本内容摘自 GB/T 12361—2003。

1. 模锻斜度

（1）外模锻斜度　锻件在冷缩时趋向离开模壁的部分，用 α 表示（图 5-14）。

（2）内模锻斜度　锻件在冷缩时趋向贴紧模壁的部分，用 β 表示（图 5-14）。

（3）模锻斜度的确定　模锻锤、热模锻压力机、螺旋压力机的外模锻斜度 α，按锻件各部分的高度 H 与宽度 B 以及长度 L 与宽度 B 的比值 H/B、L/B 确定，数值见表 5-11。内模锻斜度 β 按外模锻斜度值加大 2°或 3°（15°除外）。

当模锻设备具有顶料机构时，外模锻斜度可缩小 2°或 3°，但不宜小于 3°。

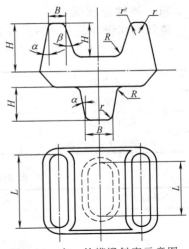

图 5-14　内、外模锻斜度示意图

表 5-11　模锻锤、热模锻压力机、螺旋压力机锻件外模锻斜度 α 数值

L/B	H/B				
	$\leqslant 1$	$>1\sim 3$	$>3\sim 4.5$	$>4.5\sim 6.5$	>6.5
$\leqslant 1.5$	5°00′	7°00′	10°00′	12°00′	15°00′
>1.5	5°00′	5°00′	7°00′	10°00′	12°00′

2. 圆角半径

外圆角半径 r 按表 5-12 确定，内圆角半径 R 按表 5-13 确定。

表 5-12　外圆角半径 r 数值　　　　mm

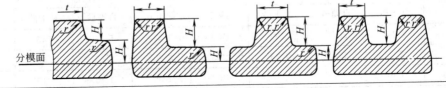

t/H	台　阶　高　度						
	$\leqslant 10$	$>10\sim 16$	$>16\sim 25$	$>25\sim 40$	$>40\sim 63$	$>63\sim 100$	$>100\sim 160$
$>0.5\sim 1$	2.5	2.5	3	4	5	8	12
>1	2	2	2.5	3	4	6	10

表 5-13　内圆角半径 R 数值　　　　mm

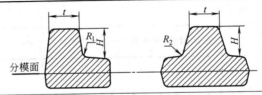

t/H	台　阶　高　度						
	$\leqslant 10$	$>10\sim 16$	$>16\sim 25$	$>25\sim 40$	$>40\sim 63$	$>63\sim 100$	$>100\sim 160$
$>0.5\sim 1$	4	5	6	8	10	16	25
>1	3	4	5	6	8	12	20

四、铸件形状设计

铸件形状设计及其注意点见表 5-14～表 5-17。

表 5-14　铸件最小孔径尺寸 　　　　　　　　　　　　　　　　　　　　　　　　mm

铸造方法	成批生产	单件生产
砂型铸造	15～30	30～50
金属型铸造	10～20	—
压力铸造及熔模铸造	5～10	—

表 5-15　常用铸件的最小壁厚（不小于）　　　　　　　　　　　　　　　　　　mm

铸造方法	铸件尺寸	铸钢	灰铸铁
砂型	≤200×200	6～8	5～6
	>200×200～500×500	10～12	6～10
	>500×500	15～20	15～20
金属型	≤70×70	5	4
	>70×70～150×150	—	5
	>150×150	10	6

注：1. 一般铸造条件下，各种灰铸铁的最小允许壁厚：HT100 和 HT150 为 4～6mm，HT200 为 6～8mm，HT250 为 8～15mm，HT300 和 HT350 为 15mm，HT400 为 ≥20mm；

2. 当改善铸造条件时，灰铸铁最小壁厚可达 3mm。

表 5-16　铸件起模斜度（不大于）

测量面高度 /mm	外表面				凹处内表面			
	金属模样、塑料模样		木模样		金属模样、塑料模样		木模样	
	黏土砂	自硬砂	黏土砂	自硬砂	黏土砂	自硬砂	黏土砂	自硬砂
≤10	2°20′	3°30′	2°55′	4°00′	4°35′	5°15′	5°45′	6°00′
>10～40	1°10′	1°50′	1°25′	2°05′	2°20′	2°45′	2°50′	3°00′
>40～100	0°30′	0°50′	0°40′	0°55′	1°05′	1°15′	1°15′	1°25′

表 5-17　铸件形状设计的其他注意点

圆角半径	壁厚不大于 25mm 且直角连接时，内圆角半径取壁厚的 0.2～0.4 倍，计算后圆整为 4mm、6mm、8mm、10mm，外圆角半径可取为 2mm
浇注位置及分型面选择	重要加工面或主要加工面应处于底面或侧面；大平面尽可能朝下或采用倾斜浇注；薄壁部分放在下部或侧面
最小凸台高度	当尺寸不大于 180mm 时，铸钢件为 5mm，灰铸铁件为 4mm

第二节　各种加工方法的经济精度及表面粗糙度

一、典型表面加工的经济精度和表面粗糙度

典型表面加工的经济精度和表面粗糙度见表 5-18～表 5-25。

表 5-18　外圆表面加工的经济精度与表面粗糙度

序号	加 工 方 法	经济精度	表面粗糙度 $Ra/\mu m$	适 用 范 围
1	粗车	IT11～IT13	25～6.3	适用于淬火钢以外的各种金属
2	粗车→半精车	IT8～IT10	6.3～3.2	
3	粗车→半精车→精车	IT6～IT9	1.6～0.8	
4	粗车→半精车→精车→滚压(或抛光)	IT6～IT8	0.2～0.025	
5	粗车→半精车→磨削	IT6～IT8	0.8～0.4	适用于淬火钢、未淬火钢
6	粗车→半精车→粗磨→精磨	IT5～IT7	0.4～0.1	
7	粗车→半精车→粗磨→精磨→超精加工	IT5～IT6	0.1～0.012	
8	粗车→半精车→精车→精磨→研磨	IT5 级以上	<0.1	
9	粗车→半精车→粗磨→精磨→超精磨(或镜面磨)	IT5 级以上	<0.05	
10	粗车→半精车→精车→金刚石车	IT5～IT6	0.2～0.025	适用于有色金属

表 5-19　内圆表面加工的经济精度与表面粗糙度

序号	加 工 方 法	经济精度	表面粗糙度 $Ra/\mu m$	适 用 范 围
1	钻	IT12～IT13	12.5	加工未淬火钢及铸铁的实心毛坯,也可用于加工有色金属(但表面粗糙度稍粗大),孔径<15～20mm
2	钻→铰	IT8～IT10	3.2～1.6	
3	钻→粗铰→精铰	IT7～IT8	1.6～0.8	
4	钻→扩	IT10～IT11	12.5～6.3	同上,但孔径>15～20mm
5	钻→扩→粗铰→精铰	IT7～IT8	1.6～0.8	
6	钻→扩→铰	IT8～IT9	3.2～1.6	
7	钻→扩→机铰→手铰	IT6～IT7	0.4～0.1	
8	钻→(扩)→拉	IT7～IT9	1.6～0.1	大批量生产,精度视拉刀精度而定
9	粗镗(或扩孔)	IT11～IT13	12.5～6.3	毛坯有铸孔或锻孔的未淬火钢及铸件
10	粗镗(粗扩)→半精镗(精扩)	IT9～IT10	3.2～1.6	
11	扩(镗)→铰	IT9～IT10	3.2～1.6	
12	粗镗(扩)→半精镗(精扩)→精镗(铰)	IT7～IT8	1.6～0.8	
13	镗→拉	IT7～IT9	1.6～0.1	
14	粗镗(扩)→半精镗(精扩)→精镗→浮动镗刀块精镗	IT6～IT7	0.8～0.4	
15	粗镗→半精镗→磨孔	IT7～IT8	0.8～0.2	淬火钢或非淬火钢
16	粗镗(扩)→半精镗→粗磨→精磨	IT6～IT7	0.2～0.1	
17	粗镗→半精镗→精镗→金刚镗	IT6～IT7	0.4～0.05	有色金属精加工
18	钻→(扩)→粗铰→精铰→珩磨 钻→(扩)→拉→珩磨 粗镗→半精镗→精镗→珩磨	IT6～IT7	0.2～0.025	黑色金属高精度大孔的加工
19	以研磨代替上述方案中的珩磨	IT6 级以上	0.1 以下	
20	钻(粗镗)→扩(半精镗)→精镗→金刚镗→脉冲滚挤	IT6～IT7	0.1	有色金属及铸件上的小孔

表 5-20 平面加工的经济精度与表面粗糙度

序号	加 工 方 法	经济精度	表面粗糙度 Ra/μm	适 用 范 围
1	粗车	IT10~IT11	12.5~6.3	未淬硬钢、铸铁、有色金属端面加工
2	粗车→半精车	IT8~IT9	6.3~3.2	
3	粗车→半精车→精车	IT6~IT7	1.6~0.8	
4	粗车→半精车→磨削	IT7~IT9	0.8~0.2	钢、铸铁端面加工
5	粗刨（粗铣）	IT12~IT14	12.5~6.3	不淬硬的平面
6	粗刨（粗铣）→半精刨（半精铣）	IT11~IT12	6.3~1.6	
7	粗刨（粗铣）→精刨（精铣）	IT7~IT9	6.3~1.6	
8	粗刨（粗铣）→半精刨（半精铣）→精刨（精铣）	IT7~IT8	3.2~1.6	
9	粗铣→拉	IT6~IT9	0.8~0.2	大量生产未淬硬的小平面
10	粗刨（粗铣）→精刨（精铣）→宽刃刀精刨	IT6~IT7	0.8~0.2	未淬硬的钢件、铸铁件及有色金属件
11	粗刨（粗铣）→半精刨（半精铣）→精刨（精铣）→宽刃刀低速精刨	IT5	0.8~0.2	
12	粗刨（粗铣）→精刨（精铣）→刮研			
13	粗刨（粗铣）→半精刨（半精铣）→精刨（精铣）→刮研	IT5~IT6	0.8~0.1	
14	粗刨（粗铣）→精刨（精铣）→磨削	IT6~IT7	0.8~0.2	淬硬或未淬硬的黑色金属工件
15	粗刨（粗铣）→半精刨（半精铣）→精刨（精铣）→磨削	IT5~IT6	0.4~0.2	
16	粗铣→精铣→磨削→研磨	IT5 级以上	<0.1	

表 5-21 花键加工的经济精度
mm

花键的最大直径	轴				孔			
	用磨制的滚铣刀		成形磨		拉削		推削	
	花键宽	底圆直径	花键宽	底圆直径	花键宽	底圆直径	花键宽	底圆直径
18~30	0.025	0.05	0.013	0.027	0.013	0.018	0.008	0.012
>30~50	0.040	0.075	0.015	0.032	0.016	0.026	0.009	0.015
>50~80	0.050	0.10	0.017	0.042	0.016	0.030	0.012	0.019
>80~120	0.075	0.125	0.019	0.045	0.019	0.035	0.012	0.023

表 5-22 齿形加工的经济精度

加 工 方 法		精度等级 GB 10095—88	加 工 方 法		精度等级 GB 10095—88
多头滚刀滚齿（m=1~20mm）		8~10	圆盘形剃齿刀剃齿（m=1~20mm）	A	5
单头滚刀滚齿 (m=1~20mm)	AAA	6	剃齿刀精度等级:B	6
	AA	7		C	7
	滚刀精度等级:A	8	磨齿	成形砂轮仿形法	5~6
	B	9		盘形砂轮展成法	3~6
	C	10		两个盘形砂轮展成法（马格法）	3~6
圆盘形插齿刀插齿 (m=1~20mm)	AA	6		蜗杆砂轮展成法	4~6
	插齿刀精度等级:A	7		用铸铁研磨轮研齿	5~6
	B	8			

表 5-23　齿轮、花键加工的表面粗糙度

加 工 方 法	表面粗糙度 $Ra/\mu m$	加 工 方 法	表面粗糙度 $Ra/\mu m$
粗滚	3.2～1.6	拉	3.2～1.6
精滚	1.6～0.8	剃	0.8～0.2
精插	1.6～0.8	磨	0.8～0.1
精刨	3.2～0.8	研	0.4～0.2

表 5-24　圆锥形孔加工的经济精度

加工方法		公差等级		加工方法		公差等级	
		锥孔	深锥孔			锥孔	深锥孔
扩孔	粗扩	IT11		铰孔	机动	IT7	IT7～IT9
	精扩	IT9			手动	高于 IT7	
镗孔	粗镗	IT9	IT9～IT11	磨孔		高于 IT7	IT7
	精镗	IT7		研磨孔		IT6	IT6～IT7

注：表面粗糙度参照表 5-19 内圆表面加工相应加工方法选取。

表 5-25　米制螺纹加工的经济精度和表面粗糙度

加工方法		螺纹公差带（GB/T 197—1981）	表面粗糙度 $Ra/\mu m$	加工方法		螺纹公差带（GB/T 197—1981）	表面粗糙度 $Ra/\mu m$
车螺纹	外螺纹	4h～6h	6.3～0.8	梳形刀车螺纹	外螺纹	4h～6h	0.6～0.8
	内螺纹	5H～7H			内螺纹	5H～7H	
圆板牙套螺纹		6h～8h		梳形铣刀铣螺纹		6h～8h	
丝锥攻内螺纹		4H～7H		旋风铣螺纹		6h～8h	
带圆梳刀自动张开式板牙		4h～6h	3.2～0.8	搓丝板搓螺纹		6h	1.6～0.8
				滚丝模滚螺纹		4h～6h	1.6～0.2
带径向或切向梳刀自动张开式板牙		6h		砂轮磨螺纹		4h 以上	0.8～0.2
				研磨螺纹		4h	0.8～0.05

注：外螺纹公差带代号中的"h"换为"g"，不影响公差大小。

二、常用加工方法的形状与位置经济精度

常用加工方法的形状与位置经济精度见表 5-26～表 5-29。

表 5-26　直线度、平面度的经济精度

加工方法	超精密加工	精密加工		精加工	半精加工	粗加工
	超精磨、精研、精密刮	精密磨、研磨、精刮	精密车、磨、刮	精车、铣、刨、拉、粗磨	半精车、铣刨插	各种粗加工方法
公差等级	IT1～IT2	IT3～IT4	IT5～IT6	IT7～IT8	IT9～IT10	IT11～IT12

表 5-27　圆度、圆柱度的经济精度

加工方法	超精密加工	精密加工	精加工	半精加工	粗加工
	研磨、精密磨、精密金刚镗	精密车、精密镗、精密磨、金刚镗、研磨、珩磨	精车、精镗、磨珩、拉、精铰	半精车、镗、铰、拉精扩及钻	粗车及镗、钻
公差等级	IT1～IT2	IT3～IT4	IT5～IT6	IT7～IT8	IT9～IT10

表 5-28 平行度、倾斜度、垂直度的经济精度

加工方法	超精密加工	精密加工	精加工	半精加工	粗加工
	超精研、精密磨、精刮、金刚石加工	精密车、研磨、精磨、刮、珩	精车、镗、铣、刨、磨、刮、珩、坐标镗	半精车、镗、铣、刨、粗磨、导套钻、铰	各种粗加工方法
公差等级	IT1~IT2	IT3~IT4	IT5~IT7	IT8~IT10	IT11~IT12

表 5-29 同轴度、圆跳动、全跳动的经济精度

加工方法	超精密加工	精密加工	精加工	半精加工	粗加工
	研磨、精密磨、精密金刚石加工、珩磨	精密车、精密磨、内圆磨(一次安装)、珩磨、研磨	精车、磨、内圆磨及镗(一次安装加工)	半精车、镗、铰、拉、粗磨	粗车、镗、钻
公差等级	IT1~IT2	IT3~IT4	IT5~IT6	IT7~IT9	IT10~IT12

三、常用机床加工的形状与位置经济精度

常用机床加工的形状与位置经济精度见表 5-30~表 5-32。

表 5-30 车床加工的经济精度

机 床 类 型	最大加工直径/mm	圆度/mm	圆柱度/(mm/mm 长度)	平面度(凹入)/(mm/mm 直径)
卧式车床	250	0.01	0.015/100	0.015/≤200
	320			0.02/≤300
	400			0.025/≤400
	500	0.015	0.025/300	0.03/≤500
	630			0.04/≤600
	800			0.05/≤700
精密车床	250,400,320,500	0.005	0.01/150	0.01/200
高精度车床	250,320,400	0.001	0.002/100	0.002/100
立式车床	≤1000	0.01	0.02	0.04
车床上镗孔	两孔轴心线的距离误差或自孔轴心线到平面的距离误差/mm			
按划线	1.0~3.0			
在角铁式夹具上	0.1~0.3			

表 5-31 钻床加工的经济精度   mm

加工方法 \ 加工精度	垂直孔轴心线的垂直度	垂直孔轴心线的位置度	两平行孔轴心线的距离误差或自孔轴心线到平面的距离误差	钻孔与端面的垂直度
按划线钻孔	0.5~1.0/100	0.5~2	0.5~1.0	0.3/100
用钻模钻孔	0.1/100	0.5	0.1~0.2	0.1/100

表 5-32 铣床加工的经济精度

机床类型	加工范围	平面度/mm	平 行 度 加工面对基面/(mm/mm)	平 行 度 两侧加工面之间/mm	垂直度(加工面相互间)/(mm/mm)
升降台铣床	立式	0.02	0.03	—	0.02/100
	卧式	0.02	0.03	—	0.02/100
工作台不升降铣床	立式	0.02	0.03		0.02/100
	卧式	0.02	0.03		0.02/100

续表

<table>
<tr><th rowspan="2">机床类型</th><th rowspan="2" colspan="2">加工范围</th><th rowspan="2">平面度
/mm</th><th colspan="2">平行度</th><th rowspan="2">垂直度
(加工面相互间)
/(mm/mm)</th></tr>
<tr><th>加工面对基面
/(mm/mm)</th><th>两侧加工面之间
/mm</th></tr>
<tr><td rowspan="4">龙门铣床</td><td rowspan="4">加工长度
/m</td><td>≤2</td><td rowspan="4">—</td><td>0.03</td><td>0.02</td><td rowspan="4">0.02/300</td></tr>
<tr><td>>2～5</td><td>0.04</td><td>0.03</td></tr>
<tr><td>>5～10</td><td>0.05</td><td>0.05</td></tr>
<tr><td>>10</td><td>0.08</td><td>0.08</td></tr>
<tr><td colspan="3">摇臂铣床</td><td>0.02</td><td>0.03</td><td></td><td>0.02/100</td></tr>
<tr><td colspan="3">铣床上镗孔</td><td colspan="2">镗垂直孔轴心线的垂直度
/mm</td><td colspan="2">镗垂直孔轴心线的位置度
/mm</td></tr>
<tr><td colspan="3">回转工作台</td><td colspan="2">0.02～0.05/100</td><td colspan="2">0.1～0.2</td></tr>
<tr><td colspan="3">回转分度头</td><td colspan="2">0.05～0.1/100</td><td colspan="2">0.3～0.5</td></tr>
</table>

四、各种加工方法的加工经济精度

各种加工方法的加工经济精度见表5-33。

表5-33 各种加工方法的加工经济精度

加工方法		经济精度	加工方法		经济精度
外圆表面	粗车	IT11～IT13	内孔表面	钻孔	IT12～IT13
	半精车	IT8～IT10		钻头扩孔	IT11
	精车	IT7～IT8		粗扩	IT12～IT13
	细车	IT5～IT6		精扩	IT10～IT11
	粗磨	IT8～IT9		一般铰孔	IT10～IT11
	精磨	IT6～IT7		精铰	IT7～IT9
	细磨	IT5～IT6		细铰	IT6～IT7
	研磨	IT5		粗拉毛孔	IT10～IT11
平面	粗车端面	IT11～IT13		精拉	IT7～IT9
	精车端面	IT7～IT9		粗镗	IT11～IT13
	细车端面	IT6～IT8		精镗	IT7～IT9
	粗铣	IT9～IT13		金刚镗	IT5～IT7
	精铣	IT7～IT11		粗磨	IT9
	细铣	IT6～IT9		精磨	IT7～IT8
	拉	IT6～IT9		细磨	IT6
	粗磨	IT7～IT10		研、珩	IT6
	精磨	IT6～IT9			
	细磨	IT5～IT7			
	研磨	IT5			

五、标准公差值（表5-34）

表5-34　标准公差值

基本尺寸 /mm		公　差　等　级									
		IT5	IT6	IT7	IT8	IT9	IT10	IT11	IT12	IT13	IT14
大于	至	μm							mm		
—	3	4	6	10	14	25	40	60	0.10	0.14	0.25
3	6	5	8	12	18	30	48	75	0.12	0.18	0.30
6	10	6	9	15	22	36	58	90	0.15	0.22	0.36
10	18	8	11	18	27	43	70	110	0.18	0.27	0.43
18	30	9	13	21	33	52	84	130	0.21	0.33	0.52
30	50	11	16	25	39	62	100	160	0.25	0.39	0.62
50	80	13	19	30	46	74	120	190	0.30	0.46	0.74
80	120	15	22	35	54	87	140	220	0.35	0.54	0.87
120	180	18	25	40	63	100	160	250	0.40	0.63	1.00
180	250	20	29	46	72	115	185	290	0.46	0.72	1.15
250	315	23	32	52	81	130	210	320	0.52	0.81	1.30
315	400	25	36	57	89	140	230	360	0.57	0.89	1.40
400	500	27	40	63	97	155	250	400	0.63	0.97	1.55

六、新旧基准符号标注方法

新旧基准符号标注方法见表5-35。

表5-35　新旧基准符号标注方法演变

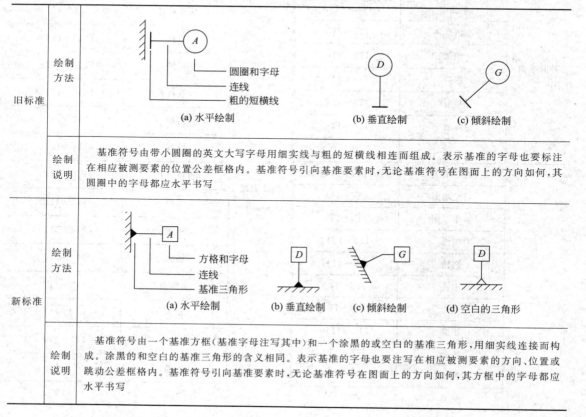

旧标准	绘制方法	(a) 水平绘制　圆圈和字母　连线　粗的短横线　(b) 垂直绘制　(c) 倾斜绘制
	绘制说明	基准符号由带小圆圈的英文大写字母用细实线与粗的短横线相连而组成。表示基准的字母也要标注在相应被测要素的位置公差框格内。基准符号引向基准要素时，无论基准符号在图面上的方向如何，其圆圈中的字母都应水平书写
新标准	绘制方法	(a) 水平绘制　方格和字母　连线　基准三角形　(b) 垂直绘制　(c) 倾斜绘制　(d) 空白的三角形
	绘制说明	基准符号由一个基准方框（基准字母注写其中）和一个涂黑的或空白的基准三角形，用细实线连接而构成。涂黑的和空白的基准三角形的含义相同。表示基准的字母也要注写在相应被测要素的方向、位置或跳动公差框格内。基准符号引向基准要素时，无论基准符号在图面上的方向如何，其方框中的字母都应水平书写

七、新旧表面粗糙度标注方法

新旧表面粗糙度标注方法见表 5-36、表 5-37。

表 5-36 表面粗糙度标注方法演变

表面光洁度 GB 1031—68		表面粗糙度 GB 1031—83、GB/T 1031—1995			表面结构 GB/T 131—2006/ISO1302:2002
图形标注（级别）	$Ra/\mu m$	图形标注	Ra、Rz 数值换算		图形标注
			$Ra/\mu m$	$Rz/\mu m$	
▽ 1	>40~80	50/	50	200	√Ra50
▽ 2	>20~40	25/	25	100	√Ra25
▽ 3	>10~20	12.5/	12.5	50	√Ra12.5
▽ 4	>5~10	6.3/	6.3	25	√Ra6.3
▽ 5	>2.5~5	3.2/	3.2	12.5	√Ra3.2
▽ 6	>1.25~2.5	1.6/	1.6	6.3	√Ra1.6
▽ 7	>0.63~1.25	0.8/	0.8	6.3	√Ra0.8
▽ 8	>0.32~0.63	0.4/	0.4	3.2	√Ra0.4
▽ 9	>0.16~0.32	0.2/	0.2	1.6	√Ra0.2
▽ 10	>0.08~0.16	0.1/	0.1	0.8	√Ra0.1
▽ 11	>0.04~0.08	0.05/	0.05	0.4	√Ra0.05
▽ 12	>0.02~0.04	0.025/	0.025	0.2	√Ra0.025
▽ 13	>0.01~0.02	0.012/	0.012	0.1	√Ra0.012
▽ 14	≤0.01	0.006/	0.006	0.05	√Ra0.006
其余 ▽ 5		其余 3.2/			√Ra3.2 (√)

注：表面光洁度的数值越大，表示零件表面越平整、光滑，这是旧标准使用的表示方法，现在已经不使用。表面粗糙度、表面结构的数值越小，表示零件表面越平整、光滑，这是目前国家标准和国际标准的表示方法。

表 5-37　最新表面粗糙度要求在图样上的标注示例

应用场合	图　例	说　明
表面粗糙度要求的注写方向	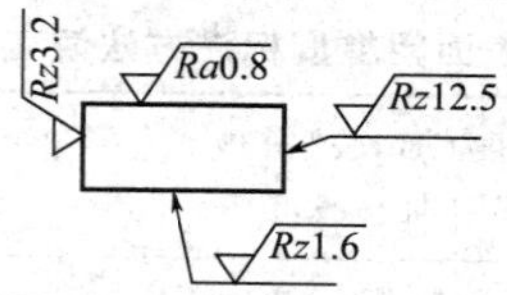	表面粗糙度的注写和读取方向与尺寸的注写和读取方向一致
表面粗糙度要求在轮廓线上或指引线上的标注	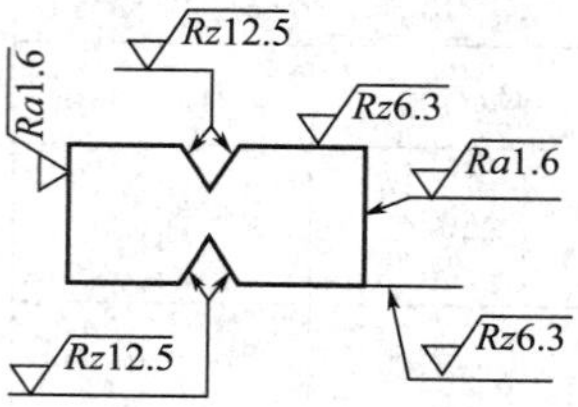 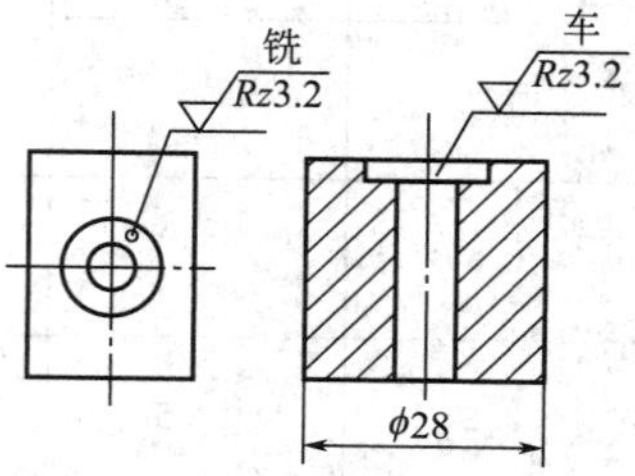	表面粗糙度要求可标注在轮廓线上,其符号应从材料外指向并接触表面。必要时,表面粗糙度符号也可用带箭头或黑点的指引线引出标注
表面粗糙度要求在尺寸线上的标注	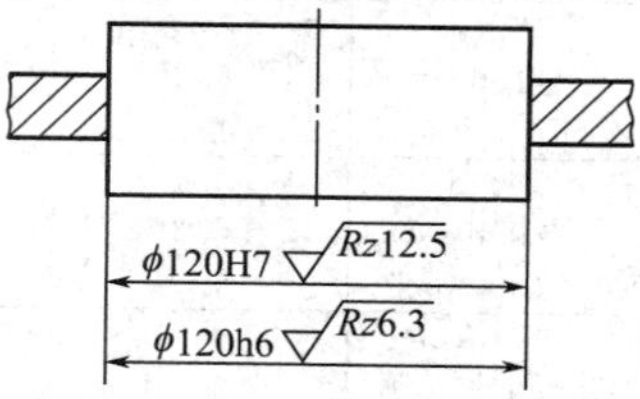	在不致引起误解时,表面粗糙度要求可以标注在给定的尺寸线上
表面粗糙度要求在形位公差框格上的标注	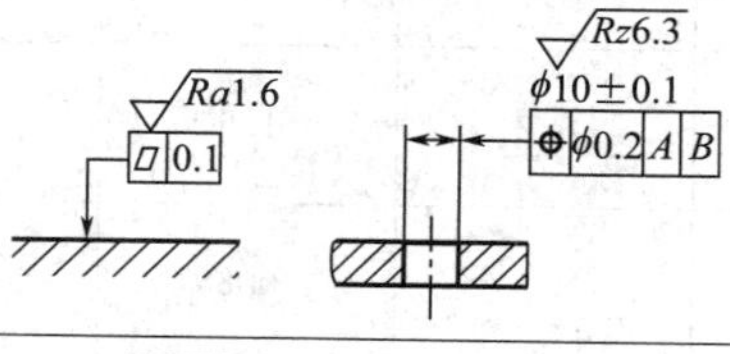	表面粗糙度要求可标注在形位公差框格的上方
表面粗糙度要求在延长线上的标注	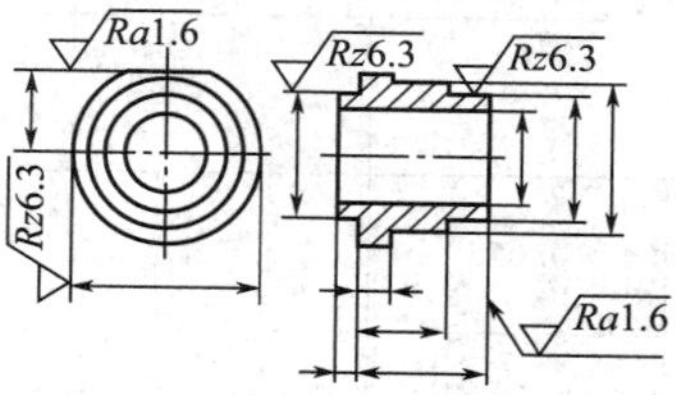 　图 a　表面粗糙度要求标注在圆柱特征的延长线上 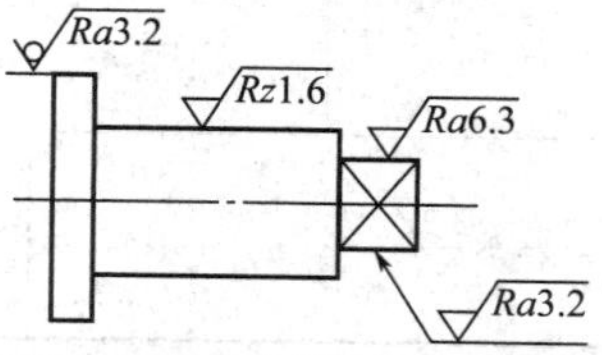 　图 b　圆柱和棱柱的表面粗糙度要求的注法	表面粗糙度要求可以直接标注在延长线上。 圆柱和棱柱表面的表面粗糙度要求只标注一次(图 a)。 如果每个棱柱表面有不同的表面粗糙度要求,则应分别单独标注(图 b)

应用场合	图　例	说　明
大多数表面有相同表面粗糙度要求的简化注法	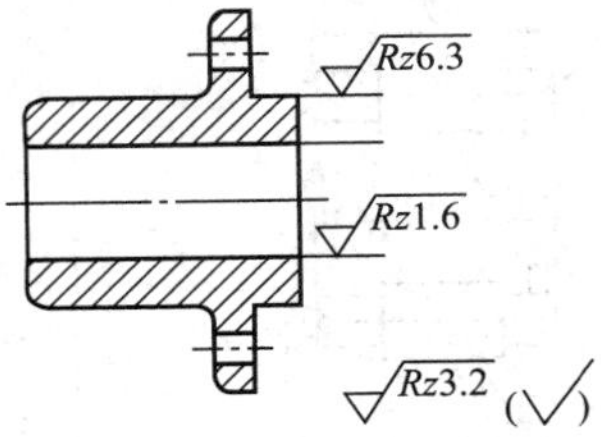	如果工件的多数(包括全部)表面有相同的表面粗糙度要求,则其表面粗糙度要求可统一标注在图样的标题栏附近。此时(除全部表面有相同要求的情况外),表面粗糙度要求的符号后面应有:在圆括号内给出无任何其他标注的基本符号
多个表面由共同表面粗糙度要求的注法	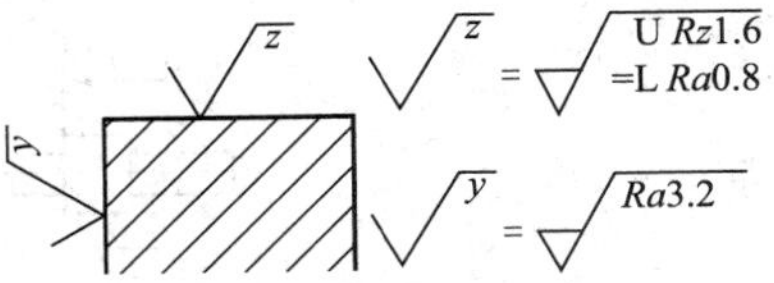 图 a　在图纸空间有限时的简化注法 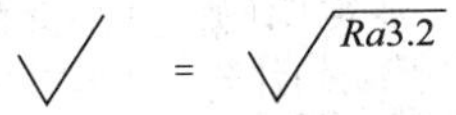 图 b　未指定工艺方法的多个表面粗糙度要求的简化注法 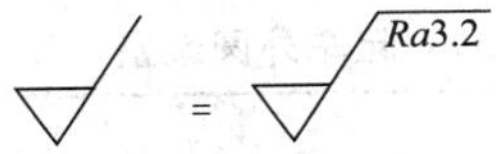 图 c　要求去除材料的多个表面粗糙度要求的简化注法 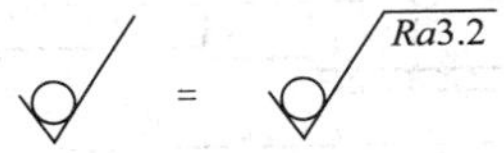 图 d　不允许去除材料的多个表面粗糙度要求的简化注法	当多个表面具有相同的表面粗糙度要求或图纸空间有限时,可以采用简化注法。 1. 可用带字母的完整符号,以等式的形式,在图形或标题栏附近,对有相同表面粗糙度要求的表面进行简化标注(图a)。 2. 可用表面粗糙度基本图形符号和扩展图形符号,以等式的形式给出对多个表面共同的表面粗糙度要求(图 b、图 c、图 d)
两种或多种工艺获得的同一表面的注法	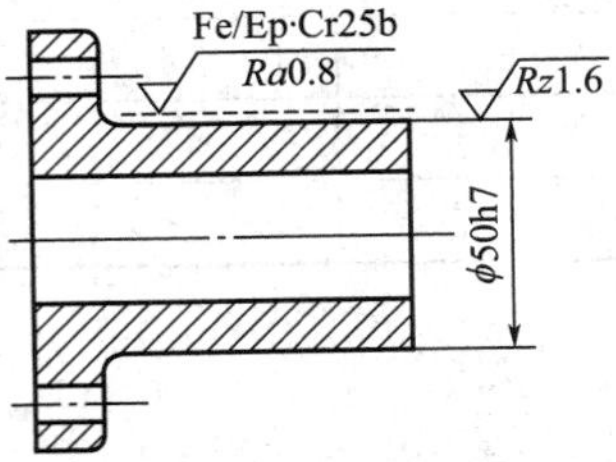 同时给出镀覆前后的表面粗糙度要求的注法	有几种不同的工艺方法获得的同一表面,当需要明确每种工艺方法的表面结构要求时,可按照左图进行标注

第三节　工序间加工余量

一、轴的加工余量

轴的加工余量见表 5-38～表 5-46。

表 5-38　轴的折算长度

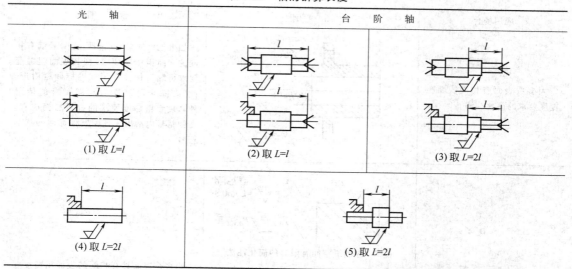

光　　轴	台　阶　轴	

(1) 取 $L=l$　　(2) 取 $L=l$　　(3) 取 $L=2l$

(4) 取 $L=2l$　　(5) 取 $L=2l$

注：适用于确定轴的精车外圆和磨削的加工余量。轴类工件加工中的受力变形与其长度和装夹方式（顶尖或卡盘）有关。轴的折算可分为表中的五种情形。（1）、（2）、（3）轴件装在顶尖间或装在卡盘与顶尖间，相当二支梁，其中（2）为加工轴的中段，（3）为加工轴的边缘（靠近端部的两段），轴的折算长度 L 是轴的端面到加工部分最远一端之间距离的 2 倍。（4）、（5）轴件仅一端夹紧在卡盘内，相当悬臂梁，其折算长度是卡爪端面到加工部分最远一端之间距离的 2 倍。

表 5-39　粗车外圆余量　　　　　　　　　　　　　　mm

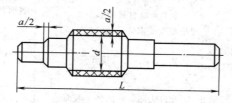

加工直径 d	≤50	>50～100	>100～300	>300～500	>500
零件长度 L	直径余量 a				
<1000	5	6	6	6	
>1000～1600	7	7	7		
>1600～2500	8	8	8	8	

注：1. 端面留量为直径之半，即 $\dfrac{a}{2}$。

2. 适用于粗精加工、自然时效、人工时效。

3. 粗精加工分开及自然时效允许小于表中留量的 20%。

表 5-40　粗车外圆后精车外圆余量　　　　　　　　　　mm

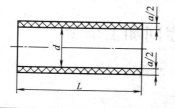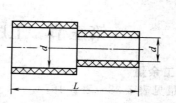

轴的直径 d	零件长度 L						粗车外圆的公差
	$\leqslant 100$	$>100\sim250$	$>250\sim500$	$>500\sim800$	$>800\sim1200$	$>1200\sim2000$	
	直径余量 a						
$\leqslant 10$	0.6	0.8	1.0	—	—	—	—
$>10\sim18$	0.7	0.9	1.0	1.1	—	—	0.18
$>18\sim30$	0.9	1.0	1.1	1.3	1.4	—	0.21
$>30\sim50$	1.0	1.0	1.1	1.3	1.5	1.7	0.25
$>50\sim80$	1.1	1.1	1.2	1.4	1.6	1.8	0.30

注：1. 在单件或小批生产时，本表的数值应乘上系数 1.3，并化成一位小数（四舍五入），这时的粗车外圆公差带为 IT15。

2. 决定加工余量用的长度计算与装夹方式有关，见表 5-38。

3. 当工艺有特殊要求时（如中间热处理），可不按本表规定。

表 5-41 外圆磨削余量   mm

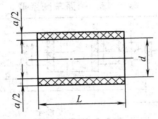

轴的直径 d	磨削性质	轴的性质	轴的长度 L			
			$\leqslant 100$	$>100\sim250$	$>250\sim500$	$>500\sim800$
			直径余量 a			
$\leqslant 10$	中心磨	未淬硬	0.2	0.2	0.3	—
		淬硬	0.3	0.3	0.4	—
	无心磨	未淬硬	0.2	0.2	0.2	—
		淬硬	0.3	0.3	0.4	—
$>10\sim18$	中心磨	未淬硬	0.2	0.3	0.3	0.3
		淬硬	0.3	0.3	0.4	0.5
	无心磨	未淬硬	0.2	0.2	0.2	0.3
		淬硬	0.3	0.3	0.4	0.5
$>18\sim30$	中心磨	未淬硬	0.3	0.3	0.3	0.4
		淬硬	0.3	0.3	0.4	0.5
	无心磨	未淬硬	0.3	0.3	0.3	0.3
		淬硬	0.3	0.4	0.4	0.5
$>30\sim50$	中心磨	未淬硬	0.3	0.3	0.4	0.5
		淬硬	0.4	0.4	0.4	0.6
	无心磨	未淬硬	0.3	0.3	0.3	0.4
		淬硬	0.4	0.4	0.5	0.5

注：1. 在单件或小批生产时，本表的余量应乘上系数 1.2，并化成一位小数，例如 0.4×1.2＝0.48，采用 0.5（四舍五入）。

2. 热处理前需要粗磨时，总加工余量应根据表内数值提高到 120%，然后在热处理前应先磨去 40% 左右。

3. 磨前加工公差相当于 h11。

4. 轴的折算长度见表 5-38。

5. 本表按过渡配合编制，间隙配合的轴颈和过盈配合的轴颈应按此表适当增减 0.1mm 左右。

表 5-42　粗磨后精磨外圆余量

mm

留粗磨的加工余量		≤0.40	>0.4~0.55	>0.55~0.70	>0.70~0.85
直径上的加工余量	一般	0.10	0.10	0.15	0.15
	精磨前油煮定性	0.15	0.15	0.20	0.20
公　差		−0.05	−0.05	−0.05	−0.08

表 5-43　外圆研磨余量

mm

直　径	直径余量	直　径	直径余量
≤10	0.005~0.008	>50~80	0.008~0.012
>10~18	0.006~0.008	>80~120	0.010~0.014
>18~30	0.007~0.010	>120~180	0.012~0.016
>30~50	0.008~0.011	>180~260	0.015~0.020

注：经过精磨的零件，其手工研磨余量为 0.003~0.008mm，机械研磨余量为 0.008~0.015mm。

表 5-44　外圆抛光余量

mm

零件直径	≤100	101~200	201~700	>700
直径余量	0.1	0.3	0.4	0.5

注：抛光前的加工精度为 IT7 级。

表 5-45　端面车削余量

mm

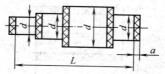

零件直径 d	零件全长 L					
	≤18	>18~25	>50~120	>120~260	>260~500	>500
	余量 a					
≤30	0.4	0.5	0.7	0.8	1.0	1.2
>30~50	0.5	0.6	0.7	0.8	1.0	1.2
>50~120	0.6	0.7	0.8	1.0	1.2	1.2
>120~260	0.7	0.8	1.0	1.0	1.2	1.2
>260~500	0.9	1.0	1.2	1.2	1.2	1.4
>500	1.2	1.2	1.4	1.4	1.4	1.5
长度公差	−0.2	−0.3	−0.4	−0.5	−0.6	−0.8

注：1. 加工有台阶的轴时，每台阶的加工余量应根据该台阶的直径 d 及零件的全长分别选取。

2. 表中的公差系指尺寸 L 的公差。当原公差大于该公差时，尺寸公差为原公差数值。

3. 表中余量是指单面余量。

4. 加工余量及公差适用于经热处理及未经热处理的零件。

表 5-46　磨端面余量

mm

零件直径 d	零件全长 L					
	≤18	>18~50	>50~120	>120~260	>260~500	>500
	余量 a					
≤30	0.2	0.3	0.3	0.4	0.5	0.6
>30~50	0.3	0.3	0.4	0.4	0.5	0.6
>50~120	0.3	0.3	0.4	0.5	0.5	0.6
>120~260	0.4	0.4	0.5	0.5	0.6	0.6
>260~500	0.5	0.5	0.5	0.6	0.6	0.7
>500	0.6	0.6	0.6	0.7	0.7	0.7
长度公差	−0.12	−0.17	−0.23	−0.3	−0.4	−0.5

注：1. 加工有台阶的轴时，每个台阶的加工余量应根据该台阶直径 d 及零件的全长 L 分别选用。

2. 表中的公差系指尺寸 L 的公差，当原公差大于该公差时，尺寸公差为原公差值。

3. 加工套类零件时余量值可适当增加。

二、孔、槽的加工余量

孔、槽的加工余量见表5-47～表5-54。

表 5-47 精车（铣、刨）槽余量 mm

槽宽 B	<10	<18	<30	<50
加工余量 a	1	1.5	2	3
公差	0.20	0.20	0.30	0.30

注：本表适用于槽长<80mm，槽深<60mm 的槽。

表 5-48 凹槽加工余量及偏差 mm

凹 槽 尺 寸			宽 度 余 量		宽 度 偏 差	
长	深	宽	粗铣后半精铣	半精铣后磨	粗铣（IT12～IT13）	半精铣（IT11）
≤80	≤60	>3～6	1.5	0.5	+0.12～+0.18	+0.075
		>6～10	2.0	0.7	+0.15～+0.22	+0.09
		>10～18	3.0	1.0	+0.18～+0.27	+0.11
		>18～30	3.0	1.0	+0.21～+0.33	+0.13
		>30～50	3.0	1.0	+0.25～+0.39	+0.16
		>50～80	4.0	1.0	+0.30～+0.46	+0.19
		>80～120	4.0	1.0	+0.35～+0.54	+0.22

注：1. 半精铣后磨凹槽的加工余量，适用于半精铣后经热处理和未经热处理的零件。

2. 宽度余量指双面余量（即每面余量是表中所列数值的1/2）。

表 5-49 基孔制 7 级、8 级、9 级（H7、H8、H9）孔的加工余量 mm

加工孔的直径	直 径					加工孔的直径	直 径				
	钻		用车刀镗以后	扩孔钻	粗铰		钻		用车刀镗以后	扩孔钻	粗铰
	第一次	第二次				精铰 H7 或 H8、H9	第一次	第二次			精铰 H7 或 H8、H9
3	2.9	—	—	—	—	3	24	22.0	—	23.8	23.8	23.94	24
4	3.9	—	—	—	—	4	25	23.0	—	24.8	24.8	24.94	25
5	4.8	—	—	—	—	5	26	24.0	—	25.8	25.8	25.94	26
6	5.8	—	—	—	—	6	28	26.0	—	27.8	27.8	27.94	28
8	7.8	—	—	—	7.96	8	30	15.0	28	29.8	29.8	29.93	30
10	9.8	—	—	—	9.96	10	32	15.0	30.0	31.7	31.75	31.93	32
12	11.0	—	—	11.85	11.95	12	35	20.0	33.0	34.7	34.75	34.93	35
13	12.0	—	—	12.85	12.95	13	38	20.0	36.0	37.7	37.75	37.93	38
14	13.0	—	—	13.85	13.95	14	40	25.0	38.0	39.7	39.75	39.93	40
15	14.0	—	—	14.85	14.95	15	42	25.0	40.0	41.7	41.75	41.93	42
16	15.0	—	—	15.85	15.95	16	45	25.0	43.0	44.7	44.75	44.93	45
18	17.0	—	—	17.85	17.94	18	48	25.0	46.0	47.7	47.75	47.93	48
20	18.0	—	19.8	19.8	19.94	20	50	25.0	48.0	49.7	49.75	49.93	50
22	20.0	—	21.8	21.8	21.94	22	60	30	55.0	59.5	—	59.9	60

注：1. 在铸铁上加工直径小于 15mm 的孔时，不用扩孔钻和镗孔。

2. 在铸铁上加工直径为 30mm 与 32mm 的孔时，仅用直径为 28mm 与 30mm 的钻头各钻一次。

3. 如仅用一次铰孔，则铰孔的加工余量为本表中粗铰与精铰的加工余量总和。

4. 用磨削作为孔的最后加工方法时，精镗以后的直径根据表 5-51 查得。

表 5-50 按照 7 级或 8 级、9 级精度加工预先铸出或冲出的孔　　　　mm

加工孔的直径	直径				粗铰	精铰
	粗镗		精镗			
	第一次	第二次	镗以后的直径	按照 H11 公差		
30	—	28.0	29.8	+0.13	29.93	30
35	—	33.0	34.7	+0.16	34.93	35
40	—	38.0	39.7	+0.16	39.93	40
45	—	43.0	44.7	+0.16	44.93	45
50	45	48.0	49.7	+0.16	49.93	50
55	51	53.0	54.5	+0.19	54.92	55
60	56	58.0	59.5	+0.19	59.92	60
65	61	63.0	64.5	+0.19	64.92	65
70	66	68.0	69.5	+0.19	69.90	70
75	71	73.0	74.5	+0.19	74.90	75
80	75	78.0	79.5	+0.19	79.9	80
85	80	83.0	84.3	+0.22	84.85	85
90	85	88.0	89.3	+0.22	89.75	90
95	90	93.0	94.3	+0.22	94.85	95
100	95	98.0	99.3	+0.22	99.85	100

注：1. 如仅用一次铰孔时，则铰孔的加工余量为粗铰与精铰加工余量之和。

2. 如铸出的孔有最大加工余量时，则第一次粗镗可以分成两次或多次进行。

表 5-51 磨圆孔余量　　　　mm

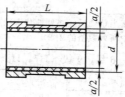

孔的直径 d	零件性质	磨孔的长度 L				磨孔前孔直径公差
		≤50	>50～100	>100～200	>200～300	
		直径余量 a				
≤10	未淬硬	0.2	—	—	—	+0.09
	淬硬	0.25	—	—	—	
>10～18	未淬硬	0.2	0.3	—	—	+0.11
	淬硬	0.3	0.35	—	—	
>18～30	未淬硬	0.3	0.3	0.4	—	+0.13
	淬硬	0.3	0.35	0.45	—	
>30～50	未淬硬	0.3	0.3	0.4	0.4	+0.16
	淬硬	0.35	0.4	0.45	0.5	
>50～80	未淬硬	0.4	0.4	0.4	0.4	+0.19
	淬硬	0.45	0.5	0.5	0.55	

注：1. 当加工在热处理时极易变形的、薄的轴套及其他零件时，应将表中的加工余量数值乘以 1.3。

2. 如被加工孔在以后必须作为基准孔时，其公差应按 7 级公差来制定。

3. 在单件、小批生产时，本表的数值乘以 1.3，并化成一位小数。例如 0.3×1.3＝0.39，采用 0.4（四舍五入）。

4. 同一工件上有大小不同的孔时，一律以大孔的直径数值查表，确定加工余量。

5. 薄壁件（外径/内径＜1.5）及特殊的零件磨削余量不适用表中规定。

表 5-52　磨锥孔余量　　　　　　　　　　　　　　　mm

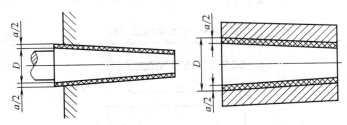

锥体的大头尺寸 D	锥体的磨削余量 a	锥体的大头尺寸 D	锥体的磨削余量 a
1～3	0.15～0.25	>18～30	0.30～0.40
>3～6	0.20～0.30	>30～50	0.35～0.50
>6～10	0.25～0.35	>50～80	0.40～0.55
>10～18	0.25～0.35	>80～120	0.45～0.60

注：1. 此表适用于各种锥度的内、外锥体。

2. 此表适用于各类工具（夹具、刀具、量具）的锥体。

3. 选取加工余量时，应以工件尺寸 D 的上下限中间值为标准，并取工件公差的 1/2 与表中余量的上限数值相加后，作为加工余量的上限（如工件系自由尺寸公差时也同样）。

表 5-53　珩孔余量　　　　　　　　　　　　　　　mm

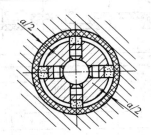

加工孔的直径	直径余量 a						珩磨前孔直径公差
	半精镗以后		精镗以后		磨以后		
	材　料						
	铸铁	钢	铸铁	钢	铸铁	钢	
>20～50	0.09	0.06	0.09	0.07	0.08	0.05	+0.025
>50～80	0.10	0.07	0.10	0.08	0.09	0.05	+0.030
>80～120	0.12	0.08	0.12	0.09	0.10	0.06	+0.035
>120～260	0.14	0.10	0.14	0.11	0.12	0.07	+0.040

表 5-54　研孔余量　　　　　　　　　　　　　　　mm

加工孔的直径	铸　铁	钢
≤25	0.010～0.020	0.005～0.015
25～125	0.020～0.100	0.010～0.040
150～275	0.080～0.160	0.020～0.050
300～500	0.120～0.200	0.040～0.060

注：经过精磨的工件，手工研磨的直径余量为 0.005～0.010mm。

三、平面加工余量

平面加工余量见表 5-55～表 5-58。

表 5-55　平面粗加工余量   mm

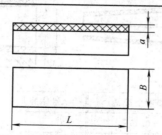

长度与宽度 $L \times B$	500×500	1000×1000	2000×1500	4000×2000	4000×2000 以上
每边留量 a	3	4	5	6	8
有人工时效每边留量 a	4	5	7	10	12

注：1. 适用于粗精加工分开，自然时效，人工时效。

2. 不适用于很容易变形的零件。

3. 上表面留量按工件长度 L 选取，但宽度 B 不超出规定的数值。如工件长度为 4000mm、宽为 1000mm，每边留量为 6mm；如工件宽为 3000mm 时，则每边留量为 8mm。

表 5-56　平面精加工余量   mm

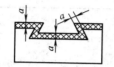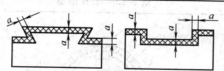

加工性质	被加工表面的长度	被加工表面的宽度					
		≤100		>100～300		>300～1000	
		余量 a	公差（+）	余量 a	公差（+）	余量 a	公差（+）
粗加工后精刨或精铣	≤300	1.0	0.3	1.5	0.5	2.0	0.7
	>300～1000	1.5	0.5	2.0	0.7	2.5	1.0
	>1000～2000	2.0	0.7	2.5	1.2	3.0	1.2
	>2000～4000	2.5	1.0	3.0	1.5	3.5	1.6
	>4000～6000	—	—	—	—	4.0	2.0
未经校准的磨削	≤300	0.3	0.1	0.4	0.12	—	—
	>300～1000	0.4	0.12	0.5	0.15	0.6	0.15
	>1000～2000	0.5	0.15	0.6	0.15	0.7	0.15
装置在夹具中或用千分表校准的磨削	≤300	0.2	0.1	0.25	0.12	—	—
	>300～1000	0.25	0.15	0.3	0.15	0.4	0.15
	>1000～2000	0.3	0.15	0.4	0.15	0.4	0.15
刮	>100～300	0.1	0.06	0.15	0.06	0.2	0.1
	>300～1000	0.15	0.1	0.2	0.1	0.25	0.12
	>1000～2000	0.2	0.12	0.25	0.12	0.35	0.15
	>2000～4000	0.25	0.17	0.3	0.17	0.4	0.2
	>4000～6000	0.3	0.22	0.4	0.22	0.5	0.25

注：1. 如数个零件同时加工时，以总的刀具控制面积计算长度。

2. 当精刨、刨铣时，最后一次走刀前留余量 ≥0.5mm。

3. 磨削及刮削余量和公差用于有公差的表面的加工，其他尺寸按自由尺寸的公差进行加工，热处理后磨削表面余量可适当加大。

表 5-57　平面研磨余量　　　　　　　　　　　　　　　　　　mm

平面长度	平　面　宽　度		
	≤25	>25~75	>75~150
≤25	0.005~0.007	0.007~0.010	0.010~0.014
>25~75	0.007~0.010	0.010~0.014	0.014~0.020
>75~150	0.010~0.014	0.014~0.020	0.020~0.024
>150~260	0.014~0.018	0.020~0.024	0.024~0.030

注：经过精磨的工件，其手工研磨余量为每面 0.003~0.005mm；机械研磨余量为 0.005~0.010mm。

表 5-58　平面抛光余量　　　　　　　　　　　　　　　　　　mm

抛光种类	抛光时去掉的金属层
修饰抛光	零件公差内的金属层
精确抛光	一面的余量为 0.005~0.015，根据所要抛光表面的准备情况和抛光后所要求的表面粗糙度而定。当公差等级为 IT9 或更粗的公差等级时，则不给出余量，而在零件的公差范围内抛光

四、螺纹加工余量

钻螺纹底孔的直径可按 GB/T 20330—2006 选取或按下面的经验公式计算：

脆性材料（铸铁、青铜等）：钻孔直径 $d_0 = d_{螺纹大径} - 1.1P$

韧性材料（钢、紫铜）：　　　钻孔直径 $d_0 = d_{螺纹大径} - P$

式中　P——螺纹的螺距，mm。

$$钻孔深度 = 螺纹长度 + 0.7d_{螺纹大径}$$

攻螺纹前钻孔用麻花钻直径可参考表 5-59 选取。

表 5-59　攻螺纹前钻孔用麻花钻直径　　　　　　　　　　　　mm

公称直径		攻螺纹前钻孔用钻头直径											
		普通粗牙螺纹	普通细牙螺纹								英制螺纹		管螺纹
			螺　距								I	II	
mm	in		0.2	0.25	0.35	0.5	0.75	1.0	1.25	1.5	2		
2.0		1.6		1.75									
2.5		2.05			2.15								
3.0		2.5			2.65								
	1/8	—			—							—	8.8
3.5		2.9			3.15								—
4.0		3.3				3.5							
4.5		3.75				4							
	3/16	—										3.7	3.7
5.0		4.2				4.5						—	—
5.5		—				5							
6.0		5					5.2						
	1/4	—					—					5.1	5.1	11.7
7.0		6					6.2					—	—
	5/16	—					—					6.4	6.5
8.0		6.7					7.2	7				—	—
9.0		7.7					8.2	8					
	3/8	—					—	—				7.8	7.9	15.2
10		8.5					9.2	9	8.7	—			
	7/16	—					—	—	—			9.2	9.2	—

公称直径		攻螺纹前钻孔用钻头直径												
		普通粗牙螺纹	普通细牙螺纹									英制螺纹		管螺纹
			螺距									I	II	
mm	in		0.2	0.25	0.35	0.5	0.75	1.0	1.25	1.5	2			
12		10.5						11	10.7	10.5		—	—	—
	1/2	—										10.4	10.5	18.9
14		11.9						13	12.7	12.5		—	—	—
	9/16	—										12	12.1	
	5/8	—										13.3	13.5	20.8
16		13.9						15		14.5		—	—	—
18		15.4						17		16.5	15.9	—	—	—
	3/4	—										16.3	16.4	24.3
20		17.4						19		18.5	17.9	—	—	—
22		19.4						21		20.5	19.9	—	—	—
	7/8	—										19.1	19.3	28.1
24		20.9						23	—	22.5	21.9	—	—	—
	1											21.9	22	30.5

五、齿轮、花键加工余量

齿轮、花键加工余量见表 5-60、表 5-61。

表 5-60 齿轮精加工余量

mm

模　数		2	3	4	5	6	7	8	9	10	11	12
精滚齿或精插齿		0.6	0.75	0.9	1.05	1.2	1.35	1.5	1.7	1.9	2.1	2.2
磨　齿		0.15	0.2	0.23	0.26	0.29	0.32	0.35	0.38	0.4	0.45	0.5
剃齿	≤50	0.08	0.09	0.10	0.11	0.12						
D	>50～100	0.09	0.10	0.11	0.12	0.14						
	>100～200	0.12	0.13	0.14	0.15	0.16						

注：1. 本表为双面余量。

2. D 为齿轮直径。

表 5-61 花键精加工余量

mm

精　铣					磨　削				
花键轴的大径	花键长度				花键轴的大径	花键长度			
	≤100	>100～200	>200～350	>350～500		≤100	>100～200	>200～350	>350～500
10～18	0.4～0.6	0.5～0.7	—	—	10～18	0.1～0.2	0.2～0.3		
>18～30	0.5～0.7	0.6～0.8	0.7～0.9	—	>18～30	0.1～0.2	0.2～0.3	0.2～0.4	
>30～50	0.6～0.8	0.7～0.9	0.8～1.0	—	>30～50	0.2～0.3	0.2～0.4	0.3～0.5	—
>50	0.7～0.9	0.8～1.0	0.9～1.2	1.2～1.5	>50	0.2～0.4	0.3～0.5	0.3～0.5	0.4～0.6

第四节 常用金属切削机床的技术参数

一、车床

1. 卧式车床

卧式车床见表 5-62～表 5-66。

表 5-62 卧式车床的主要技术参数

技术规格		型　号					
		CM6125	C616A	C6132	C620-1	CA6140	C630
加工最大直径/mm	在床身上	250	320	320	400	400	615
	在刀架上	140	175	160	210	210	345
棒料/mm		23	29	34	37	48	68
加工最大长度/mm		350	500 750	750	650 900 1300 1900	750 1000 1500 2000	1210 2610
中心距/mm		350	500 750	750	750 1000 1400 2000	750 1000 1500 2000	1400 2800
主轴孔径/mm		26	30	30	38	48	70
主轴锥度		莫氏 4 号	莫氏 5 号	莫氏 5 号	莫氏 5 号	莫氏 6 号	公制 80 号
主轴转速(表 5-63)/(r/min)	正转	25～3150	19～1400	22.4～1000	12～1200	10～1400	14～750
	反转	—	19～1400	—	18～1520	14～1580	22～945
刀架最大纵向行程/mm		350	500 820	750	650 900 1300 1900	650 900 1400 1900	1310 2810
刀架最大横向行程/mm		350	195	280	260	320	390
刀架最大回转角度/(°)		±60	±45	±60	±45	±90	±60
刀架进给量/(mm/r)	纵向	0.02～0.4	0.03～1.68	0.06～1.71	0.08～1.59	0.028～6.33	0.15～2.65
	横向	0.01～0.2	0.02～1.2	0.03～0.85	0.027～0.52	0.014～3.16	0.05～0.9
刀杆最大尺寸($B \times H$)/mm×mm		—	—	—	25×25	—	—
车削螺纹	米制/mm	0.2～6	0.5～9	0.25～6	1～192	1～192	1～224
	英制/(牙/in)	21～4	38～2	112～4	24～2	24～2	28～2
尾座顶尖套最大移动量/mm		80	95	100	150	150	205
尾座横向最大移动量/mm		±10	±10	±6	±15	±15	±15
尾座顶尖套孔莫氏锥度		3 号	4 号	3 号	4 号	5 号	5 号
主电动机功率/kW		1.5	2.8	3	7	7.5	10
进给机构允许最大抗力 F_{max}/N	纵走刀	—	—	—	3530	—	—
	横走刀	—	—	—	5100	—	—

表 5-63　卧式车床主轴转速　　　　　　　　　　　　　　　　　　　　　　　　　　　r/min

型号	转速
CM6125	正转：25、63、125、160、320、400、500、630、800、1000、1250、2000、2500、3150
C616A	正反转：19、28、32、40、47、51、66、74、84、104、120、155、175、225、260、315、375、410、520、590、675、830、980、1400
C6132	正转：22.4、31.5、45、65、90、125、180、250、350、500、700、1000
C620-1	正转：12、15、19、24、30、38、46、58、76、90、120、150、185、230、305、370、380、460、480、600、610、760、955、1200
C620-1	反转：18、30、48、73、121、190、295、485、590、760、970、1520
CA6140	正转：10、12.5、16、20、25、32、40、50、63、80、100、125、160、200、250、320、400、450、500、560、710、900、1120、1400
CA6140	反转：14、22、36、56、90、141、226、362、565、633、1018、1580
C630	反转：14、18、24、30、37、47、57、72、95、119、149、188、229、288、380、478、595、750
C630	反转：22、39、60、91、149、234、361、597、945

表 5-64　卧式车床刀架进给量　　　　　　　　　　　　　　　　　　　　　　　　　　mm/r

型号	进给量
CM6125	纵向：0.02、0.04、0.08、0.10、0.20、0.40
CM6125	横向：0.01、0.02、0.04、0.05、0.10、0.20
C616A	纵向：0.03、0.04、0.05、0.06、0.07、0.08、0.09、0.10、0.11、0.12、0.14、0.15、0.16、0.18、0.20、0.21、0.22、0.24、0.28、0.30、0.32、0.36、0.40、0.42、0.46、0.48、0.51、0.56、0.60、0.64、0.72、0.80、0.84、0.88、0.96、1.12、1.20、1.28、1.68
C616A	横向：0.02、0.03、0.035、0.04、0.045、0.05、0.06、0.07、0.08、0.09、0.10、0.12、0.14、0.15、0.16、0.18、0.20、0.24、0.28、0.30、0.32、0.36、0.40、0.48、0.56、0.60、0.64、0.72、0.80、0.96、1.2
C6132	纵向：0.06、0.07、0.08、0.09、0.10、0.11、0.12、0.13、0.15、0.16、0.17、0.18、0.20、0.23、0.25、0.27、0.29、0.32、0.34、0.36、0.40、0.46、0.49、0.53、0.58、0.64、0.67、0.71、0.80、0.91、0.98、1.07、1.16、1.28、1.35、1.42、1.60、1.71
C6132	横向：0.03、0.04、0.05、0.06、0.07、0.08、0.09、0.10、0.11、0.12、0.13、0.15、0.16、0.17、0.18、0.20、0.23、0.25、0.27、0.29、0.32、0.34、0.36、0.40、0.46、0.49、0.53、0.58、0.64、0.67、0.71、0.80、0.85
C620-1	纵向：0.08、0.09、0.10、0.11、0.12、0.13、0.14、0.15、0.16、0.18、0.20、0.22、0.24、0.26、0.28、0.30、0.33、0.35、0.40、0.45、0.48、0.50、0.55、0.60、0.65、0.71、0.81、0.91、0.96、1.01、1.11、1.21、1.28、1.46、1.59
C620-1	横向：0.027、0.029、0.033、0.038、0.04、0.042、0.046、0.05、0.054、0.058、0.067、0.075、0.078、0.084、0.092、0.10、0.11、0.12、0.13、0.15、0.16、0.17、0.18、0.20、0.22、0.23、0.27、0.30、0.32、0.33、0.37、0.40、0.41、0.48、0.52
CA6140	纵向：0.028、0.032、0.036、0.039、0.043、0.046、0.050、0.054、0.08、0.09、0.10、0.11、0.12、0.13、0.14、0.15、0.16、0.18、0.20、0.23、0.24、0.26、0.28、0.30、0.33、0.36、0.41、0.46、0.48、0.51、0.56、0.61、0.66、0.71、0.81、0.91、0.94、0.96、1.02、1.03、1.09、1.12、1.15、1.22、1.29、1.47、1.59、1.71、1.87、2.05、2.16、2.28、2.57、2.93、3.16、3.42、3.74、4.11、4.32、4.56、5.14、5.87、6.33
CA6140	横向：0.014、0.016、0.018、0.019、0.021、0.023、0.025、0.027、0.040、0.045、0.050、0.055、0.060、0.065、0.070、0.075、0.08、0.09、0.10、0.11、0.12、0.13、0.14、0.15、0.16、0.17、0.20、0.22、0.24、0.25、0.28、0.30、0.33、0.35、0.40、0.43、0.45、0.47、0.48、0.50、0.51、0.54、0.56、0.57、0.61、0.64、0.73、0.79、0.86、0.94、1.02、1.08、1.14、1.28、1.46、1.58、1.72、1.88、2.04、2.16、2.28、2.56、2.92、3.16
C630	纵向：0.15、0.17、0.19、0.21、0.24、0.27、0.30、0.33、0.38、0.42、0.48、0.54、0.60、0.65、0.75、0.84、0.96、1.07、1.2、1.33、1.5、1.7、1.9、2.15、2.4、2.65
C630	横向：0.05、0.06、0.065、0.07、0.08、0.09、0.10、0.11、0.12、0.14、0.16、0.18、0.20、0.22、0.25、0.28、0.32、0.36、0.40、0.45、0.50、0.56、0.64、0.72、0.81、0.9

表 5-65　卧式车床车削螺纹螺距　　　　　　　mm（牙/in）

型号		螺　纹　螺　距
CM6125	公制:	0.2、0.25、0.30、0.35、0.40、0.45、0.5、0.6、0.7、0.75、0.8、0.9、1.0、1.25、1.5、1.75、2.0、2.5、3.0、3.5、4.0、4.5、5、5.5、6
	英制:	21、20、19、18、16、14、12、11、10、9、8、7、6、5、4.5、4
C616A	公制:	0.5、0.75、1.0、1.25、1.5、1.75、2.0、2.25、2.5、3.0、3.5、4.0、4.5、5.0、6.0、7.0、9.0
	英制:	38、36、30、28、24、22、20、19、18、16、15、14、12、11、10、9.5、9.0、8.0、7.5、7.0、6.0、5.5、5.0、4.75、4.5、4.0、3.75、3.5、3.0、2.75、2.5、2.0
C6132	公制:	0.25、0.3、0.35、0.4、0.45、0.5、0.6、0.7、0.8、1.0、1.25、1.5、1.75、2.0、2.5、3.0、3.5、4.0、4.5、5.0、6.0
	英制:	112、104、96、88、80、76、72、64、56、52、48、44、40、38、36、32、28、26、24、22、20、19、18、16、14、13、12、11、10、9、8、7、6、5、4.5、4
C620-1	公制:	1、1.25、1.5、1.75、2、2.5、3、3.5、4、4.5、5、5.5、6、7、8、9、10、11、12、14、16、18、20、22、24、28、32、36、40、44、48、56、64、72、80、96、112、128、144、160、176、192
	英制:	24、20、19、18、16、14、12、11、10、9、8、7、6、5、4$\frac{1}{2}$、3$\frac{1}{4}$、3、2
CA6140	公制:	1、1.25、1.5、1.75、2、2.25、2.5、3、4、4.5、5、5.5、6、7、8、9、10、11、12、14、16、18、20、22、24、28、32、36、40、44、48、56、64、72、80、88、96、112、128、144、160、176、192
	英制:	24、20、19、18、16、14、12、11、10、9、8、7、6、5、4$\frac{1}{2}$、4、3$\frac{1}{2}$、3$\frac{1}{4}$、3、2
C630	公制:	1.0、1.25、1.5、1.75、2.0、2.25、2.5、2.75、3.0、3.5、3.75、4.0、4.5、5.0、5.5、6.0、7.0、7.5、8.0、9.0、10、11、12、14、15、16、18、20、22、24、28、30、32、36、40、44、48、56、60、64、72、80、88、96、112、120、128、144、160、176、192、224
	英制:	28、26、24、23、22、21、20、19、18、16、14、13、12、11$\frac{1}{2}$、11、10$\frac{1}{2}$、10、9$\frac{1}{2}$、9.0、8.0、7.0、6$\frac{1}{2}$、6.0、5$\frac{3}{4}$、5$\frac{1}{2}$、5$\frac{1}{4}$、5.0、4$\frac{3}{4}$、4$\frac{1}{2}$、4.0、3$\frac{1}{2}$、3$\frac{1}{4}$、3.0、2$\frac{7}{8}$、2$\frac{3}{4}$、2$\frac{5}{8}$、2$\frac{1}{2}$、2$\frac{3}{8}$、2$\frac{1}{4}$、2.0

表 5-66　C620-1 型卧式车床主轴各级转速的力学性能参数

级数	转速 n /(r/min)	效率	根据传动功率的转矩 M_1/(N·m)	主轴允许的转矩 M_2/(N·m)	考虑效率的主轴功率 P_{E1}/kW	根据最薄弱环节的主轴功率 P_{E2}/kW
1	11.5	0.75	3885	1177	5.9	1.42
2	14.5	0.75	3855	1177	5.9	1.79
3	19	0.75	2943	1177	5.9	2.35
4	24	0.75	2325	1177	5.9	2.95
5	30	0.75	1864	1177	5.9	3.7
6	37.5	0.75	1491	1177	5.9	4.6
7	46	0.75	1216	1177	5.9	5.7
8	58	0.75	961	961	5.9	5.9
9	76	0.75	736	736	5.9	5.9
10	96	0.75	579	579	5.9	5.9
11	120	0.75	466	466	5.9	5.9
12	150	0.75	373	373	5.9	5.9
13	184	0.75	304	304	5.9	5.9
14	230	0.75	240	240	5.9	5.9
15	305	0.75	184	184	5.9	5.9
16	380	0.75	145	145	5.9	5.9
17	480	0.75	118	118	5.9	5.9
18	600	0.70	87	87	5.5	5.5
19	370	0.82	167	167	6.4	6.4
20	460	0.80	132	132	6.2	6.2
21	610	0.75	92	92	5.9	5.9
22	770	0.70	69	69	5.5	5.5
23	960	0.67	52	52	5.2	5.2
24	1200	0.63	39	39	4.9	4.9

2. 数控卧式车床

数控卧式车床型号与主要技术参数见表 5-67。

表 5-67　数控卧式车床型号与主要技术参数

技术参数	型号					
	CK3125	CK3325/1	CK6132	CJK3125	CJK6132A	CJK6246
最大工件直径×最大工件长度/mm	25×120	250×400	180×320	250×160	350×500	460×500
最大加工直径/mm:						
床身上		250	320	旋径 550	350	630
刀架上		120	180	90	115	275
主轴孔		58	42	54	40	40 或 52
最大加工长度/mm	120	400	260	160	500	500
脉冲当量/mm						
Z 轴	0.001	0.001	0.001	0.01		0.01
X 轴	0.001	0.001	0.001	0.005		0.005
主轴转速/(r/min):						
级数	无级	8	无级	16	12	12
范围	60~4000	131~1125	60~2500	100~1268	40~2000	28~2000
工作精度/mm:						
圆度	0.007	0.007	0.007	0.005	0.01	0.01
圆柱度	0.01/60	0.03	0.03/100	0.01	0.02/200	0.02/200
平面度		0.02		0.014	0.013/ϕ200	0.013/ϕ200
表面粗糙 Ra/μm	1.6	1.6	1.6	1.6	1.6	1.6
主电动机功率/kW	5.5	9/11	7/11	8/6.5	3/4	3/4

二、钻床

1. 摇臂钻床

摇臂钻床见表 5-68~表 5-70。

表 5-68　摇臂钻床型号与主要技术参数

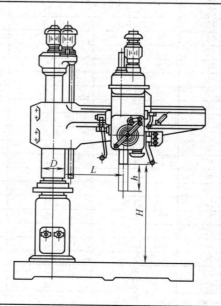

技术参数	型 号					
	Z3025	Z3040	Z35	Z37	Z32K	Z35K
最大钻孔直径/mm	25	40	50	75	25	50
主轴端面至底座工作面的距离 H/mm	250~1000	350~1250	470~1500	600~1750	25~870	—
主轴最大行程 h/mm	250	315	350	450	130	350
主轴孔莫氏圆锥	3 号	4 号	5 号	6 号	3 号	5 号
主轴转速范围/(r/min)	50~2500	25~2000	34~1700	11.2~1400	175~980	20~900
主轴进给量范围/(mm/r)	0.05~1.6	0.04~3.2	0.03~1.2	0.037~2	—	0.1~0.8
最大进给力/N	7848	16000	19620	33354	—	12262.5(垂直位置) 19620(水平位置)
主轴最大转矩/(N·m)	196.2	400	735.75	1177.2	95.157	—
主轴箱水平移动距离/mm	630	1250	1150	1500	500	—
横臂升降距离/mm	525	600	680	700	845	1500
横臂回转角度/(°)	360	360	360	360	360	360
主电机功率/kW	2.2	3	4.5	7	1.7	4.5

注：Z32K、Z35K 为移动式万向摇臂钻床，主要在三个方向上都能回转 360°，可加工任何倾斜度的平面。

表 5-69　摇臂钻床主轴转速　　　　　　　　　　　　　　　　　　r/min

型 号	转 速
Z3025	50、80、125、200、250、315、400、500、630、1000、1600、2500
Z3040	25、40、63、80、100、125、160、200、250、320、400、500、630、800、1250、2000
Z35	34、42、53、67、85、105、132、170、265、335、420、530、670、850、1051、1320、1700
Z37	11.2、14、18、22.4、28、35.5、45、56、71、90、112、140、180、224、280、355、450、560、710、900、1120、1400
Z32K	175、432、693、980
Z35K	20、28、40、56、80、112、160、224、315、450、630、900

表 5-70　摇臂钻床主轴进给量　　　　　　　　　　　　　　　　　　mm/r

型 号	进 给 量
Z3025	0.05、0.08、0.12、0.16、0.2、0.25、0.3、0.4、0.5、0.63、1.00、1.60
Z3040	0.03、0.06、0.10、0.13、0.16、0.20、0.25、0.32、0.40、0.50、0.63、0.80、1.00、1.25、2.00、3.20
Z35	0.03、0.04、0.05、0.07、0.09、0.12、0.14、0.15、0.19、0.20、0.25、0.26、0.32、0.40、0.56、0.67、0.90、1.2
Z37	0.037、0.045、0.060、0.071、0.090、0.118、0.150、0.180、0.236、0.315、0.375、0.50、0.60、0.75、1.00、1.25、1.50、2.00
Z35K	0.1、0.2、0.3、0.4、0.6、0.8

2. 立式钻床

立式钻床见表 5-71～表 5-75。

表 5-71　立式钻床型号与主要技术参数

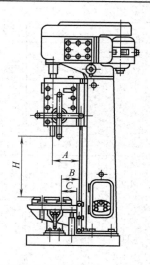
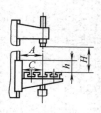

技　术　参　数	型　　号		
	Z525	Z535	Z550
最大钻孔直径/mm	25	35	50
主轴端面至工作台面距离 H/mm	0～700	0～750	0～800
从工作台 T 形槽中心到导轨距离 B/mm	155	175	350
主轴轴线至导轨面距离 A/mm	250	300	350
主轴行程/mm	175	225	300
主轴莫氏圆锥	3	4	5
主轴转速范围/(r/mm)	97～1360	68～1100	32～1400
进给量范围/(mm/r)	0.1～0.81	0.11～1.6	0.12～2.64
主轴最大转矩/(N·m)	245.25	392.4	784.8
主轴最大进给力/N	8829	15696	24525
工作台行程/mm	325	325	325
工作台尺寸/(mm×mm)	500×375	450×500	500×600
从工作台 T 形槽中心到凸肩距离 C/mm	125	160	320
主电机功率/kW	2.8	4.5	7.5
机床效率 η	0.81	—	0.85

表 5-72　立式钻床主轴转速　　　　　　　　　　　　　　　r/min

型　　号	转　　速
Z525	97、140、195、272、392、545、680、960、1360
Z535	68、100、140、195、275、400、530、750、1100
Z550	32、47、63、89、125、185、250、351、500、735、996、1400

表 5-73　立式钻床进给量　　　　　　　　　　　　　　　mm/r

型号	进　给　量
Z525	0.10、0.13、0.17、0.22、0.28、0.36、0.48、0.62、0.81
Z535	0.11、0.15、0.20、0.25、0.32、0.43、0.57、0.72、0.96、1.22、1.60
Z550	0.12、0.19、0.28、0.40、0.62、0.90、1.17、1.80、2.64

表 5-74　立式钻床工作台尺寸　　　　　　　　　　mm

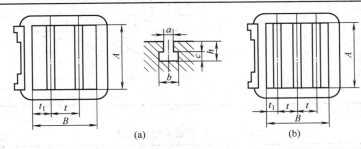

(a)　　　　　　　　　　(b)

型号	A	B	t	t_1	a	b	c	h	T 形槽数
Z525	500	375	200	87.5	14H11	24	11	26	2
Z535	500	450	240	105	18H11	30	14	32	2
Z550	600	500	150	100	22H11	36	16	35	3

注：Z525、Z535 按图 (a) 选取，Z550 按图 (b) 选取。

表 5-75　立式钻床主轴各级转速能传递的转矩

Z525 型立式钻床									
级数	1	2	3	4	5	6	7	8	9
主轴转速 n/(r/min)	97	140	195	272	392	545	680	960	1360
主轴能传递的转矩/(N·m)	294.3	203.1	195.2	144.2	72.6	52	42.2	29.4	20.6

Z550 型立式钻床												
级数	1	2	3	4	5	6	7	8	9	10	11	12
主轴转速 n/(r/min)	32	47	63	89	125	185	250	351	500	735	996	1400
主轴能传递的转矩/(N·m) 按传动系统	222.7	1510.7	1128.1	814.2	570	384.6	363	203	142.2	97.1	71.6	51
按薄弱环节	814.2	814.2	814.2	814.2	570	384.6	284.5	203	142.2	97.1	71.6	51

3. 台式钻床

台式钻床见表 5-76、表 5-77。

表 5-76　台式钻床型号与主要技术参数

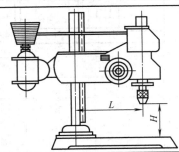

技 术 参 数	型　　号			
	Z4002	Z4006A	Z512(Z515)	Z512-1(Z512-2)
最大钻孔直径/mm	2	6	12(15)	13
主轴行程/mm	20	75	100	100
主轴轴线至立柱表面距离 L/mm	80	152	230	190(193)
主轴端面至工作台面距离 H/mm	5~120	180	430	0~335
主轴莫氏圆锥	—	1	1	2
主轴转速范围/(r/mm)	3000~8700	1000~7100	460~4250(320~2900)	48~4100

技 术 参 数	型 号			
	Z4002	Z4006A	Z512(Z515)	Z512-1(Z512-2)
主轴进给方式	手 动 进 给			
工作台面尺寸/mm×mm	110×110	250×250	350×350	265×265
工作台绕立柱回转角度/(°)	—	—	—	360
主电动机功率/kW	0.1	0.25	0.6	0.6

注：括号内为 Z515 与 Z512-2 数据。

表 5-77　台式钻床主轴转速　　　　　　　　　　　　　　r/min

型 号	转 速
Z4002	3000、4950、8700
Z4006A	1450、2900、5800
Z512	460、620、850、1220、1610、2280、3150、4250
Z515	320、430、600、835、1100、1540、2150、2900
Z512-1 Z512-2	480、800、1400、2440、4100

三、铣床

1. 立式铣床

立式铣床见表 5-78～表 5-80。

表 5-78　立式铣床型号与主要技术参数

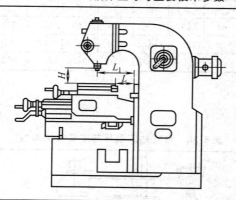

技 术 参 数	型 号				
	X5012	X51	X52K	X53K	X53T
主轴端面至工作台的距离 H/mm	0～250	30～380	30～400	30～500	0～500
主轴轴线至床身垂直导轨面距离 L_1/mm	150	270	350	450	450
工作台至床身垂直导轨距离 L/mm	—	40～240	55～300	50～370	—
主轴孔锥度	莫氏 3 号	7∶24	7∶24	7∶24	7∶24
主轴孔径/mm	14	25	29	29	69.85
刀杆直径/mm	—	—	32～50	32～50	40
立铣头最大回转角度/(°)	—	—	±45	±45	±45
主轴转速/(r/min)	130～2720	65～1800	30～1500	30～1500	18～1400
主轴轴向移动量/mm			70	85	90
工作台面积(长×宽)/mm×mm	500×125	1000×250	1250×320	1600×400	2000×425
工作台的最大移动量/mm					

技 术 参 数		型 号				
		X5012	X51	X52K	X53K	X53T
纵向 手动/机动		250	620/620	700/680	900/880	1260/1260
横向 手动/机动		100	190/170	255/240	315/300	410/400
升降 手动/机动		250	370/350	370/350	385/365	410/400
工作台进给量/(mm/mm)						
纵向		手动	35～980	23.5～1180	23.5～1180	10～1250
横向		手动	25～765	15～786	15～789	10～1250
升降		手动	12～380	8～394	8～394	2.5～315
工作台快速移动速度/(mm/min)						
纵向		手动	2900	2300	2300	3200
横向		手动	2300	1540	1540	3200
升降		手动	1150	770	770	800
工作台 T 形槽						
槽数		3	3	3	3	3
宽度		12	14	18	18	18
槽距		35	50	70	90	90
主电动机功率/kW		1.5	4.5	7.5	10	10
进给电动机功率/kW		—	—	1.5		
进给机构允许的最大抗力/N		—	—	15000		
机床效率 η				0.75		

注：1. 安装各种立铣刀、面铣刀可铣削沟槽、平面；也可安装钻头、镗刀进行钻孔、镗孔。

2. 立铣头能在垂直平面内旋转，对有倾角的工件进行铣削。

表 5-79　立式铣床主轴转速　　　　　　　　　　　　　　r/min

型号	转　　速
X5012	130、188、263、355、510、575、855、1180、1585、2720
X51	65、80、100、125、160、210、255、300、380、490、590、725、1225、1500、1800
X52K X53K	30、37.5、47.5、60、75、95、118、150、190、235、375、475、600、750、950、1180、1500
X53T	18、22、28、35、45、56、71、90、112、140、180、224、280、355、450、560、710、900、1120、1400

表 5-80　立式铣床工作台进给量　　　　　　　　　　　　　mm/min

型号	进　给　量
X51	纵向：35、40、50、65、85、105、125、165、205、250、300、390、510、620、755、980
	横向：25、30、40、50、65、80、100、130、150、190、230、320、400、480、585、765
	升降：12、15、20、25、33、40、50、65、80、95、115、160、200、290、380
X52K X53K	纵向：23.5、30、37.5、47.5、60、75、95、118、150、190、235、300、375、475、600、750、950、1180
	横向：15、20、25、31、40、50、63、78、100、126、156、200、250、316、400、500、634、786
	升降：8、10、12.5、15.5、20、25、31.5、39、50、63、78、100、125、158、200、250、317、394
X53T	纵向及横向：10、14、20、28、40、56、80、110、160、220、315、450、630、900、1250
	升降：2.5、3.5、5.5、7、10、14、20、28.5、40、55、78.5、112.5、157.5、225、315

2. 卧式（万能）铣床

卧式（万能）铣床见表5-81～表5-84。

表 5-81　卧式（万能）铣床型号与主要技术参数

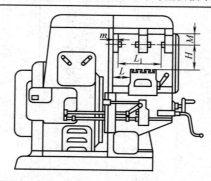

技 术 参 数	型　号		
	X60(X60W)	X61(X61W)	X62(X62W)
主轴轴线至工作台面距离 H/mm	$0\sim300$	$30\sim360$ $(30\sim330)$	$30\sim390$ $(30\sim350)$
床身垂直导轨面至工作台后面距离 L/mm	$80\sim240$	$40\sim230$	$55\sim310$
主轴轴线至悬梁下平面的距离 M/mm	140	150	155
主轴端面至支臂轴承端面的最大距离 L_1/mm	447	470	700
主轴孔锥度	$7:24$	$7:24$	$7:24$
主轴孔径/mm	—	—	29
刀杆直径 ϕ/mm	16、22、27、32	22、27、32、40	22、27、32、40
主轴转速/(r/min)	$50\sim2240$	$65\sim1800$	$30\sim1500$
工作台面积（长×宽）/mm×mm	800×200	1000×250	1250×320
工作台最大行程/mm			
纵向 $\dfrac{手动}{机动}$	500	$\dfrac{620}{620}$	$\dfrac{700}{680}$
横向 $\dfrac{手动}{机动}$	160	$\dfrac{190(185)}{170}$	$\dfrac{255}{240}$
升降 $\dfrac{手动}{机动}$	320	$\dfrac{330}{330(300)}$	$\dfrac{360(320)}{340(300)}$
工作台进给量/(mm/min)			
纵向	$22.4\sim1000$	$35\sim980$	$23.5\sim1180$
横向	$16\sim710$	$25\sim766$	$23.5\sim1180$
升降	$8\sim355$	$12\sim380$	为纵向进给量的1/3
工作台快速移动速度/(mm/min)			
纵向	2800	2900	2300
横向	2000	2300	2300
升降	1000	1150	770
工作台 T 形槽			
槽数	—	3	3
槽宽	—	14	18
槽距	—	50	70
工作台最大回转角度/(°)	无(±45)	无(±45)	无(±45)
主电动机功率/kW	2.8	4	7.5
进给电动机功率/kW	—	1.7	1.7
进给机构允许的最大抗力/N	—	15000	15000
机床效率 η	—	0.75	0.75

注：（ ）内为卧式万能铣床与卧式铣床相应型号的数据，其余相同。

表 5-82　卧式（万能）铣床主轴转速　　　　　　　　　　　　r/min

型号	转　　　速
X60 X60W	50、71、100、140、200、400、560、800、1120、1600、2240
X61 X61W	65、80、100、125、160、210、255、300、380、490、590、725、945、1225、1500、1800
X62 X62W	30、37.5、47.5、60、75、95、118、150、190、235、300、375、475、600、750、950、1180、1500

表 5-83　卧式（万能）铣床工作台进给量　　　　　　　　mm/min

型号	进　　　给　　　量
X60 X60W	纵向:22.4、31.5、45、63、90、125、180、250、355、500、710、1000
	横向:16、22.4、31.5、45、63、90、125、180、250、355、500、710
	升降:8、11.2、16、22.4、31.5、45、63、90、125、180、250、355
X61 X61W	纵向:35、40、50、65、85、105、125、165、205、250、300、390、510、620、755、980
	横向:25、30、40、50、65、80、100、130、150、190、230、320、400、480、585、765
	升降:12、15、20、25、33、40、50、65、80、98、115、160、200、240、290、380
X62 X62W	纵向及横向:23.5、30、37.5、47.5、60、75、95、118、150、190、235、300、375、475、600、750、950、1180

表 5-84　卧式（万能）铣床工作台尺寸　　　　　　　　　　　mm

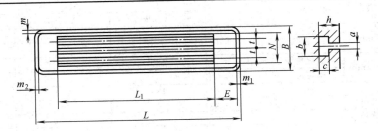

型号	L	L_1	E	B	N	t	m	m_1	m_2	a	b	c	h	T形槽数
X60 （60W）	870	710	85	200	144	45	10	30	40	14	25 (23)	11	25 (23)	3
X61 （X61W）	1120	940 (1000)	90	260	185	50	10	48 (50)	50 (53)	14	24	11	25	3
X62 （X62W）	1325	1125 (1120)	70	320	225 (220)	70	16 (15)	50	25	18	30	14	32	3

注：基准槽 a 精度为 H8，固定槽 a 精度为 H12（摘自 GB/T 158—1996）。

3. 数控铣床

数控铣床型号与主要技术参数见表 5-85。

表 5-85　数控铣床型号与主要技术参数

技 术 参 数	机 床 型 号					
	数控立式升降台铣床		数控卧式升降台铣床	数控万能升降台铣床	数控床身铣床	数控万能工具铣床
	XK5025A	XK5032	XK6032	XK6232C	XK714G	XK8140A
工作台面积(长×宽)/mm×mm	1100×250	1320×320	1320×320	1320×320	900×400	800×400
工作台行程/mm:						
纵向	500	800	670	670	630	500
横向	260	350	250	250	400	350
垂向	100/370	30～430	320	320	500	400
主轴端面至工作台距离/mm	40～390	BT40				
主轴锥孔	30	ISO 50	TX50	TX50	NO. 40	ISO 40
主轴转速/(r/min)	200～3000	25～2500	30～1500	30～1500 125～2000	8000	40～2000
机床精度/mm:						
定位精度	0.02/300	0.025	0.03 (伺服 0.015)	0.03 (伺服 0.015)	纵向:0.016 横向:0.014	0.015
重复定位精度	0.015	0.01	±0.01	±0.01	纵向:0.010 横向:0.008	0.008
主电动机功率/kW	4	3.7	5.5	5.5	7.5	4
机床重量/kg	1800	3000	2800	2900	4000	2000

四、齿轮加工机床

1. 滚齿机

滚齿机见表 5-86～表 5-88。

表 5-86　滚齿机型号与主要技术参数

技 术 规 格		型 号		
		Y32B	Y3150	Y38
加工齿轮最大直径/mm	用外支架时	—	350	450
	不用外支架时	200	500	800
加工斜齿轮最大直径/mm	当螺旋角为30°时	180	370	500
	当螺旋角为60°时	70	—	
加工齿轮最大宽度/mm		180	240	190
加工齿轮最大模数/mm		4	6	240
加工齿轮的最大螺旋角/(°)		—	±45	8
滚刀最大直径/mm		80	120	—
滚刀心轴直径/mm		22、27	22、27、32	120
主轴孔莫氏锥度		4 号		22、27、32
主轴转速/(r/min)		63～318	50～275	5 号
主轴中心线至工作台面距离/mm		100～310	最小 170	47.5～192
主轴中心线至工作台中心线距离/mm		30～160	25～320	最小 205
刀架最大垂直行程/mm		210	260	30～470
刀架最大回转角度/(°)		±60	—	270
				360
工件每转滚刀进给量 /(mm/r)	垂直	0.26～3	0.24～4.25	0.5～3
	径向	—	—	0.24～1.44
	切向	0.1～1.13	—	—
工作台直径/mm		150	320	475
工作台心轴直径/mm		25	30	35
主电动机功率/kW		1.7	3	2.8

表 5-87　滚齿机主轴转速　　　　　　　　　　　　　　　　r/min

型号	转速
Y32B	63、78、100、121、165、200、258、318
Y3150	50、65、84、103、135、165、204、275
Y38	47.5、64、79、87、155、192

表 5-88　滚齿机滚刀进给量　　　　　　　　　　　　　　　　r/min

型号	进给量
Y32B	垂直:0.26、0.5、0.751、1.25、1.5、1.75、2、2.5、3
	切向:0.1、0.19、0.28、0.37、0.47、0.56、0.66、0.75、0.94、1.13
Y3150	0.24、0.30、0.38、0.47、0.57、0.70、0.83、1.0、1.2、1.45、1.75、2.15、2.65、3.4、4.25
Y38	垂直:0.5、1.15、1.5、2、2.5、3
	径向:0.24、0.55、0.72、0.92、1.2、1.44

2. 插齿机

插齿机见表 5-89。

表 5-89　插齿机型号与主要技术参数

技　术　规　格		型　号		
		Y5120A	Y54	Y58
加工齿轮的最大直径/mm	外齿轮	200	450	800
	内齿轮	200	400	1000
加工齿轮的最大宽度/mm	外齿轮	50	105	170
	内齿轮	30	75	
加工齿轮模数/mm		1～4	2～6	12(最大)
加工齿轮齿数		10～200	—	—
加工斜齿轮最大螺旋角/(°)		—	23	23
插齿刀最大行程/mm		63	125	200
插齿刀中心线至工作台中心线最大距离/mm		150	350	750
插齿刀主轴端面至工作台面距离/mm		70～140	35～160	300
刀架最大纵向移动量/mm		250	510	—
插齿刀往复行程数/(次/min)		200、315、425、600	125、179、253、359	25、45、60、75、100、125、150
插齿刀往复行程一次的圆周进给量/(mm/双行程)		0.1、0.12、0.15、0.19、0.24、0.3、0.37、0.46	0.17、0.21、0.24、0.3、0.35、0.44	0.17～1.5
插齿刀往复行程一次的径向进给量/(mm/双行程)		—	0.024、0.048、0.096	
插齿刀往复行程一次工作台径向进给量/(mm/双行程)				0.3～0.56
插齿刀回程时的让刀量/mm		—	—	0.65
插齿刀回程时工作台的让刀量/mm		0.5		
主电动机功率/kW		1.7	2.8	7

五、其他常用机床

其他常用机床见表 5-90～表 5-93。

表 5-90　万能外圆磨床型号与主要技术参数

技　术　参　数	型　号		
	M1412	MD1420	M1432A
(最大磨削直径/mm)×(长度/mm)	125×500	200×750	320×1500
最小磨削直径/mm	5	8	8
磨削孔径范围/mm	10～40	13～80	13～100
最大磨削孔深/mm	50	125	125
(中心高/mm)×(中心距/mm)	100×500	125×500	180×1500

技 术 参 数	型　号		
	M1412	MD1420	M1432A
工件最大重量/kg	10	50	150
(砂轮量大外径/mm)×(厚度/mm)	300×40	400×50	400×50
工作精度：			
圆度/mm	0.003	0.003	0.005
圆柱度/mm	0.005	0.005	0.008
表面粗糙度 Ra/μm	0.32	0.2	0.32
主电动机功率/kW	2.2	4	4

表 5-91　卧轴距台平面磨床型号与主要技术参数

技 术 参 数	型　号		
	M7120A	M7130	M7140
工作台面积(宽×长)/mm×mm	200×300	300×1000	400×630
加工范围(长×宽×高)/mm×mm×mm	630×200×320	1000×300×400	630×400×430
砂轮尺寸(外径×宽×内径)/mm×mm×mm	250×25×75	350×40×127	350×40×127
砂轮转速/(r/min)	1500	1440	1440
工作台行程/mm：			
纵向	780	200～1100	750
横向			450
磨头移动量/mm	250	垂直：400	495
磨头轴线至工作台距离/mm	100～445	135～575	110～605
工作台速度/(m/min)	1～18	3～27	3～25
工作精度：			
平行度/mm	0.005/300	0.005/300	0.005/300
表面粗糙度 Ra/μm	0.32	0.63	0.63
主电动机功率/kW	2.8	4.5	5.5
电动机台数	3	3	5

表 5-92　卧式镗床型号与主要技术参数

技 术 参 数	型　号		
	T68	T612	TX611A
主轴直径/mm	85	125	110
最大镗孔直径/mm	240	550	240
主轴中心线至工作表面距离/mm	42.5～800	0～1400	5～775
工作台重量/kg	2000	4000	2000
主轴转速/(r/min)：			
级数	18	23	18
范围	20～1000	7.5～1200	12～950
工作台行程/mm：			
纵向	1140	1600	1160
横向	850	1400	850
工作精度：			
圆柱度/mm	0.01/300	0.03/300	0.02
端面平面度/mm	0.01/500	0.03/500	0.02
表面粗糙度 Ra/mm	3.2	3.2	1.6
主电动机功率/kW	5.5/7.5	7.5/10	6.5/8
电动机台数	2	3	2

表 5-93　卧式内拉床型号与主要技术参数

技 术 参 数	型　号		
	L6110	L6120	L6140A
额定拉力/kN	98	196	392
最大行程/mm	1250	1600	2000
拉削速度(无级调速)/(m/min)	2～11	1.5～11	1.5～7
拉刀返回速度(无级调速)/(m/min)	14～25	7～20	12～20
工作台孔径/mm	ϕ150	ϕ200	ϕ250
花盘孔径/mm	ϕ100	ϕ130	ϕ150
机床底面至支承板孔轴心线距离/mm	900	900	850
液压传动电动机功率/kW	17	22	40

第五节　常用金属切削刀具

一、钻头

钻头见表 5-94～表 5-101。

表 5-94　直柄麻花钻（摘自 GB/T 6135.3—2008）　　　　　　　mm

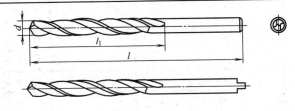

标记示例

a. 直径 $d=10.00$mm 的右旋直柄麻花钻：

直柄麻花钻 10 GB/T 6135.3—2008。

b. 直径 $d=10.00$mm 的左旋直柄麻花钻：

直柄麻花钻 10-L GB/T 6135.3—2008。

c. 高性能的直柄短麻花钻应在直径前加"H-",如 H-10,其余标记方法与 a 条和 b 条相同。

d h8	l	l_1	d h8	l	l_1
0.20	19	2.5	7.00	109	69
0.50	22	6	8.00	117	75
0.60	24	7	9.00	125	81
0.70	28	9	10.00	133	87
0.80	30	10	11.00	142	94
0.90	32	11	12.00	151	101
1.00	34	12	13.00		
1.50	40	18	14.00	160	108
2.00	49	24	15.00	169	114
3.00	61	33	16.00	178	120
4.00	75	43	17.00	184	125
5.00	86	52	18.00	191	130
6.00	93	57	18.50	198	135

表 5-95　莫氏锥柄麻花钻（摘自 GB/T 1438.1—2008）

mm

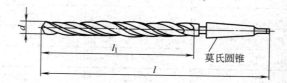

莫氏圆锥

标记示例

a. 直径 $d=10$mm,标准柄的右旋莫氏锥柄麻花钻:

莫氏锥柄麻花钻 10 GB/T 1438.1—2008。

b. 直径 $d=10$mm,标准柄的左旋莫氏锥柄麻花钻:

莫氏锥柄麻花钻 10-L GB/T 1438.1—2008。

c. 高性能的莫氏锥柄麻花钻应在直径前加"H-",如:H-10,其余标记方法同 a 条和 b 条。

d	l_1	l	莫氏圆锥号	d	l_1	l	莫氏圆锥号	d	l_1	l	莫氏圆锥号
4.00	43	124		26.00	165	286		48.00			
5.00	52	133		27.00	170	291		49.00	220	369	4
6.00	57	138		28.00	170	291		50.00			
7.00	69	150		29.00	175	296	3	51.00			
8.00	75	156		30.00	175	296		52.00	225	412	
9.00	81	162	1	31.00	180	301		53.00			
10.00	87	168		32.00	185	334		54.00			
11.00	94	175		33.00	185	334		55.00	230	417	
12.00	101	182		34.00	190	339		56.00			
13.00				35.00	190	339		57.00	235	422	
14.00	108	189		36.00	195	344		58.00			
15.00	114	212		37.00	195	344		59.00	235	422	5
16.00	120	218		38.00				60.00			
17.00	125	223		39.00	200	349	4	61.00			
18.00	130	228		40.00	200	349		62.00	240	427	
19.00	135	233	2	41.00	205	354		63.00			
20.00	140	238		42.00	205	354		64.00			
21.00	145	243		43.00				65.00	245	432	
22.00	150	248		44.00	210	359		66.00			
23.00	155	253		45.00	210	359		67.00			
24.00	160	281	3	46.00	215	364		68.00	250	437	
25.00	160	281		47.00	215	364		69.00			

注:d—麻花钻直径;l—总长;l_1—沟槽长度。

表 5-96　锥柄扩孔钻（摘自 GB/T 1141—1984）　　　　　　　mm

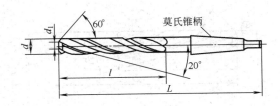

d 推荐值	d 分级范围 大于	d 分级范围 至	L	l	$d_1 \approx$	莫氏锥柄号
8.0	7.5	8.5	156	75	5.1	1
9.0	8.5	9.5	162	81	5.8	
9.8	9.5	10.0	168	87	6.5	
10.0						
—	10.0	10.6				
11.0	10.6	11.8	175	94	7.1	
12.0	11.8	13.2	182	101	7.8	
13.0					8.4	
14.0	13.2	14.0	189	108	9.1	
15.0	14	15	212	114	9.7	
15.75	15	16	218	120	10.4	
16.0						
17.0	16	17	223	125	11	2
18.0	17	18	228	130	11.7	
19.0	18	19	233	135	12.3	
20.0	19	20	238	140	13	
21.0	20	21.2	243	145	13.6	
22.0	21.2	22.4	248	150	14.3	
23.0	22.4	23.02	253	155	15	3
—	23.02	23.6	276			
24.0	23.6	25	281	160	15.6	
24.7	23.6	25.0	281	160	16.3	3
25.0						
26.0	25.0	26.5	286	165	17	
27.7	26.5	28.0	291	170	17.6	
28.0					18.3	
29.7	28.0	30.0	296	175	19	
30.0	28.0	30.0	296	175	19	
—	30.0	31.5	301	180	19.5	
31.6	31.5	31.75	306	185	20	
32.0	31.75	33.5	334		21	4
34.0	33.5	35.5	339	190	22	
35.0					23	
36.0	35.5	37.5	344	195	23.5	
38.0	37.5	40.0	349	200	24.5	
40.0					26	
42.0	40.0	42.5	354	205	27	
44.0	42.5	45.0	359	210	28.5	
45.0					29	
46.0	45.0	47.5	364	215	30	
48.0	47.5	50.0	369	220	31	
50.0					32.5	

60°　莫氏锥柄　d_1　d　20°　l　L

表 5-97 直柄扩孔钻（摘自 GB/T 4256—1984） mm

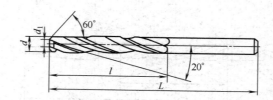

推荐值	分级范围 大于	分级范围 至	偏差	L	l	$d_1 \approx$
3.00	—	3.00	0 −0.014	61	33	1.2
3.30	3.00	3.35		65	36	1.5
3.50	3.35	3.75		70	39	1.5
3.80	3.75	4.25		75	43	2
4.00						
4.30	4.25	4.75	0 −0.018	80	47	2.6
4.50						
4.80	4.75	5.30		86	52	3.2
5.00						
5.80	5.30	6.00		93	57	3.9
6.00						
—	6.00	6.70		101	63	3.9
6.80	6.70	7.50		109	69	4.5
7.00						
7.80	7.50	8.50	0 −0.022	117	75	5.2
8.00						
8.80	8.50	9.50		125	81	5.8
9.00						
9.80	9.50	10.00		133	87	6.5
10.00						
—	10.00	10.60		133	87	6.5
10.75	10.60	11.80		142	94	7.1
11.00						
11.75	11.80	13.20		151	101	
12.00						7.8
12.75						8.1
13.00						8.4
13.75	13.20	14.00	0 −0.027	160	108	9.1
14.00						
14.75	14.00	15.00		169	114	9.7
15.00						
15.75	15.00	16.00		178	120	10.4
16.00						
16.75	16.00	17.00		184	125	11
17.00						
17.75	17.00	18.00		191	130	11.7
18.00						
18.70	18.00	19.00	0 −0.033	198	135	12.3
19.00						
19.70	19.00	20.00		205	140	13

表 5-98 60°、90°、120°锥柄锥面锪钻（摘自 GB/T 1143—1984） mm

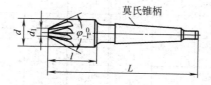

莫氏锥柄

d(h12) 基本尺寸	d(h12) 偏差	L φ=60° 基本尺寸	L φ=60° 偏差	L φ=90°和120° 基本尺寸	L φ=90°和120° 偏差	l φ=60° 基本尺寸	l φ=60° 偏差	l φ=90°和120° 基本尺寸	l φ=90°和120° 偏差	莫氏锥柄号
16	0 −0.18	97	0 −2.2	93	0 −2.2	24	0 −1.3	20	0 −1.3	1
20	0 −0.21	120		116		28		24		2
25		125		121		33	0 −1.6	29		
31.5	0 −0.25	132	0 −2.5	124	0 −2.5	40		32	0 −1.6	3
40		160		150		45		35		
50		165		153		50		38		
63	0 −0.30	200	0 −2.9	185	0 −2.9	58	0 −1.9	43	0 −1.9	4
80		215		196		73		54		

表 5-99　60°、90°、120°直柄锥面锪钻（摘自 GB/T 4258—1984）　　mm

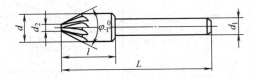

d(h12) 基本尺寸	d(h12) 偏差	d₁	L φ=60° 基本尺寸	L φ=60° 偏差	L φ=90°和120° 基本尺寸	L φ=90°和120° 偏差	l φ=60° 基本尺寸	l φ=60° 偏差	l φ=60°和120° 基本尺寸	l φ=60°和120° 偏差
8	0 −0.15	8	48	0 −0.16	44	0 −1.6	16	0 −1.1	12	0 −1.1
10		8	50		46		18		14	
12.5	0 −0.18		52	0 −1.9	48		20	0 −1.3	16	
16		10	60		56	0 −1.9	24		20	0 −1.3
20	0 −0.21	10	64		60		28		24	
25			69		65		33	0 −1.6	29	

表 5-100　带导柱直柄平底锪钻（摘自 GB/T 4260—1984）　　mm

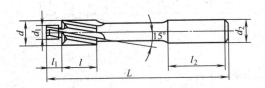

锪钻代号 (d×d₁)	d 基本尺寸	d 偏差	d_1 基本尺寸	d_1 偏差	d_2 基本尺寸	d_2 偏差	L	l	适用螺栓或螺钉规格	参考 l_1	参考 l_2
2.5×1.2	2.5	+0.051 +0.026	1.2	−0.014 −0.028	$d_2=d$	0 −0.030	45	7	M1	1.2	—
2.8×1.4	2.8		1.4						M1.2	1.4	
3.2×1.6	3.2		1.6						M1.4	1.6	
3.6×1.8	3.6		1.8						M1.6	1.8	
4.5×2.4	4.5		2.4				56	10	M2	2.4	
5×1.8	5	+0.065 +0.035	1.8						M1.6	1.8	
5×2.9			2.9						M2.5	2.9	
6×2.4	6		2.4		5		71	14	M2	2.4	31.5
6×3.4			3.4	−0.020 −0.038					M3	3.4	
7.5×2.9	7.5		2.9	−0.014 −0.028					M2.5	2.9	
8.5×3.4	8.5	+0.078 +0.042	3.4	−0.020 −0.038	8	0 −0.036	80	18	M3	3.4	35.5
8.5×4.5			4.5						M4	4.5	
10×3.4	10		3.4						M3	3.4	
10×5.5			5.5						M5	5.5	
11×4.5	11	+0.093 +0.050	4.5						M4	4.5	
12×5.5	12		5.5						M5	5.5	
12×6.6			6.6	−0.025 −0.047	12.5	0 −0.043	100	22	M6	6.6	—
15×6.6	15	+0.103 +0.060	6.6								
15×9			9						M8	9	
18×9	18		9						M8	9	
18×11			11	−0.032 −0.059					M10	11	
20×9	20	+0.125 +0.073	9	−0.025 −0.047					M8	9	
20×11			11	−0.032 −0.059					M10	11	

表 5-101　中心钻（摘自 GB/T 6078.1—1998）　　　mm

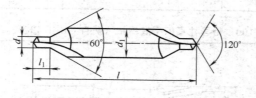

标记示例

直径 $d=2.5$mm, $d_1=6.3$mm 的直槽 A 型中心钻：

中心钻 A2.5/6.3 GB/T 6078.1—1998。

d k12	d_1 h9	l 基本尺寸	l 极限偏差	l_1 基本尺寸	l_1 极限偏差
1.00	3.15	31.5		1.3	+0.6 / 0
1.60	4.0	35.5		2.0	+0.8 / 0
2.00	5.0	40.0	±2	2.5	
2.50	6.3	45.0		3.1	+1.0 / 0
3.15	8.0	50.0		3.9	
4.00	10.0	56.0		5.0	+1.2 / 0
6.30	16.0	71.0	±3	8.0	
10.00	25.0	100.0		12.8	+1.4 / 0

二、铰刀

铰刀见表 5-102～表 5-104。

表 5-102 手用铰刀（摘自 GB/T 1131—1984） mm

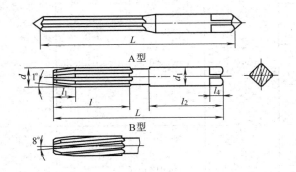

d 推荐值	d 分级范围	d 精度等级 H7	d 精度等级 H8	d_1 基本尺寸	d_1 偏差	L	l	a	l_4
5.0	>4.75～5.30	+0.010 +0.005	+0.015 +0.006		0 −0.030	87	44	4.0	7
5.5	>5.30～6.0					93	47	4.5	
6.0									
7.0	>6.7～7.5			$d=d_1$		107	54	5.6	8
8.0	>7.5～8.5	+0.012 +0.006	+0.018 +0.010		0 −0.036	115	58	6.3	9
9.0	>8.5～9.5					124	62	7.1	10
10.0	>9.5～10.0					133	66	8	11
11	>10.6～11.8					142	71	9	12
12	>11.8～13.2	+0.015 +0.008	+0.022 +0.012		0 −0.043	152	76	10	13
14	>13.2～15.0					163	81	11.2	14
16	>15.0～17.0					175	87	12.5	16
18	>17.0～19.0					188	93	14.0	18
20	>19.0～21.2			$d=d_1$		201	100	16.0	20
22	>21.2～23.6	+0.017 +0.009	+0.028 +0.016		0 −0.052	215	107	18.0	22
25	>23.6～26.5					231	115	20.0	24
28	>26.5～30.0					247	124	22.4	26
32	>30.0～33.5	+0.021 +0.012	+0.033 +0.019		0 −0.062	265	133	25.0	28
36	>33.5～37.5					284	142	28.0	31

表 5-103　直柄机用铰刀（摘自 GB/T 1132—1984）　　　　　　　mm

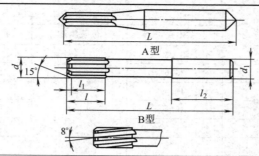

d				d_1		L	l
推荐值	分级范围	精度等级		基本尺寸	偏差		
		H7	H8				
2.8	>2.65～3.00	+0.008 +0.004	+0.011 +0.006	$d=d_1$	0 −0.025	61	15
3.0							
3.2	>3.00～3.35					65	15
3.5	>3.35～3.75					70	18
4.0	>3.75～4.25	+0.010 +0.005	+0.015 +0.008	4.0	0 −0.030	75	19
4.5	>4.25～4.75			4.5		80	21
5.0	>4.75～5.30			5.0		86	23
5.5	>5.30～6.00			5.6		93	26
6.0							
—	>6.00～6.7	+0.012 +0.006	+0.018 +0.010	6.3		101	28
7	>6.7～7.5			7.1		109	31
8	>7.5～8.5			8.0		117	33
9	>8.5～9.5			9.0	0 −0.036	125	36
10	>9.5～10.0					133	38
—	>10.0～10.6			10			
11	>10.6～11.8					142	41
12	>11.8～13.2	+0.015 +0.008	+0.022 +0.012			151	44
14	>13.2～14.0			12.5		160	47
16	>15.0～16.0					170	52
18	>17.0～18.0			14	0 −0.043	182	56
20	>19.0～20.0	+0.017 +0.009	+0.028 +0.016	16		195	60

表 5-104　锥柄机用铰刀（摘自 GB/T 1133—1984）　　　　　　　mm

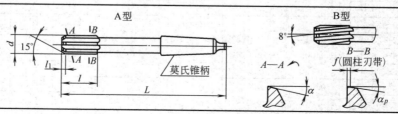

推荐值	分级范围	H7级	H8级	L 基本尺寸	L 偏差	l 基本尺寸	l 偏差	莫氏锥柄号
		精度等级						
5.5	>5.3~6.0	+0.010 +0.005	+0.015 +0.008	138	±2	26	±1	1
6.0								
—	>6.0~6.7			144		28		
7	>6.7~7.5	+0.012 +0.006	+0.018 +0.010	150		31		
8	>7.5~8.5			156		33		
9	>8.5~9.5			162		36		
10	>9.5~10.0			168		38		
—	>10.0~10.6	+0.015 +0.008	+0.022 +0.012					
11	>10.6~11.8			175		41		2
12	>11.8~13.2			182		44		
14	>13.2~14			189		47		
(15)	>14~15			204		50		
16	>15~16			210		52		
(17)	>16~17			214		54		
18	>17~18			219		56		
(19)	>18~19	+0.017 +0.009	+0.028 +0.016	223		58		
20	>19~20			228		60		
(21)	>20~21.2			232		62		
22	>21.2~22.4	+0.017 +0.009	+0.028 +0.016	237		64	±1.5	3
(23)	>22.4~23.02			241		66		
(24)	>23.02~23.6			264				
25	>23.6~25.0			268		68		
(26)	>25.0~26.5			273		70		
28	>26.5~28			277		71		
(30)	>28~30			281		73		
—	>30~31.5	+0.021 +0.012	+0.033 +0.019	285	±3	75		4
—	>31.5~31.75			290		77		
32	>31.75~33.5			317				
(34)	>33.5~35.5			321		78		
(35)								
36	>35.5~37.5			325		79		
(38)	>37.5~40.0			329		81		
40	>40.0~42.5			333		82		
45	>42.5~45.0			336		83		
(46)	>45.0~47.5			340		84		
50	>47.5~50.0			334		86		

注：带括号的尺寸尽量不采用。

三、丝锥

丝锥见表 5-105。

表 5-105　细柄机用和手用丝锥（摘自 GB/T 3464.1—2007）
mm

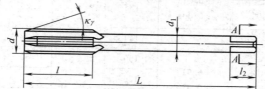

代号	公称直径 d	螺距 P	d_1	l	L	方头	
						a	l_2
M3	3.0	0.50	2.24	11.0	48	1.80	
M3.5	3.5	(0.60)	2.50	13.0	50	2.00	4
M4	4.0	0.70	3.15		53	2.50	5
M5	5.0	0.80	4.00	16.0	58	3.15	6
M6	6.0	1.00	4.5	19.0	66	3.55	
M8	8.0	1.25	6.30	22.0	72	5.00	8
M10	10.0	1.50	8.00	24.0	80	6.30	9
M12	12.0	1.75	9.00	29.0	89	7.10	10
M16	16.0	2.00	12.50	32.0	102	10.00	13
M20	20.0	2.50	14.00	37.0	112	11.20	14
M24	24.0	3.00	18.00	45.0	130	14.00	18

四、铣刀

铣刀见表 5-106～表 5-114。

表 5-106　铣刀直径选择
mm

铣刀名称	硬质合金端铣刀			圆盘铣刀				槽铣刀及切断刀			
a_p	≤4	～5	～6	≤8	～12	～20	～40	≤5	～10	～12	～25
a_e	≤60	～90	～120	～20	～25	～35	～50	≤4	≤4	～5	～10
铣刀直径	～80	100～125	160～200	～80	80～100	100～160	160～200	～63	63～80	80～100	100～125

注：如铣削背吃刀量 a_p 和铣削宽度 a_e 不能同时满足表中数值时，面铣刀应主要根据 a_e 来选择铣刀直径。

表 5-107　莫氏锥柄立铣刀（摘自 GB/T 6117.2—2010）
mm

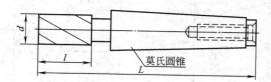

标记示例

直径 d＝12mm，总长 L＝96mm 的标准系列中齿莫氏锥柄立铣刀：

中齿莫氏锥柄立铣刀 12×96 GB/T 6117.2—2010。

直径 d＝50mm，总长 L＝200mm 的标准系列Ⅰ组中齿莫氏锥柄立铣刀：

中齿莫氏锥柄立铣刀 50×200 GB/T 6117.2—2010。

直径范围 d >	直径范围 d ≤	推荐直径 d	推荐直径 d	l 标准系列	L 标准系列 I组	L 标准系列 II组	莫氏圆锥号	齿数 粗齿	齿数 中齿	齿数 细齿
5	6	6		13	83					
6	7.5		7	16	86		1			—
7.5	9.5	8		19	89					
			9							
9.5	11.8	10	11	22	92			3	4	5
11.8	15	12	14	26	96					
					111					
15	19	16	18	32	117		2			
19	23.6	20	22	38	123					6
					140		3			
23.6	30	25	28	45	147					
30	37.5	32	36	53	155		3			
					178	201	4			
37.5	47.5	40	45	63	188	211		4	6	8
					221	249	5			
47.5	60	50		75	200	223	4			
					233	261	5			
			56		200	223	4	6	8	10
					233	261	5			
60	75	63		90	248	276				

表 5-108　整体硬质合金直柄立铣刀（摘自 GB/T 16770.1—2008）　　　mm

直径 d_1(h10)	柄部直径 d_2(h6)	总长 l_1 基本尺寸	极限偏差	刃长 l_2 基本尺寸	极限偏差
1.0	3	38	+2 0	3	+1 0
1.0	4	43		3	
1.5	3	38		4	
1.5	4	43		4	
2.0	3	38		7	
2.0	4	43		7	
2.5	3	38	+2 0	8	+1 0
2.5	4	43		8	
3.0	3	38		8	
3.0	6	57		8	
3.5	4	43		10	
3.5	6	57		10	
4.0	4	43		11	+1.5 0
4.0	6	57		11	
5.0	5	47	+2 0	13	+1.5 0
5.0	6	57		13	
6.0	6	57		13	
7.0	8	63		16	+1.5 0
8.0	8	63		19	
9.0	10	72	+2 0	19	
10.0	10	72		22	
12.0	12	76		22	
12.0	12	83		26	
14.0	14	83		26	
16.0	16	89	+3 0	32	+2 0
18.0	18	92		32	
20.0	20	101		38	

表 5-109　圆柱形铣刀（摘自 GB/T 1115—2002） mm

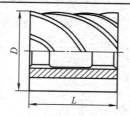

标记示例：

外径 $D=50$mm，$L=80$mm 的圆柱形铣刀；圆柱形铣刀 50×80 GB/T 1115.1—2002

D (js16)	d (H7)	L (js16)						
		40	50	63	70	80	100	125
50	22	△		△		△		
63	27		△		△			
80	32			△			△	
100	40				△			△

注：△表示有此规格。

表 5-110　镶齿套式面铣刀（摘自 JB/T 7954—1999） mm

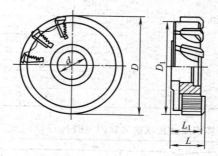

D (js16)	D_1	d (H7)	L (js16)	L_1	齿数
80	70	27	36	30	10
100	90	32	40	34	
125	115	40			14
160	150				16
200	186	50	45	37	20
250	236				26

表 5-111　直柄键槽铣刀（摘自 GB/T 1112.1—1997） mm

任选颈部

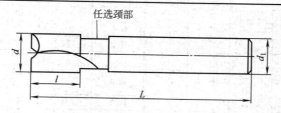

标记示例

直径 $d=10$mm，e8 偏差的标准系列普通直柄键槽铣刀：

直柄键槽铣刀 10e8 GB/T 1112.1—1997。

直径 $d=10$mm，d8 偏差的短系列削平直柄键槽铣刀：

直柄键槽铣刀 10d8 短削平柄 GB/T 1112.1—1997。

基本尺寸	极限偏差 e8	极限偏差 d8	d_1	l 短系列 基本尺寸	l 标准系列 基本尺寸	L 短系列 基本尺寸	L 标准系列 基本尺寸
2	−0.014 −0.028	−0.020 −0.034	3①	4	7	36	39
3				5	8	37	40
4	−0.020 −0.038	−0.030 −0.048	4	7	11	39	43
5			5	8	13	42	47
6			6			52	57
7	−0.025 −0.047	−0.040 −0.062	8	10	16	54	60
8				11	19	55	63
10			10	13	22	63	72

① 该尺寸不推荐采用；如采用，应与相同规格的键槽铣刀相区别。

表 5-112　莫氏锥柄键槽铣刀（摘自 GB/T 1112.2—1997）　　　　　mm

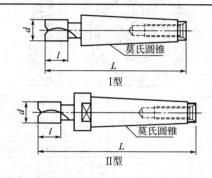

Ⅰ型

Ⅱ型

标记示例：

　　直径 $d=12$mm，总长 $L=96$mm，Ⅰ型 e8 偏差的莫氏锥柄键槽铣刀为：

　　莫氏锥柄键槽铣刀　12e8×96　Ⅰ　GB/T 1112.2—1997

基本尺寸	极限偏差 e8	极限偏差 d8	l 短系列 基本尺寸	l 标准系列 基本尺寸	L 短系列 基本尺寸 Ⅰ	L 短系列 基本尺寸 Ⅱ	L 标准系列 基本尺寸 Ⅰ	L 标准系列 基本尺寸 Ⅱ	莫氏圆锥号
10	−0.025 −0.047	−0.040 −0.062	13	22	83		92		1
12			16	26	86		96		
					101		111		2
14	−0.032 −0.059	−0.050 −0.077	16	26	86		96		1
					101		111		
16			19	32	104		117		
18					107		123		2
20	−0.040 −0.073	−0.065 −0.098	22	38	107	—	123	—	
					124		140		3
22					107		123		2
					124		140		3
24	−0.040 −0.073	−0.065 −0.098	26	45	128	—	147	—	
25									3
28									
32	−0.050 −0.089	−0.080 −0.119	32	53	134		155		3
					157	180	178	201	4
36					134	—	155	—	3
					157	180	178	201	4
40			38	63	163	186	188	211	4
					196	224	221	249	5
45			38	63	163	186	188	311	4
					196	224	221	249	5

基本尺寸	极限偏差 e8	极限偏差 d8	l 短系列 基本尺寸	l 标准系列 基本尺寸	L 短系列 I	L 短系列 II	L 标准系列 I	L 标准系列 II	莫氏圆锥号
50	−0.050 −0.089	−0.080 −0.119	45	75	170	193	200	223	4
					203	231	233	261	5
56	−0.060 −0.106	−0.100 −0.146			170	193	200	223	4
					203	231	233	261	5
63			53	90	211	239	248	276	

表 5-113　镶齿三面刃铣刀（摘自 JB/T 7953—2010）　　mm

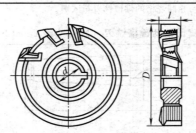

D(js16)	d(H7)	l(H12)	齿　数
80	22	12、14、16、18、20	10
100	27	12、14、16、18	12
		20、22、25	10
125	32	12、14、16、18	14
		20、22、25	12
160	40	14、16、20	18
		25、28	16
200	50	14	22
		18、22	20
		28、32	18
250		16、20	24
		25、28、32	22

表 5-114　锯片铣刀（摘自 GB/T 6120—1996）　　mm

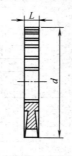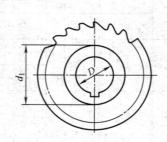

标记示例

$d=125$mm，$L=6$mm 的粗齿锯片铣刀：

粗齿锯片铣刀 125×6 GB/T 6120—1996。

$d=125$mm，$L=6$mm 的中齿锯片铣刀：

中齿锯片铣刀 125×6 GB/T 6120—1996。

$d=125$mm，$L=6$mm，$D=27$mm 的中齿锯片铣刀：

中齿锯片铣刀 125×6×27 GB/T 6120—1996。

粗齿锯片铣刀的尺寸

d(js16)	50	63	80	100	125	160	200	250
D(H7)	13	16	22	22(27)		32		
d_{1min}			34	34(40)		47	63	
L(js11)	齿数(参考)							
1.60			32		40	48		
2.00	20	24		32			48	64
2.50			24			40		
3.00		20			32			48
4.00	16			24		32	40	
5.00		16	20		24			40
6.00				20			32	

中齿锯片铣刀的尺寸

d(js16)	32	40	50	63	80	100	125	160	200	250
D(H7)	8	10(13)	13	16	22	22(27)		32		
d_{1min}					34	34(40)		47	63	
L(js11)	齿数(参考)									
1.60	24	32		40	48		64	80		
2.00			32			48			80	100
2.50		24			40			64		
3.00	20			32			48			80
4.00		20	24			40			64	
5.00				24	32		40	48		64
6.00						32			48	

五、齿轮滚刀

齿轮滚刀见表 5-115。

表 5-115 齿轮滚刀的基本形式和尺寸（GB/T 6083—1985）　　　　　　mm

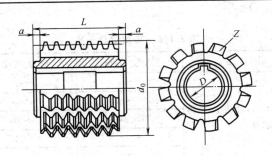

模数系列		I型					II型				
1	2	d_e	L	D	a_{min}	z	d_e	L	D	a_{min}	z
1		63	63	27			50	32			
1.25						16			22		
1.5											
	1.75	71	71				63	40			
2				32							
	2.25	80	80								
2.5		90	90					50			12
	2.75						71	56	27		
3		100	100	40		14		63			
	3.25						80	71			
	3.5				5		90	80		5	
	3.75						90	90	32		
4		112	112				100	100			
	4.5						112	112			
5		125	125				118	118			
	5.5			50			118	125	40		
6		140	140				125	132		10	10
	6.5					12	140	150			
	7	160	160				150	170	50		
8		180	180	60							
	9										
10		200	200								

注：1. 本标准等效采用国际标准 ISO 2490—1975《带轴向键槽的单头整体齿轮滚刀的公称尺寸》。

2. 本标准滚刀用于加工基准齿轮按 GB/T 1356—1978《渐开线圆柱齿轮基准齿形》规定的齿轮。

3. 滚刀I型适用于 JB/T 3327—1983《高精度齿轮滚刀通用技术条件》所规定的 AAA 级滚刀及 GB/T 6084—1985《齿轮滚刀通用技术条件》所规定的 AA 级滚刀。II型适用于 GB/T 6085—1985 所规定的 AA、A、B、C 四种精度的滚刀。

4. 滚刀为单头、右旋，容屑槽是平行于轴线的直槽。

第六节　常　用　量　具

一、常用量具一览

常用量具一览见表 5-116。

表 5-116　常用量具一览

mm

量具名称	用　途	公称规格	测量范围	读　数　值
百分表	几何形状,相互位置位移,长、宽、高	0～3	0～3	0.01
		0～5	0～5	0.01
		0～10	0～10	0.01
千分表		0～1	0～1	0.001
		0～2	0～2	0.005

量具名称	用　　　途	公称规格	测量范围	读　数　值
内径百分表	内径、几何形状、位移量	10～18	10～18	0.01
		18～35	18～35	0.01
		35～50	35～50	0.01
		50～100	50～100	0.01
		100～160	100～160	0.01
		160～250	160～250	0.01
三用游标卡尺	内径、外径、长度、高度、深度	125×0.05	0～125	0.05
		125×0.02	0～125	0.02
		150×0.05	0～150	0.05
		150×0.02	0～150	0.02
两用/双面游标卡尺	内径、外径、长度	200×0.05	0～200	0.05
		200×0.02	0～200	0.02
		300×0.05	0～300	0.05
		300×0.02	0～300	0.02
深度游标卡尺	沟槽深度、孔深、台阶高度及其他	200×0.05	0～200	0.05
		200×0.02	0～200	0.02
		300×0.05	0～300	0.05
		300×0.02	0～300	0.02
		500×0.05	0～500	0.05
		500×0.02	0～500	0.02
外径千分尺	外径、厚度或长度	0～25	0～25	0.01
		25～50	25～50	0.01
		50～75	50～75	0.01
		75～100	75～100	0.01
		100～125	100～125	0.01
		125～175	125～175	0.01
内径千分尺	内径、沟槽的内侧面尺寸	5～30	5～30	0.01
		25～50	25～50	0.01
		50～175	50～175	0.01
		50～250	50～250	0.01
		50～575	50～575	0.01
		50～600	50～600	0.01

二、极限量规

极限量规见表 5-117、表 5-118。

表 5-117　孔用极限量规形式和尺寸（GB/T 6322—1986）　　　　mm

类型	形　　　式	基本尺寸 D	L	L₁	L₂
针式塞规		1～3	65	12	8
		3～6	80	15	10

类型	形式	基本尺寸D	L	基本尺寸D	L
锥柄圆柱塞规		1~3	62	>14~18	114
		>3~6	74	>18~24	132
		>6~10	87	>24~30	136
		>10~14	99	>30~40	155
				>40~50	169

类型	形式	D	双头塞规 L	单头通端塞规 L_1	单头止端塞规 L_1
三牙锁紧式圆柱塞规		>40~50	164	148	141
		>50~65	169	153	141
		>65~80		173	165
		>80~90		173	165
		>90~95		173	165
		>95~100		173	165
		>100~110		173	165
		>110~120		178	165

表 5-118 轴用极限量规形式和尺寸 (GB/T 6322—1986) mm

名称	形式	基本尺寸 D	D_1	L_1	L_2	b	基本尺寸 D	D_1	L_1	L_2	b
圆柱环规		1~2.5	16	4	6		>32~40	71	18	24	2
		>2.5~5	22	5	10	1	>40~50	85	20	32	
		>5~10	32	8	12		>50~60	100	20	32	
		>10~15	38	10	14		>60~70	112	24	32	
		>15~20	45	12	16	2	>70~80	125	24	32	3
		>20~25	53	14	18		>80~90	140	24	32	
		>25~32	63	16	20		>90~100	160	24	32	

名称	形式	D	L	l	B	d	b
双头卡规		>3~6	45	22.5	26	10	14
		>6~10	52	26	30	12	20

名称	形式	基本尺寸 D	D_1	H	B	基本尺寸 D	D_1	H	B
单头双极限卡规		1~3	32	31		>30~40	82	72	8
		>3~6	32	31	4	>40~50	94	82	8
		>6~10	40	38	4	>50~65	116	100	10
		>10~18	50	46	5	>65~80	136	114	10
		>18~30	65	58	6				

三、公法线千分尺

公法线千分尺见表5-119。

表 5-119　公法线千分尺基本参数（GB/T 1217—1986）   mm

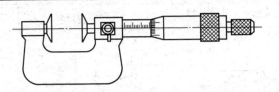

分 度 值	测 量 范 围	示 值 误 差
0.01	0～25,25～50	0.004
	50～75,75～100	0.005
	100～125,125～150	0.006

第七节　常见加工方法切削用量的选择

一、车削用量选择

车削用量选择见表5-120～表5-134。

表 5-120　车刀刀杆及刀片尺寸的选择

1. 刀杆尺寸

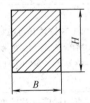

断面形状	尺寸 B×H/(mm×mm)							
矩形刀杆	10×16	12×20	16×25	20×30	25×40	30×45	40×60	50×80
方形刀杆	12×12	16×16	20×20	25×25	30×30	40×40	50×50	65×65

2. 根据车床中心高选择刀杆尺寸

车床中心高/mm	150	180～200	260～300	350～400
刀杆横断面 B×H/(mm×mm)	12×20	16×25	20×30	25×40

3. 根据刀杆尺寸选择刀片尺寸

刀杆尺寸 B×H/(mm×mm)	10×16	12×20	16×16	16×25	20×20	20×30	25×25	25×40	30×45	40×60	50×80
刀片厚度/mm	3.0	3.5～4	4.5	4.5～6	5.5	6～8	7	7～8.5	8.5～10	9.5～12	10.5

4. 根据背吃刀量及进给量选择刀片尺寸

a_p/mm	3.2			4.8			6.4		7.9			9.5		12.7	
进给量 f/(mm/r)	0.2～0.3	0.38	0.51	0.2～0.25	0.3～0.51	0.63	0.25～0.38	0.38～0.63	0.25～0.3	0.38～0.63	0.76	0.25～0.3	0.38～0.63	0.3～0.51	0.63～0.76
刀片厚度/mm	3.2	4.8	4.8	3.2	4.8	6.4	4.8	6.4	4.8	6.4	6.4～7.9	4.8	6.4	7.9	7.9

注：方形刀杆尺寸同上。

· 181 ·

表 5-121 车刀切削部分的几何形状

1. 前刀面形状

高速钢车刀

名　　称	Ⅰ型　平面型	Ⅱ型　平面带倒棱型	Ⅲ型　卷屑槽带倒棱型
简图	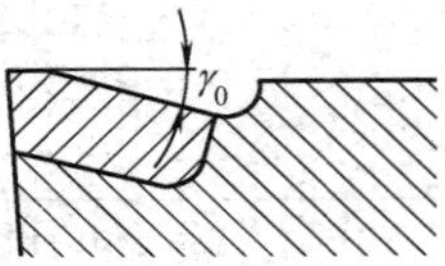	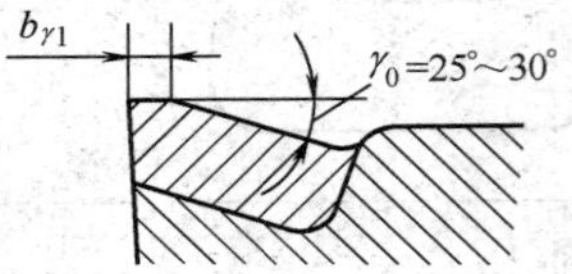	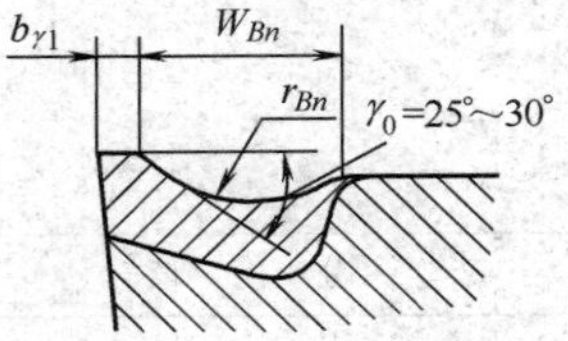
应用范围	加工铸铁；在 $f \leqslant 0.2mm/r$ 时加工钢料；刃形复杂的车刀	在 $f > 0.2mm/r$ 时加工钢料	加工钢料时保证卷屑

硬质合金车刀

名　　称	Ⅰ型　平面型	Ⅱ型　平面带倒棱型	Ⅲ型　卷屑槽带倒棱型
简图	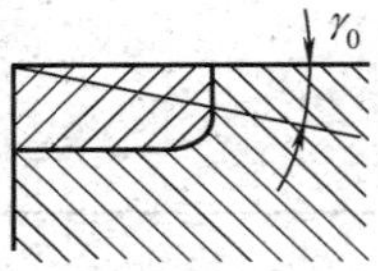	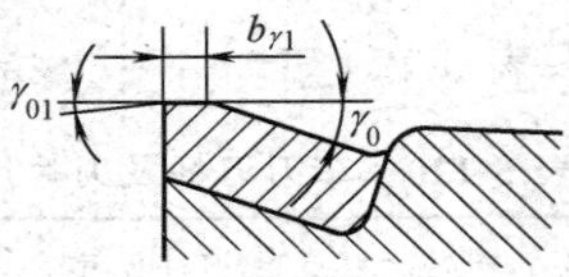	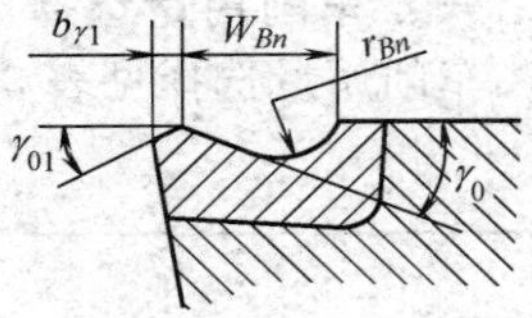
应用范围	当前角为负值时，在系统刚性很好时加工 $\sigma_b > 800MPa$ 的钢料；当前角为正值时，加工脆性材料；在吃刀量及进给量很小时精加工 $\sigma_b \leqslant 800MPa$ 的钢料	加工灰铸铁和可锻铸铁；加工 $\sigma_b \leqslant 800MPa$ 的钢料；在系统刚性较差时，加工 $\sigma_b > 800MPa$ 的钢料	在 $a_p = 1 \sim 5mm$、$f \geqslant 0.3mm/r$ 时，加工 $\sigma_b \leqslant 800MPa$ 的钢料，保证卷屑

2. 车刀的前角及后角

高速钢车刀

加　工　材　料		前角 $\gamma_0/(°)$	后角 $\alpha_0/(°)$
钢和铸钢	$\sigma_b = 400 \sim 500MPa$	25～30	8～12
	$\sigma_b = 700 \sim 1000MPa$	5～10	5～8
灰铸铁	160～180HBS	12	6～8
	220～260HBS	6	6～8
可锻铸铁	140～160HBS	15	6～8
	170～190HBS	12	6～8

硬质合金车刀

加　工　材　料		前角 $\gamma_0/(°)$	后角 $\alpha_0/(°)$
结构钢、合金钢、铸钢	$\sigma_b < 800MPa$	10～15	6～8
	$\sigma_b = 800 \sim 1000MPa$	5～10	6～8
灰铸铁、青铜、脆黄铜		5～15	6～8

3. 主 偏 角

工 作 条 件	主偏角 κ_r/(°)
在系统刚性特别好的条件下以小切削深度进行精车。工件硬度很高,车削冷硬铸铁及淬硬钢	10～30
在系统刚性较好($l/d<6$)条件下加工,加工盘套之类工件	30～45
在系统刚性较差($l/d=6$～12)条件下车削、刨削及镗孔	60～75
在毛坯上不留小凸柱的切断车刀	80
在系统刚性差($l/d>12$)条件下加工,车阶梯表面、车端面、切槽及切断	90～93

4. 副 偏 角

工 作 条 件	副偏角 κ_r'/(°)
宽刃车刀及具有修光刃的车刀、刨刀	0
切槽及切断	1～3
精车,精刨	5～10
粗车,粗刨	10～15
粗镗	15～20
有中间切入的切削	30～45

5. 刃 倾 角

工 作 条 件	刃倾角 λ_s/(°)
精车及精镗	0～5
$\kappa_r=90°$车刀的车削及镗孔、切断及切槽	0
钢料的粗车及粗镗	0～-5
铸铁的粗车及粗镗	-10
带冲击的不连续车削、刨削	-10～-15
带冲击加工淬硬钢	-30～-45

6. 刀尖圆弧半径

车刀种类及材料	加工性质	车刀尺寸 $B\times H$/(mm×mm)				
		12×20	16×25 20×20	20×30 25×25	25×40 30×30	30×45 40×40 以上
		刀尖圆弧半径 r_ε/mm				
外圆车刀、端面 车刀、镗刀	高速钢 粗加工	1～1.5	1～1.5	1.5～2.0	1.5～2.0	—
	精加工	1.5～2.0	1.5～2.0	2.0～3.0	2.0～3.0	—
	硬质合金 粗、精加工	0.3～0.5	0.4～0.8	0.5～1.0	0.5～1.5	1.0～2.0
切断及切槽刀		0.2～0.5				

表 5-122 硬质合金及高速钢车刀粗车外圆和端面的进给量

加工材料	车刀刀杆尺寸 $B \times H$ /(mm×mm)	工件直径/mm	背吃刀量 a_p/mm				
			≤3	>3~5	>5~8	>8~12	12以上
			进给量 f/(mm/r)				
碳素结构钢、合金结构钢、耐热钢	16×25	20	0.3~0.4	—	—	—	—
		40	0.4~0.5	0.3~0.4	—	—	—
		60	0.5~0.7	0.4~0.6	0.3~0.5	—	—
		100	0.6~0.9	0.5~0.7	0.5~0.6	0.4~0.5	—
		400	0.8~1.2	0.7~1.0	0.6~0.8	0.5~0.6	—
	20×30 25×25	20	0.3~0.4	—	—	—	—
		40	0.4~0.5	0.3~0.4	—	—	—
		60	0.6~0.7	0.5~0.7	0.4~0.6	—	—
		100	0.8~1.0	0.7~0.9	0.5~0.7	0.4~0.7	—
		600	1.2~1.4	1.0~1.2	0.8~1.0	0.6~0.9	0.4~0.6
	25×40	60	0.6~0.9	0.5~0.8	0.4~0.7	—	—
		100	0.8~1.2	0.7~1.1	0.6~0.9	0.5~0.8	—
		1000	1.2~1.5	1.1~1.5	0.9~1.2	0.8~1.0	0.7~0.8
	30×45 40×60	500	1.1~1.4	1.1~1.4	1.0~1.2	0.8~1.2	0.7~1.1
		2500	1.3~2.0	1.3~1.8	1.2~1.6	1.1~1.5	1.0~1.5
铸铁、铜合金	16×25	40	0.4~0.5	—	—	—	—
		60	0.6~0.8	0.5~0.8	0.4~0.6	—	—
		100	0.8~1.2	0.7~1.0	0.6~0.8	0.5~0.7	—
		400	1.0~1.4	1.0~1.2	0.8~1.0	0.6~0.8	—
	20×30 25×25	40	0.4~0.5	—	—	—	—
		60	0.6~0.9	0.5~0.8	0.4~0.7	—	—
		100	0.9~1.3	0.8~1.2	0.7~1.0	0.5~0.8	—
		600	1.2~1.8	1.2~1.6	1.0~1.3	0.9~1.1	0.7~0.9
	25×40	60	0.6~0.8	0.5~0.8	0.4~0.7	—	—
		100	1.0~1.4	0.9~1.2	0.8~1.0	0.6~0.9	—
		1000	1.5~2.0	1.2~1.8	1.0~1.4	1.0~1.2	0.8~1.0
	30×45 40×60	500	1.4~1.8	1.2~1.6	1.0~1.4	1.0~1.3	0.9~1.2
		2500	1.6~2.4	1.6~2.0	1.4~1.8	1.3~1.7	1.2~1.7

注：1. 加工断续表面及有冲击地加工时，表内的进给量应乘系数 $k=0.75\sim0.85$。

2. 加工耐热钢及其合金时，不采用大于 1.0mm/r 的进给量。

3. 可转位刀片的允许最大进给量不应超过其刀尖圆弧半径数值的 80%。

表5-123 硬质合金及高速钢镗刀粗镗孔的进给量

镗刀或镗杆		加工材料											
圆形镗刀直径或方形镗杆尺寸/mm	镗刀或镗杆伸出长度/mm	碳素结构钢、合金结构钢、耐热钢（车床和转塔车床）						铸铁、铜合金（车床）					
		背吃刀量 a_p/mm						背吃刀量 a_p/mm					
		2	3	5	8	12	20	2	3	5	8	12	20
		进给量 f/(mm/r)											
10	50	0.08	—	—	—	—	—	0.12~0.16	—	—	—	—	—
12	60	0.10	0.08	—	—	—	—	0.12~0.20	0.12~0.18	—	—	—	—
16	80	0.10~0.20	0.15	0.10	—	—	—	0.20~0.30	0.15~0.25	0.10~0.18	—	—	—
20	100	0.15~0.30	0.15~0.25	0.12	—	—	—	0.30~0.40	0.25~0.35	0.12~0.25	—	—	—
25	125	0.25~0.50	0.15~0.40	0.12~0.20	—	—	—	0.40~0.60	0.30~0.50	0.25~0.35	—	—	—
30	150	0.40~0.70	0.20~0.50	0.12~0.30	—	—	—	0.50~0.80	0.40~0.60	0.25~0.45	—	—	—
40	200	—	0.25~0.60	0.15~0.40	—	—	—	—	0.60~0.80	0.30~0.60	—	—	—
40×40	150	—	0.60~1.0	0.50~0.70	—	—	—	—	0.70~1.2	0.50~0.90	0.40~0.50	—	—
40×40	300	—	0.40~0.70	0.30~0.60	—	—	—	—	0.60~0.90	0.40~0.70	0.30~0.40	—	—
60×60	150	—	0.90~1.2	0.80~1.0	0.60~0.80	—	—	—	1.0~1.5	0.80~1.2	0.60~0.90	—	—
60×60	300	—	0.70~1.0	0.50~0.80	0.40~0.70	—	—	—	0.90~1.2	0.70~0.90	0.50~0.70	—	—
75×75	300	—	0.90~1.3	0.80~1.1	0.70~0.90	—	—	—	1.1~1.6	0.90~1.3	0.70~1.0	—	—
75×75	500	—	0.70~1.0	0.60~0.90	0.50~0.70	—	—	—	0.70~1.1	0.70~1.1	0.60~0.80	—	—
75×75	800	—	0.40~0.70	—	—	—	—	—	—	0.60~0.80	—	—	—

注：1. 背吃刀量较小、加工材料强度较低时，进给量取较大值；切削深度较大、加工材料强度较高时，进给量取较小值。

2. 加工耐热钢及其合金钢时，不采用大于1mm/r的进给量。

3. 加工断续表面及有冲击地加工时，表内进给量应乘系数0.75~0.85。

4. 加工淬硬钢时，表内进给量应乘系数$k=0.8$（当材料硬度为44~56HRC时）或$k=0.5$（当材料硬度为57~62HRC时）。

5. 可转位刀片的允许最大进给量不应超过其刀尖圆弧半径数值的80%。

表 5-124　硬质合金外圆车刀半精车的进给量

工件材料	表面粗糙度 $Ra/\mu m$	切削速度范围 /(m/min)	刀尖圆弧半径 r_ε/mm		
			0.5	1.0	2.0
			进给量 f/(mm/r)		
铸铁、青铜、铝合金	6.3	不限	0.25~0.40	0.40~0.50	0.50~0.60
	3.2		0.15~0.25	0.25~0.40	0.40~0.60
	1.6		0.10~0.15	0.15~0.20	0.20~0.35
碳钢、合金钢	6.3	<50	0.30~0.50	0.45~0.60	0.55~0.70
		>50	0.40~0.55	0.55~0.65	0.65~0.70
	3.2	<50	0.18~0.25	0.25~0.30	0.3~0.40
		>50	0.25~0.30	0.30~0.35	0.35~0.50
	1.6	<50	0.10	0.11~0.15	0.15~0.22
		50~100	0.11~0.16	0.16~0.25	0.25~0.35
		>100	0.16~0.20	0.20~0.25	0.25~0.35

注：1. $r_\varepsilon=0.5$mm 用于 12mm×20mm 以下刀杆，$r_\varepsilon=1$mm 用于 30mm×30mm 以下刀杆，$r_\varepsilon=2$mm 用于 30mm× 45mm 及以上刀杆。

2. 带修光刃的大进给切削法在进给量 1.0~1.5mm/r 时可获表面粗糙度 Ra3.2~1.6μm；宽刃精车刀的进给量还可更大些。

表 5-125　切断及车槽的进给量

切断刀				车槽刀					
切断刀宽度 /mm	刀头长度 /mm	工件材料		车槽刀宽度/mm	刀头长度 /mm	刀杆截面 /mm	工件材料		
		钢	灰铸铁				钢	灰铸铁	
		进给量 f/(mm/r)					进给量 f/(mm/r)		
2	15	0.07~0.09	0.10~0.13	6	16	10×16	0.17~0.22	0.24~0.32	
3	20	0.10~0.14	0.15~0.20	10	20		0.10~0.14	0.15~0.21	
5	35	0.19~0.25	0.27~0.37	6	20		0.19~0.25	0.27~0.36	
	65	0.10~0.13	0.12~0.16		25	12×20	0.16~0.21	0.22~0.30	
6	45	0.20~0.26	0.28~0.37	12	30		0.14~0.18	0.20~0.26	

注：加工 $\sigma_b\leqslant0.588$GPa 钢及硬度≤180HBS 铸铁，用大进给量；反之，用小进给量。

表 5-126　切断及车槽的切削速度　　　　　　　　　　　　　　　　m/min

进给量 f/(mm/r)	高速钢车刀 W18Cr4V		YT5(P 类)	YG6(K 类)
	工　件　材　料			
	碳钢 $\sigma_b=0.735$GPa	可锻铸铁 150HBS	钢 $\sigma_b=0.735$GPa	灰铸铁 190HBS
	加切削液		不加切削液	
0.08	35	59	179	83
0.10	30	53	150	76

进给量 f/(mm/r)	高速钢车刀 W18Cr4V		YT5(P 类)	YG6(K 类)
	工 件 材 料			
	碳钢 $\sigma_b=0.735$GPa	可锻铸铁 150HBS	钢 $\sigma_b=0.735$GPa	灰铸铁 190HBS
	加切削液		不加切削液	
0.15	23	44	107	65
0.20	19	38	87	58
0.25	17	34	73	53
0.30	15	30	62	49
0.40	12	26	50	44
0.50	11	24	41	40

表 5-127　车刀的磨钝标准及寿命

	车刀类型	刀具材料	加工材料	加工性质	后刀面最大磨损限度/mm
磨钝标准	外圆车刀、端面车刀、镗刀	高速钢	碳钢、合金钢、铸钢、有色金属	粗车	1.5～2.0
				精车	1.0
			灰铸铁、可锻铸铁	粗车	2.0～3.0
				半精车	1.5～2.0
			耐热钢、不锈钢	粗、精车	1.0
		硬质合金	碳钢、合金钢	粗车	1.0～1.4
				精车	0.4～0.6
			铸铁	粗车	0.8～1.0
				精车	0.6～0.8
			耐热钢、不锈钢	粗、精车	0.8～1.0
			钛合金	精、半精车	0.4～0.5
			淬硬钢	精车	0.8～1.0
	切槽及切断刀	高速钢	钢、铸钢	—	0.8～1.0
			灰铸铁		1.5～2.0
		硬质合金	钢、铸钢		0.4～0.6
			灰铸铁		0.6～0.8
车刀寿命	刀具材料		硬质合金	高速钢	
			普通车刀	普通车刀	
	车刀寿命 T/min		60	60	

注：以上为焊接车刀的寿命，机夹可转位车刀的寿命可适当降低，一般选为 30min。

表 5-128　用 YT15 硬质合金车刀车削碳钢、铬钢、镍铬钢及铸钢时的切削速度

钢 σ_b/MPa	440~490	500~550	560~620	630~700	710~790	800~890	900~1000	>1000
切削深度 a_p/mm	1.4	—	—	—	—	—	—	—
	3	1.4	—	—	—	—	—	—
	7	3	1.4	—	—	—	—	—
	15	7	3	1.4	—	—	—	—
	—	15	7	3	1.4	—	—	—
	—	—	15	7	3	1.4	—	—
	—	—	20	15	7	3	1.4	1.4
	—	—	—	20	15	7	3	3
	—	—	—	—	20	15	7	7
	—	—	—	—	—	20	15	15

进给量 f/(mm/r)

0.25	0.38	0.54	0.75	0.97	1.27	1.65	2.15	—	—	—	—	—	—	—	—
0.14	0.25	0.38	0.54	0.75	0.97	1.27	1.65	2.15	—	—	—	—	—	—	—
—	0.14	0.25	0.38	0.54	0.75	0.97	1.27	1.65	2.15	—	—	—	—	—	—
—	—	0.14	0.25	0.38	0.54	0.75	0.97	1.27	1.65	2.15	—	—	—	—	—
—	—	—	0.14	0.25	0.38	0.54	0.75	0.97	1.27	1.65	2.15	—	—	—	—
—	—	—	—	0.14	0.25	0.38	0.54	0.75	0.97	1.27	1.65	2.15	—	—	—
—	—	—	—	—	0.14	0.25	0.38	0.54	0.75	0.97	1.27	1.65	2.15	—	—
—	—	—	—	—	—	0.14	0.25	0.38	0.54	0.75	0.97	1.27	1.65	2.15	2.15
—	—	—	—	—	—	—	0.14	0.25	0.38	0.54	0.75	0.97	1.27	1.65	1.65
—	—	—	—	—	—	—	—	0.14	0.25	0.38	0.54	0.75	0.97	1.27	1.27
—	—	—	—	—	—	—	—	—	0.14	0.25	0.38	0.54	0.75	0.97	0.97

切削速度 v_c/(m/min)

250	222	198	176	156	138	123	109	97.0	86.4	76.8	68.4	60.6	54.0	48.0	42.6

加工性质：外圆纵车

注：加工条件改变时切削速度的修正系数见表 2-9。

表 5-129　用 YG6 硬质合金车刀车削灰铸铁时的切削速度

灰铸铁硬度/HBS	150~164	165~181	182~199	200~219	220~241	242~265
切削深度 a_p/mm	0.8	—	—	—	—	—
	1.8	0.8	—	—	—	—
	4	1.8	0.8	—	—	—
	9	4	1.8	0.8	—	—
	20	9	4	1.8	0.8	—
	—	20	9	4	1.8	0.8
	—	—	20	9	4	1.8
	—	—	—	20	9	4
	—	—	—	—	20	9
	—	—	—	—	—	20

进给量 f/(mm/r)

0.23	0.42	0.56	0.75	1.0	1.0	1.34	1.8	1.8	2.5	3.3	3.3	3.3	3.3	3.3	3.3	3.3
0.14	0.23	0.42	0.56	0.75	0.75	1.0	1.34	1.34	1.8	2.5	2.5	2.5	2.5	2.5	2.5	2.5
—	0.14	0.23	0.42	0.56	0.56	0.75	1.0	1.0	1.34	1.8	1.8	1.8	1.8	1.8	1.8	—
—	—	0.14	0.23	0.42	0.42	0.56	0.75	0.75	1.0	1.34	1.34	1.34	1.34	1.34	—	—
—	—	—	0.14	0.23	0.23	0.42	0.56	0.56	0.75	1.0	1.0	1.0	1.0	—	—	—
—	—	—	—	0.14	0.14	0.23	0.42	0.42	0.56	0.75	0.75	0.75	—	—	—	—
—	—	—	—	—	—	0.14	0.23	0.23	0.42	0.56	0.56	—	—	—	—	—
—	—	—	—	—	—	—	0.14	0.14	0.23	0.42	—	—	—	—	—	—
—	—	—	—	—	—	—	—	—	0.14	0.23	—	—	—	—	—	—
—	—	—	—	—	—	—	—	—	—	0.14	—	—	—	—	—	—

切削速度 v_c/(m/min)

163	144	128	114	101	90	80	71	63	57	50	44	40	35	31	28	25

加工性质：外圆纵车

注：加工条件改变时切削速度的修正系数见表 2-9。

表5-130 硬质合金车刀加工时的主切削力

进给量 f/(mm/r) 与 背吃刀量 a_p/mm

加工材料 — 铸铁硬度/HBS: 160~245；钢 σ_b/MPa: <580、580~970、>970

铸铁 160~245	钢 <580	钢 580~970	钢 >970	\multicolumn{22}{c}{背吃刀量 a_p/mm}
0.30	0.30	0.37	—	2.8 3.4 4.0 4.8 5.7 6.8 8.0 9.7 11.5 14 16.5 20 — — — — — — — — — —
0.37	0.37	0.47	0.30	2.4 2.8 3.4 4.0 4.8 5.7 6.8 8.0 9.7 11.5 14 16.5 20 — — — — — — — — —
0.47	0.47	0.60	0.37	2.0 2.4 2.8 3.4 4.0 4.8 5.7 6.8 8.0 9.7 11.5 14 16.5 20 — — — — — — — —
0.60	0.60	0.75	0.47	— 2.0 2.4 2.8 3.4 4.0 4.8 5.7 6.8 8.0 9.7 11.5 14 16.5 20 — — — — — — —
0.75	0.75	0.96	0.60	— — 2.0 2.4 2.8 3.4 4.0 4.8 5.7 6.8 8.0 9.7 11.5 14 16.5 20 — — — — — —
0.96	0.96	1.2	0.75	— — — 2.0 2.4 2.8 3.4 4.0 4.8 5.7 6.8 8.0 9.7 11.5 14 16.5 20 — — — — —
1.2	1.2	1.5	0.96	— — — — 2.0 2.4 2.8 3.4 4.0 4.8 5.7 6.8 8.0 9.7 11.5 14 16.5 20 — — — —
1.5	1.5	1.9	1.2	— — — — — 2.0 2.4 2.8 3.4 4.0 4.8 5.7 6.8 8.0 9.7 11.5 14 16.5 20 — — —
1.9	1.9	2.5	1.5	— — — — — — 2.0 2.4 2.8 3.4 4.0 4.8 5.7 6.8 8.0 9.7 11.5 14 16.5 20 — —
2.5	2.5	—	1.9	— — — — — — — 2.0 2.4 2.8 3.4 4.0 4.8 5.7 6.8 8.0 9.7 11.5 14 16.5 20 —
—	—	—	2.5	— — — — — — — — 2.0 2.4 2.8 3.4 4.0 4.8 5.7 6.8 8.0 9.7 11.5 14 16.5 20

主切削力 F_c/N

材料	切削速度 v_c/(m/min)	\multicolumn{22}{c}{F_c/N（对应上表各 a_p 列）}
钢	31	1640 1960 2350 2790 3330 3970 4750 5690 6770 8040 9610 11470 13730 16380 19620 23540 27960 33350 39730 47580 56900 67690
钢	55	1500 1780 2110 2550 3040 3630 4310 5200 6180 7450 8830 10490 12550 15010 17850 21090 25500 30410 36290 43160 51990 61800
钢	100	1370 1640 1960 2350 2790 3330 3970 4750 5690 6770 8040 9610 11470 13730 16380 19620 23540 27960 33350 39730 47580 56900
钢	180	1250 1470 1780 2110 2550 3040 3630 4310 5200 6180 7450 8830 10490 12550 15010 17850 21090 25500 30410 36290 43160 51900
钢	325	1140 1370 1640 1960 2350 2790 3330 3970 4750 5690 6770 8040 9610 11470 13730 16380 19620 23540 27960 33350 39730 47580
钢	590	1050 1250 1470 1780 2110 2550 3040 3630 4310 5200 6180 7450 8830 10490 12550 15010 17850 21600 25500 30410 36290 43160
灰铸铁	—	840 1000 1190 1420 1700 2010 2400 2890 3430 4120 4900 5880 7060 8430 10000 11970 14220 17070 20110 24030 28940 34820

注：车刀前角及主偏角改变时，主切削力的修正系数 $k_{\gamma_o F_c}$ 及 $k_{\kappa_r F_c}$，见表2-12或表2-9。

表 5-131 硬质合金车刀车削钢料时的进给力

背吃刀量 a_p/mm（钢/MPa）与 进给量 f/(mm/r)

460~560	570~670	680~810	820~970	980~1110	\multicolumn{23}{进给量 f/(mm/r)}																					
2.0	—	—	—	—	0.26	0.36	0.53	0.75	1.8	4.4	—	—	—	—	—	—	—	—	—	—	—	—	—	—	—	—	—
2.4	2.0	—	—	—	—	0.26	0.36	0.53	0.75	1.8	4.4	—	—	—	—	—	—	—	—	—	—	—	—	—	—	—	—
2.8	2.4	2.0	—	—	—	—	0.26	0.36	0.53	0.75	1.8	4.4	—	—	—	—	—	—	—	—	—	—	—	—	—	—	—
3.4	2.8	2.4	2.0	—	—	—	—	0.26	0.36	0.53	0.75	1.8	4.4	—	—	—	—	—	—	—	—	—	—	—	—	—	—
4.0	3.4	2.8	2.4	2.0	—	—	—	—	0.26	0.36	0.53	0.75	1.8	4.4	—	—	—	—	—	—	—	—	—	—	—	—	—
4.8	4.0	3.4	2.8	2.4	—	—	—	—	—	0.26	0.36	0.53	0.75	1.8	4.4	—	—	—	—	—	—	—	—	—	—	—	—
5.7	4.8	4.0	3.4	2.8	—	—	—	—	—	—	0.26	0.36	0.53	0.75	1.8	4.4	—	—	—	—	—	—	—	—	—	—	—
6.8	5.7	4.8	4.0	3.4	—	—	—	—	—	—	—	0.26	0.36	0.53	0.75	1.8	4.4	—	—	—	—	—	—	—	—	—	—
8.0	6.8	5.7	4.8	4.0	—	—	—	—	—	—	—	—	0.26	0.36	0.53	0.75	1.8	4.4	—	—	—	—	—	—	—	—	—
9.7	8.0	6.8	5.7	4.8	—	—	—	—	—	—	—	—	—	0.26	0.36	0.53	0.75	1.8	4.4	—	—	—	—	—	—	—	—
11.5	9.7	8.0	6.8	5.7	—	—	—	—	—	—	—	—	—	—	0.26	0.36	0.53	0.75	1.8	4.4	—	—	—	—	—	—	—
14	11.5	9.7	8.0	6.8	—	—	—	—	—	—	—	—	—	—	—	0.26	0.36	0.53	0.75	1.8	4.4	—	—	—	—	—	—
16.5	14	11.5	9.7	8.0	—	—	—	—	—	—	—	—	—	—	—	—	0.26	0.36	0.53	0.75	1.8	4.4	—	—	—	—	—
20	16.5	14	11.5	9.7	—	—	—	—	—	—	—	—	—	—	—	—	—	0.26	0.36	0.53	0.75	1.8	4.4	—	—	—	—
—	20	16.5	14	11.5	—	—	—	—	—	—	—	—	—	—	—	—	—	—	0.26	0.36	0.53	0.75	1.8	4.4	—	—	—
—	—	20	16.5	14	—	—	—	—	—	—	—	—	—	—	—	—	—	—	—	0.26	0.36	0.53	0.75	1.8	4.4	—	—
—	—	—	20	16.5	—	—	—	—	—	—	—	—	—	—	—	—	—	—	—	—	0.26	0.36	0.53	0.75	1.8	4.4	—
—	—	—	—	20	—	—	—	—	—	—	—	—	—	—	—	—	—	—	—	—	—	0.26	0.36	0.53	0.75	1.8	4.4

进给力 F_f/N（主偏角 $\kappa_r=45°$）

切削速度 v_c/(m/min)	\multicolumn{23}{进给力 F_f/N}																						
40	445	530	630	760	905	1070	1280	1530	1820	2160	2600	3090	3730	4410	5300	6280	7550	9030	10690	12750	15300	18250	21580
65	375	445	530	630	760	905	1070	1280	1530	1820	2160	2600	3090	3730	4410	5300	6280	7550	9030	10690	12750	15300	18250
100	315	375	445	530	630	760	905	1070	1280	1530	1820	2160	2600	3090	3730	4410	5300	6280	7550	9030	10690	12750	15300
155	265	315	375	445	530	630	760	905	1070	1280	1530	1820	2160	2600	3090	3730	4410	5300	6280	7550	9030	10690	12750
242	215	265	315	375	445	530	630	760	905	1070	1280	1530	1820	2160	2600	3090	3730	4410	5300	6280	7550	9030	10690

注：车刀前角、主偏角及刃倾角改变时，进给力的修正系数 $k_{\gamma_0 F_f}$、$k_{\kappa_r F_f}$ 及 $k_{\lambda_s F_f}$ 见表 2-12。

表 5-132　硬质合金车刀削灰铸铁时的进给力

灰铸铁硬度/HBS（背吃刀量 a_p/mm）　进给量 f/(mm/r)

灰铸铁硬度/HBS 背吃刀量 a_p/mm			进给量 f/(mm/r)																		
<170	170~212	>212																			
2.8	—	—	0.3	0.48	0.75	1.2	1.8	2.8	4.4	—	—	—	—	—	—	—	—	—	—	—	—
3.4	2.8	—	—	0.3	0.48	0.75	1.2	1.8	2.8	4.4	—	—	—	—	—	—	—	—	—	—	—
4.0	3.4	2.8	—	—	0.3	0.48	0.75	1.2	1.8	2.8	4.4	—	—	—	—	—	—	—	—	—	—
4.8	4.0	3.4	—	—	—	0.3	0.48	0.75	1.2	1.8	2.8	4.4	—	—	—	—	—	—	—	—	—
5.7	4.8	4.0	—	—	—	—	0.3	0.48	0.75	1.2	1.8	2.8	4.4	—	—	—	—	—	—	—	—
6.8	5.7	4.8	—	—	—	—	—	0.3	0.48	0.75	1.2	1.8	2.8	4.4	—	—	—	—	—	—	—
8.0	6.8	5.7	—	—	—	—	—	—	0.3	0.48	0.75	1.2	1.8	2.8	4.4	—	—	—	—	—	—
9.7	8.0	6.8	—	—	—	—	—	—	—	0.3	0.48	0.75	1.2	1.8	2.8	4.4	—	—	—	—	—
11.5	9.7	8.0	—	—	—	—	—	—	—	—	0.3	0.48	0.75	1.2	1.8	2.8	4.4	—	—	—	—
14	11.5	9.7	—	—	—	—	—	—	—	—	—	0.3	0.48	0.75	1.2	1.8	2.8	4.4	—	—	—
16.5	14	11.5	—	—	—	—	—	—	—	—	—	—	0.3	0.48	0.75	1.2	1.8	2.8	4.4	—	—
20	16.5	14	—	—	—	—	—	—	—	—	—	—	—	0.3	0.48	0.75	1.2	1.8	2.8	4.4	—
—	20	16.5	—	—	—	—	—	—	—	—	—	—	—	—	0.3	0.48	0.75	1.2	1.8	2.8	4.4
—	—	20	—	—	—	—	—	—	—	—	—	—	—	—	—	0.3	0.48	0.75	1.2	1.8	2.8
主偏角 $\kappa_r=45°$ 进给力 F_f/N			560	670	800	950	1140	1350	1620	1930	2310	2750	3290	3920	4710	5590	6670	8040	9520	11380	13540

（最后一列 F_f/N 值：16190）

注：车刀前角、主偏角及刃倾角改变时，进给力的修正系数 $k_{\gamma_0 F_f}$、$k_{\kappa_r F_f}$ 及 $k_{\lambda_s F_f}$ 见表 2-12。

表 5-133　硬质合金车刀车削钢料时消耗的功率

钢$\frac{\sigma_b/\text{MPa}}{\text{HBS}}$			进给量 f/(mm/r)																										
<580	580～970	>970																											
<165	166～277	>277																											
背吃刀量 a_p/mm																													
2.0	—	—	0.25	0.3	0.37	0.47	0.6	0.75	0.96	1.2	1.5	1.9	2.5	3.1	—	—	—	—	—	—	—	—	—	—	—	—	—	—	—
2.4	2.0	—	—	0.25	0.3	0.37	0.47	0.6	0.75	0.96	1.2	1.5	1.9	2.5	3.1	—	—	—	—	—	—	—	—	—	—	—	—	—	—
2.8	2.4	2.0	—	—	0.25	0.3	0.37	0.47	0.6	0.75	0.96	1.2	1.5	1.9	2.5	3.1	—	—	—	—	—	—	—	—	—	—	—	—	—
3.4	2.8	2.4	—	—	—	0.25	0.3	0.37	0.47	0.6	0.75	0.96	1.2	1.5	1.9	2.5	3.1	—	—	—	—	—	—	—	—	—	—	—	—
4.0	3.4	2.8	—	—	—	—	0.25	0.3	0.37	0.47	0.6	0.75	0.96	1.2	1.5	1.9	2.5	3.1	—	—	—	—	—	—	—	—	—	—	—
4.8	4.0	3.4	—	—	—	—	—	0.25	0.3	0.37	0.47	0.6	0.75	0.96	1.2	1.5	1.9	2.5	3.1	—	—	—	—	—	—	—	—	—	—
5.7	4.8	4.0	—	—	—	—	—	—	0.25	0.3	0.37	0.47	0.6	0.75	0.96	1.2	1.5	1.9	2.5	3.1	—	—	—	—	—	—	—	—	—
6.8	5.7	4.8	—	—	—	—	—	—	—	0.25	0.3	0.37	0.47	0.6	0.75	0.96	1.2	1.5	1.9	2.5	3.1	—	—	—	—	—	—	—	—
8.0	6.8	5.7	—	—	—	—	—	—	—	—	0.25	0.3	0.37	0.47	0.6	0.75	0.96	1.2	1.5	1.9	2.5	3.1	—	—	—	—	—	—	—
9.7	8.0	6.8	—	—	—	—	—	—	—	—	—	0.25	0.3	0.37	0.47	0.6	0.75	0.96	1.2	1.5	1.9	2.5	3.1	—	—	—	—	—	—
11.5	9.7	8.0	—	—	—	—	—	—	—	—	—	—	0.25	0.3	0.37	0.47	0.6	0.75	0.96	1.2	1.5	1.9	2.5	3.1	—	—	—	—	—
14.0	11.5	9.7	—	—	—	—	—	—	—	—	—	—	—	0.25	0.3	0.37	0.47	0.6	0.75	0.96	1.2	1.5	1.9	2.5	3.1	—	—	—	—
16.5	14	11.5	—	—	—	—	—	—	—	—	—	—	—	—	0.25	0.3	0.37	0.47	0.6	0.75	0.96	1.2	1.5	1.9	2.5	3.1	—	—	—
20	16.5	14	—	—	—	—	—	—	—	—	—	—	—	—	—	0.25	0.3	0.37	0.47	0.6	0.75	0.96	1.2	1.5	1.9	2.5	3.1	—	—
—	20	16.5	—	—	—	—	—	—	—	—	—	—	—	—	—	—	0.25	0.3	0.37	0.47	0.6	0.75	0.96	1.2	1.5	1.9	2.5	3.1	—
—	—	20	—	—	—	—	—	—	—	—	—	—	—	—	—	—	—	0.25	0.3	0.37	0.47	0.6	0.75	0.96	1.2	1.5	1.9	2.5	3.1
			切削功率 P_c/kW																										
切削速度 v_c/(m/min)		16	—	—	—	—	—	—	—	—	1.0	1.2	1.4	1.7	2.0	2.4	2.9	3.4	4.1	4.9	5.8	7.0	8.0	10	12	14	17	20	24
		20	—	—	—	—	—	—	—	1.0	1.2	1.4	1.7	2.0	2.4	2.9	3.4	4.1	4.9	5.8	7.0	8.0	10	12	14	17	20	24	29
		24	—	—	—	—	—	—	1.0	1.2	1.4	1.7	2.0	2.4	2.9	3.4	4.1	4.9	5.8	7.0	8.0	10	12	14	17	20	24	29	34
		30	—	—	—	—	—	1.0	1.2	1.4	1.7	2.0	2.4	2.9	3.4	4.1	4.9	5.8	7.0	8.0	10	12	14	17	20	24	29	34	—
		37	—	—	—	—	1.0	1.2	1.4	1.7	2.0	2.4	2.9	3.4	4.1	4.9	5.8	7.0	8.0	10	12	14	17	20	24	29	34	—	—
		46	—	—	—	1.0	1.2	1.4	1.7	2.0	2.4	2.9	3.4	4.1	4.9	5.8	7.0	8.0	10	12	14	17	20	24	29	34	—	—	—
		57	—	—	1.0	1.2	1.4	1.7	2.0	2.4	2.9	3.4	4.1	4.9	5.8	7.0	8.0	10	12	14	17	20	24	29	34	—	—	—	—
		70	—	1.0	1.2	1.4	1.7	2.0	2.4	2.9	3.4	4.1	4.9	5.8	7.0	8.0	10	12	14	17	20	24	29	34	—	—	—	—	—
		86	1.0	1.2	1.4	1.7	2.0	2.4	2.9	3.4	4.1	4.9	5.8	7.0	8.0	10	12	14	17	20	24	29	34	—	—	—	—	—	—
		106	1.2	1.4	1.7	2.0	2.4	2.9	3.4	4.1	4.9	5.8	7.0	8.0	10	12	14	17	20	24	29	34	—	—	—	—	—	—	—
		131	1.4	1.7	2.0	2.4	2.9	3.4	4.1	4.9	5.8	7.0	8.0	10	12	14	17	20	24	29	34	—	—	—	—	—	—	—	—
		162	1.7	2.0	2.4	2.9	3.4	4.1	4.9	5.8	7.0	8.0	10	12	14	17	20	24	29	34	—	—	—	—	—	—	—	—	—
		200	2.0	2.4	2.9	3.4	4.1	4.9	5.8	7.0	8.0	10	12	14	17	20	24	29	34	—	—	—	—	—	—	—	—	—	—
		245	2.4	2.9	3.4	4.1	4.9	5.8	7.0	8.0	10	12	14	17	20	24	29	34	—	—	—	—	—	—	—	—	—	—	—
		300	2.9	3.4	4.1	4.9	5.8	7.0	8.0	10	12	14	17	20	24	29	34	—	—	—	—	—	—	—	—	—	—	—	—
		370	3.4	4.1	4.9	5.8	7.0	8.0	10	12	14	17	20	24	29	34	—	—	—	—	—	—	—	—	—	—	—	—	—
		460	4.1	4.9	5.8	7.0	8.0	10	12	14	17	20	24	29	34	—	—	—	—	—	—	—	—	—	—	—	—	—	—
		570	4.9	5.8	7.0	8.0	10	12	14	17	20	24	29	34	—	—	—	—	—	—	—	—	—	—	—	—	—	—	—

注：车刀前角及主偏角改变时，切削功率的修正系数与主切削力的修正系数相同，即 $k_{\gamma_0 P_c}=k_{\gamma_0 F_c}$，$k_{\kappa_r F_c}=k_{\kappa_r F_c}$ 见表 2-12。

表5-134　硬质合金车刀车削灰铸铁时消耗的功率

灰铸铁　160～245HBS

背吃刀量 a_p/mm　——　进给量 f/(mm/r)

a_p/mm	0.25	0.3	0.37	0.47	0.6	0.75	0.96	1.2	1.5	1.9	2.5	3.1	3.9	5.0	6.3
2.8	0.25	0.3	0.37	0.47	0.6	0.75	0.96	1.2	1.5	1.9	2.5	3.1	3.9	5.0	6.3
3.4	0.3	0.37	0.47	0.6	0.75	0.96	1.2	1.5	1.9	2.5	3.1	3.9	5.0	6.3	—
4.0	0.37	0.47	0.6	0.75	0.96	1.2	1.5	1.9	2.5	3.1	3.9	5.0	6.3	—	—
4.8	0.47	0.6	0.75	0.96	1.2	1.5	1.9	2.5	3.1	3.9	5.0	6.3	—	—	—
5.7	0.6	0.75	0.96	1.2	1.5	1.9	2.5	3.1	3.9	5.0	6.3	—	—	—	—
6.8	0.75	0.96	1.2	1.5	1.9	2.5	3.1	3.9	5.0	6.3	—	—	—	—	—
8.0	0.96	1.2	1.5	1.9	2.5	3.1	3.9	5.0	6.3	—	—	—	—	—	—
9.7	1.2	1.5	1.9	2.5	3.1	3.9	5.0	6.3	—	—	—	—	—	—	—
11.5	1.5	1.9	2.5	3.1	3.9	5.0	6.3	—	—	—	—	—	—	—	—
14	1.9	2.5	3.1	3.9	5.0	6.3	—	—	—	—	—	—	—	—	—
16.5	2.5	3.1	3.9	5.0	6.3	—	—	—	—	—	—	—	—	—	—
20	3.1	3.9	5.0	6.3	—	—	—	—	—	—	—	—	—	—	—

切削速度 v_c/(m/min)　——　切削功率 P_c/kW

v_c/(m/min)	0.25	0.3	0.37	0.47	0.6	0.75	0.96	1.2	1.5	1.9	2.5	3.1	3.9	5.0	6.3
14	1.0	1.2	1.4	1.7	2.0	2.4	2.9	3.4	4.1	4.9	5.8	7.0	8.3	10	12
17	1.2	1.4	1.7	2.0	2.4	2.9	3.4	4.1	4.9	5.8	7.0	8.3	10	12	14
20	1.4	1.7	2.0	2.4	2.9	3.4	4.1	4.9	5.8	7.0	8.3	10	12	14	17
24	1.7	2.0	2.4	2.9	3.4	4.1	4.9	5.8	7.0	8.3	10	12	14	17	20
29	2.0	2.4	2.9	3.4	4.1	4.9	5.8	7.0	8.3	10	12	14	17	20	24
35	2.4	2.9	3.4	4.1	4.9	5.8	7.0	8.3	10	12	14	17	20	24	29
41	2.9	3.4	4.1	4.9	5.8	7.0	8.3	10	12	14	17	20	24	29	34
49	3.4	4.1	4.9	5.8	7.0	8.3	10	12	14	17	20	24	29	34	—
59	4.1	4.9	5.8	7.0	8.3	10	12	14	17	20	24	29	34	—	—
70	4.9	5.8	7.0	8.3	10	12	14	17	20	24	29	34	—	—	—
84	5.8	7.0	8.3	10	12	14	17	20	24	29	34	—	—	—	—
100	7.0	8.3	10	12	14	17	20	24	29	34	—	—	—	—	—
120	8.3	10	12	14	17	20	24	29	34	—	—	—	—	—	—
142	10	12	14	17	20	24	29	34	—	—	—	—	—	—	—
170	12	14	17	20	24	29	34	—	—	—	—	—	—	—	—
200	14	17	20	24	29	34	—	—	—	—	—	—	—	—	—
240	17	20	24	29	34	—	—	—	—	—	—	—	—	—	—
290	20	24	29	34	—	—	—	—	—	—	—	—	—	—	—

注：车刀主偏角改变时，切削功率的修正系数与主切削力的修正系数相同，即 $k_{\kappa_r,P_c}=k_{\kappa_r,F_c}$。见表2-12。

二、孔加工切削用量选择

孔加工（钻、扩、铰、锪、镗、攻）切削用量选择见表 5-135～表 5-150。

表 5-135　高速钢钻头钻孔时的进给量

钻头直径 d_0 /mm	钢 σ_b/MPa			铸铁、铜、铝合金硬度/HBS	
	<800	800～1000	>1000	≤200	>200
	进给量 f/(mm/r)				
≤2	0.05～0.06	0.04～0.05	0.03～0.04	0.09～0.11	0.05～0.07
>2～4	0.08～0.10	0.06～0.08	0.04～0.06	0.18～0.22	0.11～0.13
>4～6	0.14～0.18	0.10～0.12	0.08～0.10	0.27～0.33	0.18～0.22
>6～8	0.18～0.22	0.13～0.15	0.11～0.13	0.36～0.44	0.22～0.26
>8～10	0.22～0.28	0.17～0.21	0.13～0.17	0.47～0.57	0.28～0.34
>10～13	0.25～0.31	0.19～0.23	0.15～0.19	0.52～0.64	0.31～0.39
>13～16	0.31～0.37	0.22～0.28	0.18～0.22	0.61～0.75	0.37～0.45
>16～20	0.35～0.43	0.26～0.32	0.21～0.25	0.70～0.86	0.43～0.53
>20～25	0.39～0.47	0.29～0.35	0.23～0.29	0.78～0.96	0.47～0.57
>25～30	0.45～0.55	0.32～0.40	0.27～0.33	0.9～1.1	0.54～0.66
>30～60	0.60～0.70	0.40～0.50	0.30～0.40	1.0～1.2	0.70～0.80

注：1. 表列数据适用于在大刚性零件上钻孔，精度在 H12～H13 级以下（或自由公差），钻孔后还用钻头、扩孔钻或镗刀加工。在下列条件下需乘修正系数：在中等刚性零件上钻孔（箱体形状的薄壁零件、零件上薄的突出部分钻孔）时，乘系数 0.75；钻孔后要用铰刀加工的精确孔、低刚性零件上钻孔、斜面上钻孔以及钻孔后用丝锥攻螺纹的孔，乘系数 0.50。

2. 钻孔深度大于 3 倍直径时应乘修正系数：

钻孔深度（孔深以直径的倍数表示）	$3d_0$	$5d_0$	$7d_0$	$10d_0$
修正系数 k_{lr}	1.0	0.9	0.8	0.75

3. 为避免钻头损坏，当刚要钻穿时应停止自动走刀而改用手动走刀。

表 5-136　高速钢和硬质合金扩孔钻扩孔时的进给量

扩孔钻直径 d_0/mm	加工不同材料时的进给量 f/(mm/r)		
	钢、铸钢	铸铁、铜合金、铝合金	
		HB≤200	HB>200
≤15	0.5～0.6	0.7～0.9	0.5～0.6
>15～20	0.6～0.7	0.9～1.1	0.6～0.7
>20～25	0.7～0.9	1.0～1.2	0.7～0.8
>25～30	0.8～1.0	1.1～1.3	0.8～0.9
>30～35	0.9～1.1	1.2～1.5	0.9～1.0
>35～40	0.9～1.2	1.4～1.7	1.0～1.2
>40～50	1.0～1.3	1.6～2.0	1.2～1.4
>50～60	1.1～1.3	1.8～2.2	1.3～1.5
>60～80	1.2～1.5	2.0～2.4	1.4～1.7

注：1. 加工强度及硬度较低的材料时，采用较大值；加工强度及硬度较高的材料时，采用较小值。

2. 在扩盲孔时，进给量取为 0.3～0.6mm/r。

3. 表列进给量用于：孔的精度不高于 H12～H13 级，以后还要用扩孔钻和铰刀加工的孔，还要用两把铰刀加工的孔。

4. 当加工孔的要求较高时，例如 H8～H11 级精度的孔，还要用一把铰刀加工的孔，用丝锥攻螺纹前的扩孔，则进给量应乘系数 0.7。

表 5-137　高速钢及硬质合金机铰刀铰孔时的进给量　　　　　　　　　mm/r

铰刀直径/mm	高速钢铰刀				硬质合金铰刀			
	钢		铸　铁		钢		铸　铁	
	$\sigma_b \leqslant 900$ MPa	$\sigma_b > 900$ MPa	硬度≤170 HBS铸铁、铜、铝合金	硬度>170 HBS	未淬硬钢	淬硬钢	硬度≤170 HBS	硬度>170 HBS
≤5	0.2~0.5	0.15~0.35	0.6~1.2	0.4~0.8	—	—	—	—
>5~10	0.4~0.9	0.35~0.7	1.0~2.0	0.65~1.3	0.35~0.5	0.25~0.35	0.9~1.4	0.7~1.1
>10~20	0.65~1.4	0.55~1.2	1.5~3.0	1.0~2.0	0.4~0.6	0.30~0.40	1.0~1.5	0.8~1.2
>20~30	0.8~1.8	0.65~1.5	2.0~4.0	1.3~2.6	0.5~0.7	0.35~0.45	1.2~1.8	0.9~1.4
>30~40	0.95~2.1	0.8~1.8	2.5~5.0	1.6~3.2	0.6~0.8	0.40~0.50	1.3~2.0	1.0~1.5
>40~60	1.3~2.8	1.0~2.3	3.2~6.4	2.1~4.2	0.7~0.9	—	1.6~2.4	1.25~1.8
>60~80	1.5~3.2	1.2~2.6	3.75~7.5	2.6~5.0	0.9~1.2	—	2.0~3.0	1.5~2.2

注：1. 表内进给量用于加工通孔。加工盲孔时进给量应取为 0.2~0.5mm/r。

2. 最大进给量用于在钻或扩孔之后，精铰孔之前的粗铰孔。

3. 中等进给量用于：粗铰之后精铰 H7 级精度的孔；精镗之后精铰 H7 级精度的孔；对硬质合金铰刀，用于精铰 H8~H9 级精度的孔。

4. 最小进给量用于：抛光或珩磨之前的精铰孔；用一把铰刀铰 H8~H9 级精度的孔；对硬质合金铰刀，用于精铰 H7 级精度的孔。

表 5-138　钻头、扩孔钻和铰刀的磨钝标准及寿命

			钻　头		扩孔钻		铰　刀	
磨钝限度			直径 d_0/mm					
	刀具材料	加工材料	≤20	>20	≤20	>20	≤20	>20
			后刀面最大磨损限度/mm					
	高速钢	钢	0.4~0.8	0.8~1.0	0.5~0.8	0.8~1.2	0.3~0.5	0.5~0.7
		铸铁	0.5~0.8	0.8~1.2	0.6~0.9	0.9~1.4	0.4~0.6	0.6~0.9
	硬质合金	钢（扩钻）、铸铁	0.4~0.8	0.8~1.2	0.6~0.9	0.8~1.4	0.4~0.6	0.6~0.8
		淬硬钢	—		0.5~0.7		0.3~0.35	

			刀具直径 d_0/mm							
刀具寿命（单刀加工）	刀具类型	加工材料	刀具材料	<6	6~10	11~20	21~30	31~40	41~50	51~60	61~80

			刀具直径 d_0/mm							
	刀具类型	加工材料	刀具材料	<6	6~10	11~20	21~30	31~40	41~50	51~60	61~80
				刀具寿命 T/min							
刀具寿命（单刀加工）	钻头（钻孔及扩钻）	结构钢及钢铸件	高速钢	15	25	45	50	70	90	110	—
		铸铁	高速钢	20	35	60	75	110	140	170	
			硬质合金								
	扩孔钻（扩孔）	结构钢及铸钢，铸铁	高速钢、硬质合金	—	—	30	40	50	60	80	100
	铰刀（铰孔）	结构钢、铸钢	高速钢	—		40	80		120		
			硬质合金	—	20	30	50	70	90	110	140
		铸铁	高速钢	—		60	120		180		
			硬质合金	45	75	105	135	165	210		

表 5-139　高速钢钻头钻碳钢及合金钢时的切削速度（使用切削液）

加工性分类	进给量 f/(mm/r)													
1	0.20	0.27	0.36	0.49	0.66	0.88	—	—	—	—	—	—	—	—
2	0.16	0.20	0.27	0.36	0.49	0.66	0.88	—	—	—	—	—	—	—
3	0.13	0.16	0.20	0.27	0.36	0.49	0.66	0.88	—	—	—	—	—	—
4	0.11	0.13	0.16	0.20	0.27	0.36	0.49	0.66	0.88	—	—	—	—	—
5	0.09	0.11	0.13	0.16	0.20	0.27	0.36	0.49	0.66	0.88	—	—	—	—
6	—	0.09	0.11	0.13	0.16	0.20	0.27	0.36	0.49	0.66	0.88	—	—	—
7	—	—	0.09	0.11	0.13	0.16	0.20	0.27	0.36	0.49	0.66	0.88	—	—
8	—	—	—	0.09	0.11	0.13	0.16	0.20	0.27	0.36	0.49	0.66	0.88	—
9	—	—	—	—	0.09	0.11	0.13	0.16	0.20	0.27	0.36	0.49	0.66	0.88
10	—	—	—	—	—	0.09	0.11	0.13	0.16	0.20	0.27	0.36	0.49	0.66
11	—	—	—	—	—	—	0.09	0.11	0.13	0.16	0.20	0.27	0.36	0.49

刃磨形式	钻头直径 d_0/mm	切削速度 v_c/(m/min)													
标准	4.6	26	22	19	17	14	12	11	9	8	6.5	5.8	5.0	4.3	3.6
	9.6	30	26	22	19	17	14	12	11	9	8	6.5	5.8	5.0	4.3
	20	33	30	26	22	19	17	14	12	11	9	8	6.5	5.8	5.0
	30	33	33	30	26	22	19	17	14	12	11	9	8	6.5	5.8
	60	33	33	33	30	26	22	19	17	14	12	11	9	8	6.5

注：1. 钢的加工性分类见表 5-140。

2. 加工条件改变时切削速度的修正系数见表 2-14。

表 5-140　孔加工时钢的加工性分类

钢的牌号	钢的力学性能及加工性分类							
结构碳钢(w_C<0.6%) 08F、10、15、20、25、30、35、40、45、55、60 Q195、Q215、Q235、Q255	σ_b/MPa	300~350	360~410	420~500	510~570	580~680	690~810	820~960
	硬度/HBS	84~99	100~117	118~140	141~163	164~194	195~232	233~274
	k_v	0.86	1.0	1.16	1.34	1.16	1.0	0.86
	加工性分类	7	6	5	4	5	6	7

表 5-141　高速钢钻头钻灰铸铁时的切削速度

铸铁硬度/HBS	进给量 f/(mm/r)												
140~152	0.20	0.24	0.30	0.40	0.53	0.70	0.95	1.3	1.7	—	—	—	—
153~166	0.16	0.20	0.24	0.30	0.40	0.53	0.70	0.95	1.3	1.7	—	—	—
167~181	0.13	0.16	0.20	0.24	0.30	0.40	0.53	0.70	0.95	1.3	1.7	—	—
182~199	—	0.13	0.16	0.20	0.24	0.30	0.40	0.53	0.70	0.95	1.3	1.7	—
200~217	—	—	0.13	0.16	0.20	0.24	0.30	0.40	0.53	0.70	0.95	1.3	1.7
218~240	—	—	—	0.13	0.16	0.20	0.24	0.30	0.40	0.53	0.70	0.95	1.3

刃磨形式	钻头直径 d_0/mm	切削速度 v_c/(m/min)											
标准钻头	3.2	26	23	20	18	16	14	13	11	10	9	8	7	6
	8	29	26	23	20	18	16	14	13	11	10	9	8	7
	20	33	29	26	23	20	18	16	14	13	11	10	9	8
	≥20	35	34	30	27	24	21	19	17	15	14	12	10	9

注：加工条件改变时切削速度的修正系数见表 2-14。

表 5-142　硬质合金钻头钻削不同材料的切削用量

加工材料	抗拉强度 σ_b/MPa	硬度 /HBS	进给量 f/(mm/r)			切削速度 v_c/(m/min)			钻尖角 /(°)	切削液
			$d_0=3\sim$ 8mm	$d_0=8\sim$ 20mm	$d_0=20\sim$ 40mm	$d_0=3\sim$ 8mm	$d_0=8\sim$ 20mm	$d_0=20\sim$ 40mm		
铸钢	≥700		0.02～ 0.05	0.05～ 0.12	0.12～ 0.18	25～32	30～38	35～40	115～ 120	非水溶性切削油
灰铸铁		≤250	0.04～ 0.08	0.08～ 0.16	0.16～ 0.3	40～60	50～70	60～80	115～ 120	干切或乳化液
可锻铸铁、 球墨铸铁			0.03～ 0.05	0.05～ 0.1	0.1～0.2	40～45	45～50	50～60	115～ 120	干切或乳化液

注：硬质合金牌号按 ISO 选用 K10 或 K20 对应的国内牌号。

表 5-143　高速钢铰刀铰孔时的切削用量（参考值）

加工材料	硬度	铰刀直径 d_0 /mm	背吃刀量 a_p /mm	进给量 f /(mm/r)	切削速度 v_c /(m/min)	切削液
钢、铸钢	软	＜5 5～20 20～50 ＞50	0.05～0.1 0.1～0.15 0.15～0.25 0.25～0.5	0.2～0.3 0.3～0.5 0.5～0.6 0.6～1.2	7～10	非水溶性切削油、含硫极压 切削油
	中	＜5 5～20 20～50 ＞50	0.05～0.1 0.1～0.15 0.15～0.25 0.25～0.5	0.2～0.3 0.3～0.5 0.5～0.6 0.6～1.2	5～7	
	硬	＜5 5～20 20～50 ＞50	0.05～0.1 0.1～0.15 0.15～0.25 0.25～0.5	0.2～0.3 0.3～0.5 0.5～0.6 0.6～1.2	3～5	
铸铁	软	＜5 5～20 20～50 ＞50	0.05～0.1 0.1～0.15 0.15～0.25 0.25～0.5	0.3～0.5 0.5～1.0 1.0～1.5 1.5～3.0	8～14	干切
	硬	＜5 5～20 20～50 ＞50	0.05～0.1 0.1～0.15 0.15～0.25 0.25～0.5	0.3～0.5 0.5～1.0 1.0～1.5 1.5～3.0	4～8	

表 5-144　硬质合金铰刀铰孔时的切削用量（参考值）

加工材料	抗拉强度 σ_b /MPa	硬度 /HBS	铰刀直径 d_0 /mm	背吃刀量 a_p /mm	进给量 f /(mm/r)	切削速度 v_c /(m/min)	切削液
钢	≤1000	—	<10	0.02~0.05	0.15~0.25	8~12	水溶性切削油
			10~25	0.05~0.12	0.2~0.4		
			25~40	0.12~0.2	0.3~0.5		
			>40	0.2~0.4	0.4~0.8		
	1000~1400	—	<10	0.02~0.05	0.12~0.2	6~10	
			10~25	0.05~0.12	0.15~0.3		
			25~40	0.12~0.2	0.2~0.4		
			>40	0.2~0.4	0.3~0.6		
铸钢	400~500	—	<10	0.02~0.05	0.15~0.25	8~12	
			10~25	0.05~0.12	0.2~0.4		
			25~40	0.12~0.2	0.3~0.5		
			>40	0.2~0.4	0.4~0.8		
	500~700	—	<10	0.02~0.05	0.12~0.2	6~10	
			10~25	0.05~0.12	0.15~0.3		
			25~40	0.12~0.2	0.2~0.4		
			>40	0.2~0.4	0.3~0.6		
铸铁	—	≤200	<10	0.03~0.06	0.2~0.3	8~12	干切
			10~25	0.06~0.15	0.3~0.5		
			25~40	0.15~0.25	0.4~0.7	10~15	
			>40	0.25~0.5	0.5~1.0		
	—	>200	<10	0.03~0.06	0.15~0.25	6~10	
			10~25	0.06~0.15	0.2~0.4		
			25~40	0.15~0.25	0.3~0.5	8~12	
			>40	0.25~0.5	0.4~0.8		
球墨铸铁、可锻铸铁	—		<10	0.02~0.05	0.15~0.2	8~12	
			10~25	0.05~0.12	0.2~0.45		
			25~40	0.12~0.2	0.3~0.5		
			>40	0.2~0.4	0.4~0.8		

注：粗铰（$Ra3.2\sim1.6\mu m$）钢和灰铸铁时，切削速度也可增至 $60\sim80m/min$。

表 5-145　在组合机床上用高速钢铰刀铰孔的切削用量

加工孔径/mm	铸　　铁		钢（铸钢）	
	v_c/(m/min)	f/(mm/r)	v_c/(m/min)	f/(mm/r)
6~10	2~6	0.30~0.50	1.2~5	0.30~0.40
10~15		0.50~1.00		0.40~0.50
15~40		0.80~1.50		0.40~0.60
40~60		1.20~1.80		0.50~0.60

注：用硬质合金刀具加工铸铁 $v_c=8\sim10m/min$。

表 5-146 高速钢镗刀镗孔的切削用量

加工工序	刀具类型	铸　铁		钢（铸钢）	
		v_c/(m/min)	f/(mm/r)	v_c/(m/min)	f/(mm/r)
粗镗	刀头	20～35	0.3～1.0	20～40	0.3～1.0
	刀板	25～40	0.3～0.8		
半精镗	刀头	25～40	0.2～0.8	30～50	0.2～0.8
	刀板	30～40	0.2～0.6		
	粗铰刀	15～25	2.0～5.0	10～20	0.5～3.0
精镗	刀头	15～30	0.15～0.5	20～35	0.1～0.6
	刀板	8～15	1.0～4.0	6.0～12	1.0～4.0
	精铰刀	10～20	2.0～5.0	10～20	0.5～3.0

注：采用镗模镗削，v_c 宜取中值；采用悬伸镗削，v_c 宜取小值。

表 5-147 硬质合金镗刀镗孔的切削用量

加工工序	刀具类型	铸　铁		钢（铸钢）	
		v_c/(m/min)	f/(mm/r)	v_c/(m/min)	f/(mm/r)
粗镗	刀头	40～80	0.3～1.0	40～60	0.3～1.0
	刀板	35～60	0.3～0.8		
半精镗	刀头	60～100	0.2～0.8	80～120	0.2～0.8
	刀板	50～80	0.2～0.6		
	粗铰刀	30～50	3～5		
精镗	刀头	50～80	0.15～0.5	60～100	0.15～0.5
	刀板	20～40	1.0～4.0	8～20	1.0～4.0
	精铰刀	30～50	2.0～5.0		

表 5-148 用高速钢锪钻锪端面的切削用量

被加工端面直径/mm	工　件　材　料		
	钢 $\sigma_b \leqslant 0.588$GPa、铜及黄铜	钢 $\sigma_b > 0.588$GPa	铸铁、青铜、铝合金
	进给量 f/(mm/r)		
15	0.08～0.12	0.05～0.08	0.10～0.15
20	0.08～0.15	0.05～0.10	0.10～0.15
30	0.10～0.15	0.06～0.10	0.12～0.20
40	0.12～0.20	0.08～0.12	0.15～0.25
50	0.12～0.20	0.08～0.15	0.15～0.25
60	0.15～0.25	0.10～0.18	0.20～0.30
工件材料	铜 $\sigma_b \leqslant 0.588$GPa 铜及黄铜	钢 $\sigma_b > 0.588$GPa	铝合金	铸铁及青铜
	加切削液			不加切削液
切削速度 v_c/(m/min)	10～18	7～12	40～60	12～25

注：刀具材料为 9CrSi 钢，切削速度应乘系数 0.6～0.7；用碳素工具钢刀具加工，切削速度应乘系数 0.5。

表 5-149 在组合机床上加工螺纹的切削速度　　　　　　　　　　　　　　　　m/min

工件材料	铸铁	钢及合金钢	铝及铝合金
v_c	5～10	3～8	10～20

表 5-150 攻螺纹的切削用量

螺纹直径/mm	螺距/mm	高速钢螺母丝锥 W18Cr4V		高速钢机动丝锥 W18Cr4V		
		碳钢 $\sigma_b=$ 0.49~0.784GPa	碳钢、镍铬钢 $\sigma_b=0.735$GPa	碳钢 $\sigma_b=$ 0.49~0.784GPa	碳钢、镍铬钢 $\sigma_b=0.735$GPa	灰铸铁 190HBS
		切削速度 v_c/(m/min)				
5	0.5	12.5	11.3	9.4	8.5	10.2
	0.8			6.3	5.7	6.8
6	0.75	15.0	13.5	8.3	7.5	8.9
	1.0			6.4	5.8	6.9
8	1.0	20.0	18.0	9.0	8.2	9.8
	1.25			7.4	6.7	8.0
10	1.0	25.0	22.5	11.8	10.7	12.8
	1.5			8.2	7.4	8.9
12	1.25	26.6	24.0	12.0	10.8	12.1
	1.75	23.4	21.1	8.9	8.0	9.6
14	1.5	27.4	24.7	12.6	11.3	12.5
	2.0	23.7	21.4	9.7	8.7	10.2
16	1.5	29.4	26.4	15.1	13.6	15.5
	2.0	25.4	22.9	11.7	10.5	12.0
20	1.5	33.2	29.4	19.3	17.3	20.3
	2.0	28.4	25.5	14.9	13.4	15.7
	2.5	25.8	22.6	12.1	10.9	12.8
24	1.5	35.8	32.1	24.0	21.6	25.2
	2.0	31.1	27.9	18.6	16.7	19.5
	2.5	27.8	24.8	15.1	13.6	15.9

三、铣削用量选择

铣削用量选择见表 5-151~表 5-165。

表 5-151 铣刀切削部分的几何形状

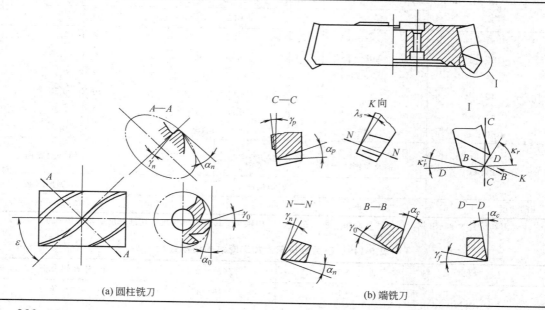

(a) 圆柱铣刀　　　　　　　　　　　　　　(b) 端铣刀

高速钢铣刀前角 γ_o[①]/(°)		
加工材料		γ_0(螺旋齿圆柱铣刀为 γ_n)/(°)
钢 σ_b/MPa	<600	20
	600～1000	15
	>1000	10～12
铸铁硬度/HBS	≤150	5～15
	>150	5～10

后角 α_0/(°)			
铣刀类型	铣刀特征	α_0/(°)	
		周齿	端齿
圆柱铣刀和端铣刀	细齿	16	8
	粗齿和镶齿	12	
双面刃和三面刃盘铣刀	直细齿	20	6
	直粗齿和镶齿	16	
	螺旋细齿	12	
	螺旋粗齿和镶齿	12	
立铣刀和角铣刀 (柱柄和锥柄)套装角铣刀	d_0<10mm	25	8
	d_0=10～20mm	20	
	d_0>20mm	16	
切槽铣刀 切断铣刀(圆锯片)	—	20	—

偏角				
铣刀类型	铣刀特征	主偏角	过渡刃偏角	副偏角
		κ_r[②]	$\kappa_{r\varepsilon}$	κ_r'
端铣刀		30～90	15～45	1～2
双面刃和三面刃盘铣刀		—	—	1～2
切槽铣刀	直径 d_0=40～50mm 宽度 B=0.6～0.8mm	—	—	0°15′
	B>0.8mm			0°30′
	d_0=75mm B=1～3mm	—	—	1°30′
	B>3mm			1°30′
切断铣刀(圆锯片)	d_0=75～110mm B=1～2mm	—	—	0°30′
	B>2mm			1°
	d_0>110～200mm B=2～3mm	—	—	0°15′
	B>3mm			0°30′

刀齿螺旋角 β/(°)			
铣刀类型	β/(°)	铣刀类型	β/(°)
圆柱铣刀		双面刃和三面 刃盘铣刀	10～20
粗齿	40～60		
细齿	30～35	端铣刀 整体 镶齿	10～20
组合齿	55		
立铣刀	20～45		

硬质合金铣刀										
加工材料	铣刀刃磨角度/(°)									过渡刃宽度 b_ε /mm
	端铣刀盘铣刀前角 γ_0	后角 α_0		端铣刀副后角 α_0'	刀齿斜角 λ_s		偏角			
		$\alpha_{c\,max}$ >0.08 /mm	$\alpha_{c\,max}$ ≤0.08 /mm		端铣刀	三面刃盘铣刀	主刃 κ_r	过渡刃 κ_{re}	副刃 κ_r'	
钢 σ_b＜650MPa	+5	6~8	8~12	8~10	−5~ −15	−10~ −15	20~75	10~40	5	1~1.5
σ_b=650~800MPa	−5									
σ_b=850~950MPa										
σ_b=1000~1200MPa	−10									
铸铁硬度＜200HBS	+5				−10~ −20	—				
200~250HBS	0									

① 切屑变形系数 ξ＜0.45 时，平均取 γ_0=20°；ξ=0.45~0.5 时，γ_0=15°；ξ＞0.55 时，γ_0=10°。

② 端铣刀主偏角 κ_r 主要按工艺系统刚性选取，系统刚性较好，铣削较小余量时，取 κ_r=30°~45°；中等刚性而余量较大时，取 κ_r=60°~75°；加工相互垂直表面的端铣刀和盘铣刀，取 κ_r=90°。

注：1. 半精铣和精铣钢（σ_b=600~800MPa）时，γ_0=−5°，α_0=5°~10°。

2. 在上等工艺系统刚性下，铣削余量小于 3mm 时，取 κ_r=20°~30°；在中等刚性下，余量为 3~6mm 时，取 κ_r=45°~75°。

3. 端铣刀对称铣削，初始切削厚度 a_c=0.06mm 时，取 λ_s=−15°；非对称铣（a_c＜0.45mm）时，取 λ_s=−5°。当以 κ_r=45°的端铣刀铣削铸铁时，取 λ_s=−20°；当 κ_r=60°~75°时，取 λ_s=−10°。

表 5-152　高速钢端铣刀、圆柱铣刀和盘铣刀加工时的进给量

铣床（铣头）功率/kW	工艺系统刚性	粗齿和镶齿铣刀				细齿铣刀			
		端铣刀与盘铣刀		圆柱铣刀		端铣刀与盘铣刀		圆柱铣刀	
		每齿进给量 f_z/(mm/z)							
		钢	铸铁及铜合金	钢	铸铁及铜合金	钢	铸铁及铜合金	钢	铸铁及铜合金
＞10	上等	0.2~0.3	0.3~0.45	0.25~0.35	0.35~0.50	—	—	—	—
	中等	0.15~0.25	0.25~0.40	0.20~0.30	0.30~0.40				
	下等	0.10~0.15	0.20~0.25	0.15~0.20	0.25~0.30				
5~10	上等	0.12~0.20	0.25~0.35	0.15~0.25	0.25~0.35	0.08~0.12	0.20~0.35	0.10~0.15	0.12~0.20
	中等	0.08~0.15	0.20~0.30	0.12~0.20	0.20~0.30	0.06~0.10	0.15~0.30	0.06~0.10	0.10~0.15
	下等	0.06~0.10	0.15~0.25	0.10~0.15	0.12~0.20	0.04~0.08	0.10~0.20	0.05~0.08	0.08~0.12
＜5	中等	0.04~0.06	0.15~0.20	0.10~0.15	0.10~0.20	0.04~0.06	0.12~0.20	0.05~0.08	0.06~0.12
	下等	0.04~0.06	0.10~0.20	0.06~0.10	0.10~0.15	0.04~0.06	0.10~0.15	0.03~0.06	0.05~0.10

备注：1. 表中大进给量用于小的铣削深度和铣削宽度；小进给量用于大的铣削深度和铣削宽度。

2. 铣削耐热钢时，进给量与铣削钢时相同，但不大于 0.3mm/z。

3. 上述进给量用于粗铣，半精铣按下表选取：

半精铣时每转进给量							
要求表面粗糙度 Ra/μm	镶齿端铣刀和盘铣刀	圆柱铣刀					
		铣刀直径 d_0/mm					
		40~80	100~125	160~250	40~80	100~125	160~250
		钢及铸钢			铸铁、铜及铝合金		
		每转进给量 f/(mm/r)					
6.3	1.2~2.7	—					
3.2	0.5~1.2	1.0~2.7	1.7~3.8	2.3~5.0	1.0~2.3	1.4~3.0	1.9~3.7
1.6	0.23~0.5	0.6~1.5	1.0~2.1	1.3~2.8	0.6~1.3	0.8~1.7	1.1~2.1

表 5-153　高速钢立铣刀、角铣刀、半圆铣刀、切槽铣刀和切断铣刀加工钢时的进给量

铣刀直径 d_0/mm	铣刀类型	铣削宽度 a_e/mm								
		3	5	6	8	10	12	15	20	30
		每齿进给量 f_z/(mm/z)								
16	立铣刀	0.08~0.05	0.06~0.05	—	—	—	—	—	—	—
20	立铣刀	0.10~0.06	0.07~0.04	—						
25	立铣刀	0.12~0.07	0.09~0.05	0.08~0.04						
32	立铣刀	0.16~0.10	0.12~0.07	0.10~0.05						
32	半圆铣刀和角铣刀	0.08~0.04	0.07~0.05	0.06~0.04						
40	立铣刀	0.20~0.12	0.14~0.08	0.12~0.07	0.08~0.05					
40	半圆铣刀和角铣刀	0.09~0.05	0.07~0.05	0.06~0.03	0.06~0.03					
40	切槽铣刀	0.009~0.005	0.007~0.003	0.01~0.007						
50	立铣刀	0.25~0.15	0.15~0.10	0.13~0.08	0.10~0.07					
50	半圆铣刀和角铣刀	0.1~0.06	0.08~0.05	0.07~0.04	0.06~0.03					
50	切槽铣刀	0.01~0.006	0.008~0.004	0.012~0.008	0.012~0.008					
63	半圆铣刀和角铣刀	0.10~0.06	0.08~0.05	0.07~0.04	0.06~0.04	0.05~0.03				
63	切槽铣刀	0.013~0.008	0.01~0.005	0.015~0.01	0.015~0.01	0.015~0.01				
63	切断铣刀	—	—	0.025~0.015	0.022~0.012	0.02~0.01				
80	半圆铣刀和角铣刀	0.12~0.08	0.10~0.06	0.09~0.05	0.07~0.05	0.06~0.04	0.06~0.03	—	—	
80	切槽铣刀	—	0.015~0.005	0.025~0.01	0.02~0.01	0.02~0.01	0.017~0.008	0.015~0.007		
80	切断铣刀	—	—	0.03~0.15	0.027~0.012	0.025~0.01	0.022~0.01	0.02~0.01		
100	半圆铣刀和角铣刀	0.12~0.07	0.12~0.05	0.11~0.05	0.10~0.05	0.09~0.04	0.08~0.04	0.07~0.03	0.05~0.03	—
100	切断铣刀	—	—	0.03~0.02	0.028~0.016	0.027~0.015	0.023~0.015	0.022~0.012	0.023~0.013	
125	切断铣刀	—	—	0.03~0.025	0.03~0.02	0.03~0.02	0.025~0.02	0.025~0.02	0.025~0.015	0.02~0.01
160	切断铣刀	—	—					0.03~0.02	0.025~0.015	0.02~0.01

注：1. 铣削铸铁、铜及铝合金时，进给量可增加 30%~40%。
2. 表中半圆铣刀的进给量适用于凸半圆铣刀；对于凹半圆铣刀，进给量应减少 40%。
3. 在铣削宽度小于 5mm 时，切槽铣刀和切断铣刀采用细齿；铣削宽度大于 5mm 时，采用粗齿。

表 5-154　硬质合金面铣刀、圆柱铣刀和圆盘铣刀加工平面和凸台时的进给量

机床功率/kW	钢		铸铁、铜合金	
	不同牌号硬质合金的每齿进给量 f_z/(mm/z)			
	YT15	YT5	YG6	YG8
5～10	0.09～0.18	0.12～0.18	0.14～0.24	0.20～0.29
>10	0.12～0.18	0.16～0.24	0.18～0.28	0.25～0.38

注：1. 表列数值用于圆柱铣刀铣削深度 $a_p \leqslant 30$ mm；当 $a_p > 30$ mm 时，进给量应减少30%。

2. 用盘铣刀铣槽时，表列进给量应减小一半。

3. 用端铣刀加工时，对称铣时进给量取小值；不对称铣时进给量取大值。主偏角大时取小值；主偏角小时取大值。

4. 加工材料的强度或硬度大时，进给量取小值；反之取大值。

5. 上述进给量用于粗铣。精铣时铣刀每转进给量按下表选择：

要求达到的表面粗糙度 $Ra/\mu m$	3.2	1.6	0.8	0.4
每转进给量/(mm/r)	0.5～1.0	0.4～0.6	0.2～0.3	0.15

表 5-155　硬质合金立铣刀加工平面和凸台时的进给量

铣刀类型	铣刀直径 d_0/mm	铣削宽度 a_e/mm			
		1～3	5	8	12
		每齿进给量 f_z/(mm/z)			
带整体刀头的立铣刀	10～12	0.03～0.025	—	—	—
	14～16	0.06～0.04	0.04～0.03	—	—
	18～22	0.08～0.05	0.06～0.04	0.04～0.03	—
镶螺旋形刀片的立铣刀	20～25	0.12～0.07	0.10～0.05	0.10～0.03	0.08～0.05
	30～40	0.18～0.08	0.12～0.08	0.10～0.06	0.10～0.05
	50～60	0.20～0.10	0.16～0.10	0.12～0.08	0.12～0.06

注：1. 大进给量用于在大功率机床上铣削深度较小的粗铣；小进给量用于在中等功率的机床上铣削深度较大的铣削。

2. 表列进给量可得到 $Ra6.3～3.2\mu m$ 的表面粗糙度。

表 5-156　铣刀磨钝标准

高速钢铣刀				
铣刀类型	后刀面最大磨损限度/mm			
	钢、铸钢		铸铁	
	粗加工	精加工	粗加工	精加工
圆柱铣刀和盘铣刀	0.4～0.6	0.15～0.25	0.50～0.80	0.20～0.30
端铣刀	1.2～1.8	0.3～0.5	1.5～2.0	0.30～0.50
立铣刀 $d_0 \leqslant 15$ mm	0.15～0.20	0.1～0.5	0.15～0.20	0.10～0.15
$d_0 > 15$ mm	0.30～0.50	0.20～0.25	0.30～0.50	0.20～0.25
切槽铣刀和切断铣刀	0.15～0.20	—	0.15～0.20	—

硬质合金铣刀				
铣刀类型	后刀面最大磨损限度/mm			
	钢、铸钢		铸铁	
	粗加工	精加工	粗加工	精加工
圆柱铣刀	1.0～1.2	0.3～0.5	1.0～1.2	0.3～0.5
盘铣刀	1.0～1.2	0.3～0.5	1.0～1.5	0.3～0.5
立铣刀	0.8～1.0	0.3～0.5	1.0～1.2	0.3～0.5
端铣刀	1.0～1.2	0.3～0.5	1.0～1.5	0.3～0.5
带整体刀头立铣刀	0.6～0.8	0.2～0.3	0.6～0.8	0.2～0.4

注：上表适于加工钢的 YT5、YT14、YT15 和加工铸铁的 YG8、YG6 与 YG3 硬质合金铣刀。

表 5-157　铣刀平均寿命

铣刀类型		刀具寿命 T/min 铣刀直径 d_0/mm										
		≤25	≤40	≤63	≤80	≤100	≤125	≤160	≤200	≤250	≤315	≤400
高速钢	细齿圆柱铣刀	—	120	180	—	—	—	—	—	—	—	—
	镶齿圆柱铣刀	—	—			180					—	—
	盘铣刀	—	—	100		120		150	180	240	—	—
	端铣刀	—	—	—		180			240			
	立铣刀	60	90	120	—	—	—	—	—	—	—	—
	切槽铣刀与切断铣刀	—	—	60	75	120	150	180				
	成形铣刀与角铣刀	—	—	120		180						
硬质合金	端铣刀	—	—	—		180			240		300	420
	圆柱铣刀	—	—			180					—	—
	立铣刀	60	90	120	—	—	—	—	—	—	—	—
	盘铣刀	—	—	—		120		150	180	240	—	—

表 5-158　高速钢镶齿圆柱铣刀铣削钢料时的切削用量（用切削液）

刀具寿命 T/min	d_0/z	a_p/mm	a_e/mm	铣刀每齿进给量 f_z/(mm/z)																			
				0.05			0.1			0.13			0.18			0.24			0.33			0.44		
				v_c	n	v_f	v_c	n	v_f	v_c	n	v_f	v_c	n	v_f	v_c	n	v_f	v_c	n	v_f	v_c	n	v_f
180	80/6	12~40	3	33	130	32	29	116	52	26	103	71	23	92	85	20	81	102	—	—	—			
			5	28	117	28	25	99	44	22	89	61	20	79	73	17	70	88	—	—	—			
			8	25	97	24	22	86	39	19	77	53	17	68	64	15	61	76	—	—	—			
		41~130	3	29	115	28	26	102	46	23	91	63	20	81	76	18	72	91	—	—	—			
			5	25	99	25	22	88	40	20	79	54	17	70	65	16	62	77	—	—	—			
			8	22	86	21	19	76	34	17	68	47	15	61	56	13	53	67	—	—	—			
180	100/8	12~40	3	35	112	37	31	100	59	28	89	82	25	79	98	22	70	117	—	—	—			
			5	30	96	32	27	85	51	24	76	70	21	68	84	19	60	101	—	—	—			
			8	26	83	28	23	74	44	21	66	61	19	59	73	16	52	88	—	—	—			
		41~130	3	31	99	32	28	88	53	25	79	72	22	70	86	19	62	104						
			5	27	85	28	23	76	45	21	67	62	19	60	74	17	53	89						
			8	23	74	24	20	65	39	19	59	54	16	52	64	14	46	77						
180	125/8	12~40	3	39	99	32	35	88	53	31	79	72	28	70	86	24	62	104	22	55	123			
			5	34	85	28	29	76	45	26	67	62	23	60	74	21	53	89	19	47	106			
			8	29	74	24	26	65	39	23	58	54	20	52	64	18	46	77	16	41	92			
			10	27	69	23	24	61	37	22	55	50	19	49	60	17	43	72	15	38	86			
180	125/8	41~130	3	34	88	29	31	77	47	27	70	64	24	65	76	22	55	92	19	49	109			
			5	29	75	25	26	67	40	23	59	58	21	53	65	19	47	79	16	42	94			
			8	26	65	22	23	58	35	20	52	47	18	46	57	16	41	68	14	36	81			
			10	24	61	20	21	54	32	19	49	44	17	43	53	15	38	64	13	34	76			
180	160/10	12~40	3	43	85	35	38	75	56	34	67	77	30	59	92	26	53	110	23	47	131	21	41	159
			5	37	73	30	32	64	49	29	57	66	26	51	79	23	45	95	20	40	113	18	35	137
			8	31	63	26	28	56	44	25	50	58	22	44	67	20	39	82	17	35	78	16	31	119
			13	28	55	22	24	49	36	22	43	50	19	38	59	17	34	71	15	30	85	13	26	103
		41~130	3	38	75	31	34	67	50	30	59	68	26	53	82	23	47	98	21	41	116	19	37	141
			5	32	64	26	29	57	43	26	51	58	23	45	70	20	40	84	18	35	97	16	31	121
			8	28	56	23	25	49	37	22	44	51	20	39	61	17	35	73	16	31	86	14	27	105
			13	24	48	20	22	43	32	19	38	44	17	34	53	15	30	63	13	27	75	12	23	91

续表

加工条件改变时切削用量的修正系数

钢的类型和力学性能	钢的力学性能 σb/MPa	380~439	440~510	511~590	591~700	701~800	801~930	931~1070	1071~1240
	HBS	111~126	127~146	147~169	170~200	201~228	229~266	207~306	307~354
	钢的种类	系数 $k_{Mv}=k_{Mn}=k_{Mvt}$								
	碳钢($w_C<0.6\%$)	0.92	1.06	1.17	1.0	0.87	0.75	0.57	0.43
	碳钢($w_C>0.6\%$)	—	—	0.82	0.80	0.69	0.60	0.52	0.45

毛坯表面状态	表面状态	无外皮	有外皮			
			轧件	锻件	铸件 一般	铸件 带砂的
	系数 $k_{sv}=k_{sn}=k_{svf}$	1.0	0.9	0.8	0.8~0.85	0.5~0.6

铣刀寿命	实际寿命与标准寿命之比 $T_R:T$	0.25	0.5	1.0	1.5	2.0	3.0
	系数 $k_{Tv}=k_{Tn}=k_{Tvf}$	1.58	1.26	1.0	0.87	0.8	0.69

加工类型	加工类型	粗加工	精加工
	系数 $k_{Bv}=k_{Bn}=k_{Bvf}$	1.0	0.8

铣刀齿数	铣刀实际齿数与标准齿数之比 $z_R:z$	0.25	0.5	0.8	1.0	1.5	2.0	3.0
	系数 $k_{zv}=k_{zn}$	1.15	1.05	1.02	1.0	0.96	0.93	0.9
	k_{zvf}	0.3	0.5	0.82	1.0	1.4	2.0	2.7

表 5-159　高速钢细齿圆柱铣刀铣削钢料时的切削用量（用切削液）

刀具寿命 T /min	d_0/z	a_p /mm	a_e /mm	0.03 v_c	n	v_f	0.05 v_c	n	v_f	0.1 v_c	n	v_f	0.13 v_c	n	v_f	0.18 v_c	n	v_f
120	50/8	12~40	1.8	38	245	45	34	218	72	31	194	115	27	173	160	24	154	191
			3.0	33	211	39	29	188	62	26	167	98	23	148	137	21	132	163
			5.0	28	181	33	25	161	53	22	143	85	20	127	118	18	113	140
		41~75	1.8	34	217	40	31	193	64	27	172	102	24	152	142	22	136	169
			3.0	29	186	34	26	166	55	23	148	87	20	131	122	19	116	145
			5.0	25	160	29	22	142	47	20	127	75	17	112	104	16	100	124
120	63/10	12~40	1.8	42	211	49	37	188	77	33	167	124	29	149	172	26	133	205
			3.0	36	181	42	32	161	66	28	143	106	25	128	148	22	113	176
			5.0	31	155	36	28	139	57	25	123	91	22	109	127	19	97	151
			8.0	27	135	31	24	121	49	21	107	79	19	95	110	17	85	131
		41~90	1.8	37	187	43	33	167	68	29	148	110	26	131	152	23	117	181
			3.0	32	160	37	28	143	59	25	127	94	22	113	131	20	103	155
			5.0	27	137	32	24	122	50	22	109	80	19	97	112	17	86	134
			8.0	23	119	28	21	106	44	19	95	70	17	84	97	15	75	116
180	80/12	12~40	1.8	40	159	44	35	142	70	32	126	112	28	112	156	25	100	185
			3.0	34	137	38	31	122	60	27	108	96	24	96	134	22	86	159
			5.0	29	117	32	26	104	52	23	93	82	21	82	115	19	73	136
			8.0	26	102	28	23	91	44	20	80	71	18	71	100	16	64	119
		41~110	1.8	35	141	39	32	120	62	28	112	99	25	99	138	22	88	164
			3.0	31	121	34	27	107	53	24	95	85	22	85	107	19	76	140
			5.0	26	104	29	23	92	46	20	82	73	19	73	101	16	65	121
			8.0	23	90	25	21	80	40	18	72	63	16	63	88	14	56	105
180	100/14	12~40	1.8	44	139	44	39	124	71	34	110	114	31	97	158	27	87	188
			3.0	37	119	38	33	105	61	29	94	98	26	83	136	23	74	161
			5.0	32	102	33	29	91	52	25	81	84	23	72	116	20	64	139
			8.0	28	88	28	25	79	46	22	70	73	20	62	101	17	55	121
		41~130	1.8	38	122	40	34	109	63	31	97	101	27	86	140	24	77	167
			3.0	33	105	34	29	94	54	26	83	86	23	74	120	20	66	143
			5.0	29	90	29	25	80	46	22	71	74	20	64	103	18	56	122
			8.0	25	79	25	22	70	40	19	62	64	17	55	89	16	49	107

注：切削用量修正系数参看表 5-158 加工条件改变时切削用量的修正系数。

表 5-160　高速钢镶齿圆柱铣刀铣削灰铸铁时的切削用量

刀具寿命 T /min	$\dfrac{d_0}{z}$	a_p /mm	a_e /mm	铣刀每齿进给量 f_z/(mm/z)																	
				0.06			0.15			0.2			0.27			0.36			0.49		
				切削用量																	
				v_c	n	v_f	v_c	n	v_f	v_c	n	v_f	v_c	n	v_f	v_c	n	v_f	v_c	n	v_f
180	$\dfrac{80}{6}$	40~70	2.8	26	103	25	22	86	49	19	73	76	16	61	86	—					
			3.9	22	87	21	19	73	41	16	62	65	13	52	73						
			5.6	18	73	17	16	61	35	13	52	54	11	43	61						
			8.0	15	61	14	13	51	29	11	43	45	9	36	51						
180	$\dfrac{100}{8}$	40~70	2.8	28	88	28	23	74	56	20	62	88	17	53	98	—					
			3.9	23	74	24	20	63	47	17	53	74	14	44	83						
			5.6	20	62	20	16	52	40	14	44	62	11	37	70						
			8.0	16	52	17	14	44	33	11	37	52	10	31	58						
180	$\dfrac{125}{8}$	40~70	2.8	32	82	26	27	69	53	23	58	82	19	49	92	16	41	103	—	—	—
			3.9	28	70	22	23	59	44	19	50	70	16	42	78	14	35	88			
			5.6	23	58	19	19	49	37	16	41	58	14	35	65	11	29	73			
			8.0	19	49	16	16	41	29	14	35	49	11	29	54	10	25	61			
			11.5	16	41	13	13	34	26	11	29	40	9	24	45	8	20	51			
180	$\dfrac{160}{10}$	40~70	2.8	36	71	29	30	60	57	25	51	89	22	43	100	18	36	112	15	30	126
			3.9	31	61	24	26	51	49	22	43	75	18	36	85	15	30	95	13	25	107
			5.6	26	50	20	22	43	40	18	36	63	15	30	70	13	25	79	11	21	89
			8.0	21	42	17	18	35	34	15	30	53	12	25	56	11	21	67	9	18	74
			11.5	18	35	14	15	29	28	13	25	44	11	21	49	9	17	55	7	15	62
			16.0	15	30	12	13	25	24	11	21	37	9	18	41	8	15	47	7	13	53

加工条件改变时切削用量的修正系数

铸铁的硬度	铸铁硬度/HBS	<157	157~178	179~202	203~224	铣刀寿命	实际寿命与标准寿命之比 $T_R:T$	0.25	0.5	1.0	1.5	2.0	3.0
	系数 $k_{Mv}=k_{Mn}=k_{Mvf}$	1.25	1.12	1.0	0.9		系数 $k_{Tv}=k_{Tn}=k_{Tvf}$	1.41	1.19	1.0	0.9	0.84	0.76

加工条件改变时切削用量的修正系数

毛坯表面状态	表态状态	无外皮的	有外皮的		加工类型	加工类型	粗加工			精加工		
			一般	带砂的		系数 $k_{Bv}=k_{Bn}=k_{Bvf}$	1.0			0.8		
					铣刀齿数	实际齿数与标准齿数之比 $z_R:z$	0.25	0.5	0.8	1.0	1.5	2.0	3.0
	系数 $k_{sv}=k_{sn}=k_{svf}$	1.0	0.8~0.85	0.5~0.6		系数 $k_{zv}=k_{zn}$	1.5	1.2	1.07	1.0	0.9	0.8	0.7
						k_{zvf}	0.4	0.6	0.85	1.0	1.35	1.62	2.1

表 5-161　高速钢细齿圆柱铣刀铣削灰铸铁时的切削用量

刀具寿命 T /min	d_0/z	a_p /mm	a_e /mm	铣刀每齿进给量 f_z /(mm/z)								
				0.06			0.15			0.20		
				切削用量								
				v_c	n	v_f	v_c	n	v_f	v_c	n	v_f
120	$\dfrac{50}{8}$	40~70	1.4	26	170	54	23	142	109	19	121	168
			2.0	22	142	46	19	119	91	16	101	141
			2.8	19	120	38	16	101	77	13	85	119
			3.9	16	101	32	13	85	65	11	73	101
			5.6	13	85	27	11	66	55	—	73	—
120	$\dfrac{63}{10}$	40~70	1.4	29	148	59	25	124	119	21	106	184
			2.0	25	124	50	20	104	97	17	88	154
			2.8	21	104	42	17	88	85	15	74	130
			3.9	17	89	35	15	74	71	13	63	110
			5.6	14	74	29	12	62	59	—	—	—
			8.0	12	62	25	10	52	50	—	—	—
180	$\dfrac{80}{12}$	40~70	1.4	29	118	56	25	99	114	21	84	175
			2.0	25	98	47	21	83	95	17	70	146
			2.8	21	83	40	17	70	80	15	59	124
			3.9	18	71	34	15	59	68	13	50	105
			5.6	15	59	28	13	49	57	11	42	88
			8.0	13	49	22	10	41	47	9	35	73
180	$\dfrac{100}{14}$	40~70	1.4	33	105	59	28	88	119	23	75	182
			2.0	28	88	49	23	74	100	20	63	153
			2.8	23	74	41	20	62	84	17	53	129
			3.9	20	64	35	17	53	71	14	45	109
			5.6	17	53	29	14	44	59	12	37	91
			8.0	14	44	25	11	37	50	10	31	76

注：切削用量修正系数参看表 5-160 加工条件改变时切削用量的修正系数。

表 5-162　高速钢立铣刀在钢料上铣槽的切削用量（用切削液）

刀具寿命 T /min	D/z	槽宽 a_e /mm	槽深 a_p /mm	铣刀每齿进给量 f_z /(mm/z)																	
				0.045			0.06			0.07			0.09			0.12			0.15		
				切削用量																	
				v_c	n	v_f	v_c	n	v_f	v_c	n	v_f	v_c	n	v_f	v_c	n	v_f	v_c	n	v_f
60	$\dfrac{16}{3}$ $\dfrac{16}{6}$	16	10~25	23	458	55	20	398	63	18	358	69	16	318	76	14	279	88			
				22	438	105	19	378	119	—											
60	$\dfrac{20}{3}$ $\dfrac{20}{6}$	20	10~30	22	350	42	20	318	50	17	270	53	15	239	57	14	223	70	12	191	77
				21	334	80	18	287	90	16	255	99	—								
60	$\dfrac{25}{3}$ $\dfrac{25}{6}$	25	10~30	22	280	34	19	242	38	17	217	42	15	191	46	14	178	56	13	166	67
				21	268	64	18	229	72	16	203	79	14	178	85	13	166	105	12	153	124
90	$\dfrac{32}{4}$ $\dfrac{32}{8}$	32	10~30	18	179	29	16	159	33	14	139	36	13	125	40	11	109	46	10	100	54
				17	169	54	15	149	63	13	129	67	12	119	76	—					

加工条件改变时切削用量的修正系数

钢的类型和力学性能	σ_b/MPa	380~440		450~510	520~590	600~700	710~800	810~930	940~1070	1080~1240
	HBS	111~126		127~146	147~169	170~200	201~229	230~266	267~306	307~354
	钢的种类	系数 $k_{Mv}=k_{Mn}=k_{Mvf}$								
	碳钢和镍钢	1.06		1.21	1.34	1.15	1.0	0.86	0.66	0.49

毛坯表面状态	表面状态	无外皮	轧件	有外皮			
				锻件	铸件		
	系数 $k_{sv}=k_{sn}=k_{svf}$	1.0	0.9	0.8	一般		带砂的
					0.8~0.85		0.5~0.6

铣刀寿命	实际寿命与标准寿命之比 $T_R:T$	0.25	0.5	1.0	1.5	2.0	3.0
	系数 $k_{Tv}=k_{Tn}=k_{Tvf}$	1.32	1.15	1.0	0.92	0.87	0.80

加工类型	加工类型	粗加工	精加工
	系数 $k_{Bv}=k_{Bn}=k_{Bvf}$	1.0	0.80

注: 表内切削用量能达到表面粗糙度 $Ra\,3.2\mu m$。

表 5-163 高速钢立铣刀在灰铸铁上铣槽的切削用量

刀具寿命 T/min	$\dfrac{D}{z}$	槽宽 a_e/mm	槽深 a_p/mm	铣刀每齿进给量 f_z/(mm/z)																
				0.04			0.05			0.07			0.10			0.13			0.18		
				切削用量																	
				v_c	n	v_f	v_c	n	v_f	v_c	n	v_f	v_c	n	v_f	v_c	n	v_f	v_c	n	v_f
60	$\dfrac{16}{3}$	16	10~25	18	358	32	17	338	46	16	318	57	15	299	76	14	279	96	—	—	—
	$\dfrac{16}{6}$			15	299	54	14	279	75	—	—	—	—	—	—	—	—	—	—	—	—
60	$\dfrac{20}{3}$	20	10~30	19	303	27	18	287	39	17	271	49	16	255	65	15	239	82	14	223	108
	$\dfrac{20}{6}$			15	239	43	14	223	60	13	207	75	—	—	—	—	—	—	—	—	—
60	$\dfrac{25}{3}$	25	10~30	20	255	31	18	229	31	17	217	39	16	203	52	15	191	66	14	178	83
	$\dfrac{25}{6}$			16	203	37	15	191	52	14	178	64	13	166	85	12	153	106	—	—	—
90	$\dfrac{32}{4}$	32	10~30	23	229	27	16	159	29	14	149	36	14	139	47	13	129	59	—	—	—
	$\dfrac{32}{8}$			15	149	36	14	139	50	14	129	62	12	119	81	—	—	—	—	—	—

加工条件改变时切削用量的修正系数

铸铁	铸铁硬度/HBS	<157	157~178	179~202	203~204	毛坯表面状态	表面状态	无外皮	有外皮		
									硬度/HBS		
									<160	160~200	>200
	系数 $k_{Mv}=k_{Mn}=k_{Mvf}$	1.25	1.12	1.0	0.9		系数 $k_{sv}=k_{sn}=k_{svf}$	1.0	0.70	0.75	0.80

铣刀寿命	实际寿命与标准寿命之比 $T_R:T$	0.25	0.5	1.0	1.5	2.0	3.0	加工类型	粗加工	精加工
	系数 $k_{Tv}=k_{Tn}=k_{Tvf}$	1.41	1.19	1.0	0.9	0.84	0.76		1.0	0.80

注: 表内切削用量能达到表面粗糙度 $Ra\,3.2\mu m$。

表 5-164　YT15 硬质合金端铣刀铣削碳钢、铬钢及镍铬钢的切削用量

刀具寿命 T/min	$\dfrac{d_0}{z}$	a_p/mm	0.07			0.1			0.13			0.18			0.24			0.33		
			\multicolumn{18}{c}{切削用量}
			v_c	n	v_f	v_c	n	v_f	v_c	n	v_f	v_c	n	v_f	v_c	n	v_f	v_c	n	v_f
180	$\dfrac{100}{5}$	1.5	229	727	218	203	649	259	173	551	331	154	491	393	139	441	463	124	393	550
		5.0	203	645	193	181	575	230	154	511	293	137	436	349	123	391	410	109	348	488
	$\dfrac{125}{4}$	1.5	229	582	140	203	518	166	173	441	212	154	393	251	139	353	296	124	314	352
		5.0	203	516	124	181	460	147	154	391	188	137	349	223	123	313	263	109	278	312
	$\dfrac{160}{6}$	5	203	403	145	181	359	172	154	305	220	137	272	262	123	244	308	109	218	365
		16	181	359	129	161	320	154	137	272	196	122	242	233	109	217	274	97	134	326
240	$\dfrac{200}{8}$	5	191	304	146	170	271	173	145	231	221	129	206	263	116	184	310	103	164	368
		16	170	271	130	152	242	155	129	205	197	115	183	235	103	164	276	92	146	328
	$\dfrac{250}{8}$	5	191	244	117	170	217	139	145	185	177	129	164	211	116	148	248	103	131	295
		16	170	217	104	152	193	124	129	164	158	115	146	187	103	131	221	92	117	262
300	$\dfrac{315}{10}$	5	183	185	111	163	165	132	139	140	168	124	125	200	111	112	235	99	100	280
		16	163	164	99	145	146	118	124	125	149	110	111	178	98	100	209	88	89	249
420	$\dfrac{400}{12}$	5	171	136	98	152	121	116	130	103	149	116	92	176	104	82	208	92	73	247
		16	152	121	87	136	108	104	115	92	132	103	82	157	92	73	185	82	65	220

加工条件改变时切削用量的修正系数

钢的力学性能	σ_b/MPa	<560	561～620	621～700	701～789	790～889	890～1000
	硬度/HBS	<160	160～177	180～200	203～226	228～255	257～285
	系数 $k_{Mv}=k_{Mn}=k_{Mvf}$	1.27	1.13	1.0	0.89	0.79	0.69
实际寿命与标准寿命之比	比值 $T_R:T$	0.5	1.0	1.5	2	3	4
	系数 $k_{Tv}=k_{Tn}=k_{Tvf}$	1.15	1.0	0.92	0.87	0.8	0.76
常用硬质合金牌号	牌号	\multicolumn{2}{c}{YT5}	\multicolumn{2}{c}{YT14}	YT15	YT30
	系数 $k_{tv}=k_{tn}=k_{tvf}$	\multicolumn{2}{c}{0.65}	\multicolumn{2}{c}{0.8}	1.0	1.4

加工条件改变时切削用量的修正系数

毛坯表面状态	表面状态	无外皮	\multicolumn{4}{c}{有外皮}
			轧件	锻件	\multicolumn{2}{c}{铸件}
					一般	带砂的
	系数 $k_{sv}=k_{sn}=k_{svf}$	1.0	0.9	0.8	0.8～0.85	0.5～0.6
铣削宽度与铣刀直径之比	比值 $a_e:d_0$	\multicolumn{2}{c}{<0.45}	\multicolumn{2}{c}{0.45～0.8}	\multicolumn{2}{c}{>0.8}
	系数 $k_{aev}=k_{aen}=k_{aevf}$	\multicolumn{2}{c}{1.13}	\multicolumn{2}{c}{1.0}	\multicolumn{2}{c}{0.89}
主偏角	主偏角 κ_r/(°)	90	60	45	30	15
	系数 $k_{\kappa rv}=k_{\kappa rn}$	0.87	1.0	1.1	1.25	1.6
	$k_{\kappa rvf}$	0.7	1.0	1.1	1.65	2.9
铣刀实际齿数与标准齿数之比	比值 $z_R:z$	0.25	0.5	0.8	1.0	1.5	2.0	3.0
	系数 $k_{zv}=k_{zn}$	\multicolumn{7}{c}{1.0}
	k_{zvf}	0.25	0.5	0.8	1.0	1.5	2.0	3.0

表 5-165　YG6 硬质合金端铣刀铣削灰铸铁的切削用量

刀具寿命 T/min	d_0/z	a_p/mm	铣刀每齿进给量 f_z/(mm/z) 0.1			0.13			0.18		
			切削用量								
			v_c	n	v_f	v_c	n	v_f	v_c	n	v_f
180	$\dfrac{80}{10}$	1.5	124	494	395	110	439	492	—	—	—
		3.5	109	436	349	97	387	433			
		7.5	98	388	311	87	345	386			
	$\dfrac{100}{10}$	1.5	124	395	316	110	352	394	98	322	490
		3.5	109	349	278	97	310	347	86	275	432
		7.5	98	311	248	87	276	310	77	245	385
	$\dfrac{125}{12}$	1.5	124	316	304	110	281	378	98	250	471
		3.5	109	278	268	97	248	333	86	220	415
		7.5	98	248	239	87	221	297	108	196	370
	$\dfrac{160}{14}$	1.5	124	247	277	110	220	344	98	195	429
		3.5	109	218	244	97	194	304	86	172	378
		7.5	98	194	217	87	173	271	77	154	337
240	$\dfrac{200}{16}$	1.5	113	181	231	101	160	287	89	142	358
		3.5	100	159	203	89	141	253	79	125	315
		7.5	89	142	181	79	126	226	70	112	281
	$\dfrac{250}{20}$	3.5	100	127	203	89	113	253	79	100	315
		7.5	89	113	181	79	101	226	70	89	281
		16	79	101	162	71	90	202	63	80	251
300	$\dfrac{315}{22}$	3.5	93	94	165	83	83	206	73	74	256
		7.5	83	84	148	74	74	184	65	66	229
		16	74	75	131	66	67	164	58	59	204
420	$\dfrac{400}{28}$	3.5	83	67	148	74	59	185	66	52	230
		7.5	74	59	133	66	53	165	59	47	206
		16	67	53	118	59	47	148	52	42	184

刀具寿命 T/min	d_0/z	a_p/mm	铣刀每齿进给量 f_z/(mm/z) 0.26			0.36			0.5			0.7		
			切削用量											
			v_c	n	v_f	v_c	n	v_f	v_c	n	v_f	v_c	n	v_f
180	$\dfrac{80}{10}$	1.5												
		3.5												
		7.5												
	$\dfrac{100}{10}$	1.5	—											
		3.5												
		7.5												
	$\dfrac{125}{12}$	1.5	87	222	586	—	—	—						
		3.5	77	196	517									
		7.5	68	175	461									
	$\dfrac{160}{14}$	1.5	87	173	535	77	154	668	—	—	—			
		3.5	77	153	470	68	136	588						
		7.5	68	136	420	61	121	524						
240	$\dfrac{200}{16}$	1.5	80	127	446	71	112	557	63	100	689	—	—	—
		3.5	70	117	392	62	99	490	55	88	607			
		7.5	62	100	350	55	88	437	49	79	541			
	$\dfrac{250}{20}$	3.5	70	89	392	62	79	490	55	71	607	49	63	750
		7.5	62	80	350	55	71	437	49	63	541	44	56	669
		16	56	71	313	49	63	391	44	56	483	40	50	597

刀具寿命 T /min	$\dfrac{d_0}{z}$	a_p /mm	\multicolumn{12}{c}{铣刀每齿进给量 f_z/(mm/z)}
			\multicolumn{3}{c}{0.26}	\multicolumn{3}{c}{0.36}	\multicolumn{3}{c}{0.5}	\multicolumn{3}{c}{0.7}
			\multicolumn{12}{c}{切削用量}
			v_c	n	v_f	v_c	n	v_f	v_c	n	v_f	v_c	n	v_f
300	$\dfrac{315}{22}$	3.5	65	66	319	58	58	398	52	52	493	46	46	610
		7.5	58	59	284	52	52	356	46	46	440	41	41	544
		16	52	52	254	46	47	317	41	41	392	37	37	485
420	$\dfrac{400}{28}$	3.5	59	47	287	52	41	359	46	37	444	41	33	548
		7.5	52	41	256	46	37	320	41	33	396	37	29	490
		16	47	37	229	41	33	286	37	29	348	33	26	437

\multicolumn{8}{c}{加工条件改变时切削用量的修正系数}
铸铁的硬度	硬度/HBS	<150	150~164	165~181	182~199	200~219	220~240
	系数 $k_{Mv}=k_{Mn}=k_{Mvf}$	1.42	1.26	1.12	1.0	0.89	0.79
实际寿命与标准寿命之比	比值 $T_R:T$	0.5	1.0	1.5	2.0	3.0	4.0
	系数 $k_{Tv}=k_{Tn}=k_{Tvf}$	1.25	1.0	0.88	0.8	0.7	0.64
常用硬质合金牌号	牌号	\multicolumn{2}{c}{YG8}	\multicolumn{2}{c}{YG6}	\multicolumn{2}{c}{YG3}
	系数 $k_{tv}=k_{tn}=k_{tvf}$	\multicolumn{2}{c}{0.83}	\multicolumn{2}{c}{1.0}	\multicolumn{2}{c}{1.15}
毛坯表面状态	表面状态	\multicolumn{3}{c}{无外皮}	\multicolumn{3}{c}{有外皮}
						一般	带砂的
	系数 $k_{sv}=k_{sn}=k_{svf}$	\multicolumn{3}{c}{1.0}	0.8~0.85	0.5~0.6
铣削宽度与铣刀直径之比	比值 $a_e:d_0$	\multicolumn{2}{c}{<0.45}	\multicolumn{2}{c}{0.45~0.8}	\multicolumn{2}{c}{>0.8}
	系数 $k_{aev}=k_{aen}=k_{aevf}$	\multicolumn{2}{c}{1.13}	\multicolumn{2}{c}{1.0}	\multicolumn{2}{c}{0.89}
主偏角	主偏角 κ_r/(°)	90	60	45	30	15	
	系数 $k_{\kappa rv}=k_{\kappa rn}$	0.87	1.0	1.1	1.25	1.6	
	$k_{\kappa rvf}$	0.65	1.0	1.1	1.65	3.1	
铣刀实际齿数与标准齿数之比	比值 $z_R:z$	0.25	0.5	0.8	1.0	1.5	2.0	3.0
	系数 $k_{zv}=k_{zn}$	\multicolumn{6}{c}{1.0}
	k_{zvf}	0.25	0.5	0.8	1.0	1.5	2.0	3.0

四、齿轮加工切削用量选择

齿轮加工切削用量选择见表 5-166～表 5-169。

表 5-166　高速钢单头滚刀加工 35 与 45 钢（156～207HBS）圆柱齿轮的进给量

模数 m /mm	\multicolumn{9}{c}{工件每转滚刀进给量/(mm/r)}
	\multicolumn{5}{c}{粗加工}	\multicolumn{4}{c}{精加工}
	\multicolumn{5}{c}{滚齿机功率/kW}	\multicolumn{2}{c}{对实体材料}	\multicolumn{2}{c}{对预加工齿}
	1.5~2.8	3~4	5~9	10~14	15~22	\multicolumn{4}{c}{要求表面粗糙度 Ra/μm}
						6.3~3.2	1.6	6.3~3.2	1.6
≤1.5	0.8~1.2	1.4~1.8	1.6~1.8			1.0~1.2	0.5~0.8		
>1.5~2.5	1.2~1.6	2.4~2.8	\multicolumn{2}{c}{2.4~2.8}	—	1.2~1.8	0.8~1.0		
>2.5~4	1.6~2.0	2.6~3.0	\multicolumn{2}{c}{2.6~3.0}					
>4~6	1.2~1.4	2.2~2.6	2.4~2.8	2.6~3.0	2.6~3.0				
>6~8		2.0~2.2	2.2~2.6	2.4~2.8	2.4~2.8			2.0~2.5	0.7~0.9
>8~12			2.0~2.4	2.2~2.6	2.4~2.8				
>12~16	—		1.8~2.2	2.0~2.4	2.2~2.6	—			
>16~22		—	1.5~2.0	\multicolumn{2}{c}{1.8~2.2}				
>22~26				1.2~1.8	1.5~2.0			3.0~4.0	1.0~1.2

注：1. 粗加工 170～210HBS 铸铁齿轮时，进给量增加 10%。

2. 多头滚刀进给量应减少：双头减少 25%；三头减少 35%。

3. 顺铣时，进给量增加 20%～25%。

4. 加工斜角为 β 的斜齿轮时，进给量乘以 $\cos\beta$。

表 5-167　高速钢插齿刀加工 35 与 45 钢（156～207HBS）圆柱齿轮的进给量

加工性质		模数 m /mm	圆周进给量 f_k/(mm/双行程)			
			插齿机功率/kW			
			1.0～1.5	1.6～2.5	2.6～5.0	＞5.0
精插前一次		≤4	0.35～0.40	0.40～0.45	—	—
		＞4～6	0.15～0.20	0.30～0.40	0.40～0.50	—
走刀粗插		＞6～8	—	—	0.30～0.40	0.40～0.50
表面粗糙度 Ra1.6μm 精加工	对实体材料	≤3	0.25～0.30			
	对预加工齿	＞3～8	0.22～0.25			

注：1. 加工硬度 170～210HBS 铸铁齿轮时，进给量增加 10%。

2. 两次走刀粗加工时，进给量增加 20%。

3. 剃齿前粗加工，进给量减少 20%；磨齿前粗加工，减少 10%。

4. 表中大进给量用于加工齿数大于 25 的齿轮；小进给量用于加工齿数 25 以内的齿轮。

5. 径向进给量（切入进给量）取为圆周进给量的 10%～30%。

表 5-168　高速钢滚刀精加工预切出齿槽的齿轮切削速度

模数 m /mm	35、45 钢（207HBS）		灰铸铁（170～210HBS）	
	切削速度 v_c/(m/min)			
	Ra6.3～3.2μm	Ra1.6μm	Ra6.3～3.2μm	Ra1.6μm
3～12	22～25	18～20	23～26	20～22
＞12	18～20	14～16	20～22	16～18

注：加工条件改变时，切削速度的修正系数见表 2-19。

表 5-169　高速钢插齿刀在立式插齿机上插齿时的切削速度

圆周进给量 f_k /(mm/双行程)	切削速度 v_c/(m/min)						预切齿后精加工
	实体材料精加工及粗加工						
	模数 m/mm						2～12
	2	4	6	8	10	12	
0.10	41	33	28	25	23	21	—
0.13	36	29	24	22	20	19	—
0.16	32	26	22	20	18	17	44
0.20	29	23	20	18	17	16	39
0.26	25	21	17	16	15	14	34
0.32	23	18	15	14	13	13	31
0.42	20	16	14	13	13	12	25
0.52	18	14	12	11	10	10	—
插齿刀寿命 T /min	粗加工	420					300
	精加工	240					

注：1. 加工条件改变时，切削速度修正系数见表 2-19。

2. 插铝件齿轮取 v_c=60m/min；青铜齿轮取 v_c=24m/min；灰铸铁齿轮取 v_c=18m/min。

五、拉削用量选择

拉削用量选择见表 5-170、表 5-171。

表 5-170　拉削的进给量（拉刀的齿升量）　　　　　　　　　　　　mm/z

拉刀类型	工件材料		
	碳钢	合金钢	铸铁
(1)同廓式、渐成式拉刀粗切齿齿升量			
圆拉刀	0.015～0.03	0.01～0.025	0.03～0.10
矩形花键拉刀	0.03～0.08	0.025～0.06	0.04～0.10
锯齿和渐开线花键拉刀	0.03～0.05	0.03～0.05	0.04～0.08
精拉刀和键槽拉刀	0.05～0.20	0.05～0.12	0.06～0.20
平面拉刀	0.03～0.15	0.03～0.10	0.03～0.15
成形拉刀	0.02～0.06	0.02～0.05	0.03～0.10
方拉刀和六边拉刀	0.015～0.12	0.015～0.08	0.03～0.15

(2)轮切式拉刀粗切齿齿升量

圆拉刀直径	<10	10～25	25～50
刀齿每组齿升量	0.03～0.08	0.05～0.12	0.08～0.16

(3)拉刀过渡齿、精切齿的齿升量

粗切齿	过渡齿		精切齿						
齿升量 f_z	齿升量 f_z	齿数或齿组数	每齿或每组齿的齿升量	圆拉刀		各种花键拉刀		键槽拉刀、平面拉刀、成形拉刀	
				齿组数	不成齿组的刀齿数	齿组数	不成齿组的刀齿数	齿组数	不成齿组的刀齿数
≤0.05	取为粗切齿齿升量的 40%～60%	1～2	0.02～0.03	1	1～2	1	1～2	1	1～2
>0.05～0.1			0.035～0.07	1～2	3	1～2	2～3	1～2	2～3
>0.1～0.2			0.07～0.1	2	3～5	2～3	2～3	2～3	2～3
>0.2～0.3			0.1～0.16	2～3	3～5	2～3	2～3	2～3	2～3

表 5-171　拉削速度　　　　　　　　　　　　m/min

切削速度组	拉刀类别与表面粗糙度 $Ra/\mu m$							
	圆柱孔		花键孔		外表面与键槽		硬质合金齿	
	1.25～2.5	2.5～10	1.25～2.5	2.5～10	1.25～2.5	2.5～10	1.25～2.5	2.5～10
I	6～4	8～5	5～4	8～5	7～4	10～8	12～10	10～8
II	5～3.5	7～5	4.5～3.5	7～5	6～4	8～6	10～8	8～6
III	4～3	6～4	3.5～3	6～4	5～3.5	7～5	6～4	6～4
IV	3～2.5	4～3	2.5～2	4～3	2.5～1.5	4～3	5～3	4～3

六、磨削用量选择

磨削用量包括砂轮切入工件的径向进给量 f_r（相当于车削时的背吃刀量）、工件相对于砂轮的轴向进给量 f_a、工件旋转的线速度或工作台直线移动的速度 v_w，以及砂轮旋转的线速度 v_c。磨削用量参见表 5-172。

表 5-172　用刚玉和碳化硅磨料砂轮磨削时常用的磨削用量

磨削方式	v_c/(m/s)	f_r/(mm/单行程)或(mm/双行程)		f_a/(mm/r)或(mm/单行程)		v_w/(m/min)	
		粗磨	精磨	粗磨	精磨	粗磨	精磨
外圆磨削	25～35	0.015～0.05	0.005～0.01	(0.3～0.7)B	(0.3～0.4)B	20～30	20～60
平面磨削	25～35	0.015～0.05	0.005～0.015	(0.4～0.7)B	(0.2～0.3)B	6～30	15～20

注：表中 B 为砂轮宽度，mm。

第八节　常用夹具元件

一、定位元件

定位元件见表5-173～表5-185。

表5-173　支承钉（摘自 JB/T 8029.2—1999）　　　　　　　　mm

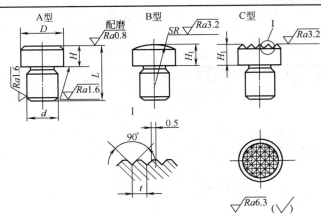

(1)材料:T8 按 GB/T 1298—1986 的规定。
(2)热处理:55～60HRC。
(3)其他技术条件按 JB/T 8044—1999 的规定。

标记示例
$D=16mm$、$H=8mm$ 的 A 型支承钉:
支承钉 A16×8mm JB/T 8029.2—1999。

D	H	H₁ 基本尺寸	极限偏差 h11	L	d 基本尺寸	极限偏差 r6	SR	t
5	2	2	0 −0.060	6	3	+0.016 +0.010	5	1
	5	5		9				
6	3	3	0 −0.075	8	4		6	
	6	6		11		+0.023 +0.015		
8	4	4		12	6		8	
	8	8	0 −0.090	16				1.2
12	6	6	0 −0.075		8		12	
	12	12	0 −0.110	22		+0.028 +0.019		
16	8	8	0 −0.090	20	10		16	
	16	16	0 −0.110	28				1.5
20	10	10	0 −0.090	25	12		20	
	20	20	0 −0.130	35		+0.034 +0.023		
25	12	12	0 −0.110	32	16		25	2
	25	25	0 −0.130	45				
30	16	16	0 −0.110	42	20		32	
	30	30	0	55		+0.041 +0.028		2
40	20	20	−0.130	50	24			
	40	40	0 −0.160	70			40	

表 5-174　支承板（摘自 JB/T 8029.1—1999）　　　　　　　　　　　　mm

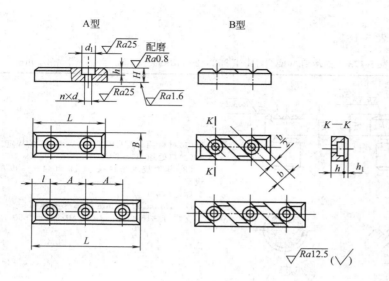

A型　　　B型

（1）材料：T8 按 GB/T 1298—1986 的规定。
（2）热处理：55～60HRC。
（3）其他技术条件按 JB/T 8044—1999 的规定。

标记示例

$H = 16$mm、$L = 100$mm 的 A 型支承板：

支承板 A16 × 100JB/T 8029.1—1999。

$\sqrt{Ra12.5}$ ($\sqrt{\ }$)

H	L	B	b	l	A	d	d_1	h	h_1	孔数 n
6	30	12		7.5	15	4.5	8	3	—	2
	45									3
8	40	14		10	20	5.5	10	3.5		2
	60									3
10	60	16	14	15	30	6.6	11	4.5		2
	90									3
12	80	20			40				1.5	2
	120		17	20		9	15	6		3
16	100	25								2
	160				60					3
20	120	32			60					2
	180									3
25	140	40	20	30	80	11	18	7	2.5	2
	220									3

表 5-175　六角头支承（摘自 JB/T 8026.1—1999）　　　　　　　　mm

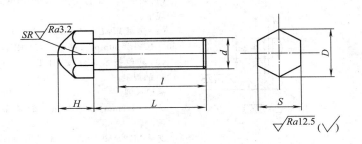

（1）材料：45 钢按 GB/T 699—1999 的规定。

（2）热处理：$L \leqslant 50$mm 全部 40～55HRC；$L > 50$mm 头部 40～50HRC。

（3）其他技术条件按 JB/T 8044—1999 的规定。

标记示例

$d = $M10mm、$L = 25$mm 的六角头支承：

支承 M10×25 JB/T 8026.1—1999。

	d	M8	M10	M12	M16	M20
	$D \approx$	12.7	14.2	17.59	23.35	31.2
	H	10	12	14	16	20
	SR		5			12
S	基本尺寸	11	13	17	21	27
	极限偏差		0 −0.270		0 −0.330	
L	l					
20		15				
25		20	20			
30		25	25	25		
35		30	30	30	30	
40		35	35	35	35	30
45						35
50			40	40	40	
60				45	45	40
70					50	50
80				60	60	

表 5-176　调节支承（摘自 JB/T 8026.4—1999）　　　　　　　　mm

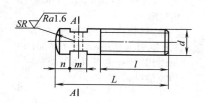

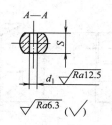

（1）材料：45 钢按 GB/T 699—1999 的规定。

（2）热 处 理：$L \leqslant 50mm$ 全 部 $40 \sim 50HRC$；$L>50mm$ 头部 $40 \sim 45HRC$。

（3）其他技术条件按 JB/T 8044—1999 的规定。

标记示例

$d = M12mm$、$L = 50mm$ 的调节支承：

支承 M12×50 JB/T 8026.4—1999。

d		M8	M10	M12	M16	M20
n		3	4	5	6	8
m		5	8		10	12
S	基本尺寸	5.5	8	10	13	16
	极限偏差	0 −0.180	0 −0.220		0 −0.270	
d_1		3	3.5	4	5	—
SR		8	10	12	16	20
L				l		
25		12				
30		16	14			
35		18	16			
40		20	20	18		
45		25	25	20		
50		30		25	25	
60			30	30	30	
70					40	35
80				35	50	45

表 5-177　调节支承螺钉 　　　　　　　　　　　　　　　　　　　　　　　　　mm

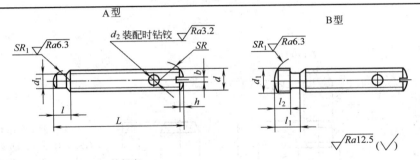

(1)材料:45 钢按 GB/T 699—1999 的规定。

(2)螺纹按 3 级精度制造。

(3)表面发蓝或其他防锈处理。

(4)热处理:淬火 33～38HRC。

d		M8	M10	M12	M16	M20
d_1		6	7	9	12	15
l		5	6	7	8	10
SR		8	10	12	16	20
SR_1		6	7	9	12	15
l_1		9	11	13.5	15	17
l_2		4	5	6.5	8	9
b		1.2	1.5	2		—
h		2.5	3	3.5	4.5	—
d_2	基本尺寸	3	4		5	
	极限偏差 H7	+0.010 0	+0.012 0			
L		35				
		40	40			
		45	45			
		50	50	50		
		60	60	60	60	
		70	70	70	70	70
		80	80	80	80	80
			90	90	90	90
			100	100	100	100

表 5-178　固定式定位销（摘自 JB/T 8014.2—1999）　　　　　mm

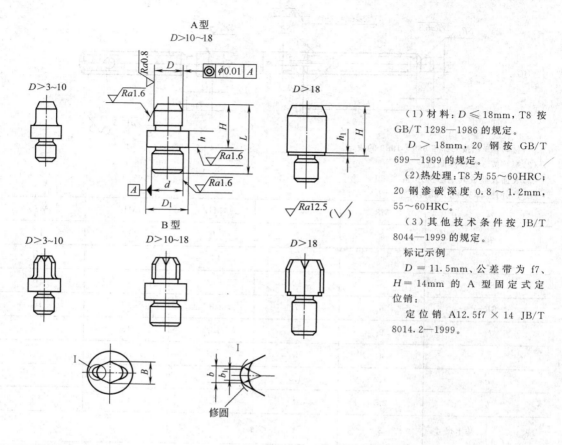

（1）材料：$D \leqslant 18$mm，T8 按 GB/T 1298—1986 的规定。

$D > 18$mm，20 钢 按 GB/T 699—1999 的规定。

（2）热处理：T8 为 55～60HRC；20 钢渗碳深度 0.8～1.2mm，55～60HRC。

（3）其他技术条件按 JB/T 8044—1999 的规定。

标记示例

$D = 11.5$mm，公差带为 f7、$H = 14$mm 的 A 型固定式定位销：

定位销 A12.5f7 × 14 JB/T 8014.2—1999。

D	H	d		D_1	L	h	h_1	B	b	b_1
		基本尺寸	极限偏差 r6							
>6～8	10	8	+0.028 +0.019	14	20	3	—	$D-1$	3	2
	18				28	7				
>8～10	12	10		16	24	4				
	22				34	8				
>10～14	14	12		18	26	4		$D-2$	4	3
	24				36	9				
>14～18	16	15		22	30	5				
	26				40	10				
>18～20	12	12	+0.034 +0.023		26		1			
	18				32					
	28				42					
>20～24	14	15		—	30			$D-3$	5	
	22				38					
	32				48		2			
>24～30	16				36			$D-4$		
	25				45					
	34				54					

注：D 的公差带按设计要求决定。

表 5-179　可换式定位销（摘自 JB/T 8014.3—1999）　　　　　　mm

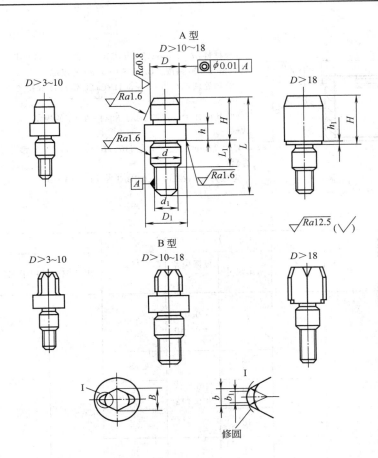

（1）材料：$D \leqslant 18$mm，T8 按 GB/T 1298—1986 的规定；

$D > 18$mm，20 钢 按 GB/T 699—1999 的规定。

（2）热处理：T8 为 55～60HRC；20 钢渗碳深度 0.8～1.2mm，55～60HRC。

（3）其他技术条件按 JB/T 8044—1999 的规定。

标记示例

$D = 12.5$mm、公差带为 f7、$H = 14$mm 的 A 型可换定位销：

定位销 A12.5f7 × 14 JB/T 8014.3—1999。

D	H	d 基本尺寸	d 极限偏差 h6	d_1	D_1	L	L_1	h	h_1	B	b	b_1
>6~8	10	8	0 −0.009	M6	14	28	8	3		D−1	3	2
	18					36		7				
>8~10	12	10		M8	16	35	10	4				
	22					45		8				
>10~14	14	12		M10	18	40	12	4	—	D−2	4	3
	24					50		9				
>14~18	16	15		M12	22	46	14	5				
	26					56		10				
>18~20	12	12	0 −0.011	M10		40	12		1			
	18					46						
	28					55						
>20~24	14	15		M12		45	14	—	2	D−3	5	
	22					53						
	32					63						
>24~30	16				—	50	16			D−4		
	25					60						
	34					68						

注：D 的公差带按设计要求决定。

表 5-180　　定位衬套（摘自 JB/T 8013.1—1999）　　　　　　　　　mm

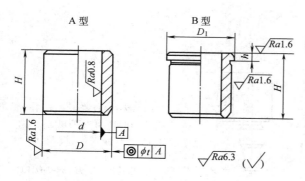

(1)材料:$d \leqslant 25$mm,T8 按 GB/T 1298—1986 的规定;$d > 25$mm,20 钢按 GB/T 699—1999 的规定。

(2)热处理:T8 为 55～60HRC;20 钢渗碳深度 0.8～1.2mm,55～60HRC。

(3)其他技术条件按 JB/T 8044—1999 的规定。

标记示例

$d = 22$mm、公差带为 H6、$H = 20$mm 的 A 型定位衬套:

定位衬套 A22H6×20 JB/T 8013.1—1999。

d			h	H	D		D_1	t	
基本尺寸	极限偏差 H6	极限偏差 H7			基本尺寸	极限偏差 n6		用于 H6	用于 H7
6	+0.008 0	+0.012 0	3	10	10	+0.019 +0.010	13	0.005	0.008
8	+0.009 0	+0.015 0			12		15		
10				12	15	+0.023 +0.012	18		
12					18		22		
15	+0.011 0	+0.018 0	4	16	22		26		
18					26	+0.028 +0.015	30		
22				20	30		34		
26	+0.013 0	+0.021 0		25	35		39		
30				45	42	+0.033 +0.017	46		
35			5	25	48		52	0.008	0.012
				45					
42	+0.016 0	+0.025 0		30	55		59		
				56		+0.039 +0.020			
48			6	30	62		66		
				56					

表 5-181　圆柱销（摘自 GB/T 119.2—2000）　　　　　　　　　　　　　　mm

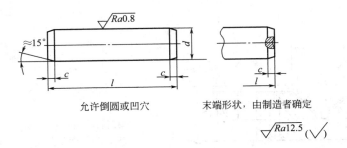

允许倒圆或凹穴　　　　　　末端形状，由制造者确定

$$\sqrt{Ra12.5} \ (\sqrt{\ \ })$$

标记示例：

a. 公称直径 $d=6$mm、公差为 m6、公称长度 $l=30$mm、材料为钢、普通淬火（A 型）、表面氧化处理的圆柱销标记：销 GB/T 119.2—2000　6×30

b. 公称直径 $d=6$mm、公差为 m6、公称长度 $l=30$mm、材料为 C1 组马氏体不锈钢、表面简单处理的圆柱销标记：销 GB/T 119.2—2000　6×30-C1

d	m6[①]		1	1.5	2	2.5	3	4	5	6	8	10	12	16	20
c	≈		0.2	0.3	0.35	0.4	0.5	0.63	0.8	1.2	1.6	2	2.5	3	3.5
l[②]															
公称	min	max													
3	2.75	3.25													
4	3.75	4.25													
5	4.75	5.25													
6	5.75	6.25													
8	7.75	8.25													
10	9.75	10.25													
12	11.5	12.5													
16	15.5	16.5													
18	17.5	18.5													
20	19.5	20.5				商品									
22	21.5	22.5													
24	23.5	24.5					长度								
28	27.5	28.5													
30	29.5	30.5										范围			
35	34.5	35.5													
40	39.5	40.5													
45	44.5	45.5													
50	49.5	50.5													

① 其他公差由供需双方协议。

② 公称长度大于 100mm，按 20mm 递增。

表 5-182　V 形块（摘自 JB/T 8018.1—1999）　　　　　　　　　　　　mm

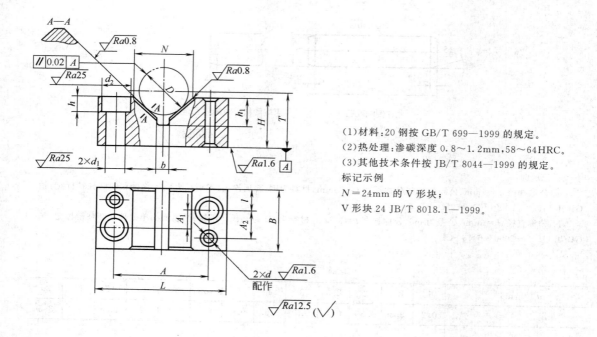

(1)材料:20 钢按 GB/T 699—1999 的规定。

(2)热处理:渗碳深度 0.8～1.2mm,58～64HRC。

(3)其他技术条件按 JB/T 8044—1999 的规定。

标记示例

$N=24$mm 的 V 形块;

V 形块 24 JB/T 8018.1—1999。

N	D	L	B	H	A	A_1	A_2	b	l	d 基本尺寸	d 极限偏差 H7	d_1	d_2	h	h_1
9	5～10	32	16	10	20	5	7	2	5.5			4.5	8	4	5
14	>10～15	38	20	12	26	6	9	4	7	4		5.5	10	5	7
18	>15～20	46		16	32				6		+0.012 0				9
24	>20～25	55	25	20	40	9	12	8	8	5		6.6	11	6	11
32	>25～35	70	32	25	50	12	15	12	10	6		9	15	8	14
42	>35～45	85		32	64			16							18
55	>45～60	100	40	35	76	16	19	12	20	8	+0.015 0	11	18	10	22
70	>60～80	125		42	96			30							25
85	>80～100	140	50	50	110	20	25	40	15	10		13.5	20	12	30

注:尺寸 T 按公式计算　$T=H+0.707D-0.5N$。

表 5-183　固定 V 形块（摘自 JB/T 8018.2—1999）　　　　　　　　　　mm

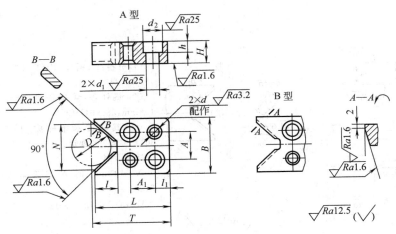

（1）材料：20 钢按 GB/T 699—1999 的规定。

（2）热处理：渗碳深度 0.8～1.2mm，58～64HRC。

（3）其他技术条件按 JB/T 8044—1999 的规定。

标记示例

$N=18$mm 的 A 型固定 V 形块：

V 形块 A18JB/T 8018.2—1999。

N	D	B	H	L	l	l_1	A	A_1	d		d_1	d_2	h
									基本尺寸	极限偏差 H7			
9	5～10	22	10	32	5	6	10	13	4		4.5	8	4
14	>10～15	24	12	35	7	7		14		+0.012 0	5.5	10	5
18	>15～20	28	14	40	10	8	12		5		6.6	11	6
24	>20～25	34	16	45	12	10	15	15	6				
32	>25～35	42		55	16	12	20	18	8		9	15	8
42	>35～45	52	20	68	20	14	26	22	10	+0.015 0	11	18	10
55	>45～60	65		80	25	15	35	28					
70	>60～80	80	25	90	32	18	45	35	12	+0.018 0	13.5	20	12

注：尺寸 T 按公式计算　$T=L+0.707D-0.5N$。

表 5-184　活动 V 形块（摘自 JB/T 8018.4—1999）　　　　mm

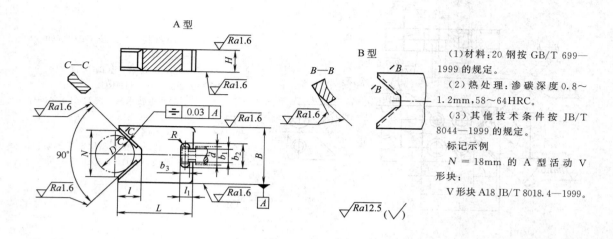

A 型

(1) 材料:20 钢按 GB/T 699—1999 的规定。

(2) 热处理:渗碳深度 0.8～1.2mm,58～64HRC。

(3) 其他技术条件按 JB/T 8044—1999 的规定。

标记示例

$N=18$mm 的 A 型活动 V 形块:

V 形块 A18 JB/T 8018.4—1999。

N	D	B		H		L	l	l_1	b_1	b_2	b_3	相配件 d
		基本尺寸	极限偏差 f7	基本尺寸	极限偏差 f9							
9	5～10	18	−0.016 −0.034	10	−0.013 −0.049	32	5	6	5	10	4	M6
14	>10～15	20	−0.020 −0.041	12		35	7	8	6.5	12	5	M8
18	>15～20	25		14	−0.016 −0.059	40	10	10	8	15	6	M10
24	>20～25	34	−0.025 −0.050	16		45	12	12	10	18	8	M12
32	>25～35	42				55	16					
42	>35～45	52				70	20	13	13	24	10	M16
55	>45～60	65	−0.030 −0.060	20	−0.020 −0.072	85	25					
70	>60～80	80		25		105	32	15	17	28	11	M20

表 5-185　（活动 V 形块）导板（摘自 JB/T 8019—1999）　　　　　　　　　　mm

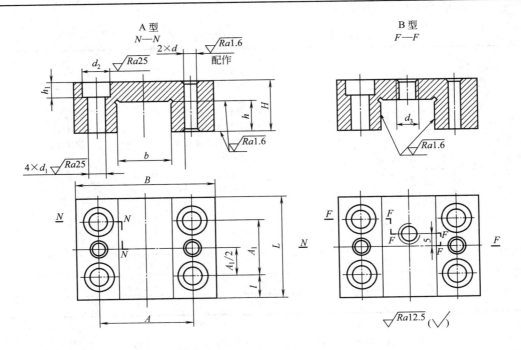

A 型　N—N
2×d　配作
B 型　F—F

(1)材料:20 钢按 GB/T 699—1999 的规定。

(2)热处理:渗碳深度 0.8～1.2mm,58～64HRC。

(3)其他技术条件按 JB/T 8044—1999 的规定。

标记示例

$b=20$mm 的 A 型导板:

导板 A20 JB/T 8019—1999。

b		h		B	L	H	A	A_1	l	h_1	d		d_1	d_2	d_3
基本尺寸	极限偏差 H7	基本尺寸	极限偏差 H8								基本尺寸	极限偏差 H7			
18	+0.018 0	10	+0.022 0	50	38	18	34	22	8	6	5	+0.012 0	6.6	11	M8
20	+0.021 0	12		52	40	20	35		9						
25		14	+0.027 0	60	42	25	42	24			6				
34	+0.025 0	16		72	50	28	52	28	11	8			9	15	M10
42				90	60	32	65	34	13		8	+0.015 0	11	18	
52		20		104	70	35	78	40	15	10	10				
65	+0.030 0		+0.033 0	120	80		90	48	15.5				13.5	20	M12
80		25		140	100	40	110	66	17	12	12	+0.018 0			

二、对刀元件

对刀元件见表 5-186～表 5-191。

表 5-186　圆形对刀块（摘自 JB/T 8031.1—1999）　　　　　　　　mm

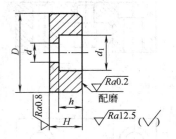

(1)材料:20 钢按 GB/T 699—1999 的规定。

(2)热处理:渗碳深度 0.8～1.2mm,58～64HRC。

(3)其他技术条件按 JB/T 8044—1999 的规定。

标记示例

$D=25$mm 的圆形对刀块:

对刀块 25 JB/T 8031.1—1999。

D	H	h	d	d_1
16	10	6	5.5	10
25		7	6.6	12

表 5-187　方形对刀块（摘自 JB/T 8031.2—1999）

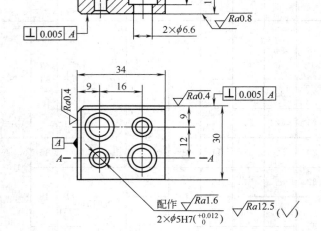

(1)材料:20 钢按 GB 699—1999 的规定。

(2)热处理:渗碳深度 0.8～1.2mm,58～64HRC。

(3)其他技术条件按 JB/T 8044—1999 的规定。

标记示例

方形对刀块:

对刀块 JB/T 8031.2—1999。

表 5-188　直角对刀块（摘自 JB/T 8031.3—1999）

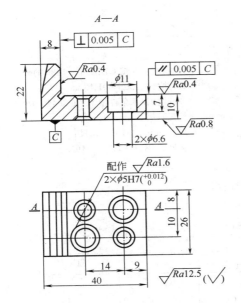

(1)材料:20 钢按 GB/T 699—1999 的规定。
(2)热处理:渗碳深度 0.8~1.2mm,58~64HRC。
(3)其他技术条件按 JB/T 8044—1999 的规定。
标记示例
直角对刀块:
对刀块 JB/T 8031.3—1999。

表 5-189　侧装对刀块（摘自 JB/T 8031.4—1999）

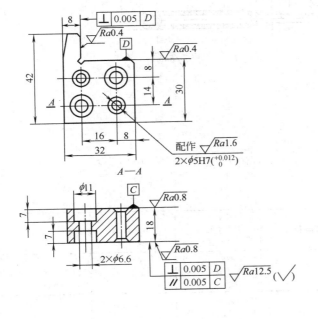

(1)材料:20 钢按 GB/T 699—1999 的规定。
(2)热处理:渗碳深度 0.8~1.2mm,58~64HRC。
(3)其他技术条件按 JB/T 8044—1999 的规定。
标记示例
侧装对刀块:
对刀块 JB/T 8031.4—1999。

表 5-190　对刀平塞尺（摘自 JB/T 8032.1—1999）

mm

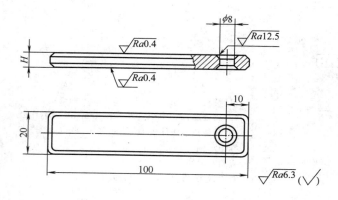

(1)材料:T8 按 GB 1298—1986 的规定。
(2)热处理:55~60HRC。
(3)其他技术条件按 JB/T 8044—1999 的规定。
标记示例
$H = 5mm$ 的对刀平塞尺:
塞尺 5 JB/T 8032.1—1999。

基本尺寸		1	2	3	4	5
H	极限偏差 h8	0 −0.014	0 −0.014	0 −0.014	0 −0.018	0 −0.018

表 5-191　对刀圆柱塞尺（摘自 JB/T 8032.2—1999）

mm

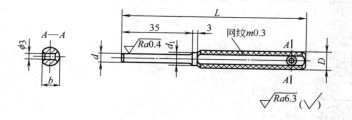

(1)材料:T8 按 GB 1298—1986 的规定。
(2)热处理:55~60HRC。
(3)其他技术条件按 JB/T 8044—1999 的规定。
标记示例
$d = 5mm$ 的对刀圆柱塞尺:
塞尺 5 JB/T 8032.2—1999。

d		D（滚花前）	L	d_1	b
基本尺寸	极限偏差 h8				
3	0 −0.014	7	90	5	6
5	0 −0.018	10	100	8	9

三、导向元件

导向元件见表5-192～表5-196。

表 5-192　固定钻套（摘自 JB/T 8045.1—1999）　　　　　　　　　mm

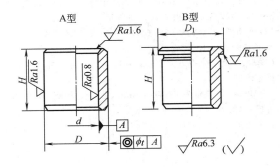

(1)材料:$d \leqslant 26$mmT10A 按 GB/T 1298—1986 的规定;$d > 26$mm20 钢按 GB/T 699—1999 的规定。

(2)热处理:T10A 为 58～64HRC;20 钢渗碳深度为 0.8～1.2mm,58～64HRC。

(3)其他技术条件按 JB/T 8044—1999 的规定。

标记示例

$d = 18$mm,$H = 16$mm 的 A 型固定钻套:

钻套 A18×16 JB/T 8045.1—1999。

d		D		D_1	H			t
基本尺寸	极限偏差 F7	基本尺寸	极限偏差 n6					
>0～1	+0.016 +0.006	3	+0.010 +0.004	6	6	9	—	0.008
>1～1.8		4		7				
>1.8～2.6		5	+0.016 +0.008	8				
>2.6～3		6		9	8	12	16	
>3～3.3	+0.022 +0.010			10				
>3.3～4		7	+0.019 +0.010	11				
>4～5		8		13	10	16	20	
>5～6		10		15				
>6～8	+0.028 +0.013	12	+0.023 +0.012	18	12	20	25	
>8～10		15		22				
>10～12	+0.034 +0.016	18		26	16	28	36	
>12～15		22	+0.028 +0.015	30				
>15～18		26		34	20	36	45	
>18～22	+0.041 +0.020	30		39				
>22～26		35	+0.033 +0.017	46	25	45	56	0.012
>26～30		42		52				
>30～35	+0.050 +0.025	48		59				
>35～42		55	+0.039 +0.020	66	30	56	67	
>42～48		62		74				
>48～50		70		82				
>50～55	+0.060 +0.030	78		90	35	67	78	
>55～62		85		100				0.040
>62～70		95	+0.045 +0.023	110				
>70～78					40	78	105	
>78～80	+0.071 +0.036	105						
>80～85								

表 5-193　可换钻套（摘自 JB/T 8045.2—1999）　　　　　mm

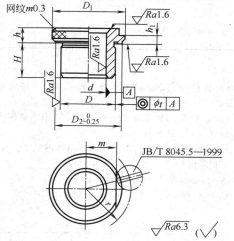

JB/T 8045.5—1999

(1)材料：$d \leqslant 26mm$ T10A 按 GB/T 1298—1986 的规定；$d >$ 26mm 20 钢按 GB/T 699—1999 的规定。

(2)热处理：T10A 为 58～64HRC；20 钢渗碳深度为 0.8～1.2mm，58～64HRC。

(3)其他技术条件按 JB/T 8044—1999 的规定。

标记示例

$d = 12mm$，公差带为 F7，$D = 18mm$，公差带为 k6，$H = 16mm$ 的可换钻套：

钻套 12F7×18k6×16 JB/T 8045.2—1999。

d		D			D_1 (滚花前)	D_2	H	h	h_1	r	m	t	配用螺钉 JB/T 8045.5 —1999
基本尺寸	极限偏差 F7	基本尺寸	极限偏差 m6	极限偏差 k6									
>0～3	+0.016 +0.006	8	+0.015 +0.006	+0.010 +0.001	15	12	10	16	—		11.5	4.2		M5
>3～4	+0.022 +0.010									8	3			
>4～6		10			18	15					13	5.5	0.008	
>6～8	+0.028 +0.013	12	+0.018 +0.007	+0.012 +0.001	22	18	12	20	25		16	7		M6
>8～10		15			26	22	16	28	36	10	18	9		
>10～12	+0.034 +0.016	18			30	26					20	11		
>12～15		22	+0.021 +0.008	+0.015 +0.002	34	30	20	36	45		23.5	12		M8
>15～18		26			39	35					26	14.5		
>18～22	+0.041 +0.020	30			46	42	25	45	56	12	29.5	18		
>22～26		35	+0.025 +0.009	+0.018 +0.002	52	46					32.5	21		
>26～30		42			59	53					36	24.5	0.012	
>30～35		48			66	60	30	56	67		41	27		
>35～42	+0.050 +0.025	55			74	68					45	31		
>42～48		62	+0.030 +0.011	+0.021 +0.002	82	76					49	35		
>48～50		70			90	84	35	67	78		53	39		M10
>50～55										16				
>55～62		78			100	94					58	44		
>62～70	+0.060 +0.030	85			110	104	40	78	105		63	49	0.040	
>70～78		95	+0.035 +0.013	+0.025 +0.003	120	114					68	54		
>78～80		105			130	124	45	89	112		73	59		

注：1. 当作铰（扩）套使用时，d 的公差带推荐如下：采用 GB/T 1132—1984《直柄机用铰刀》及 GB/T 1133—1984《锥柄机用铰刀》规定的铰刀，铰 H7 孔时，取 F7；铰 H9 孔时，取 E7。铰（扩）其他精度孔时，公差带由设计选定。

2. 铰（扩）套的标记示例

$d = 12mm$ 公差带为 E7，$D = 18mm$ 公差带为 m6、$H = 16mm$ 的可换铰（扩）套：

铰（扩）套 12E7×18m6×16 JB/T 8045.2—1999。

表 5-194　快换钻套（摘自 JB/T 8045.3—1999）　　　　　　mm

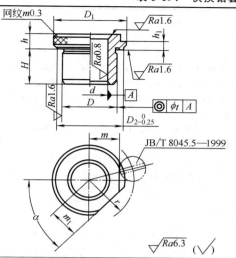

（1）材料：$d \leqslant 26mm$ T10A 按 GB/T 1298—1986 的规定；$d > 26mm$ 20 钢按 GB/T 699—1999 的规定。

（2）热处理：T10A 为 $58 \sim 64HRC$；20 钢渗碳深度 $0.8 \sim 1.2mm$，$58 \sim 64HRC$。

（3）其他技术条件按 JB/T 8044—1999 的规定。

标记示例

$d = 12mm$，公差带为 F7、$D = 18mm$，公差带为 k6、$H = 16mm$ 的快换钻套：

钻套 $12F7 \times 18k6 \times 16$ JB/T 8045.3—1999。

d 基本尺寸	极限偏差 F7	D 基本尺寸	极限偏差 m6	极限偏差 k6	D_1 滚花前	D_2	H			h	h_1	r	m	m_1	α	t	配用螺钉 JB/T 8045.5—1999
>0~3	+0.016 +0.006	8	+0.015 +0.006	+0.010 +0.001	15	12	10	16	—	8	3	11.5	4.2	4.2	50°	0.008	M5
>3~4	+0.022 +0.010	8	+0.015 +0.006	+0.010 +0.001	15	12	10	16	—	8	3	11.5	4.2	4.2	50°	0.008	M5
>4~6	+0.022 +0.010	10	+0.018 +0.007	+0.012 +0.001	18	15	12	20	25	10	4	13	5.5	5.5	50°	0.008	M6
>6~8	+0.028 +0.013	12	+0.018 +0.007	+0.012 +0.001	22	18	12	20	25	10	4	16	7	7	50°	0.008	M6
>8~10	+0.028 +0.013	15	+0.018 +0.007	+0.012 +0.001	26	22	16	28	36	10	4	18	9	9	50°	0.008	M6
>10~12	+0.034 +0.016	18	+0.018 +0.007	+0.012 +0.001	30	26	16	28	36	10	4	20	11	11	50°	0.008	M6
>12~15	+0.034 +0.016	22	+0.021 +0.008	+0.015 +0.002	34	30	20	36	45	12	5.5	23.5	12	12	55°	0.008	M8
>15~18	+0.034 +0.016	26	+0.021 +0.008	+0.015 +0.002	39	35	20	36	45	12	5.5	26	14.5	14.5	55°	0.008	M8
>18~22	+0.041 +0.020	30	+0.025 +0.009	+0.018 +0.002	46	42	25	45	56	12	5.5	29.5	18	18	55°	0.012	M8
>22~26	+0.041 +0.020	35	+0.025 +0.009	+0.018 +0.002	52	46	25	45	56	12	5.5	32.5	21	21	55°	0.012	M8
>26~30	+0.041 +0.020	42	+0.025 +0.009	+0.018 +0.002	59	53	25	45	56	12	5.5	36	24.5	25	55°	0.012	M8
>30~35	+0.050 +0.025	48	+0.030 +0.011	+0.021 +0.002	66	60	30	56	67	12	5.5	41	27	28	65°	0.012	M10
>35~42	+0.050 +0.025	55	+0.030 +0.011	+0.021 +0.002	74	68	30	56	67	12	5.5	45	31	32	65°	0.012	M10
>42~48	+0.050 +0.025	62	+0.030 +0.011	+0.021 +0.002	82	76	30	56	67	12	5.5	49	35	36	65°	0.012	M10
>48~50	+0.050 +0.025	70	+0.030 +0.011	+0.021 +0.002	90	84	35	67	78	16	7	53	39	40	70°	0.012	M10
>50~55	+0.060 +0.030	70	+0.030 +0.011	+0.021 +0.002	90	84	35	67	78	16	7	53	39	40	70°	0.040	M10
>55~62	+0.060 +0.030	78	+0.035 +0.013	+0.025 +0.003	100	94	40	78	105	16	7	58	44	45	70°	0.040	M10
>62~70	+0.060 +0.030	85	+0.035 +0.013	+0.025 +0.003	110	104	40	78	105	16	7	63	49	50	70°	0.040	M10
>70~78	+0.060 +0.030	95	+0.035 +0.013	+0.025 +0.003	120	114	40	78	105	16	7	68	54	55	70°	0.040	M10
>78~80	+0.071 +0.036	105	+0.035 +0.013	+0.025 +0.003	130	124	45	89	112	16	7	73	59	60	75°	0.040	M10
>80~85	+0.071 +0.036	105	+0.035 +0.013	+0.025 +0.003	130	124	45	89	112	16	7	73	59	60	75°	0.040	M10

注：1. 当作铰（扩）套使用时，d 的公差带推荐如下：采用 GB/T 1132—1984《直柄机用铰刀》及 GB/T 1133—1984《锥柄机用铰刀》规定的铰刀，铰 H7 孔时，取 F7；铰 H9 孔时，取 E7。铰（扩）其他精度孔时，公差带由设计选定。

2. 铰（扩）套的标记示例

$d = 12mm$ 公差带为 E7、$D = 18mm$、公差带为 m6、$H = 16mm$ 的快换铰（扩）套：

铰（扩）套 $12E7 \times 18m6 \times 16$ JB/T 8045.3—1999。

表 5-195　钻套用衬套（摘自 JB/T 8045.4—1999）　　　　mm

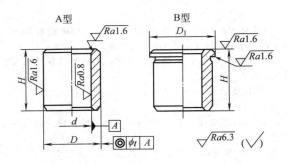

(1)材料：$d \leqslant 26mm$ T10A 按 GB/T 1298—1986 的规定；$d > 26mm$ 20 钢按 GB/T 699—1999 的规定。

(2)热处理：T10A 为 58～64HRC；20 钢渗碳深度为 0.8～1.2mm，58～64HRC。

(3)其他技术条件按 JB/T 8044—1999 的规定。

标记示例

$d=18mm$、$H=28mm$ 的 A 型钻套用衬套：

衬套 A18×28 JB/T 8045.4—1999。

d		D		D_1		H		t
基本尺寸	极限偏差 F7	基本尺寸	极限偏差 n6					
8	+0.028 +0.013	12	+0.023 +0.012	15	10	16	—	0.008
10		15		18	12	20	25	
12		18		22				
(15)	+0.034 +0.016	22	+0.028 +0.015	26	16	28	36	
18		26		30				
22	+0.041 +0.020	30	+0.033 +0.017	34	20	36	45	0.012
(26)		35		39				
30		42		46	25	45	56	
35		48		52				
(42)	+0.050 +0.025	55	+0.039 +0.020	59	30	56	67	
(48)		62		66				
55		70		74				
62	+0.060 +0.030	78		82	35	67	78	
70		85		90				
78		95	+0.045 +0.023	100	40	78	105	0.040
(85)		105		110				
95	+0.071 +0.036	115		120	45	89	112	
105		125	+0.052 +0.027	130				

注：因 F7 为装配后的公差，零件加工尺寸需由工艺决定（需要预留收缩量时，推荐为 0.006～0.012mm）。

表 5-196　钻套螺钉（摘自 JB/T 8045.5—1999）　　　　　mm

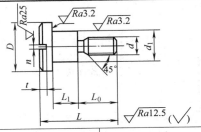

(1)材料:45 钢按 GB/T 699—1999 的规定。

(2)热处理:35～40HRC。

(3)其他技术条件按 JB/T 8044—1999 的规定。

标记示例

d＝M10、L_1＝13mm 的钻套螺钉:

螺钉 M10×13 JB/T 8045.5—1999。

d	L_1		d_1		D	L	L_0	n	t	钻套内径
	基本尺寸	极限偏差	基本尺寸	极限偏差 d11						
M5	3	+0.200 +0.050	7.5	−0.040 −0.130	13	15	9	1.2	1.7	＞0～6
	6					18				
M6	4		9.5		16	18	10	1.5	2	＞6～12
	8					22				
M8	5.5		12	−0.050 −0.160	20	22	11.5	2	2.5	＞12～30
	10.5					27				
M10	7		15		24	32	18.5	2.5	3	＞30～85
	13					38				

四、夹紧元件

夹紧元件见表 5-197～表 5-226。

表 5-197　带肩六角螺母（摘自 JB/T 8004.1—1999）　　　　　mm

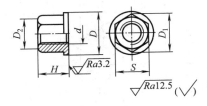

(1)材料:45 钢按 GB/T 699—1999 的规定。

(2)热处理:35～40HRC。

(3)细牙螺母的支承面对螺纹轴心线的垂直度按 GB/T 1184—1996 中附录 B 表 B3 规定的 9 级公差。

(4)其他技术条件按 JB/T 8044—1999 的规定。

标记示例

d＝M16×1.5 的带肩六角螺母:

螺母 M16×1.5 JB/T 8004.1—1999。

d		D	H	S		$D_1≈$	$D_2≈$
普通螺纹	细牙螺纹			基本尺寸	极限偏差		
M5	—	10	8	8	0 −0.220	9.2	7.5
M6	—	12.5	10	10		11.5	9.5
M8	M8×1	17	12	13	0 −0.270	14.2	13.5
M10	M10×1	21	16	16		17.59	16.5
M12	M12×1.25	24	20	18	0 −0.330	19.85	17
M16	M16×1.5	30	25	24		27.7	23
M20	M20×1.5	37	32	30		34.6	29
M24	M24×1.5	44	38	36	0 −0.620	41.6	34
M30	M30×1.5	56	48	46		53.1	44
M36	M36×1.5	66	55	55	0 −0.740	63.5	53
M42	M42×1.5	78	65	65		75	62
M48	M48×1.5	92	75	75		86.5	72

表 5-198　球面带肩螺母（摘自 JB/T 8004.2—1999）　　　　　　　mm

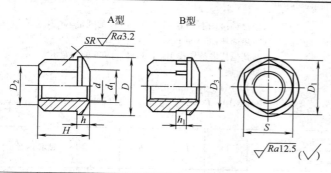

（1）材料：45 钢按 GB/T 699—1999 的规定。
（2）热处理：35～40HRC。
（3）其他技术条件按 JB/T 8044—1999 的规定。

标记示例

d＝M16 的 A 型球面带肩螺母：

螺母 AM16 JB/T 8004.2—1999。

$\sqrt{Ra12.5}$（$\sqrt{}$）

d	D	H	SR	S		$D_1\approx$	$D_2\approx$	D_3	d_1	h	h_1
				基本尺寸	极限偏差						
M6	12.5	10	10	10	$\begin{array}{c}0\\-0.220\end{array}$	11.5	9.5	10	6.4	3	2.5
M8	17	12	12	13		14.2	13.5	14	8.4	4	3
M10	21	16	16	16	$\begin{array}{c}0\\-0.270\end{array}$	17.59	16.5	18	10.5		3.5
M12	24	20	20	18		19.85	17	20	13	5	4
M16	30	25	25	24	$\begin{array}{c}0\\-0.330\end{array}$	27.7	23	26	17	6	5
M20	37	32	32	30		34.6	29	32	21	6.6	
M24	44	38	36	36	$\begin{array}{c}0\\-0.620\end{array}$	41.6	34	38	25	9.6	6
M30	56	48	40	46		53.1	44	48	31	9.8	7
M36	66	55	50	55		63.5	53	58	37	12	8
M42	78	65	63	65	$\begin{array}{c}0\\-0.740\end{array}$	75	62	68	43	16	9
M48	92	75	70	75		86.5	72	78	50	20	10

表 5-199 菱形螺母（摘自 JB/T 8004.6—1999） mm

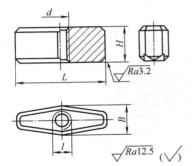

(1)材料:45 钢按 GB/T 699—1999 的规定。
(2)热处理:35～40HRC。
(3)其他技术条件按 JB/T 8044—1999 的规定。
标记示例
d＝M10 的菱形螺母:
螺母 M10 JB/T 8004.6—1999。

d	L	B	H	l
M4	20	7	8	4
M5	25	8	10	5
M6	30	10	12	6
M8	35	12	16	8
M10	40	14	20	10
M12	50	16	22	12
M16	60	22	25	16

表 5-200 固定手柄压紧螺钉（摘自 JB/T 8006.3—1999） mm

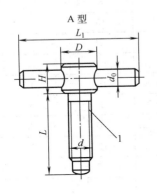

B 型  C 型

标记示例
d＝M10、L＝80mm 的 A 型固定手柄压紧螺钉:
螺钉 AM10×80 JB/T 8006.3—1999。

d	d_0	D	H	L_1	L										
					30	35	40	50	60	70	80	90	100	120	140
M6	5	12	10	50	30	35									
M8	6	15	12	60			40								
M10	8	18	14	80				50							
M12	10	20	16	100					60						
M16	12	24	20	120						70	80	90	100		
M20	16	30	25	160										120	140

件1

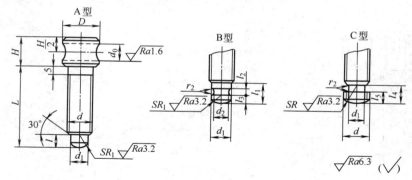

$\sqrt{Ra6.3}$ ($\sqrt{}$)

(1)材料:45 钢按 GB/T 699—1999 的规定。

(2)热处理:35～40HRC。

d	M6	M8	M10	M12	M16	M20
D	12	15	18	20	24	30
d_1	4.5	6	7	9	12	16
d_2	3.1	4.6	5.7	7.8	10.4	13.2
d_0 基本尺寸	5	6	8	10	12	16
d_0 极限偏差 H7	+0.012 0		+0.015 0		+0.018 0	
H	10	12	14	16	20	25
l	4	5	6	7	8	10
l_1	7	8.5	10	13	15	18
l_2	2.1	2.5			3.4	5
l_3	2.2	2.6	3.2	4.8	6.3	7.5
l_4	6.5	9	11	13.5	15	17
l_5	3	4	5	6.5	8	9
SR	6	8	10	12	16	20
SR_1	5	6	7	9	12	16
r_2	0.5				0.7	1
L	30	30				
	35	35				
	40	40	40			
		50	50	50		
		60	60	60	60	
			70	70	70	70
			80	80	80	80
			90	90	90	90
			100	100	100	100
					120	120

表 5-201　内六角圆柱头螺钉（摘自 GB/T 70.1—2008）　　　　　　　　mm

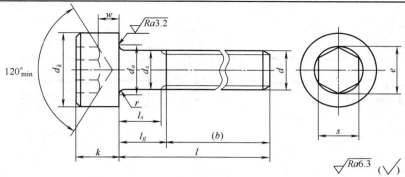

(1)材料:45 钢按 GB/T 699—1999 的规定。
(2)热处理:35～40HRC。
(3)其他技术条件按 JB/T 8044—1999 的规定。

标记示例

螺纹规格 d＝M5、公称长度 l＝20mm 的内六角圆柱头螺钉:

螺钉 GB/T 70.1—2008 M5×20。

螺纹规格 d			M5		M6		M8		M10		M12		M16	
(b)			22		24		28		32		36		40	
d_k		max	8.72		10.22		13.27		16.27		18.27		24.33	
		min	8.28		9.78		12.73		15.73		17.73		23.67	
d_a			5.7		6.8		9.2		11.2		13.7		17.7	
d_s		max	5.00		6.00		8.00		10.00		12.00		16.00	
		min	4.82		5.82		7.78		9.78		11.73		15.73	
e			4.58		5.72		6.86		9.15		11.43		16	
k		max	5.00		6.0		8.00		10.00		12.00		16.00	
		min	4.82		5.7		7.64		9.64		11.57		15.57	
r			0.2		0.25		0.4		0.4		0.6		0.6	
s			4.095		5.140		6.140		8.175		10.175		14.212	
w			1.9		2.3		3.3		4		4.8		6.8	
l			l_s 和 l_g											
公称	min	max	l_s	l_g	l_s	l_g	l_s	l_g	l_s	l_g	l_s	l_g	l_s	l_g
30	29.58	30.42	4	8										
35	34.5	35.5	9	13	6	11								
40	39.5	40.5	14	18	11	16	5.75	12						
45	44.5	45.5	19	23	16	21	10.75	17	5.5	13				
50	49.5	50.5	24	28	21	26	15.75	22	10.5	18				
55	54.4	55.6			26	31	20.75	27	15.5	23	10.25	19		
60	59.4	60.6			31	36	25.75	32	20.5	28	15.25	24	10	20
65	64.4	65.6					30.75	37	25.5	33	20.25	29	11	21
70	69.4	70.6					35.75	42	30.5	38	25.25	34	16	26
80	79.4	80.6					45.75	52	40.5	48	35.25	44	26	36
90	89.3	90.7							50.5	58	45.25	54	36	46
100	99.3	100.7							60.5	68	55.25	64	46	56

表 5-202　开槽圆柱头螺钉（摘自 GB/T 65—2000）　　　　　　　　　　mm

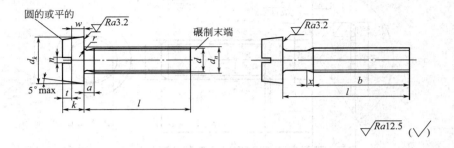

标记示例

螺纹规格 $d=$ M5、公称长度 $l=$ 20mm、性能等级为 4.8 级、不经表面处理的 A 级开槽圆柱头螺钉的标记：

螺钉 GB/T 65—2000 M5×20。

螺纹规格 d			M1.6	M2	M2.5	M3	M4	M5	M6	M8	M10
P			0.35	0.4	0.45	0.5	0.7	0.8	1	1.25	1.5
a	max		0.7	0.8	0.9	1	1.4	1.6	2	2.5	3
b	min		25	25	25	25	38	38	38	38	38
d_k			3.00	3.80	4.50	5.50	7.00	8.50	10.00	13.00	16.00
d_n	max		2	2.6	3.1	3.6	4.7	5.7	6.8	9.2	11.2
k			1.10	1.40	1.80	2.00	2.60	3.30	3.9	5.0	6.0
n	公称		0.4	0.5	0.6	0.8	1.2	1.2	1.6	2	2.5
	max		0.60	0.70	0.80	1.00	1.51	1.51	1.91	2.31	2.81
	min		0.46	0.56	0.66	0.86	1.26	1.26	1.66	2.06	2.56
r	min		0.1	0.1	0.1	0.1	0.2	0.2	0.25	0.4	0.4
t	min		0.45	0.6	0.7	0.85	1.1	1.3	1.6	2	2.4
w	min		0.4	0.5	0.7	0.75	1.1	1.3	1.6	2	2.4
x	max		0.9	1	1.1	1.25	1.75	2	2.5	3.2	3.8
l			每 1000 件钢螺钉的质量（$\rho=$ 7.85kg/dm³）≈kg								
公称	min	max									
8	7.71	8.29	0.14	0.254	0.422	0.692	1.33	2.3	3.56		
10	9.71	10.29	0.163	0.291	0.482	0.78	1.47	2.55	3.92	7.85	
12	11.65	12.35	0.186	0.329	0.542	0.868	1.63	2.8	4.27	8.49	14.6
16	15.65	16.35	0.232	0.402	0.662	1.04	1.95	3.3	4.98	9.77	16.6
20	19.58	20.42		0.478	0.782	1.22	2.25	3.78	5.69	11	18.6
25	24.58	25.42			0.932	1.44	2.64	4.4	6.56	12.6	21.1
30	29.58	30.42				1.66	3.02	5.02	7.45	14.2	23.6
40	39.5	40.5					3.8	6.25	9.2	17.4	28.6
50	49.5	50.5						7.5	10.9	20.6	33.6

注：1. P—螺距。

2. 公称长度在阶梯虚线以上的螺钉，制出全螺纹（$b=l-a$）。

表 5-203　转动垫圈（摘自 JB/T 8008.4—1999）　　　　　mm

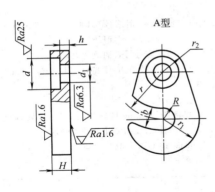 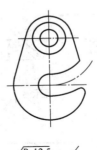

(1)材料:45 钢按 GB/T 699—1999 的规定。

(2)热处理:35～40HRC。

(3)其他技术条件按 JB/T 8044—1999 的规定。

标记示例

公称直径＝8mm、r＝22mm 的 A 型转动垫圈：

垫圈 A8×22 JB/T 8008.4—1999。

公称直径（螺钉直径）	r	r_1	H	d	d_1 基本尺寸	d_1 极限偏差 H11	h 基本尺寸	h 极限偏差	b	r_2
5	15	11	6	9	5	+0.075 0	3		7	7
	20	14								
6	18	13	7	11	6		3		8	8
	25	18								
8	22	16	8	14	8		3		10	10
	30	22								
10	26	20	10	18	10	+0.090 0	4		12	13
	35	26								
12	32	25	10	18	10		4		14	13
	45	32								
16	38	28	12	18	10		5	0 −0.100	18	
	50	36								
20	45	32	14	22	12		6		22	15
	60	42								
24	50	38	16	22	12	+0.110 0	8		26	
	70	50								
30	60	45	18	26	16		8		32	18
	80	58								
36	70	55	20	26	16		10		38	
	95	70								

表 5-204　球面垫圈（摘自 GB/T 849—1988）　　　　　　　　　　　　mm

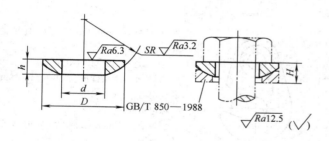

(1)材料：45 钢按 GB/T 699—1999 的规定。

(2)热处理：40～48HRC。

(3)垫圈应进行表面氧化处理。

(4)其他技术条件按 JB/T 8044—1999 的规定。

标记示例

规格为 16mm、材料为 45 钢、热处理硬度 40～48HRC,表面氧化的球面垫圈：

垫圈 16 GB/T 849—1988。

规格	d		D		h		SR	$H \approx$
（螺纹大径）	max	min	max	min	max	min		
8	8.60	8.40	17.00	16.57	4.00	3.70	12	5
10	10.74	10.50	21.00	20.48	4.00	3.70	16	6
12	13.24	13.00	24.00	23.48	5.00	4.70	20	7
16	17.24	17.00	30.00	29.48	6.00	5.70	25	8
20	21.28	21.00	37.00	35.38	6.60	6.24	32	10
24	25.28	25.00	44.00	43.38	9.60	9.24	36	13
30	31.34	31.00	56.00	55.26	9.80	9.44	40	16

表 5-205　锥面垫圈（摘自 GB/T 850—1988）　　　　　　　　　　　　mm

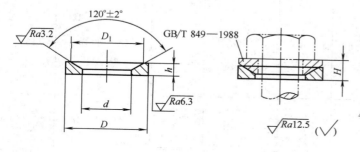

(1)材料：45 钢按 GB/T 699—1999 的规定。

(2)热处理：40～48HRC。

(3)垫圈应进行表面氧化处理。

标记示例

规格为 16mm、材料为 45 钢、热处理硬度 40～48HRC,表面氧化的锥面垫圈：

垫圈 16 GB/T 850—1988。

规格	d		D		h		D_1	$H \approx$
（螺纹大径）	max	min	max	min	max	min		
8	10.36	10	17	16.57	3.2	2.9	16	5
10	12.93	12.5	21	20.48	4	3.70	18	6
12	16.43	16	24	23.48	4.7	4.40	23.5	7
16	20.52	20	30	29.48	5.1	4.80	29	8
20	25.52	25	37	36.38	6.6	6.24	34	10
24	30.52	30	44	43.38	6.8	6.44	38.5	13
30	36.62	36	56	55.26	8.9	9.54	45.2	16

表 5-206　快换垫圈（摘自 JB/T 8008.5—1999）　　　　mm

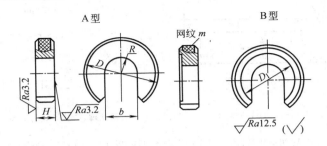

(1)材料:45 钢按 GB/T 699—1999 的规定。
(2)热处理:35～40HRC。
(3)其他技术条件按 JB/T 8044—1999 的规定。
标记示例
公称直径＝6mm、D＝30mm 的 A 型快换垫圈:
垫圈 A6×30 JB/T 8008.5—1999。

公称直径（螺纹直径）	5	6	8	10	12	16	20	24	30	36
b	6	7	9	11	13	17	21	25	31	37
D_1	13	15	19	23	26	32	42	50	60	72
m	0.3				0.4					
D	H									
16										
20	4	5								
25			6							
30		6		7						
35					8					
40			7							
50				8		10				
60					10		10			
70								12		
80						12			14	
90							12			16
100							14	14	14	
110					14	14			16	—

表 5-207　平垫圈（摘自 GB/T 97.1—2002）　　　mm

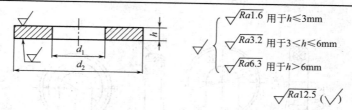

$\sqrt{Ra1.6}$ 用于 $h\leqslant3mm$

$\sqrt{Ra3.2}$ 用于 $3<h\leqslant6mm$

$\sqrt{Ra6.3}$ 用于 $h>6mm$

$\sqrt{Ra12.5}$ $(\sqrt{\quad})$

标记示例

标准系列、公称规格 8mm、由钢制造的硬度等级为 200HV 级、不经表面处理、产品等级为 A 级的平垫圈的标记：
垫圈 GB/T 97.1—2002　8

标准系列、公称规格 8mm、由 A_2 组不锈钢制造的硬度等级为 200HV 级、不经表面处理、产品等级为 A 级的平垫圈的标记：
垫圈 GB/T 97.1—2002　8　A_2

公称规格	内径 d_1		外径 d_2		厚度 h		
（螺纹大径 d）	公称(min)	max	公称(max)	min	公称	max	min
6	6.4	6.62	12	11.57	1.6	1.8	1.4
8	8.4	8.62	16	15.57	1.6	1.8	1.4
10	10.5	10.77	20	19.48	2	2.2	1.8
12	13	13.27	24	23.48	2.5	2.7	2.3
16	17	17.27	30	29.48	3	3.3	2.7
20	21	21.33	37	36.38	3	3.3	2.7
24	25	25.33	44	43.38	4	4.3	3.7
30	31	31.39	56	55.26	4	4.3	3.7
36	37	37.62	66	64.8	5	5.6	4.4

表 5-208　光面压块（摘自 JB/T 8009.1—1999）　　　mm

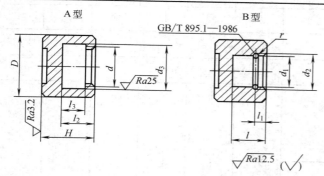

A 型

B 型

GB/T 895.1—1986

(1)材料：45 钢按 GB/T 699—1999 的规定。

(2)热处理：35～40HRC。

(3)其他技术条件按 JB/T 8044—1999 的规定。

标记示例

公称直径＝12mm 的 A 型光面压块：
压块 A12 JB/T 8009.1—1999。

$\sqrt{Ra12.5}$ $(\sqrt{\quad})$

公称直径（螺纹直径）	D	H	d	d_1	d_2		d_3	l	l_1	l_2	l_3	r	挡圈 GB/T 895.1—1986
					基本尺寸	极限偏差							
4	8	7	M4	—	—	—	4.5			4.5	2.5		
5	10	9	M5				6						
6	12		M6	4.8	5.3		7	6	2.4	6	3.5		5
8	16	12	M8	6.3	6.9	+0.100 0	10	7.5	3.1	8	5	0.4	6
10	18	15	M10	7.4	7.9		12	8.5	3.8	9	6		7
12	20	18	M12	9.5	10		14	10.5	4.2	11.5	7.5		9
16	25	20	M16	12.5	13.1	+0.120 0	18	13	4.4	13	9	0.6	12
20	30	25	M20	16.5	17.5		22	16	5.4	15	10.5		16
24	36	28	M24	18.5	19.5	+0.280 0	26	18	6.4	17.5	12.5	1	18

表 5-209 移动压板（摘自 JB/T 8010.1—1999）　　　　　　　　mm

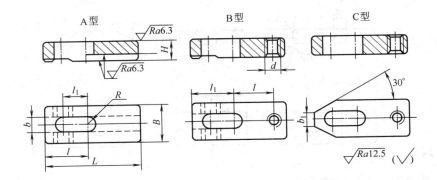

(1)材料:45 钢按 GB/T 699—1999 的规定。

(2)热处理:35～40HRC。

(3)其他技术条件按 JB/T 8044—1999 的规定。

标记示例

公称直径＝6mm、L＝45mm 的 A 型移动压板:

压板 A6×45 JB/T 8010.1—1999。

公称直径	L			B	H	l	l_1	b	b_1	d
（螺纹直径）	A 型	B 型	C 型							
6	40	—	40	18	6	17	9	6.6	7	M6
	45		—	20	8	19	11			
		50		22	12	22	14			
8	45		—	20	8	18	8	9	9	M8
		50		22	10	22	12			
10	60		60	25	14	27	17	11	10	M10
					10		14			
		70		28	12	30	17			
		80		30	16	36	23			
12	70	—	—	32	14	30	15	14	12	M12
		80			16	35	20			
		100			18	45	30			
		120		36	22	55	43			
16	80	—	—	40	18	35	15	18	16	M16
		100			22	44	24			
		120			25	54	36			
		160		45	30	74	54			
20	100	—	—	50	22	42	18	22	20	M20
		120			25	52	30			
		160			30	72	48			
		200		55	35	92	68			
24	120	—	—	50	28	52	22	26	24	M24
		160		55	30	70	40			
		200		60	35	90	60			
		250			40	115	85			
30	160	—		65	35	70	35	33	—	M30
		200				90	55			
		250			40	115	80			

表 5-210　转动压板（摘自 JB/T 8010.2—1999）　　　　　　　　　mm

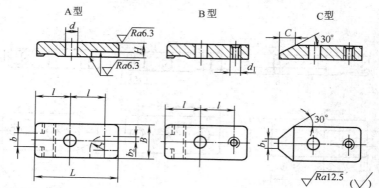

(1)材料：45 钢按 GB/T 699—1999 的规定。

(2)热处理：35～40HRC。

(3)其他技术条件按 JB/T 8044—1999 的规定。

标记示例

公称直径＝6mm、L＝45mm 的 A 型转动压板：

压板 A6×45 JB/T 8010.2—1999。

公称直径 (螺纹直径)	L A 型	L B 型	L C 型	B	H	l	d	d_1	b	b_1	b_2	r	C
6	40	—	40	18	6	17	6.6	M6	8	6	3	8	2
	45	45	—	20	8	19							
	50	50	—	22	12	22							10
8	45	—	—	20	8	18	9	M8	9	8	4	10	
	50	50	—	22	10	22							7
	60	60	60	25	14	27							14
10				25	10		11	M10	11	10	5	12.5	10
	70	70	70	28	12	30							14
	80	80	80	30	16	36							
12	70	—	—	32	14	30	14	M12	14	12	6	16	14
	80	80	80	32	16	35							17
	100	100	100	36	20	45							21
	120	120	120	36	22	55							
16	80	—	—	40	18	35	18	M16	18	16	8	17.5	—
	100	100	100	40	22	44							14
	120	120	120	45	25	54							17
	160	160	160	45	30	74							21
20	100	—	—	50	22	42	22	M20	22	20	10	20	—
	120	120	120	50	25	52							12
	160	160	160	50	30	72							17
	200	200	200	55	35	92							26
24	120	—	—	50	28	52	26	M24	26	24	12	22.5	—
	160	160	160	55	30	70							17
	200	200	200	60	35	90							26
	250	250	250	60	40	115							
30	160	—		65	35	70	33	M30	33	—	15	30	—
	200	200		65	35	90							
	250	250		65	40	115							
36	200	—		75	40	85	39	—	39	—	18	30	—
	250			75	45	110							
	320			80	50	145							

表 5-211　偏心轮用压板（摘自 JB/T 8010.7—1999）　　　　mm

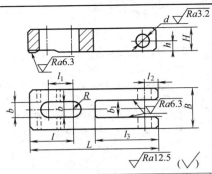

(1)材料:45 钢按 GB/T 699—1999 的规定。
(2)热处理:35～40HRC。
(3)其他技术条件按 JB/T 8044—1999 的规定。
标记示例
公称直径=8mm、L=70mm 的偏心轮用压板:
压板　8×70　JB/T 8010.7—1999。

公称直径 (螺纹直径)	L	B	H	d 基本尺寸	d 极限偏差 H7	b	b1 基本尺寸	b1 极限偏差 H11	l	l1	l2	l3	h
6	60	25	12	6	+0.012 0	6.6	12		24	14	6	24	5
8	70	30	16	8	+0.015 0	9	14	+0.110 0	28	16	8	28	7
10	80	36	18	10		11	16		32	18	10	32	8
12	100	40	22	12	+0.018	14	18		42	24	12	38	10
16	120	45	25	16		18	22	+0.130 0	54	32	14	45	12
20	160	50	30			22	24		70	45	15	52	14

表 5-212　平压板（摘自 JB/T 8010.9—1999）　　　　mm

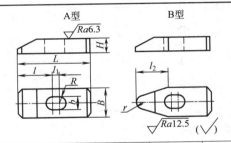

(1)材料:45 钢按 GB/T 699—1999 的规定。
(2)热处理:35～40HRC。
(3)其他技术条件按 JB/T 8044—1999 的规定。
标记示例
公称直径=20mm、L=200mm 的 A 型平压板:
压板　A20×200　JB/T 8010.9—1999。

公称直径(螺纹直径)	L	B	H	b	l	l1	l2	r
6	40	18	8	7	18		16	4
	50	22	12		23		21	
8	45		10	10	21		19	5
	60	25	12		28	7	26	
10	80	30	16	12	38		35	6
		32						
12			15		48		45	8
	100	40	20					
16	120	50	25	19	52	15	55	10
	160				70		60	
20	200	60	28	24	90	20	75	12
	250	70	32		100		85	
24		80	35	28		30	100	16
	320				130		110	
30			40	35	150	40	130	20
	360	100						
36	320		45	42	130	50	110	
	360				150		130	

表 5-213　直压板（摘自 JB/T 8010.13—1999）　　　　　　　　　　　　　mm

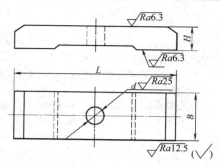

(1)材料:45 钢按 GB/T 699—1999 的规定。
(2)热处理:35～40HRC。
(3)其他技术条件按 JB/T 8044—1999 的规定。
标记示例
公称直径＝8mm、L＝80mm 的直压板:
压板　8×80　JB/T 8010.13—1999。

公称直径(螺纹直径)	L	B	H	d
8	50	25	12	9
8	60	25	12	9
8	80	25	12	9
10	60	32	16	11
10	80	32	16	11
10	100	32	16	11
12	80	32	20	14
12	100	32	20	14
12	120	32	20	14
16	100	40	25	18
16	120	40	25	18
16	160	40	25	18
20	120	50	25	22
20	160	50	25	22
20	200	50	32	22

表 5-214　铰链压板（摘自 JB/T 8010.14—1999）　　　　　　　　　　　mm

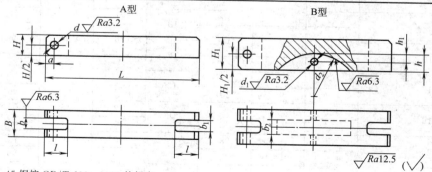

(1)材料:45 钢按 GB/T 699—1999 的规定。
(2)热处理:A 型 T215,B 型 35～40HRC。
(3)其他技术条件按 JB/T 8044—1999 的规定。
标记示例
b＝8mm、L＝100mm 的 A 型铰链压板:
压板 A8×100 JB/T 8010.14—1999。

b 基本尺寸	b 极限偏差 H11	L	B	H	H₁	b₁	b₂	d 基本尺寸	d 极限偏差 H7	d₁ 基本尺寸	d₁ 极限偏差 H7	d₂	a	l	h	h₁
6	+0.075 0	70 90	16	12	—	6	—	4		—		—	5	12	—	—
8	+0.090 0	100	18 15		20	8	10 14	5	+0.012 0	3	+0.010 0	63	6	15	10	6.2
10		120	24 18			10	10 14	6					7	18		
12	+0.110 0	140 160 180	22 32	26	12	8	10 14 18	8	+0.015 0	4	+0.012 0	80	9	22	14	7.5
14		200 220	26 32	32	14	10	10 14 18	10		5		100	10	25	18	9.5
18		250 280	40	32 38	18	12	14 16 20		+0.018 0	6		125	14	32	22	10.5
22	+0.130 0	250 280 300	50	40	22 45	16	14 16 20 16	16		8	+0.015 0	160	18	40	26	12.5
26		320 360	60	45	26	20	20 20	20	+0.021 0			200	22	48		14.5

表 5-215　铰链支座（摘自 JB/T 8034—1999）　　　　　　　　　　　mm

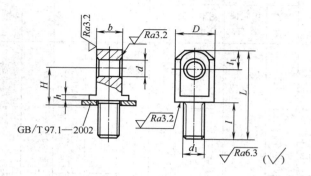

(1)材料:45 钢按 GB/T 699—1999 的规定。

(2)热处理:35～40HRC。

(3)其他技术条件按 JB/T 8044—1999 的规定。

标记示例

$b=12$mm 的铰链支座:

支座　12　JB/T 8034—1999。

b		D	d	d_1	L	l	l_1	$H\approx$	h
基本尺寸	极限偏差 d11								
6	-0.030 -0.105	10	4.1	M5	25	10	5	11	2
8	-0.040 -0.130	12	5.2	M6	30	12	6	13.5	
10		14	6.2	M8	35	14	7	15.5	
12		18	8.2	M10	42	16	9	19	3
14	-0.050 -0.160	20	10.2	M12	50	20	10	22	4
18		28	12.2	M16	65	25	14	29	5

表 5-216　铰链轴（摘自 JB/T 8033—1999）　　　　　　　　　　　mm

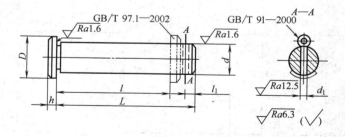

(1)材料:45 钢按 GB/T 699—1999 的规定。

(2)热处理:35～40HRC。

(3)其他技术条件按 JB/T 8044—1999 的规定。

标记示例

$d=10$mm、偏差为 f9、$L=45$mm 的铰链轴:

铰链轴　10f9×45　JB/T 8033—1999。

d	基本尺寸	4	5	6	8	10	12	16	20	25
	极限偏差 h6	0 −0.008			0 −0.009		0 −0.011		0 −0.013	
	极限偏差 f9	−0.010 −0.040			−0.013 −0.049		−0.016 −0.059		−0.020 −0.072	
	D	6	8	9	12	14	18	21	26	32
	d1	1		1.5		2		2.5	3	4
	l	L−4			L−5	L−7	L−8	L−10	L−12	L−15
	l1	2			2.5	3.5	4.5	5.5	6	8.5
	h	1.5	2		2.5		3		5	
L		20	20	20	20					
		25	25	25	25	25				
		30	30	30	30	30	30			
			35	35	35	35	35	35		
			40	40	40	40	40	40		
				45	45	45	45	45		
				50	50	50	50	50	50	
				55	55	55	55	55		
					60	60	60	60	60	60
					65	65	65	65	65	65
						70	70	70	70	70
						75	75	75	75	75
						80	80	80	80	80
							90	90	90	90
							100	100	100	100
								110	110	110
								120	120	120
									140	140
									160	160
									180	180
									200	200
										220
										240
相配件	垫圈 GB/T 97.1—1985	B4	B5	B6	B8	B10	B12	B16	B20	B24
	开口销 GB/T 91—2000	1×8		1.5×10	1.5×16	2×20		2.5×25	3×30	4×35

表 5-217　回转压板（摘自 JB/T 8010.15—1999）　　　　　　　　　mm

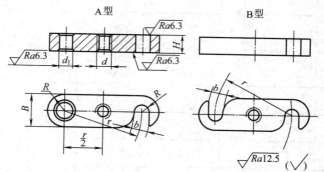

A型　　　　　　　B型

(1)材料:45 钢按 GB/T 699—1999 的规定。

(2)热处理:35~40HRC。

(3)其他技术条件按 JB/T 8044—1999 的规定。

标记示例

$d=$M10、$r=$50mm 的 A 型回转压板:

压板 AM10×50 JB/T 8010.15—1999。

	d	M5	M6	M8	M10	M12	M16
	B	14	18	20	22	25	32
H	基本尺寸	6	8	10	12	16	20
	极限偏差 h11	0 −0.075	0 −0.090		0 −0.110		0 −0.130
	b	5.5	6.6	9	11	14	18
d_1	基本尺寸	6	8	10	12	14	18
	极限偏差 h11	+0.075 0	+0.090 0		+0.110 0		
r		20					
		25					
		30	30				
		35	35				
		40	40	40			
			45	45			
		50	50	50	50		
			55	55	55		
			60	60	60	60	
			65	65	65	65	
			70	70	70	70	
					75	75	
					80	80	80
					85	85	85
					90	90	90
						100	100
							110
							120
配用螺钉 GB/T 830—1988		M5×6	M6×8	M8×10	M10×12	M12×16[①]	M16×20[①]

① 按使用需求自行设计。

表 5-218　钩形压板（摘自 JB/T 8012.1—1999）　　　　mm

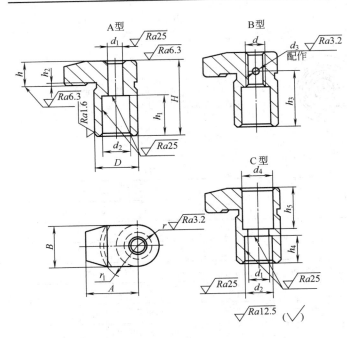

A 型　　B 型　　C 型

（1）材料：45 钢按 GB/T 699—1999 的规定。

（2）热处理：35～40HRC。

（3）其他技术条件按 JB/T 8044—1999 的规定。

标记示例

公称直径＝13mm、A＝35mm 的 A 型钩形压板：

压板 A13×35 JB/T 8012.1—1999。

d＝M12，A＝35mm 的 B 型钩形压板：

压板 BM12×35　JB/T 8212.1—1999。

A 型 C 型	d_1	6.6	9	11	13	17	21	25
B 型	d	M6	M8	M10	M12	M16	M20	M24
	A	18　24	28	35	45	55	65	75
	B	16	20	25	30	35	40	50
D	基本尺寸	16	20	25	30	35	40	50
	极限偏差 f9	−0.016 / −0.059	−0.020 / −0.072			−0.025 / −0.087		
	H	28	35	45　58	55　70	90	80　100	95　120
	h	8　10	11　13	16	20	22　25	28　30	32　35
r	基本尺寸	8	10	12.5	15	17.5	20	25
	极限偏差 h11	0 / −0.090		0 / −0.110			0 / −0.130	
	r_1	14　20	18　24	22　30	26　36	35　45	42　52	50　60
	d_2	10	14	16	18	23	28	34
d_3	基本尺寸	2	3	4		5	6	
	极限偏差 H7	+0.010 / 0		+0.012 / 0				
	d_4	10.5	14.5	18.5	22.5	25.5	30.5	35
	h_1	16　21	20　28	25　36	30　42	40　60	45　60	50　75
	h_2	1					1.5	2
	h_3	22	28	35	45　42	55　75	60　75	70　95
	h_4	8　14	11　20	16　25	20　30	24　40	24　40	28　50
	h_5	16	20	25	30	40	50	60
	配用螺钉	M6	M8	M10	M12	M16	M20	M24

表 5-219　钩形压板（组合）（摘自 JB/T 8012.2—1999）　　　　　　mm

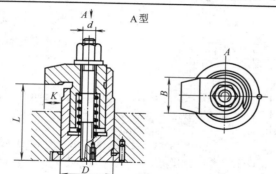

A型

标记示例

$d = $ M12、$K = $ 14mm 的 A 型钩形压板：
压板　AM12×14　JB/T 8012.2—1999。

d	K	D	B	L	
				min	max
M6	7	22	16	31	36
	13			36	42
M8	10	28	20	37	44
	14			45	52
M10	10.5	35	25	48	58
	17.5			58	70
M12	14	42	30	57	68
	24			70	82
M16	21	48	35		86
	31			87	105
M20	27.5	55	40	81	100
	37.5			99	
M24	32.5	65	50	100	120
	42.5			125	145

表 5-220　圆偏心轮（摘自 JB/T 8011.1—1999）　　　　　　mm

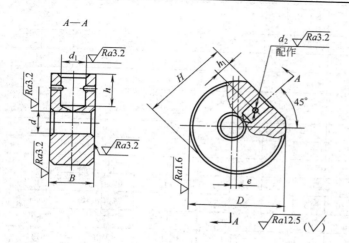

（1）材料：20 钢按 GB/T 699—1999 的
规定。

（2）热处理：渗碳深度 0.8～1.2mm，
58～64HRC。

（3）其他技术条件按 JB/T 8044—1999 的
规定。

标记示例

$D = $ 32mm 的圆偏心轮：
偏心轮　32　JB/T 8011.1—1999。

D	e 基本尺寸	e 极限偏差	B 基本尺寸	B 极限偏差 d11	d 基本尺寸	d 极限偏差	d_1 基本尺寸	d_1 极限偏差	d_2 基本尺寸	d_2 极限偏差	H	h	h_1
25	1.3		12		6	+0.060 +0.030	6	+0.012 0	2		24	9	4
32	1.7		14	−0.050 −0.160	8	+0.076 +0.040	8	+0.015 0		+0.010 0	31	11	5
40	2	±0.200	16		10		10		3		38.5	14	6
50	2.5		18		12		12		4		48	18	8
60	3		22	−0.065 −0.195		+0.093 +0.050		+0.018 0		+0.012 0	58	22	
70	3.5		24		16		16		5		68	24	10

表 5-221 偏心轮用垫板（摘自 JB/T 8011.5—1999） mm

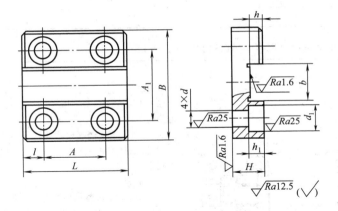

(1) 材料:20 钢按 GB/T 699—1999 的规定。

(2) 热处理:渗碳深度 0.8～1.2mm，58～64HRC。

(3) 其他技术条件按 JB/T 8044—1999 的规定。

标记示例

$b=15mm$ 的偏心轮用垫板：

垫板 15 JB/T 8011.5—1999。

b	L	B	H	A	A_1	l	d	d_1	h	h_1
13	35	42	12	19	26	8	6.6	11	5	6
15	40	45	12	24	29	8	6.6	11	5	6
17	45	56	16	25	36	10	9	15	6	8
19	50	58	16	30	38	10	9	15	6	8
23	60	62	20	36	42	12	9	15	10	8
25	70	64	20	46	44	12	9	15	10	8

表 5-222 滚花把手（摘自 JB/T 8023.1—1999） mm

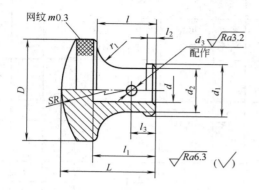

(1)材料：Q235A 按 GB/T 700—1988 的规定。
(2)其他技术条件按 JB/T 8044—1999 的规定。

标记示例

$d=8$mm 的滚花把手：

把手 8 JB/T 8023.2—1999。

d		D（滚花前）	L	SR	r_1	d_1	d_2	d_3		l	l_1	l_2	l_3
基本尺寸	极限偏差 H9							基本尺寸	极限偏差 H7				
6	+0.030 0	30	25	30	8	15	12	2	+0.010 0	17	18	3	6
8	+0.036 0	35	30	35		18	15	3		20	20		8
10		40	35	40	10	22	18			24	25	5	10

表 5-223 星形把手（摘自 JB/T 8023.2—1999） mm

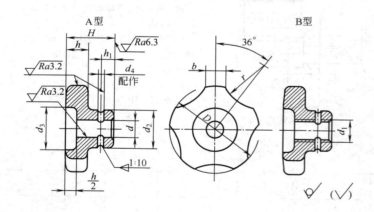

(1)材料：ZG45 按 GB/T 11352—1999 的规定。
(2)零件表面应经喷砂处理。
(3)其他技术条件按 JB/T 8044—1999 的规定。

标记示例

$d=10$mm 的 A 型星形把手：

把手 A10 JB/T 8023.2—1999。

$d_1=$M10 的 B 型星形把手：

把手 BM10 JB/T 8023.2—1999。

d		d_1	D	H	d_2	d_3	d_4		h	h_1	b	r
基本尺寸	极限偏差 H9						基本尺寸	极限偏差 H7				
6	+0.030 0	M6	32	18	14	14	2	+0.010 0	8	5	6	16
8	+0.036 0	M8	40	22	18	16			10	6	8	20
10		M10	50	26	22	25	3		12	7	10	25
12	+0.043 0	M12	65	35	24	32			16	9	12	32
16		M16	80	45	30	40	4	+0.012 0	20	11	15	40

表 5-224　法兰式汽缸　　　　　　　　　　　　mm

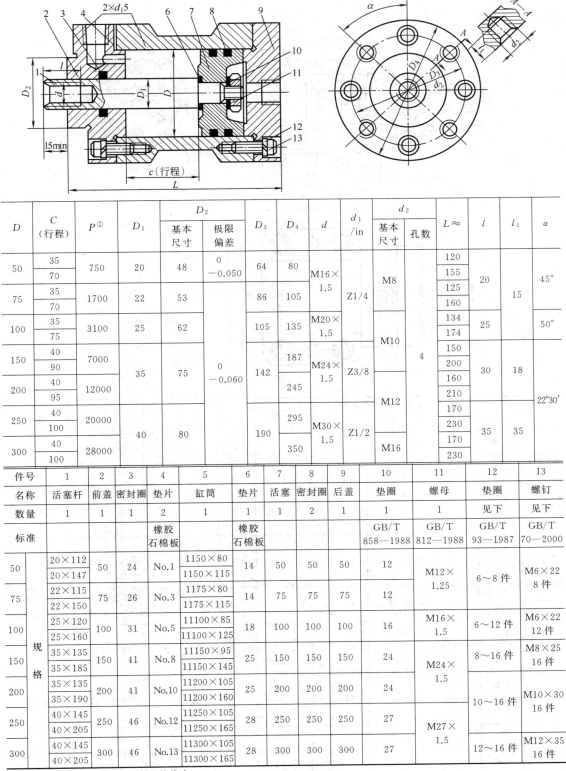

D	C(行程)	P①	D1	D2 基本尺寸	D2 极限偏差	D3	D4	d	d1/in	d2 基本尺寸	d2 孔数	L≈	l	l1	α
50	35	750	20	48	0 −0.050	64	80	M16×1.5	Z1/4	M8	4	120	20	15	45°
50	70											155			
75	35	1700	22	53		86	105	M16×1.5		M8		125	20	15	45°
75	70											160			
100	35	3100	25	62		105	135	M20×1.5		M10		134	25	15	50°
100	75											174			
150	40	7000	35	75	0 −0.060	142	187	M24×1.5	Z3/8	M10		150	30	18	22°30′
150	90											200			
200	40	12000	35	75		142	245	M24×1.5		M12		160	30	18	
200	95											210			
250	40	20000	40	80		190	295	M30×1.5	Z1/2	M12		170	35	35	
250	100											230			
300	40	28000	40	80		190	350	M30×1.5		M16		170	35	35	
300	100											230			

件号	1	2	3	4	5	6	7	8	9	10	11	12	13
名称	活塞杆	前盖	密封圈	垫片	缸筒	垫片	活塞	密封圈	后盖	垫圈	螺母	垫圈	螺钉
数量	1	1	1	1	1	1	1	2	1	1	1	见下	见下
标准				橡胶石棉板		橡胶石棉板				GB/T 858—1988	GB/T 812—1988	GB/T 93—1987	GB/T 70—2000
50 规格	20×112	50	24	No.1	1150×80	14	50	50	50	12	M12×1.25	6~8件	M6×22 8件
	20×147				1150×115								
75	22×115	75	26	No.3	1175×80	14	75	75	75	12	M12×1.25	6~8件	M6×22 8件
	22×150				1175×115								
100	25×120	100	31	No.5	11100×85	18	100	100	100	16	M16×1.5	6~12件	M6×22 12件
	25×160				11100×125								
150	35×135	150	41	No.8	11150×95	25	150	150	150	24	M24×1.5	8~16件	M8×25 16件
	35×185				11150×145								
200	35×135	200	41	No.10	11200×105	25	200	200	200	24	M24×1.5	10~16件	M10×30 16件
	35×190				11200×160								
250	40×145	250	46	No.12	11250×105	28	250	250	250	27	M27×1.5	10~16件	M10×30 16件
	40×205				11250×165								
300	40×145	300	46	No.13	11300×105	28	300	300	300	27	M27×1.5	12~16件	M12×35 16件
	40×205				11300×165								

① 气压为 0.4MPa 时活塞上的推力。

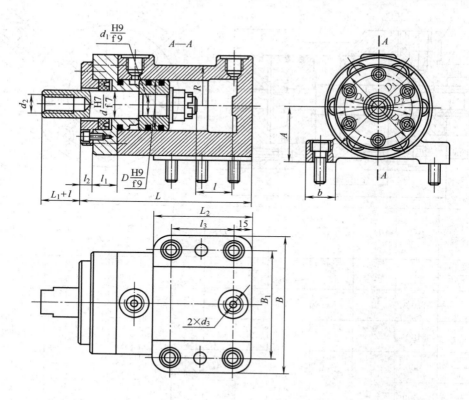

型号		缸径 D	活塞杆 d	行程 l	中心高 A	D_1	D_2	D_3	D_4	R	d_1	d_2	d_3
T5024	Ⅰ型	45	25	30	50	90	74	70	58	35	18	M16	M14×1.5
	Ⅱ型			100									
T5026	Ⅰ型	65	35	30	65	120	80	98	66	45	25	M20	M18×1.5
	Ⅱ型			100									
T5029	Ⅰ型	90	45	30	75	145	98	118	80	60	30	M24	M18×1.5
	Ⅱ型			100									

型号		L	L_1	L_2	l_1	l_2	l_3	B	B_1	b	安装螺钉 GB/T 70—2000	定位销 GB/T 118—2000
T5024	Ⅰ型	147	5	85	23	9	55	120	94	26	M10×30	12×40
	Ⅱ型	217		155			125					
T5026	Ⅰ型	170	10	100	24	9	70	150	120	40	M12×35	12×45
	Ⅱ型	240		170			140					
T5029	Ⅰ型	180	10	105	26	12	75	180	150	40	M12×40	12×50
	Ⅱ型	250		175			145					

表 5-226　法兰式液压缸的基本尺寸　　　　　　　　　　　　　　mm

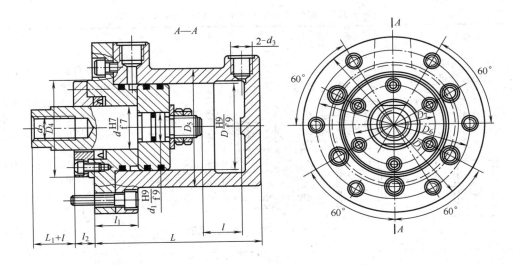

型号		缸径 D	活塞杆 d	行程 l	D_1	D_4	D_5	D_6	D_7	d_1	d_2	d_3	L	L_1	l_2	l_1	安装螺钉 GB/T 70—2000
T5014	Ⅰ型	45	25	30	120	75	72	95	58	18	M16	M14×1.5	133	5	14	38	M10×45 (6个)
	Ⅱ型			100									203				
T5016	Ⅰ型	65	35	30	145	80	90	116	66	25	M20	M18×1.5	155	10	15	38	M12×45 (6个)
	Ⅱ型			100									225				
T5019	Ⅰ型	90	45	30	175	100	120	146	80	30	M24	M18×1.5	162	10	18	40	M12×50 (6个)
	Ⅱ型			100									232				

型号		液压缸直径	活塞杆直径	行程	大腔工作面积 /cm²	小腔工作面积 /cm²	活塞杆推力/N			活塞杆拉力/N		
							245	343	490	245	343	490
							工作压力/MPa					
T5014	Ⅰ型	45	25	30	16	11	39	55	78	27	38	54
T5024	Ⅱ型			100								
T5016	Ⅰ型	65	35	30	33	23	81	113	162	56	78	113
T5026	Ⅱ型			100								
T5019	Ⅰ型	90	45	30	64	48	157	220	314	118	165	235
T5029	Ⅱ型			100								

五、连接元件

连接元件见表 5-227、表 5-228。

表 5-227　定位键（摘自 JB/T 8016—1999）　　　　　　　　　　mm

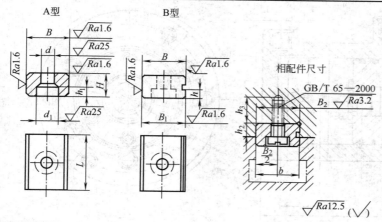

（1）材料：45 钢按 GB/T 699—1999 的规定。
（2）热处理：40～45HRC。
（3）其他技术条件按 JB/T 8044—1999 的规定。

标记示例

$B=18$mm、公差带为 h6 的 A 型定位键：

定位键　A18h6　JB/T 8016—1999。

B 基本尺寸	极限偏差 h6	极限偏差 h8	B_1	L	H	h	h_1	d	d_1	相配件 T形槽宽度 b 基本尺寸	B_2 基本尺寸	B_2 极限偏差 H7	B_2 极限偏差 Js6	h_2	h_3	螺钉 GB/T 65—2000
8	0 / −0.009	0 / −0.022	8	14	8	3	3.4	3.4	6	8	8	+0.015 / 0	±0.0045	4	8	M3×10
10			10	16			4.6	4.5		10	10					M4×10
12	0 / −0.011	0 / −0.027	12	20			5.7	5.5	10	12	12	+0.018 / 0	±0.0055		10	M5×12
14			14							14	14					
16			16	25	10	4	6.8	6.6	11	(16)	16			5	13	M6×16
18			18							18	18					
20	0 / −0.013	0 / −0.033	20	32	12	5				(20)	20	+0.021 / 0	±0.0065	6		
22			22							22	22					

注：1. 尺寸 B_1 留磨量 0.5mm，按机床 T 形槽宽度配作，公差带为 h6 或 h8。
2. 括号内尺寸尽量不采用。

表 5-228　部分通用铣床工作台 T 形槽尺寸与定位键选择　　　　　mm

机　床		T 形槽宽度	T 形槽中心距	T 形槽数	与 T 形槽相配的定位键尺寸（长×宽×高）
立式铣床	X51	14	50	3	20×14×8
	X52K	18	70	3	25×18×12
	X53K	18	90	3	25×18×12
卧式铣床	X60/X60W	14	45	3	20×14×8
	X61/X61W	14	50	3	20×14×8
	X62/X62W	18	70	3	25×18×12

第九节 典型夹具图例及说明

一、车床夹具

车床夹具见图5-15、图5-16。

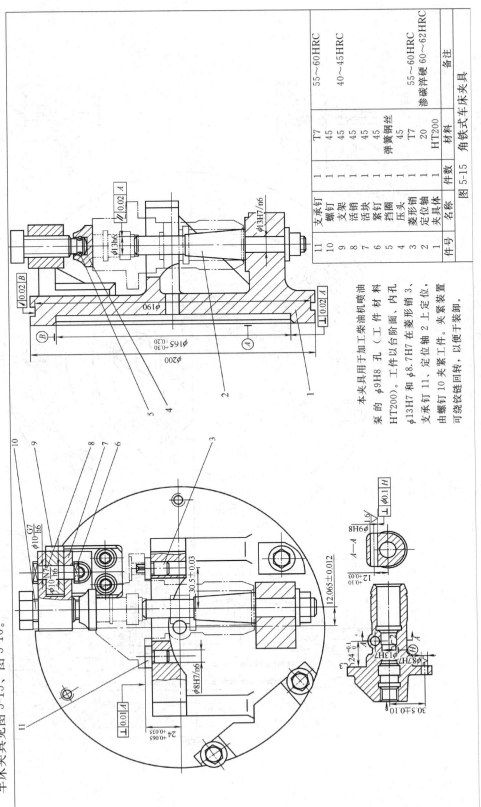

件号	名称	件数	材料	备注
11	支承钉	1	T7	55~60HRC
10	螺钉	1	45	
9	支架	1	45	
8	活销	1	45	40~45HRC
7	活块	1	45	
6	紧圈	1	弹簧钢丝	
5	挡头	1	45	
4	压头	1	T7	55~60HRC
3	菱形销	1	20	渗碳淬硬 60~62HRC
2	定位轴	1		
1	夹具体	1	HT200	
件号	名称	件数	材料	备注

图 5-15 角铁式车床夹具

本夹具用于加工柴油机喷油泵的 $\phi 9H8$ 孔（工件材料 HT200）。工件以台阶面、内孔 $\phi 13H7$ 和 $\phi 8.7H7$ 在菱形销 3、支承钉 11、定位轴 2 上定位，由螺钉 10 夹紧工件。夹紧装置可绕铰链回转，以便于装卸。

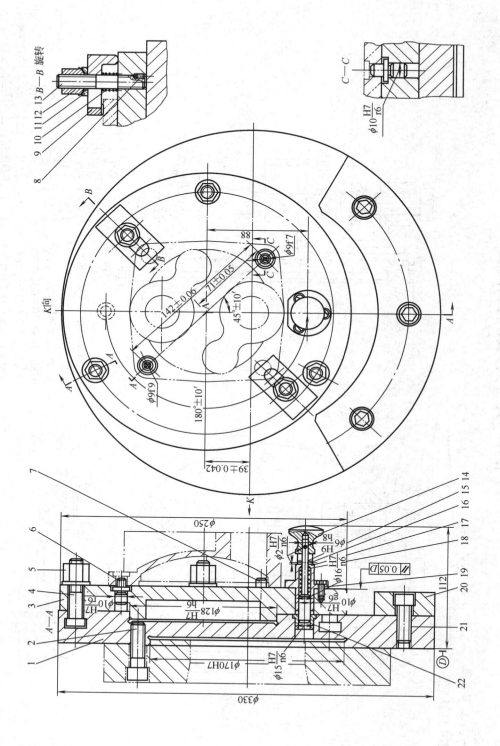

序号	名称	数量	材料	备注
22	定位衬套 B10H7×12	2	T8	GB/T 2201—1980
21	螺钉 M12×35	3	45	GB/T 70—1985
20	配重块	1		GB/T 65—1985
19	螺钉 M4×10	3		GB/T 2089—1980
18	弹簧 0.8×8×32	1	碳素弹簧钢丝 II	GB/T 2215(2)—1980
17	导套 10	1	45	GB/T 119—1986
16	销 A6×12	2	35	GB/T 2215(1)—1980
15	对定销 10	1	T8	GB/T 2215(6)—1980
14	把手	1	Q235	GB/T 899—1988
13	螺栓 M12×90	2	45	GB/T 2149—1980
12	螺母 M12	2	45	GB/T 850—1988
11	垫圈 12	2	45	GB/T 2089—1980
10	弹簧 1.2×15×25	2	碳素弹簧钢丝 II	
9	压板	2	45	GB/T 73—1986
8	螺钉 M5×8	2		GB/T 2203—1980
7	定位销 A9f7×12	1	T8	
6	削边销	1	T8	GB/T 2148—1980
5	螺母 M12	3		GB/T 37—1988
4	T型槽用螺钉 M12×60	3	45	
3	回转盘	1	45	GB/T 70—1985
2	螺钉 M12×40	3	45	
1	夹具体	1	45	时效处理

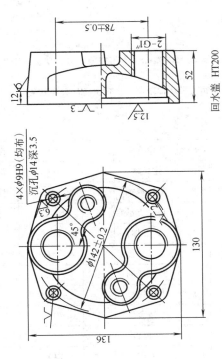

回水盖 HT200

图 5-16 回转分度车床夹具

本夹具使用在普通车床上，加工回水盖工件。

工件以底平面和 2×φ9mm 孔在分度盘 3、圆柱销 7 和削边销 6 上定位。

采用两个螺旋压板 9，拧紧螺母 12 夹紧工件。

车完一个螺母孔后，松开三个螺母 5，拔出对定销 15，分度盘 3 回转 180°，当对定销 15 与另一分度孔对准时，在弹簧的作用下插入孔中，实现分度。拧三个螺母 5，使分度盘盘锁紧，即可加工另一个螺孔。

二、钻床夹具

钻床夹具见图 5-17～图 5-19。

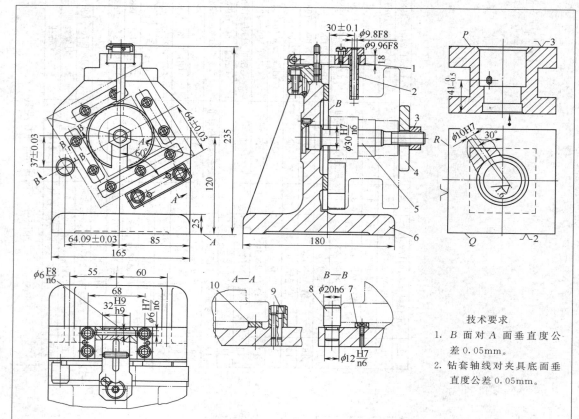

技术要求
1. B 面对 A 面垂直度公差 0.05mm。
2. 钻套轴线对夹具底面垂直度公差 0.05mm。

本夹具是专用固定式钻模，用于加工车床方刀架 $\phi10H7$ 斜孔。本工序前，方刀架上各平面均已进行过加工，并且中孔已进行过精加工。

工件以 P 面限制三个自由度，Q 面限制两个自由度，R 面限制一个自由度，实现完全定位。夹具采用手动螺旋夹紧机构夹紧工件。

为了防止钻斜孔时钻头偏斜，采用加长钻套 2 并做成快换形式来完成钻、扩、铰的加工内容。钻模板 1 可以翻转，以便装卸工件。

安装工件时先将夹紧螺母 3 拧松，移开开口垫圈 4，打开钻模板 1，将工件中孔套在夹紧螺栓 5 上，让工件靠紧各定位表面，插上开口垫圈 4，拧紧夹紧螺母 3，放下钻模板 1，便可进行加工。

该夹具结构简单，操作也比较方便，适合在中批生产类型中使用。

件号	名称	件数	材料	备注
10	定位支承	1	20Cr	渗碳淬火 55～60HRC
9	定位块	1	20Cr	渗碳淬火 55～60HRC
8	定位挡销	1	20Cr	渗碳淬火 55～60HRC
7	定位支承	3	20Cr	渗碳淬火 55～60HRC
6	夹具体	1	HT200	
5	夹紧螺栓	1	45	35～40HRC
4	开口垫圈	1	45	35～40HRC
3	夹紧螺母	1	45	35～40HRC
2	钻套	1	T10A	55～60HRC
1	钻模板	1	45	调质 235HBS
件号	名称	件数	材料	备注

图 5-17　方刀架斜孔钻模

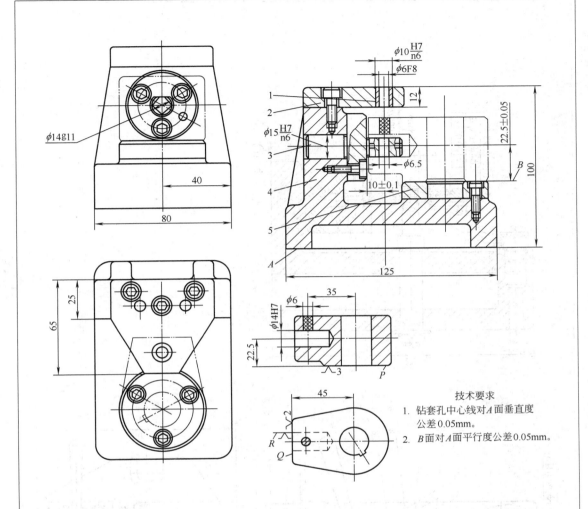

本夹具是一个专用固定式钻模，用于加工手柄座螺纹孔底孔。本工序是机械加工的最后一道工序。

工件以 P 面限制三个自由度，以 Q 面限制两个自由度，又以孔 R 限制一个自由度。为了防止定位干涉，夹具上定位销 3 在定位块 5 的垂直方向上削边。

本夹具没有设置夹紧装置，主要是因为钻削力小，工作时只需用手扶住工件即可。

安装工件时，只要将工件手柄孔 R 对准定位销 3，将工件沿定位块 5 水平推入夹具，即可进行加工。

用于钻小孔的夹具，常常不另设夹紧装置，这种处理方法既能缩短夹具的制造周期，降低夹具制造成本，又能节省安装工件的时间，提高生产率，但一定要保证安全可靠。

5	定位块	1	T8A	55～60HRC
4	夹具体	1	HT150	
3	定位销	1	T8A	55～60HRC
2	钻模板	1	45	
1	钻套	1	T10A	58～64HRC
件号	名称	件数	材料	备注

图 5-18　手柄座孔钻模

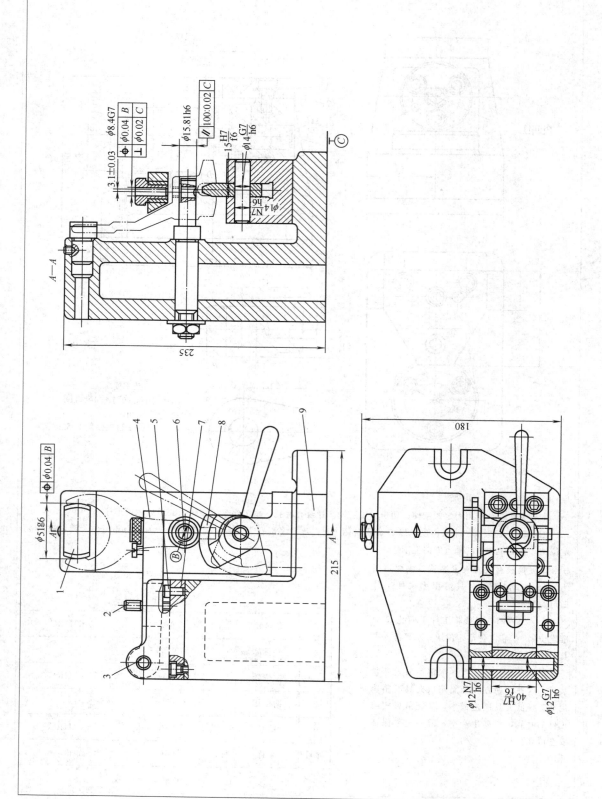

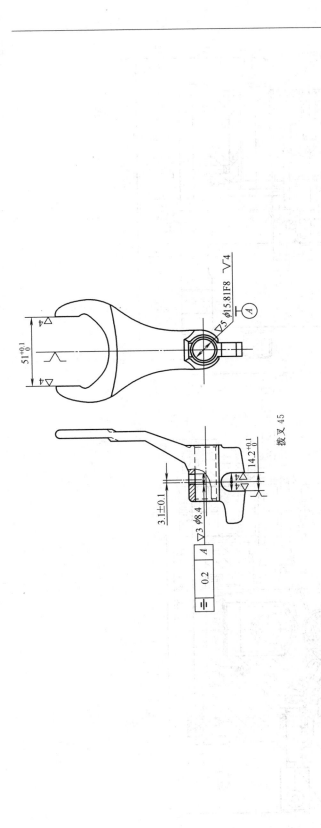

拨叉 45

图 5-19　铰链模板钻床夹具

件号	名称	件数	材料	备注
9	夹具体	1	HT150	
8	偏心轮	1	T7A	50～55HRC
7	模板座	1	45	
6	定位轴	1	T7A	50～55HRC
5	支承钉	2	45	40～45HRC
4	钻模板	1	45	调质 26～30HRC
3	销轴	1	45	
2	锁紧螺钉	1	45	40～45HRC
1	扁销	1	T7A	50～55HRC

本夹具用来在立式钻床上加工拨叉上 M10 底孔 $\phi 8.4$mm。由于钻孔后需要攻丝，并且考虑工件装卸方便，故采用了可翻开的铰链模板式结构。

工件以圆孔 $\phi 15.81$F8、叉口 $51^{+0.1}_{0}$mm 及槽 $14.2^{+0.1}_{0}$mm 作定位基准，分别定位于夹具的定位轴 6、扁销 1 及偏心轮 8 上，从而实现六点定位。

夹紧时，通过手柄顺时针转动偏心轮 8，偏心轮上的对称斜面楔入工件槽内，在定位的同时将工件夹紧。由于钻削力不大，故工作时比较可靠。

钻模板 4 用销轴 3 采用基轴制装在模板座 7 上，翻下时与支承钉 5 接触，以保证钻孔的位置精度，并用锁紧螺钉 2 锁紧。

本夹具对工件定位考虑合理，且采用偏心轮使工件定位又夹紧，简化了夹具结构，适用于成批生产。

三、铣床夹具

铣床夹具见图 5-20、图 5-21。

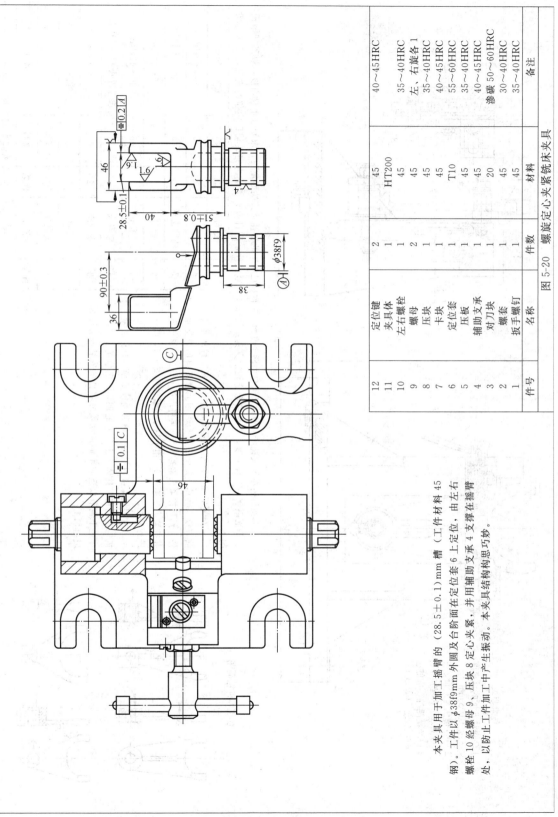

件号	名称	件数	材料	备注
12	定位键	2	45	40~45HRC
11	夹具体	1	HT200	
10	左右螺栓	2	45	35~40HRC
9	螺母	1	45	左、右旋各 1
8	压块	1	45	35~40HRC
7	卡块	1	45	40~45HRC
6	定位套	1	T10	55~60HRC
5	压板	1	45	35~40HRC
4	辅助支承	1	45	40~45HRC
3	对刀块	1	20	渗碳 50~60HRC
2	螺套	1	45	30~40HRC
1	扳手螺钉	1	45	35~40HRC

图 5-20 螺旋定心夹紧铣床夹具

本夹具用于加工摇臂的（28.5±0.1）mm 槽（工件材料 45
钢）。工件以 φ38f9mm 外圆及台阶面在定位套 6 上定位，由左右
螺栓 10 经螺母 9、压块 8 定心夹紧，并用辅助支承 4 支撑在摇臂
处，以防止工件加工中产生振动。本夹具结构构思巧妙。

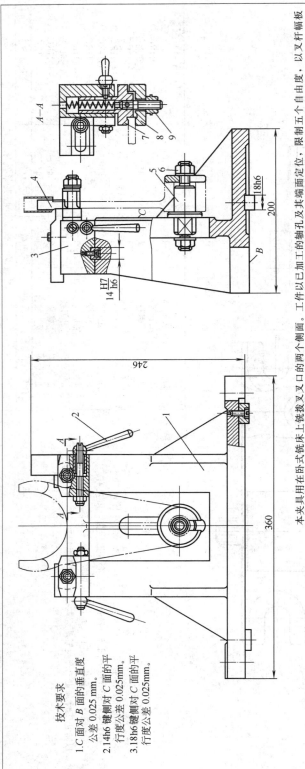

$A-A$

技术要求
1. C面对 B 面的垂直度
   公差 0.025 mm。
2. 14h6 键侧对 C 面的平
   行度公差 0.025mm。
3. 18h6 键侧对 C 面的平
   行度公差 0.025mm。

加工零件组简图

本夹具用在卧式铣床上铣拨叉叉口的两个侧面。工件以已加工的轴孔及其端面定位，限制五个自由度，以叉杆幅板右侧面限制一个自由度，实现完全定位。夹具用螺母 6 夹紧工件，用自位夹紧机构完成辅助定位与夹紧，以承受切削力。

安装工件时，先将压板 8 转开，把工件从夹具前方放入夹具，并使各定位靠面紧各自的定位元件。然后拧紧夹紧螺母 9，再将压板 8 转到夹紧位置并拧紧夹紧螺母 6，用手柄 2 锁紧辅助支承 7，即可进行加工。

对刀块 4 可以沿导向槽移动或更换，自位夹紧机构可以在夹具体 1 上作左右调整，定位销 5 可以作上下调节以适应不同形状尺寸零件的安装。实现成组加工。

件号	名称	件数	材料	备注
9	螺母	2	45	35~40HRC
8	压板	2	45	35~40HRC
7	辅助支承	2	45	35~40HRC
6	螺母	1	45	35~40HRC
5	定位销	1	45	40~45HRC
4	对刀块	1	20	渗碳淬火 55~60HRC
3	支承座	2	45	35~40HRC
2	手柄	2	Q235A·F	
1	夹具体	1	HT200	

图 5-21 拨叉脚平面铣成组夹具

四、镗床夹具

镗床夹具见图 5-22、图 5-23。

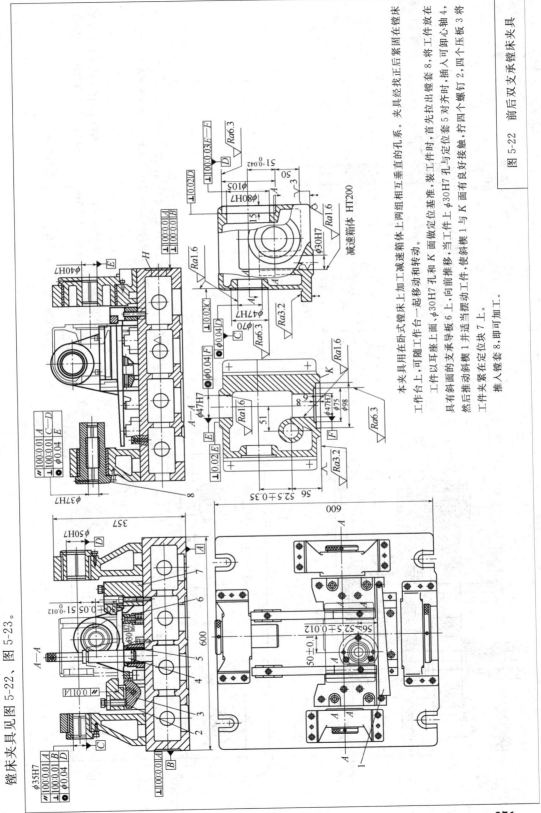

本夹具用在卧式镗床上加工减速箱体上两组相互垂直的孔系。夹具经找正后紧固在镗床工作台上，可随工作台一起移动和转动。

工件以耳座上面、φ30H7 孔和 K 面做定位基准。装工件时，首先拉出镗套 8，将工件放在具有斜面的支承导板 6 上，向前推移，当工件上 φ30H7 孔与定位轴 4、φ30H7 孔与定位套 5 对齐时，插入可卸心轴 4，然后推动斜楔 1 并适当摆动工件，使斜楔 1 与 K 面有良好接触，拧四个压螺钉 2，四个压板 3 将工件夹紧在定位块 7 上。

推入镗套 8，即可加工。

图 5-22 前后双支承镗床夹具

· 271 ·

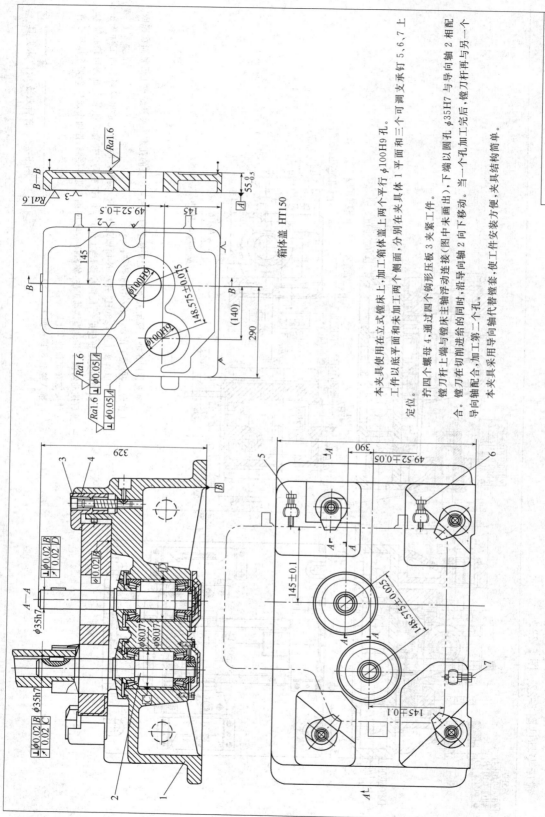

本夹具使用在立式镗床上。加工箱体盖上两个平行 φ100H9 孔。工件以底平面和末加工两个侧面，分别在夹具体 1 平面和三个可调支承钉 5、6、7 上定位。

拧四个螺母 4，通过四个钩形压板 3 夹紧工件。

镗刀杆上端与镗床主轴浮动连接（图中未画出），下端以圆孔 φ35H7 与导向轴 2 相配合。镗刀在切削进给的同时，沿导向轴 2 向下移动。当一个孔加工完后，镗刀杆再与另一个导向轴配合，加工第二个孔。

本夹具采用导向轴代替普通镗套，使工件装卸方便，夹具结构简单。

箱体盖　HT150

图 5-23　立式镗床夹具

· 272 ·

五、组合机床夹具

组合机床夹具见图 5-24。

本夹具用于转盘式组合铣床上铣削汽车变速箱上盖的接合平面。转台上可安装三套同样的夹具。

工件以槽子面 P 安装在三个固定支承 2 上，限制三个自由度；以侧面 S 靠在两块固定支承板 11 上，限制两个自由度；又以端面 R 靠在一个固定支承 1 上，限制一个自由度（现已取消）。实现完全定位。为了防止工件在加工中发生变形，夹具上设置了辅助支承 9，在原设计中还设置了两个辅助支承 4。实践证明，两个辅助支承 4 可以不用（现已取消）。夹紧时，操作气动换向阀 12，使压缩空气推动活塞杆 6，杠杆 8 和浮动活塞杆 7，从侧面将工件夹紧在固定支承板 11 上。本图仍保留了原设计中的辅助支承 4，目的是供初学者设计时参考，以便根据具体情况（如加工精度要求、毛坯件质量等）决定取舍。

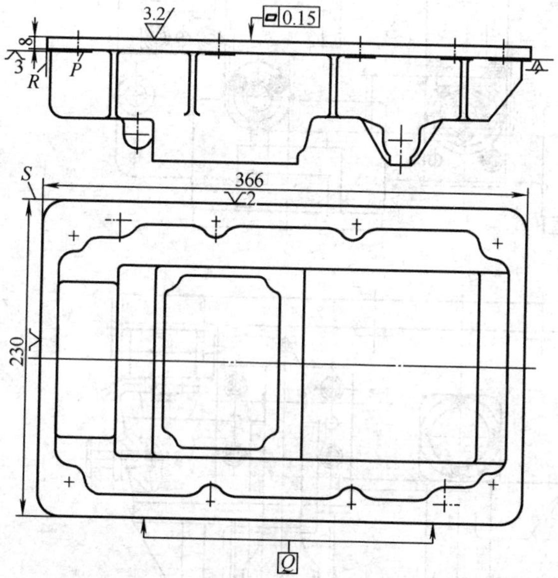

技术要求

1. 三个支承 2 顶平面等高，对底面 D 的平行度公差 0.015mm。
2. 各活动部件、动作灵活、不允许有卡死现象。

件号	名称	件数	材料	备注
12	换向阀	1		外购
11	固定支承板	2	T7A	58~63HRC
10	弹簧	1	65Mn	0.8×8×55
9	辅助支承	1	T7A	58~63HRC
8	杠杆	2	45	40~45HRC
7	压块	2	45	40~45HRC
6	活塞杆	2	45	40~45HRC
5	汽缸盖	2	45	40~45HRC
4	辅助支承	2	45	40~45HRC
3	辅助支承架	1	HT200	
2	固定支承	3	20	渗碳淬火 60~65HRC
1	固定支承	1	T7A	58~63HRC

图 5-24 变速箱盖平面组合铣床夹具

第六章　课程设计题目选编

本章从机床、汽车、拖拉机、发动机等机械产品中，共辑录了50幅（图6-1～图6-50）难度适中的图样，包含轴类、盘套类、叉杆类、板块类和体壳类等各种机械零件的图样，供教师制定课程设计任务书选题时参考。

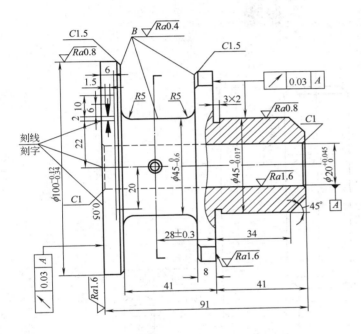

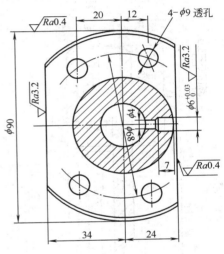

1. 刻字字形高 5mm,刻线宽 0.3mm,深 0.5mm。
2. B面抛光。
3. $\phi100_{-0.34}^{-0.12}$ 外圆无光镀铬。
4. 材料：HT200。
5. 重量：1.4kg。

图 6-1　法兰盘（CA6140 车床）

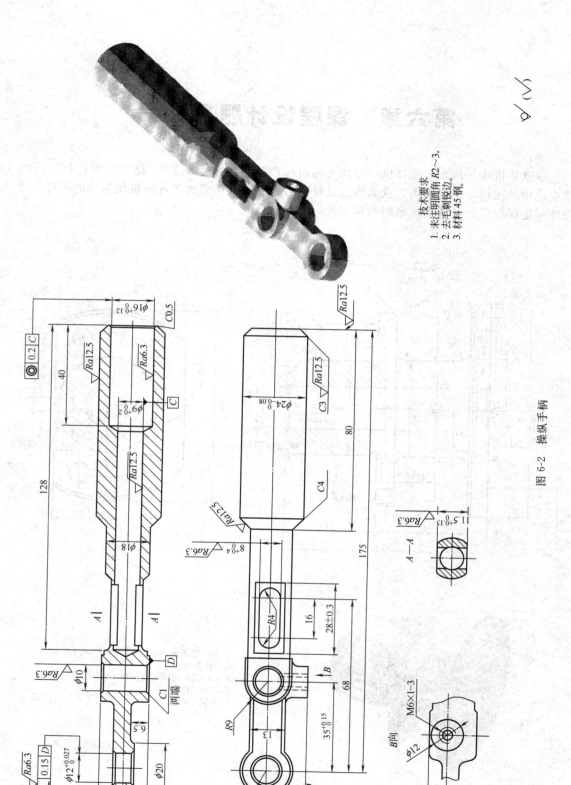

图 6-2 操纵手柄

技术要求
1. 未注明圆角 R2～3。
2. 去毛刺锐边。
3. 材料 45 钢。

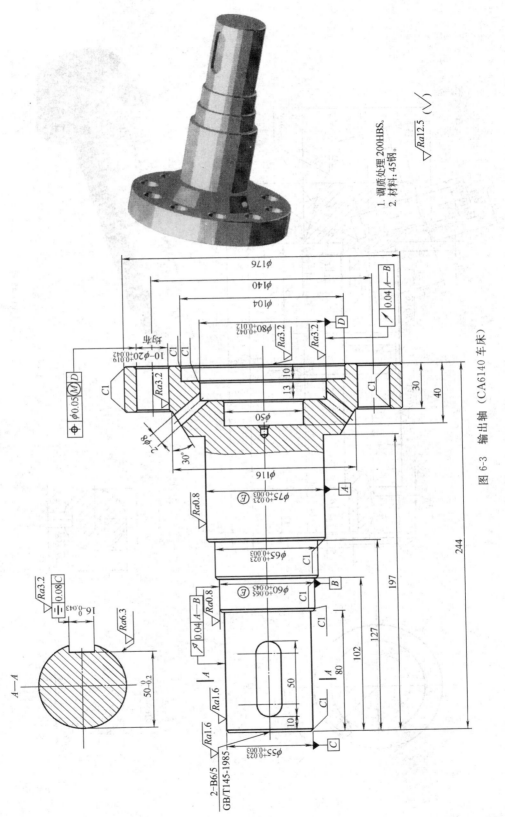

图 6-3 输出轴（CA6140 车床）

1. 调质处理 200HBS。
2. 材料：45钢。

$\sqrt{Ra12.5}$ $(\sqrt{\ })$

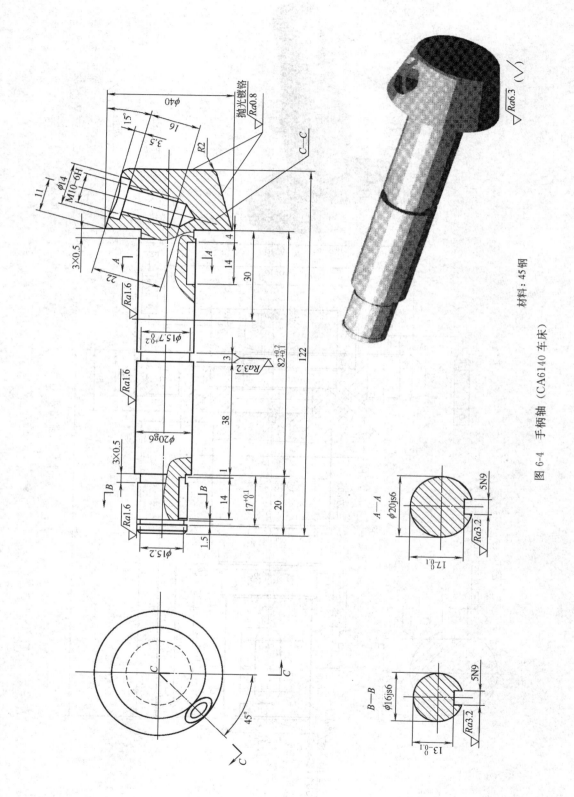

材料：45钢

图 6-4　手柄轴（CA6140 车床）

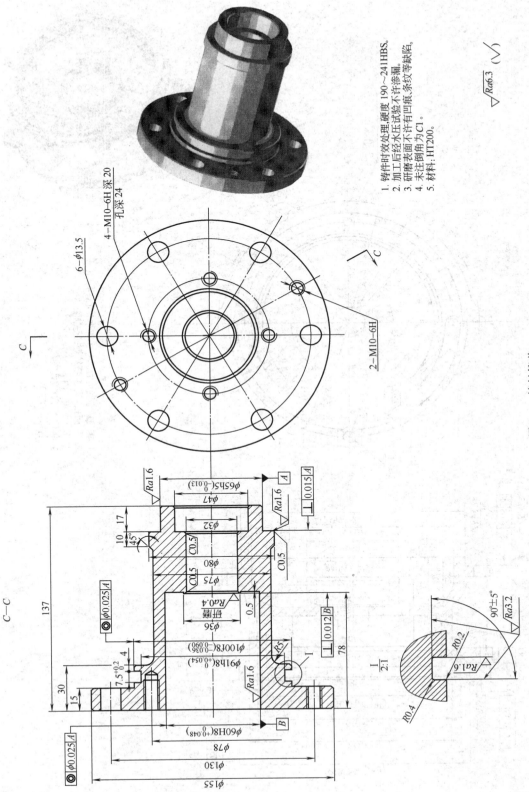

技术要求

1. 铸件时效处理,硬度 190~241HBS。
2. 加工后经水压试验不许渗漏。
3. 研磨表面不许有凹痕、条纹等缺陷。
4. 未注倒角为C1。
5. 材料:HT200。

$\sqrt{Ra6.3}$ (√)

6-φ13.5

4-M10-6H深20
孔深24

2-M10-6H

C—C

φ55h5($^{0}_{-0.013}$)

φ47

φ32

C0.5

φ80

φ75

C0.5

C0.5

Ra1.6

Ra1.6

⊥ 0.015 A

A

17

10

45°

137

⌖ φ0.025 A

φ36

研磨 Ra0.4

0.5

φ100F8($^{-0.036}_{-0.090}$)

4

φ91h8($^{+0.054}_{0}$)

7.5$^{+0.2}_{0}$

30

15

Ra1.6

R5

⊥ 0.012 B

B

78

φ60H8($^{+0.048}_{0}$)

B

φ78

⌖ φ0.025 A

φ130

φ155

I
2:1

R0.2

R0.4

Ra1.6

90°±5°

$\sqrt{Ra3.2}$

图 6-5 填料箱盖

• 279 •

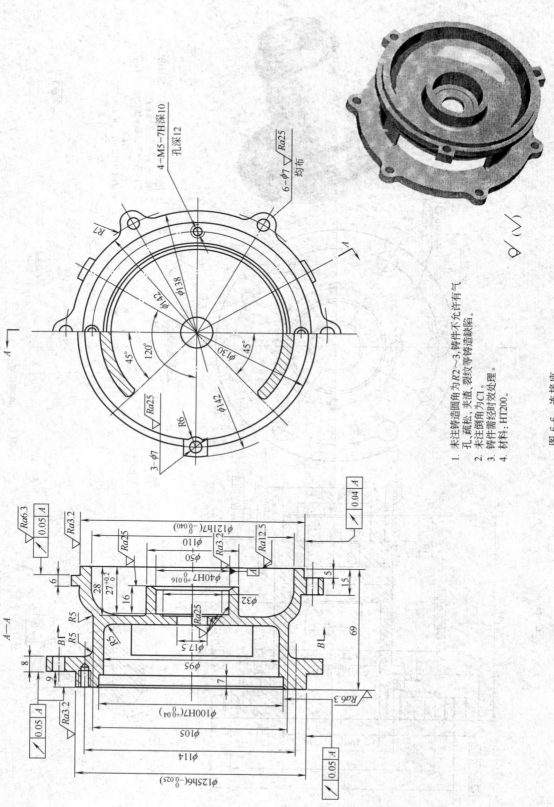

4-M5-7H深10
孔深12

6-φ7 √Ra25 均布

$\phi138$

$\phi42$

$\phi130$

45°
120°
45°

√Ra25

R7

R6

3-φ7

$\phi142$

A

A

1. 未注铸造圆角为R2～3. 铸件不允许有气
   孔、疏松、夹渣、裂纹等铸造缺陷。
2. 未注倒角为C1。
3. 铸件需经时效处理。
4. 材料：HT200。

φ (√)

图 6-6 连接座

A—A

Ra6.3
0.05 A
Ra3.2

Ra3.2

Ra25

$\phi121h7(_{-0.040}^{0})$
$\phi110$
$\phi50$
Ra3.2
Ra12.5

9

28
$27_{0}^{+0.2}$
16

$\phi40H7_{0}^{+0.016}$

A

$\phi32$

Ra25

R5
R5
B

R5

$\phi17.5$

$\phi95$

8
9

7

0.04 A

5

15

69

Ra6.3

$\phi100H7(_{0}^{+0.04})$
$\phi105$
$\phi114$
$\phi125h6(_{-0.025}^{0})$

0.05 A
Ra3.2

0.05 A

B

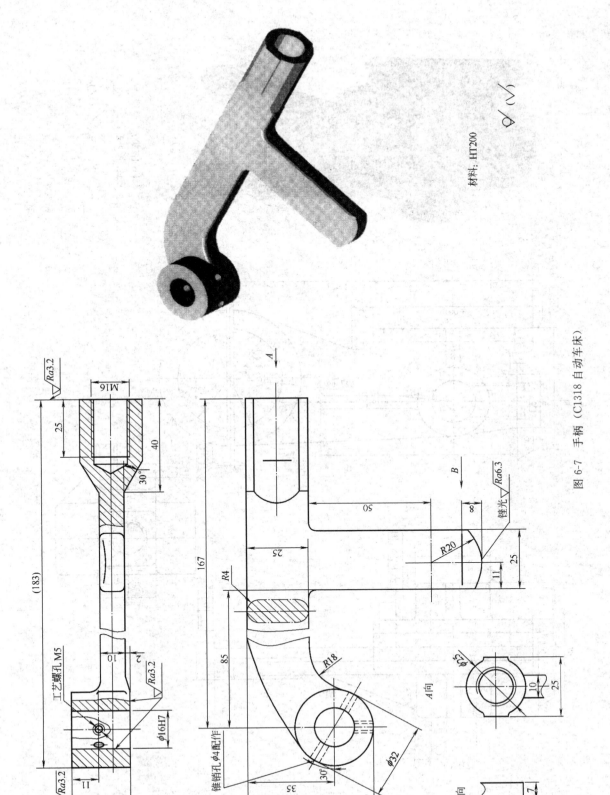

材料：HT200

图 6-7 手柄（C1318 自动车床）

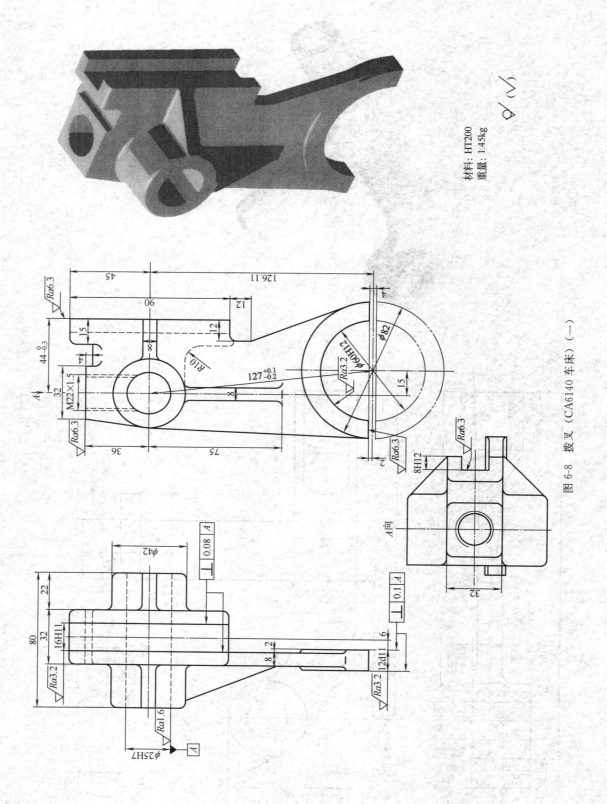

材料：HT200
重量：1.45kg

图 6-8 拨叉（CA6140 车床）（一）

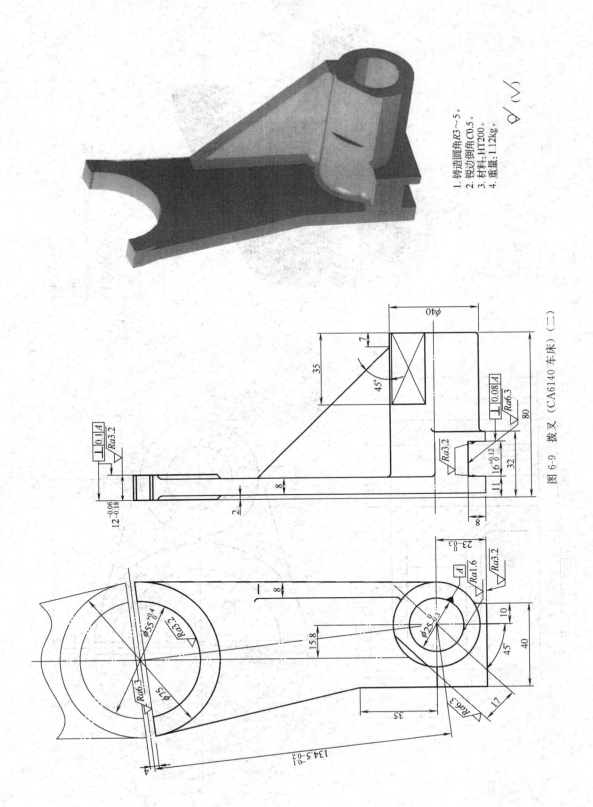

1. 铸造圆角R3～5。
2. 锐边倒角C0.5。
3. 材料:HT200。
4. 重量:1.12kg。

图 6-9 拨叉（CA6140 车床）（二）

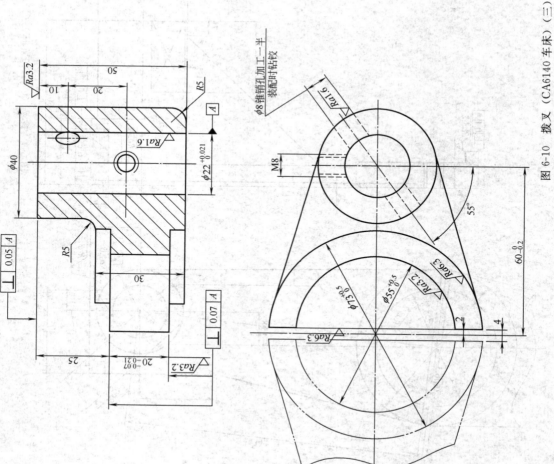

1. 铸造圆角 R3~5。
2. 两件铸在一起，表面应无夹渣、气孔。
3. 材料：HT200。
4. 重量：1.0kg。

图 6-10 拨叉（CA6140 车床）（三）

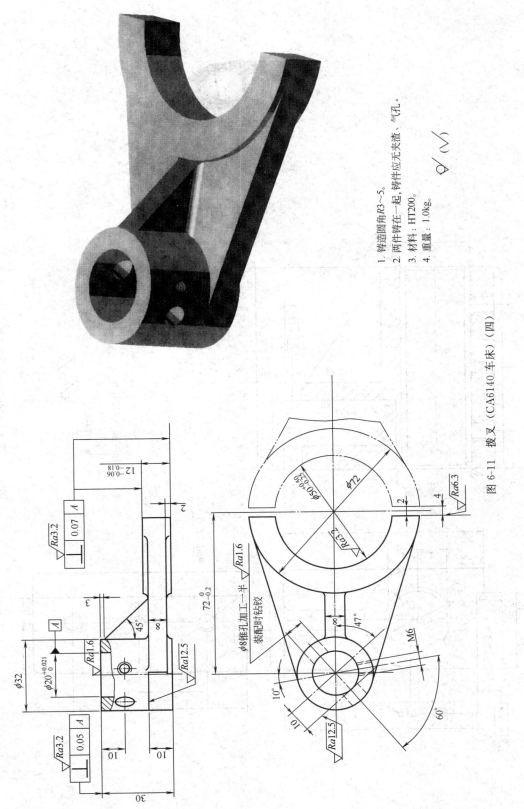

1. 铸造圆角R3~5。
2. 两件铸在一起, 铸件应无夹渣、气孔。
3. 材料: HT200。
4. 重量: 1.0kg。

$\heartsuit$ ($\sqrt{\ }$)

图 6-11 拨叉 (CA6140 车床) (四)

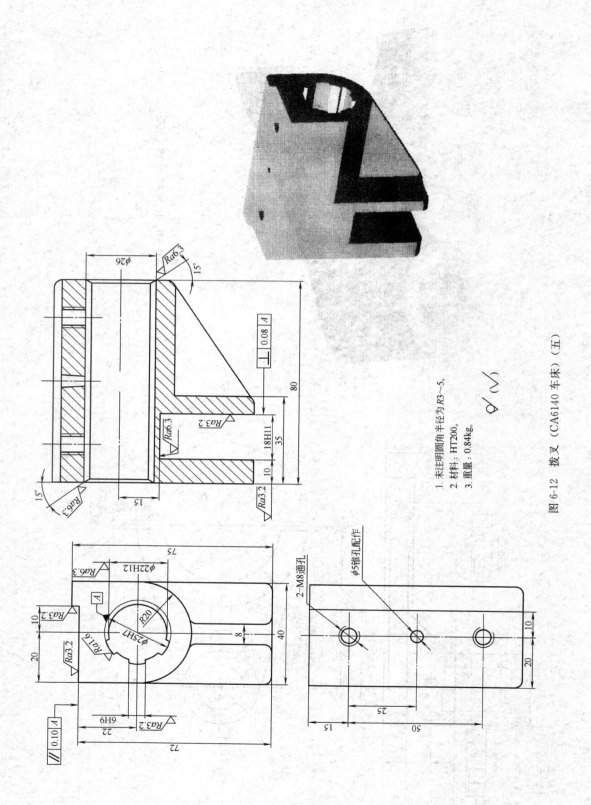

1. 未注明圆角半径为 R3~5。
2. 材料：HT200。
3. 重量：0.84kg。

$\sqrt{ }$ ($\sqrt{ }$)

图 6-12　拨叉（CA6140 车床）（五）

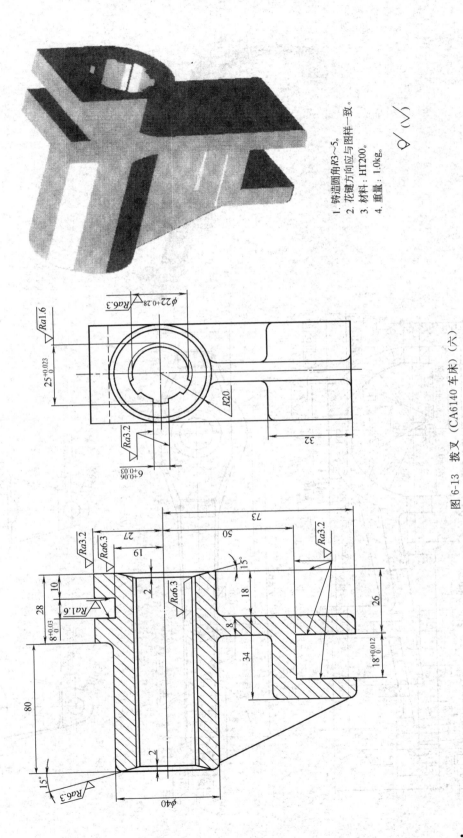

1. 铸造圆角R3~5。
2. 花键方向应与图样一致。
3. 材料：HT200。
4. 重量：1.0kg。

图 6-13 拨叉 (CA6140 车床) (六)

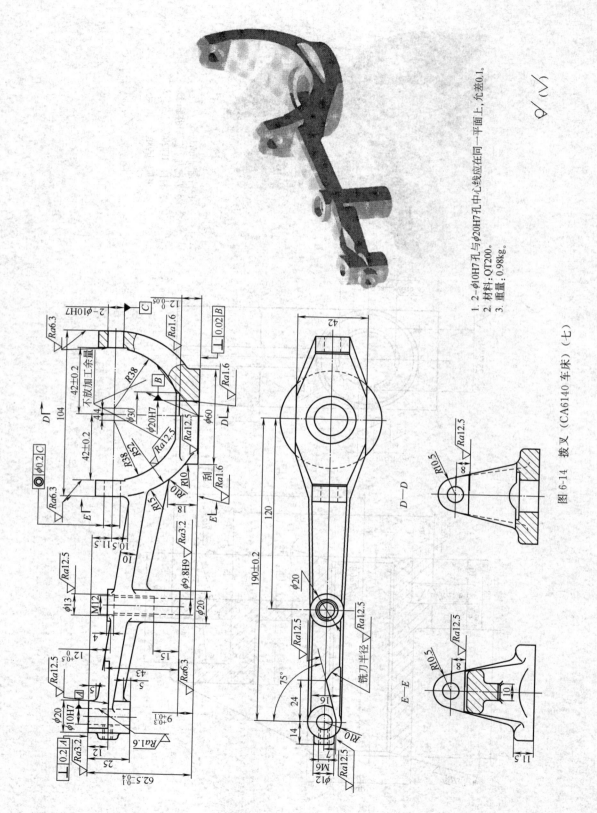

1. 2-φ10H7孔与φ20H7孔中心线应在同一平面上,允差0.1。
2. 材料:QT200。
3. 重量:0.98kg。

图 6-14 拨叉 (CA6140 车床) (七)

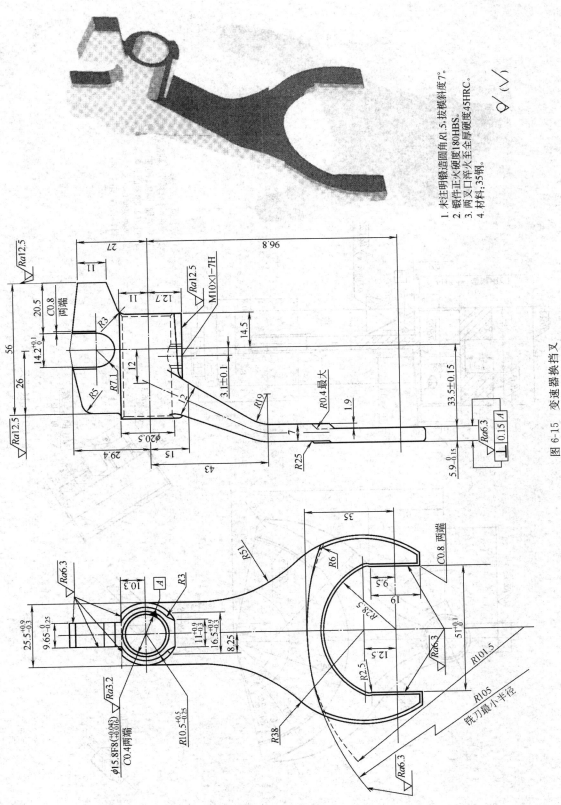

技术要求
1. 未注明锻造圆角 R1.5，拔模斜度 7°。
2. 锻件正火硬度 180HBS。
3. 两叉口淬火至全厚硬度 45HRC。
4. 材料：35钢。

图 6-15 变速器换挡叉

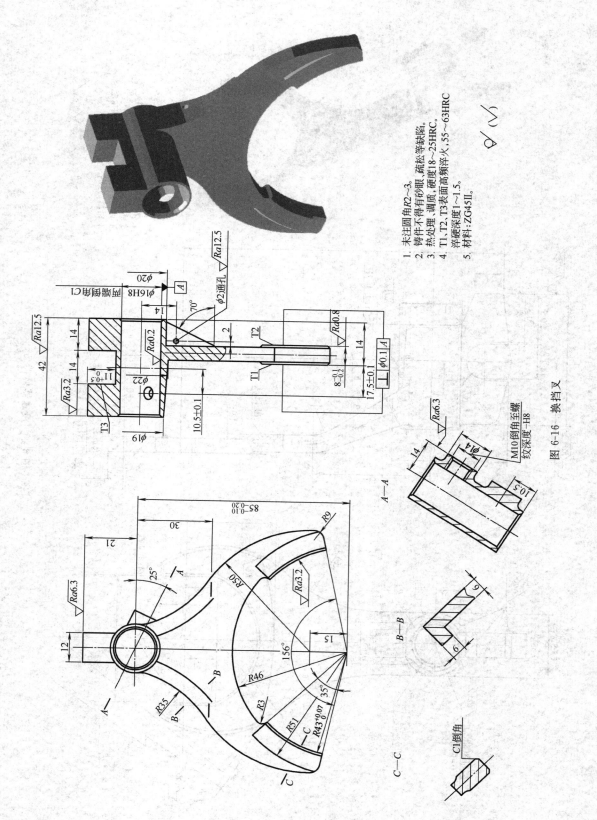

1. 未注圆角R2~3。
2. 铸件不得有砂眼、疏松等缺陷。
3. 热处理：调质，硬度18~25HRC。
4. T1、T2、T3表面高频淬火，55~63HRC。
   淬硬深度1~1.5。
5. 材料：ZG45Ⅱ。

图 6-16 拨挡叉

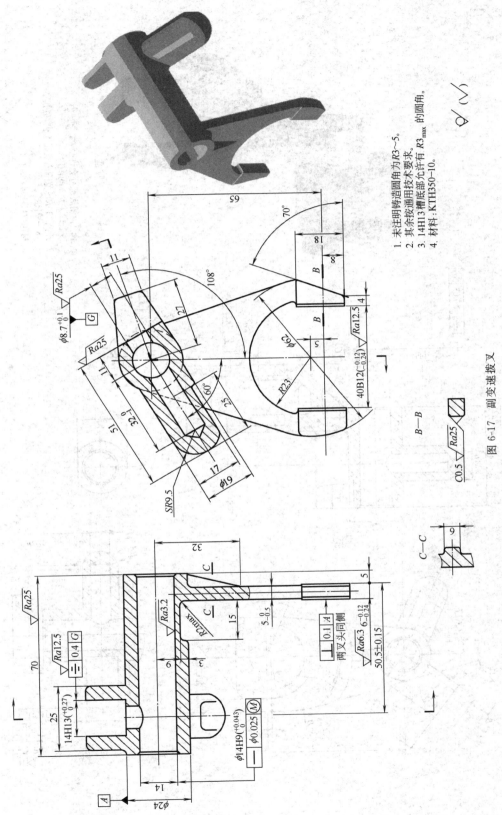

1. 未注明铸造圆角为R3~5。
2. 其余按通用技术要求。
3. 14H13槽底部允许有 $R3_{max}$ 的圆角。
4. 材料: KTH350-10。

α ($\sqrt{}$)

图 6-17 副变速拨叉

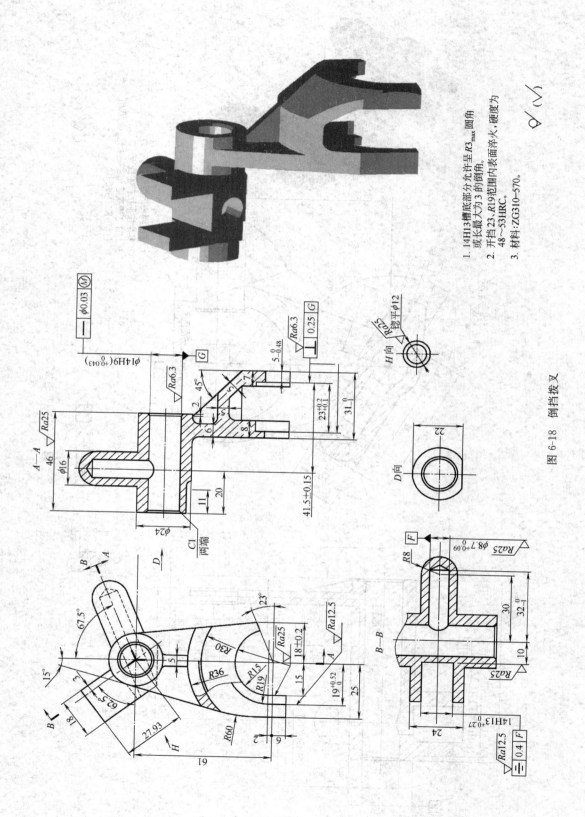

技术要求

1. 14H13槽底部分允许呈R3max圆角
   或成长最大为3的圆角。
2. 开档23，R19范围内表面淬火，硬度为
   48~53HRC。
3. 材料:ZG310-570。

图6-18 倒挡拨叉

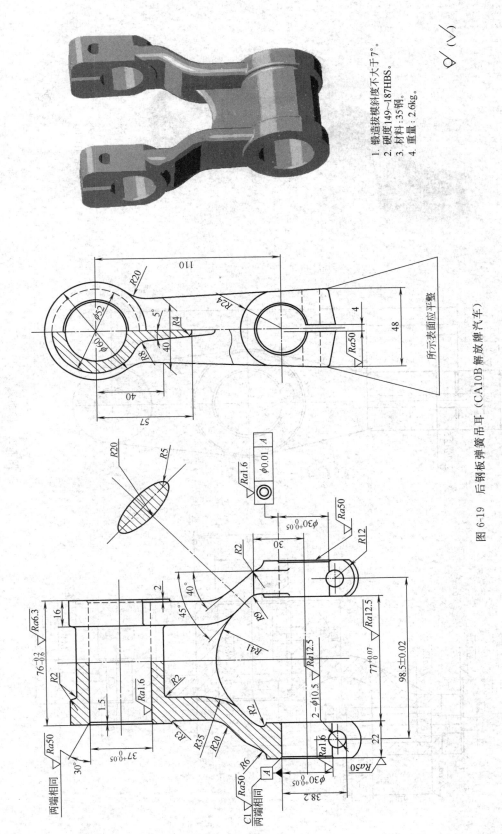

1. 锻造拔模斜度不大于7°。
2. 硬度149～187HBS。
3. 材料：35钢。
4. 重量：2.6kg。

图 6-19 后钢板弹簧吊耳（CA10B 解放牌汽车）

材料：HT200

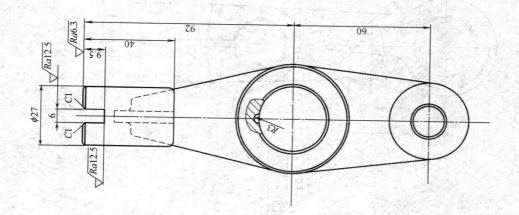

图 6-20 推动架

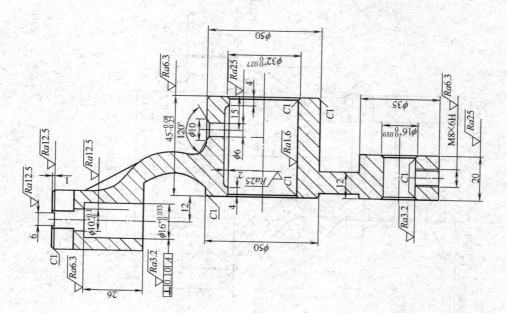

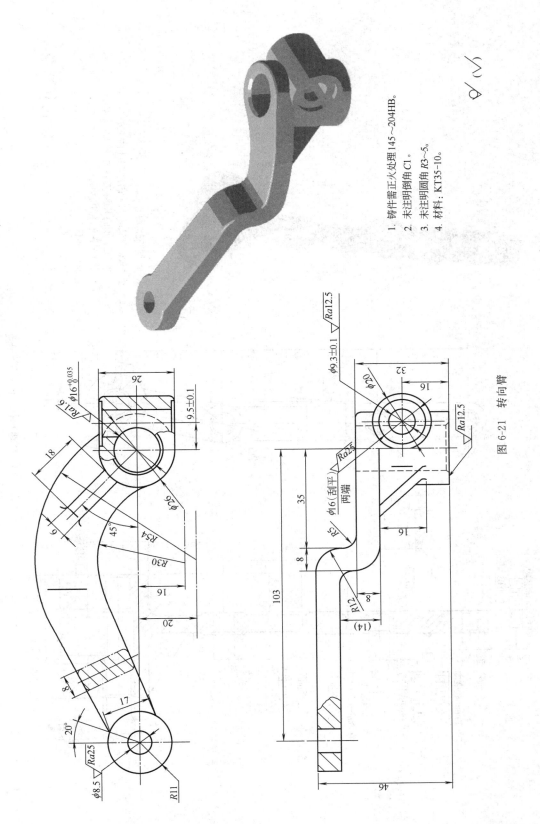

图 6-21 转向臂

1. 铸件需正火处理 145~204HB。
2. 未注明倒角 C1。
3. 未注明圆角 R3~5。
4. 材料：KT35-10。

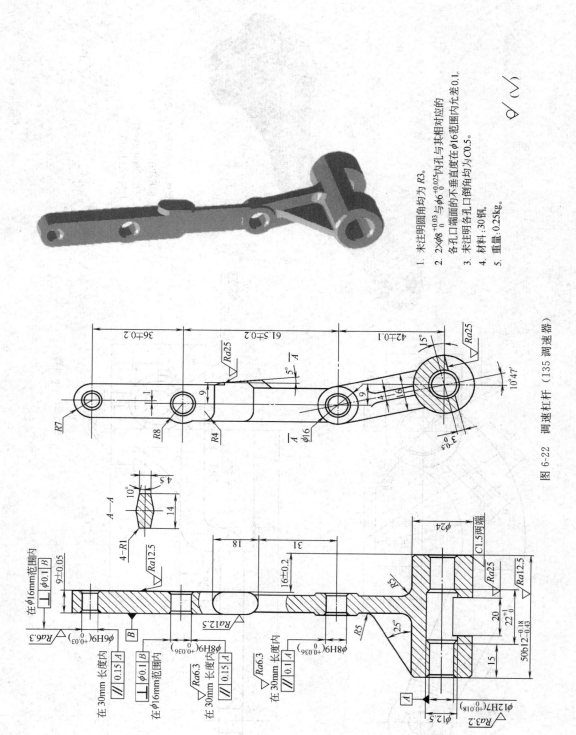

图 6-22 调速杠杆 (135 调速器)

技术要求:

1. 未注明圆角均为 R3。
2. 2×φ8$^{+0.03}_{0}$ 与 φ6$^{+0.025}_{0}$ 内孔与其相对应的各孔口端面的不垂直度在 φ16 范围内允差 0.1。
3. 未注明各孔口倒角均为 C0.5。
4. 材料: 30钢。
5. 重量: 0.25kg。

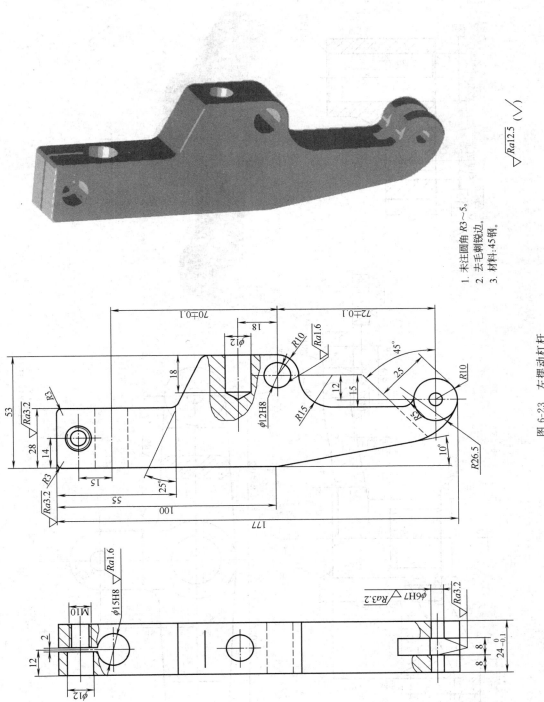

图 6-23 左摆动杠杆

$\sqrt{Ra12.5}$ ($\sqrt{}$)

1. 未注圆角 R3~5。
2. 去毛刺锐边。
3. 材料：45钢。

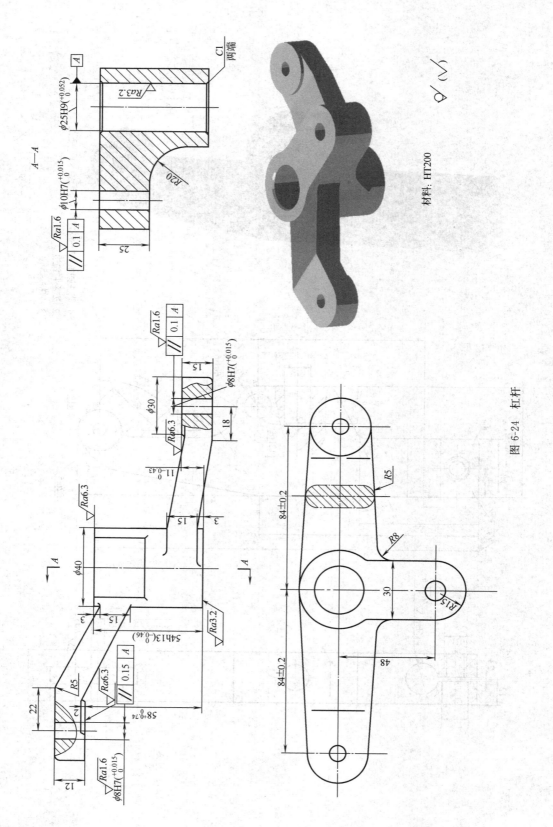

材料: HT200

图 6-24 杠杆

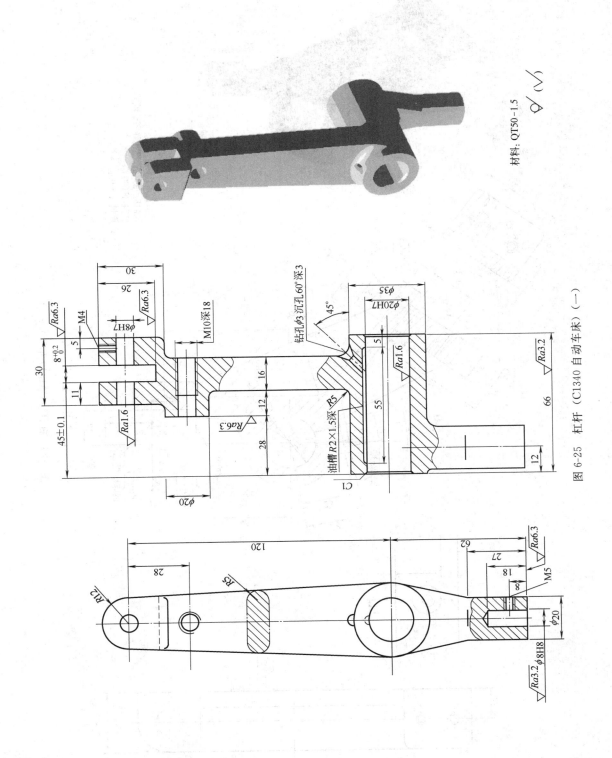

材料: QT50-1.5

图 6-25 杠杆 (C1340 自动车床) (一)

· 299 ·

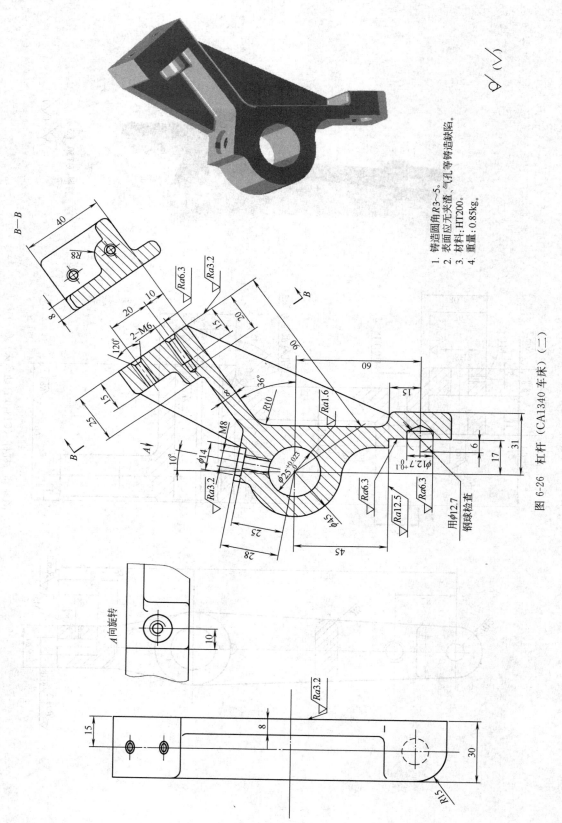

图 6-26 杠杆（CA1340 车床）（二）

1. 铸造圆角 R3～5。
2. 表面应无夹渣、气孔等铸造缺陷。
3. 材料：HT200。
4. 重量：0.85kg。

$\sqrt{}$ ($\sqrt{}$)

$B-B$

$\sqrt{Ra6.3}$ $\sqrt{Ra3.2}$

$\sqrt{Ra1.6}$

$\sqrt{Ra3.2}$ $\sqrt{Ra12.5}$ $\sqrt{Ra6.3}$ $\sqrt{Ra6.3}$

用 $\phi 12.7$ 钢球检查

A 向旋转

$\sqrt{Ra3.2}$

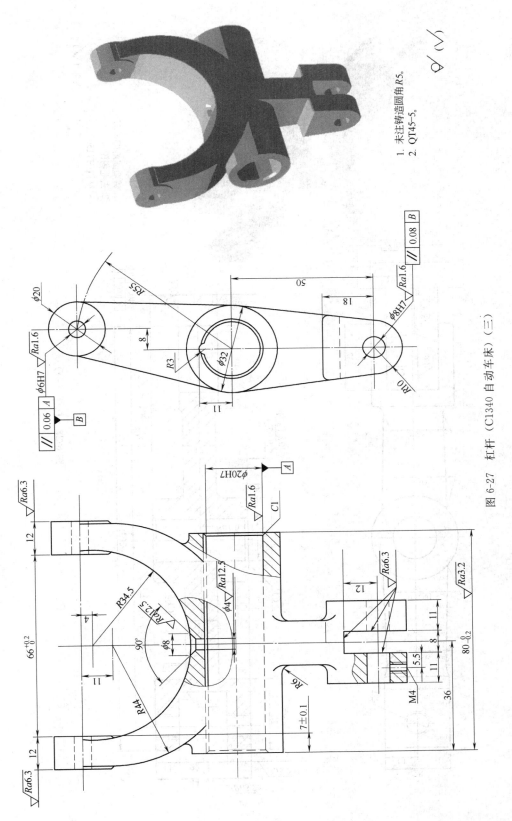

1. 未注铸造圆角 R5。
2. QT45-5。

$\forall (\sqrt{})$

图 6-27 杠杆 (C1340 自动车床) (三)

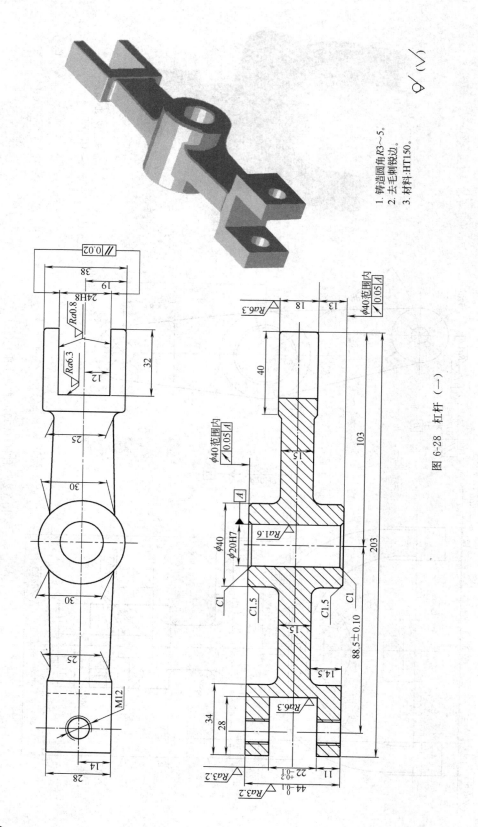

图 6-28　杠杆（一）

1. 铸造圆角$R3\sim 5$。
2. 去毛刺锐边。
3. 材料:HT150。

$\sqrt{}$ ($\sqrt{}$)

・ 302 ・

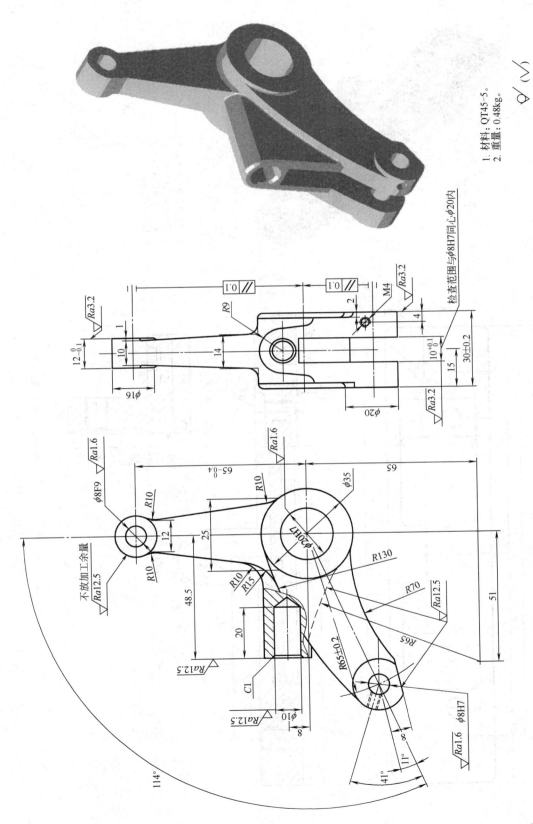

1. 材料: QT45-5。
2. 重量: 0.48kg。

图 6-29 杠杆 (二)

检查范围与φ8H7同心φ20内

不放加工余量

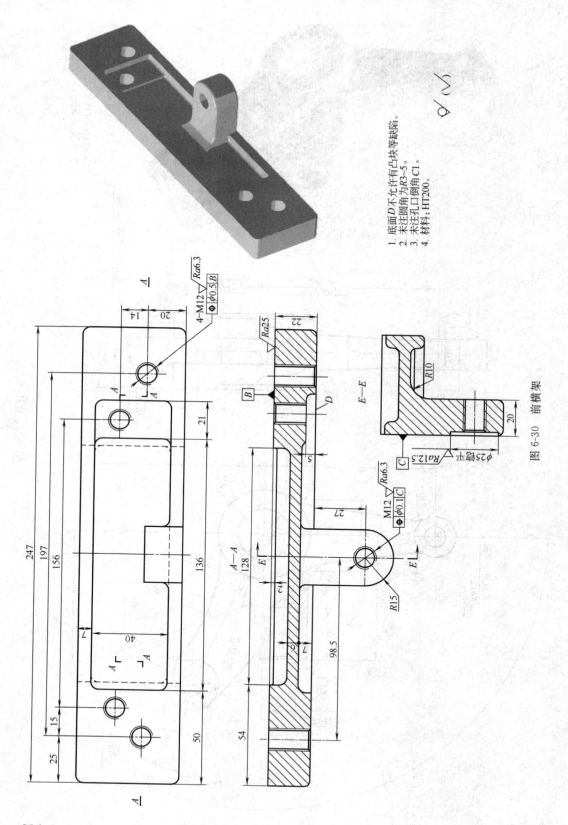

1. 底面 D 不允许有凸块等缺陷。
2. 未注圆角为 R3~5。
3. 未注孔口倒角 C1。
4. 材料：HT200。

图 6-30　前横架

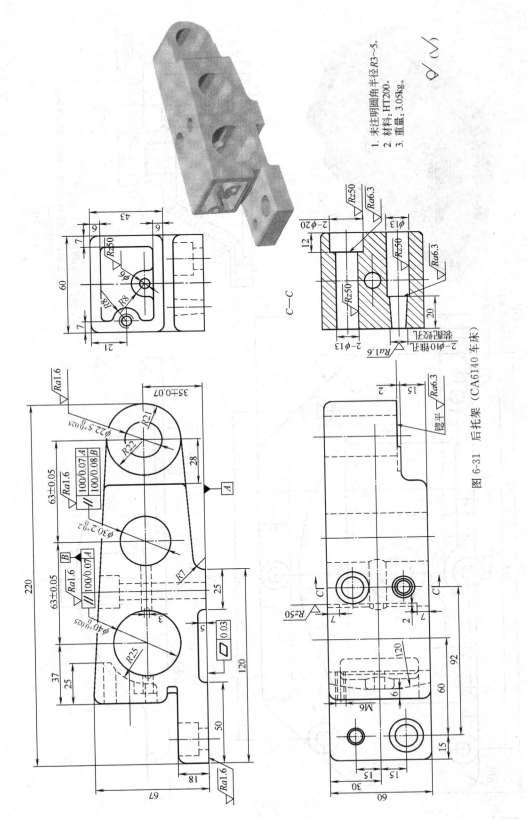

图 6-31 后托架（CA6140 车床）

1. 未注明圆角半径 R3~5。
2. 材料：HT200。
3. 重量：3.05kg。

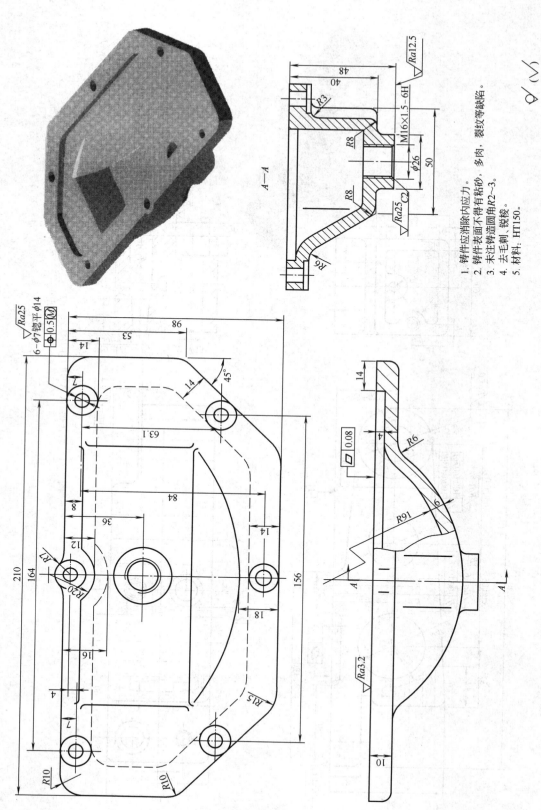

A—A

1. 铸件应消除内应力。
2. 铸件表面不得有粘砂、多肉、裂纹等缺陷。
3. 未注铸造圆角R2~3。
4. 去毛刺, 锐棱。
5. 材料: HT150。

$\sqrt{Ra12.5}$

$\sqrt{Ra25}$

$\sqrt{Ra3.2}$

$\sqrt{Ra25}$

6-φ7锪平φ14

$\sqrt{}$ ($\sqrt{}$)

图 6-32 最终传动箱盖

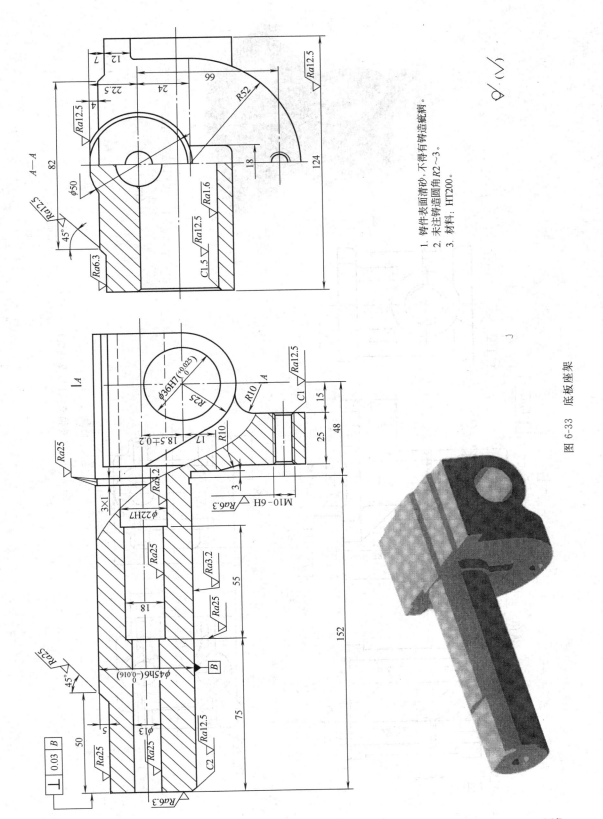

1. 铸件表面清砂，不得有铸造缺陷。
2. 未注铸造圆角 R2～3。
3. 材料：HT200。

图 6-33 底板座架

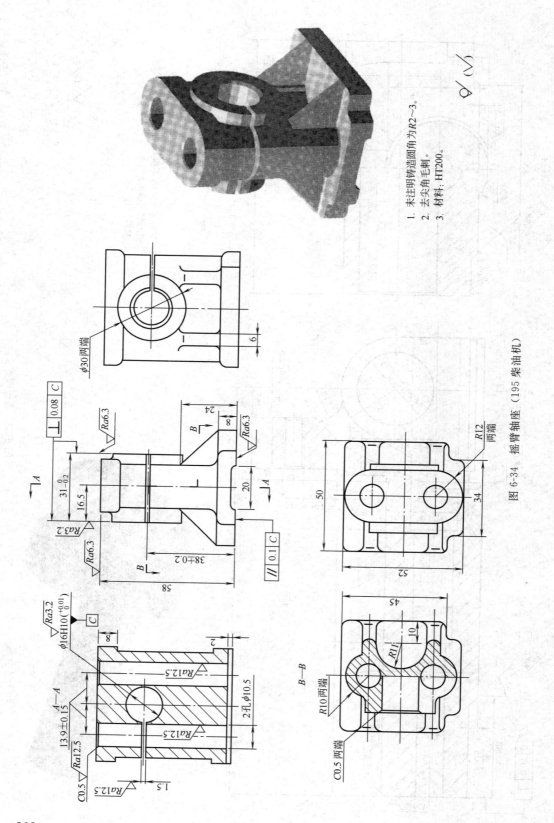

1. 未注明铸造圆角为R2～3。
2. 去尖角毛刺。
3. 材料：HT200。

图6-34 摇臂轴座（195柴油机）

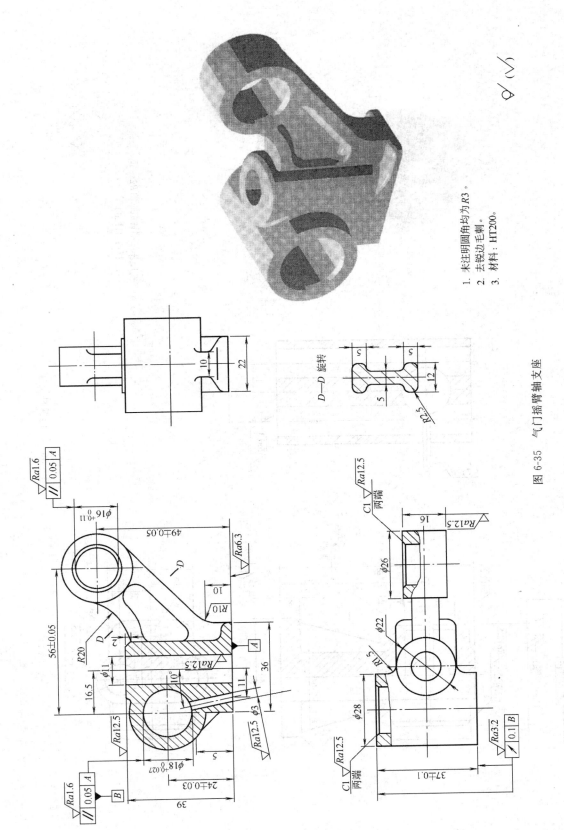

$\sqrt{}(\sqrt{})$

1. 未注明圆角均为 R3。
2. 去锐边毛刺。
3. 材料：HT200。

图 6-35 气门摇臂轴支座

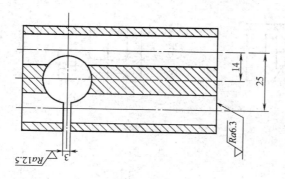

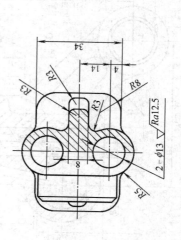

1. 未注明铸造圆角 R2~3。
2. 材料：HT200。

$\sqrt{a}$ ($\sqrt{}$)

Ra6.3

14
25

Ra12.5
3

Ra3.2
Ra12.5
C2 两端

78
60
8
50
46
33

Ra12.5
Ra1.6
Ra12.5
C2 两端

0.06 A
42d9 $\binom{-0.080}{-0.142}$
$\phi 20 ^{+0.1}_{+0.06}$
$\phi 32$

0.05 A
// 0.05 A
A

34
14
4
R3
R3
R3
R8
R5
8
2×ϕ13
Ra12.5

图 6-36 气门摇杆支座

· 310 ·

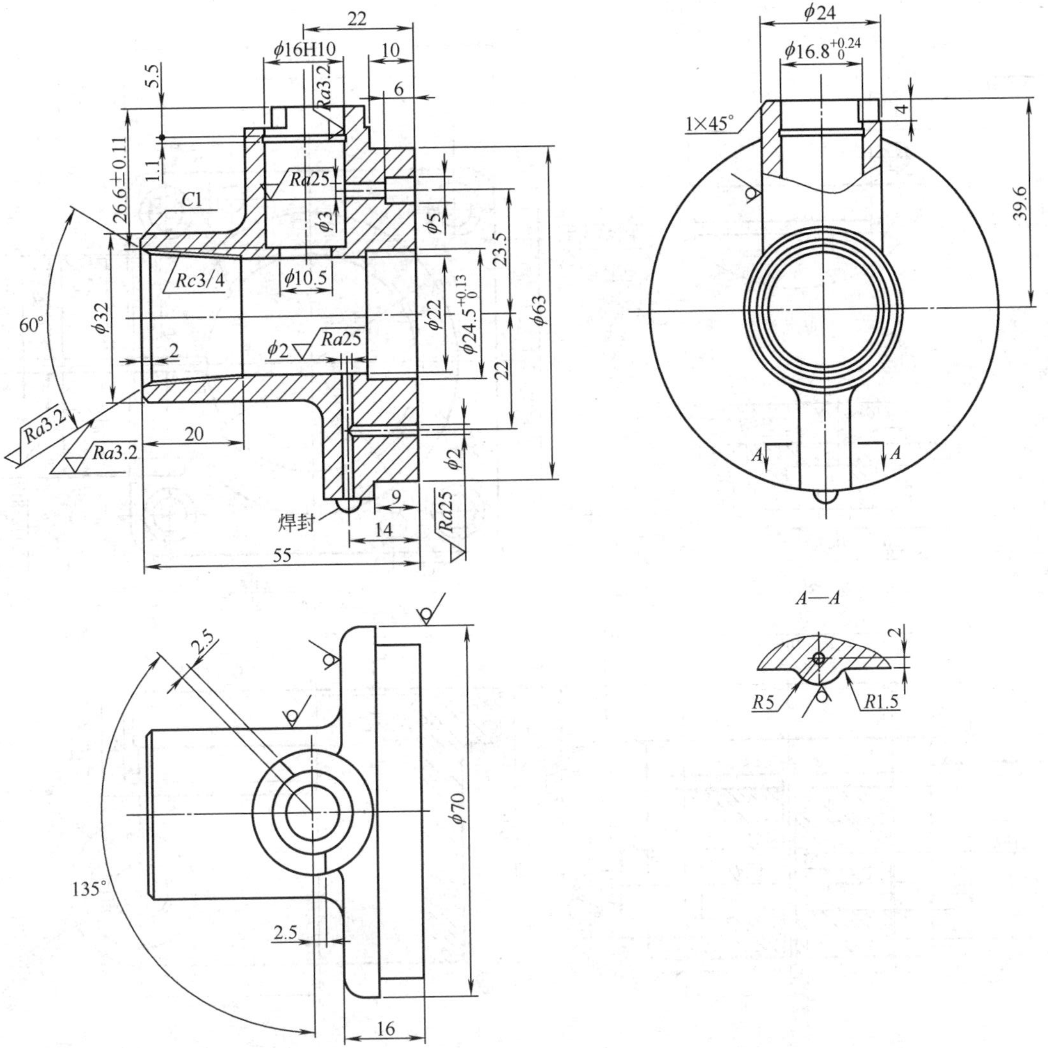

1. 未注圆角 $R3\sim4$。
2. 锐边倒钝。
3. 材料：ZG45。

$\sqrt{Ra12.5}$ $(\sqrt{})$

图 6-37 油阀座

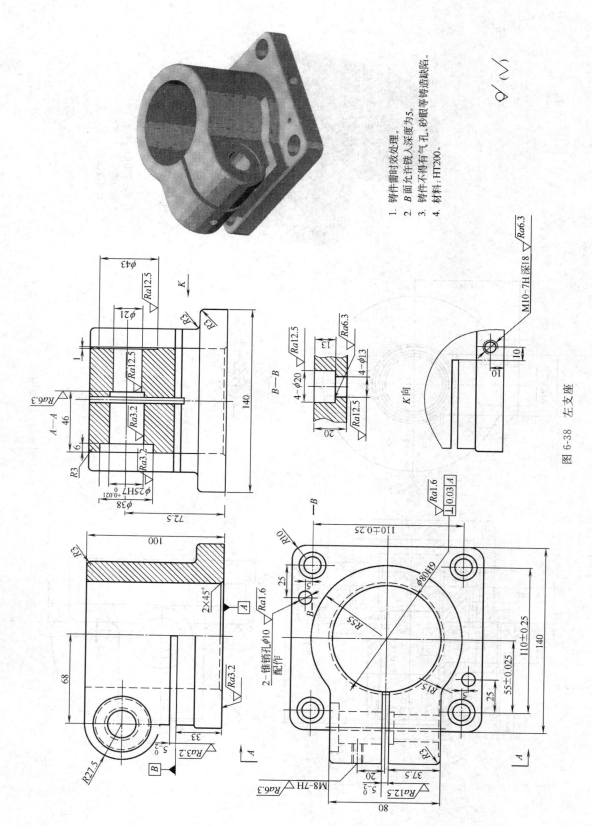

1. 铸件需时效处理。
2. B面允许铣入深度为5。
3. 铸件不得有气孔、砂眼等铸造缺陷。
4. 材料: HT200。

图 6-38 左支座

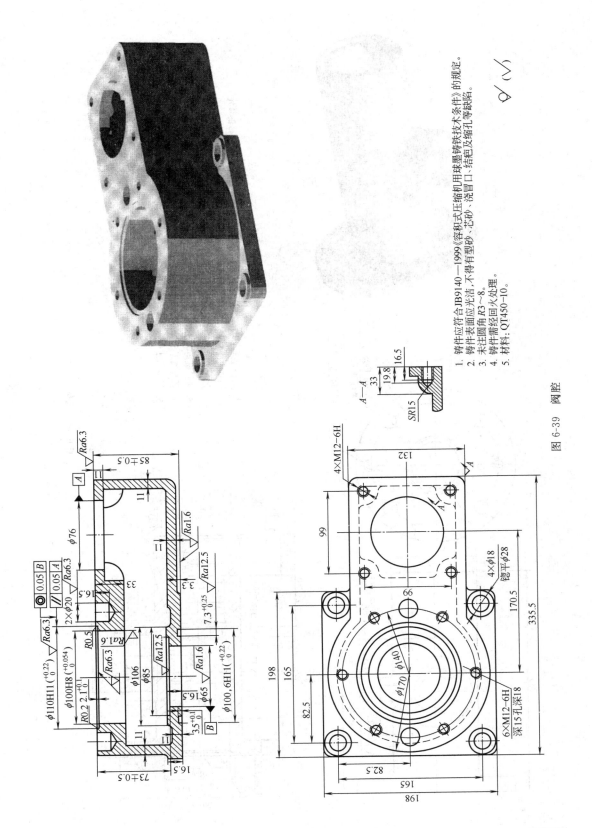

技术要求

1. 铸件应符合 JB9140—1999《容积式压缩机用球墨铸铁技术条件》的规定。
2. 铸件表面应光洁，不得有型砂、芯砂、浇冒口、结疤及缩孔等缺陷。
3. 未注圆角 R3~8。
4. 铸件需经回火处理。
5. 材料：QT450-10。

图 6-39　阀腔

· 313 ·

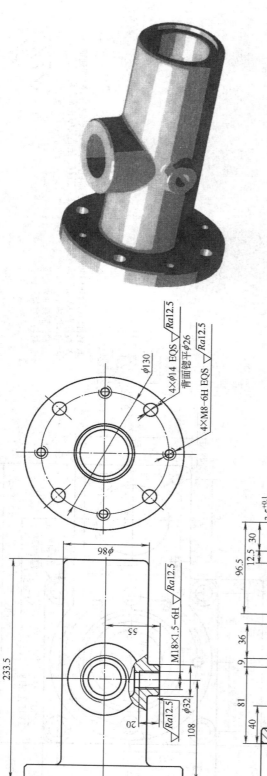

技术要求

1. 铸件应符合 JB/T 6431—92《容积式压缩机用灰铸铁技术要求》的规定。
2. 铸件表面应光洁，不得有型砂、芯砂、浇冒口、多肉、结疤及粘砂等存在，加工面上不应有影响质量的裂纹、砂眼和铁豆、缩松、砂眼和铁豆、碰伤及刻痕等缺陷。
3. 未注圆角半径 R6。
4. 留有加工余量的表面硬度 190±30 HB。
5. 材料：HT300。

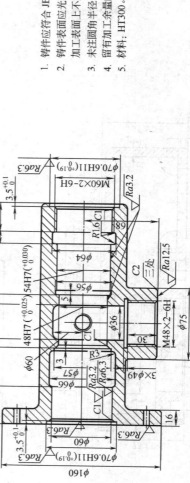

图 6-40 阀体

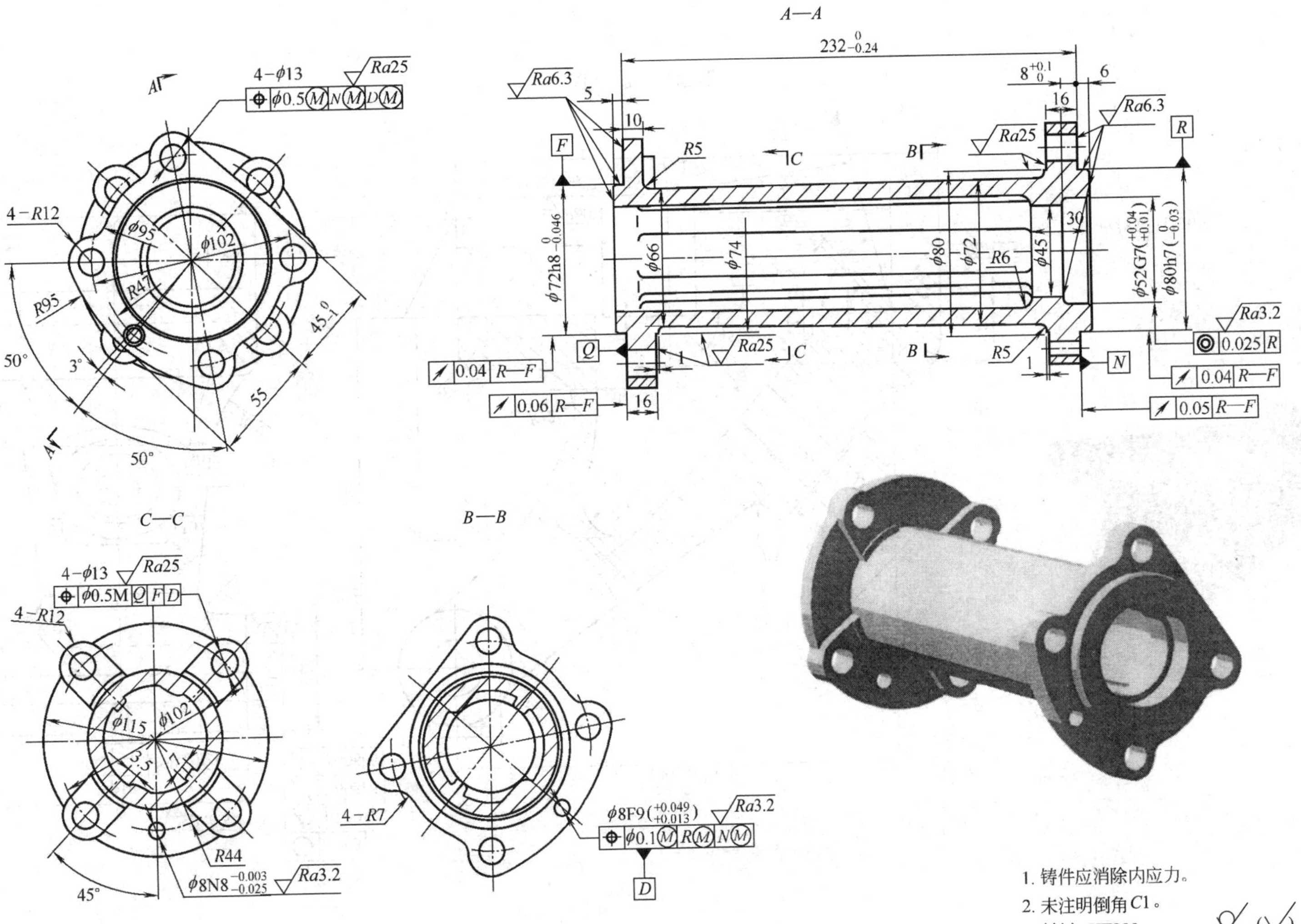

图 6-41 左臂壳体

1. 铸件应消除内应力。
2. 未注明圆角 C1。
3. 材料: HT200。

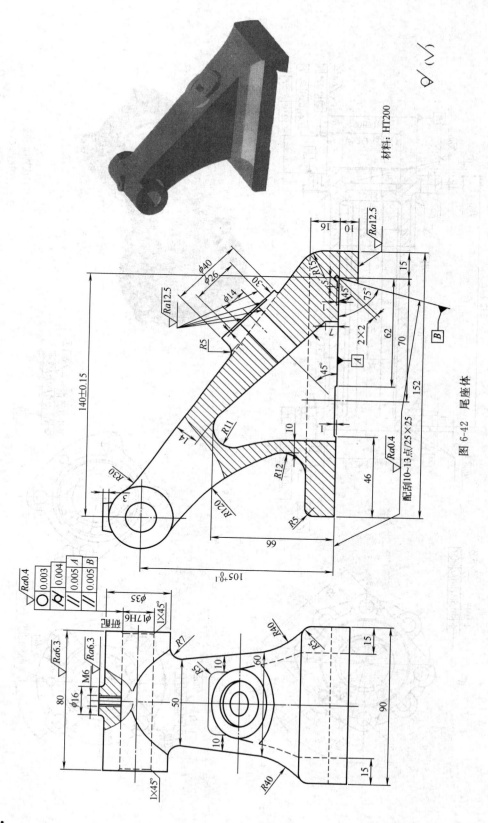

图 6-42 尾座体

材料：HT200

配刮10~13点/25×25

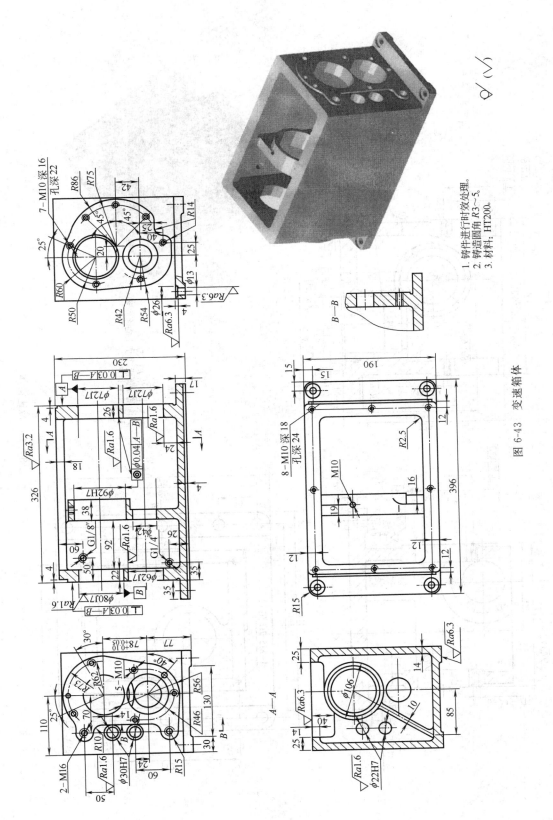

图 6-4.3 变速箱体

1. 铸件进行时效处理。
2. 铸造圆角 R3~5。
3. 材料: HT200。

• 317 •

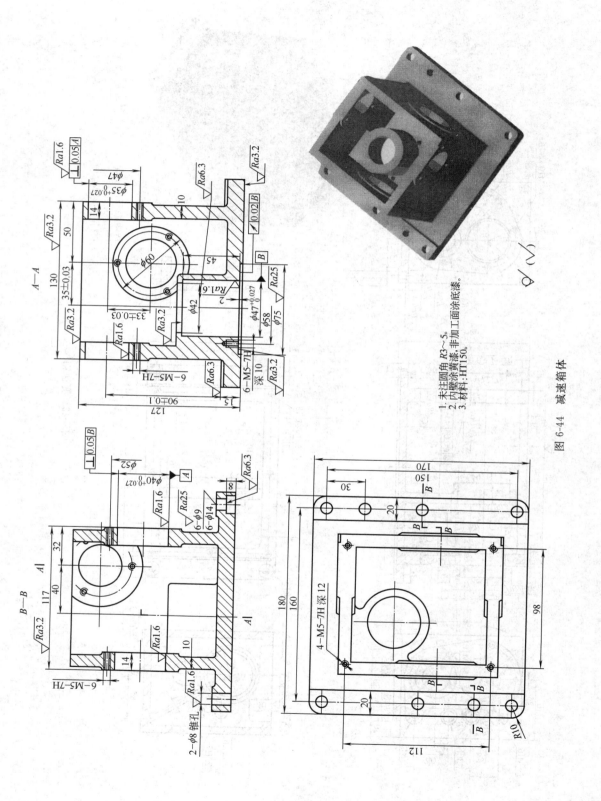

1. 未注圆角 R3~5。
2. 内壁涂黄漆，非加工面涂底漆。
3. 材料：HT150。

图 6-44 减速箱体

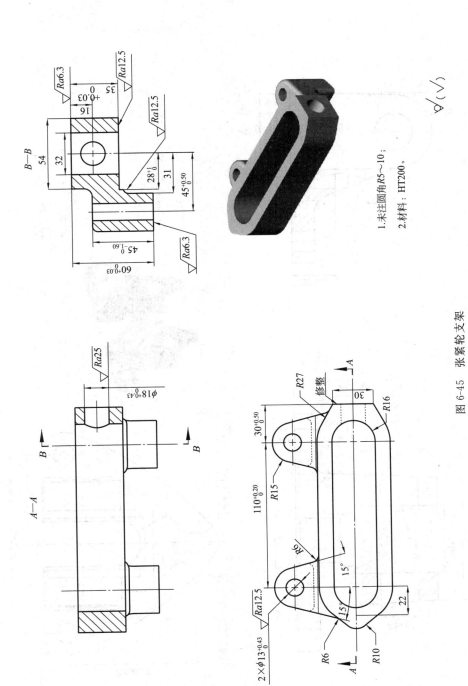

B—B

$Ra6.3$

$Ra12.5$

$16^{+0.03}_{0}$

35

$Ra12.5$

54

32

31

28^{+1}_{0}

$45^{+0.50}_{0}$

$45^{0}_{-1.60}$

$Ra6.3$

$60^{+0.03}_{0}$

$Ra25$

$\phi18^{+0.43}_{0}$

A—A

B

B

$R27$

修整

$30^{+0.50}_{0}$

$R16$

30

$110^{+0.20}_{0}$

$R15$

$R9$

15°

22

$Ra12.5$

$2\times\phi13^{+0.43}_{0}$

15°

$R6$

$R10$

A

A

1.未注圆角$R5\sim10$；

2.材料：HT200。

$\sqrt{}(\sqrt{})$

图6-45 张紧轮支架

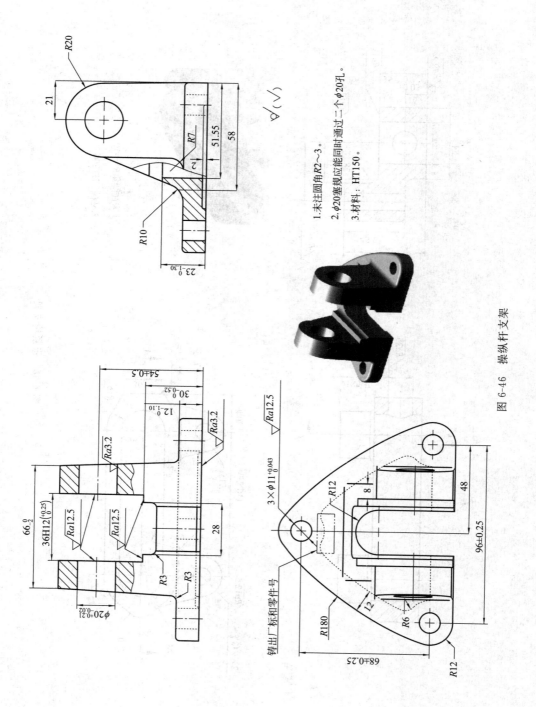

技术要求

1. 未注圆角R2~3。
2. φ20塞规应能同时通过二个φ20孔。
3. 材料：HT150。

$\sqrt{}(\sqrt{})$

铸出厂标和零件号

$\sqrt{Ra12.5}$

图 6-46 操纵杆支架

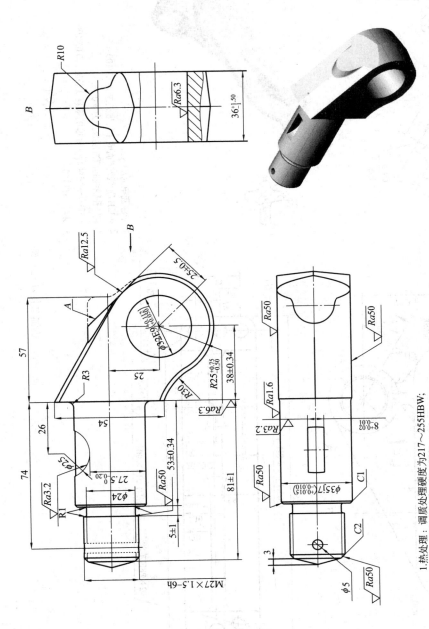

图 6-47 插入耳环

1. 热处理：调质处理硬度为217~255HBW；
2. 锻造拔模角7°，未注圆角R2~3；
3. 键槽对φ35轴线的对称度公差为0.1；
4. φ35轴线对φ35轴线的垂直度公差为0.5/50；
5. φ32轴线对φ35轴线的方法修正螺纹上的缺陷；
6. 图中A面虚线部分是毛坯形状，加工后A处允许有中心孔痕迹；
7. 材料：45钢。

· 321 ·

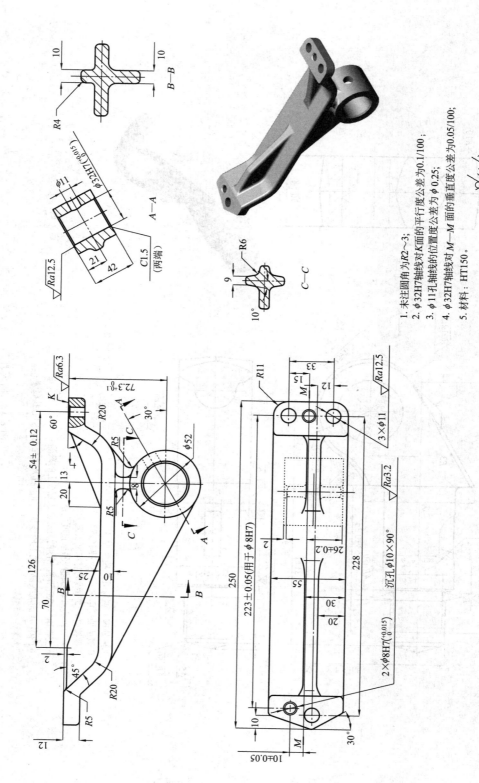

图 6-48 机油泵传动轴支架

1. 未注圆角为R2~3;
2. φ32H7轴线对K面的平行度公差为0.1/100;
3. φ11孔轴线的位置度公差为φ0.25;
4. φ32H7轴线对M—M面的垂直度公差为0.05/100;
5. 材料：HT150。

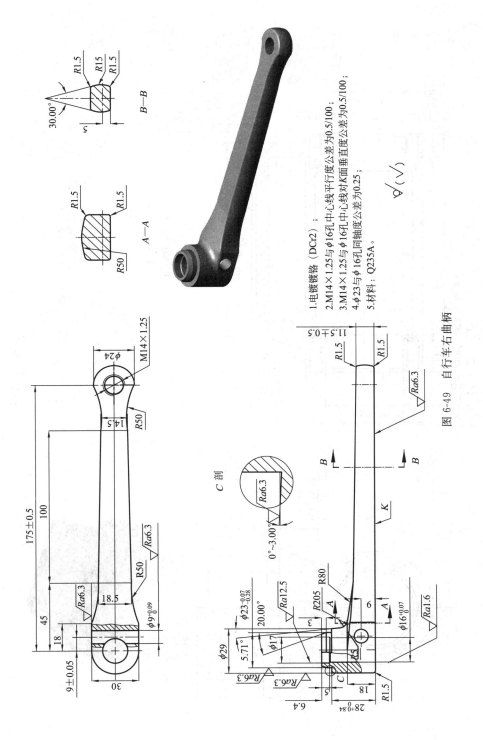

B—B

R1.5 R15 R1.5

30.00°

A—A

R1.5 R1.5

R50

1.电镀镀铬（DCr2）；
2.M14×1.25与φ16孔中心线平行度公差为0.5/100；
3.M14×1.25与φ16孔中心线对K面垂直度公差为0.5/100；
4.φ23与φ16孔同轴度公差为0.25；
5.材料：Q235A。

$\forall (\sqrt{})$

M14×1.25

φ24

R50

14.5

175±0.5

100

$\sqrt{Ra6.3}$

R50

18.5

45

18

φ9$^{+0.09}_{0}$

9±0.05

30

11.5±0.5

R1.5 R1.5

$\sqrt{Ra6.3}$

B B

K

C 剖

$\sqrt{Ra6.3}$

0～3.00°

R80

R205

A A

$\sqrt{Ra12.5}$

6

φ16$^{+0.07}_{0}$

$\sqrt{Ra1.6}$

φ23$^{-0.07}_{-0.28}$

20.00°

3

R5

5.71°

φ17

φ29

$\sqrt{Ra6.3}$

$\sqrt{Ra6.3}$

C

5

18

R1.5

6.4

28$^{+0.84}_{0}$

图6-49 自行车右曲柄

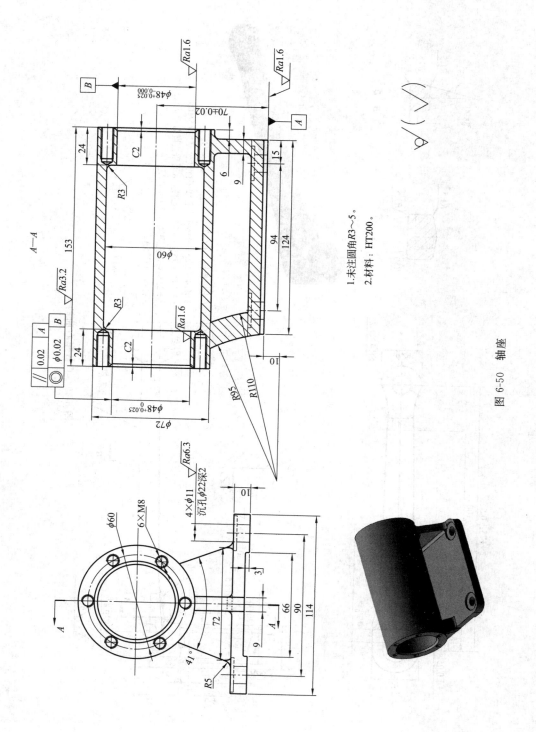

A—A

// 0.02 A
⊕ φ0.02 B

$\sqrt{Ra3.2}$

$\sqrt{Ra1.6}$

$\sqrt{Ra1.6}$

$\sqrt{Ra1.6}$

$\phi48^{\;0}_{-0.000}$

$\phi48^{+0.025}_{\;0}$

$\phi48^{+0.025}_{\;0}$

70±0.02

φ60

φ72

153

124

94

24

24

15

6

9

10

R3

R3

C2

C2

R95

R110

B

A

B

$\sqrt{Ra6.3}$

φ60

6×M8

4×φ11
沉孔φ22深2

41°

R5

10

3

66

90

114

72

9

A

A

1.未注圆角R3～5。
2.材料：HT200。

图 6-50　轴座

参 考 文 献

[1]　赵家齐. 机械制造工艺学课程设计指导书. 第二版. 北京：机械工业出版社，2000.

[2]　邹青. 机械制造技术基础课程设计指导教程. 第二版. 北京：机械工业出版社，2011.

[3]　李益民. 机械制造工艺设计简明手册. 北京：机械工业出版社，1993.

[4]　艾兴，肖诗纲. 切削用量简明手册. 第三版. 北京：机械工业出版社，2002.

[5]　王光斗，王春福. 机床夹具设计手册. 第三版. 上海：上海科学技术出版社，2000.

[6]　李洪. 机械制造工艺金属切削机床设计指导. 沈阳：东北工学院出版社，1989.

[7]　张进生. 机械工程专业课程设计指导. 北京：机械工业出版社，2003.

[8]　张龙勋. 机械制造工艺学课程设计指导书及习题. 北京：机械工业出版社，1999.

[9]　陶崇德，葛鸿翰. 机床夹具设计. 第二版. 上海：上海科学技术出版社，1989.

[10]　薛源顺. 机床夹具设计. 北京：机械工业出版社，2000.

[11]　于骏一. 机械制造技术基础. 北京：机械工业出版社，2004.

[12]　冯辛安. 机械制造装备设计. 第二版. 北京：机械工业出版社，2005.

[13]　张福润. 机械制造技术基础. 第二版. 武汉：华中科技大学出版社，2000.

[14]　王先逵. 机械制造工艺学. 北京：机械工业出版社，1998.

[15]　王小华. 机床夹具图册. 北京：机械工业出版社，1992.

[16]　孙已德. 机床夹具图册. 北京：机械工业出版社，1984.